|时|装|设|计|基|础|

立裁、制板与效果图表现

Integrating: Draping Drafting & Drawing

【美】比纳·艾布林格［Bina Abling］
凯思琳·马乔［Kathleen Maggio］/编著
纪振宇/译

中国青年出版社
CHINA YOUTH PRESS

版权登记号: 01-2015-4557

图书在版编目(CIP)数据

时装设计基础：立裁、制板与效果图表现 /（美）艾布林格，（美）马乔编著；纪振宇译.
—北京：中国青年出版社，2016.1
书名原文: Integrating: Draping Drafting and Drawing
ISBN 978-7-5153-3163-8
I.①时… II.①艾… ②马… ③纪… III.①时装-服装设计 IV. ①TS941.2
中国版本图书馆CIP数据核字(2015)第321820号

时装设计基础：立裁、制板与效果图表现
（美）比纳·艾布林格，（美）凯思琳·马乔 / 编著；纪振宇 / 译

出版发行：中国青年出版社
地　　址：北京市东四十二条21号
邮政编码：100708
电　　话：(010) 50856188 / 50856199
传　　真：(010) 50856111
企　　划：北京中青雄狮数码传媒科技有限公司

责任编辑：张　军
助理编辑：张君娜
译　　者：纪振宇
封面设计：彭　涛　吴艳蜂

印　　刷：中国农业出版社印刷厂
开　　本：889×1194　1/16
印　　张：14.5
版　　次：2016年3月北京第1版
印　　次：2016年3月第1次印刷
书　　号：ISBN 978-7-5153-3163-8
定　　价：59.80元

本书如有印装质量等问题，请与本社联系　电话：(010) 50856188 / 50856199
读者来信：reader@cypmedia.com
如有其他问题请访问我们的网站：http://www.cypmedia.com.cn

前中心
连衣裙前中心

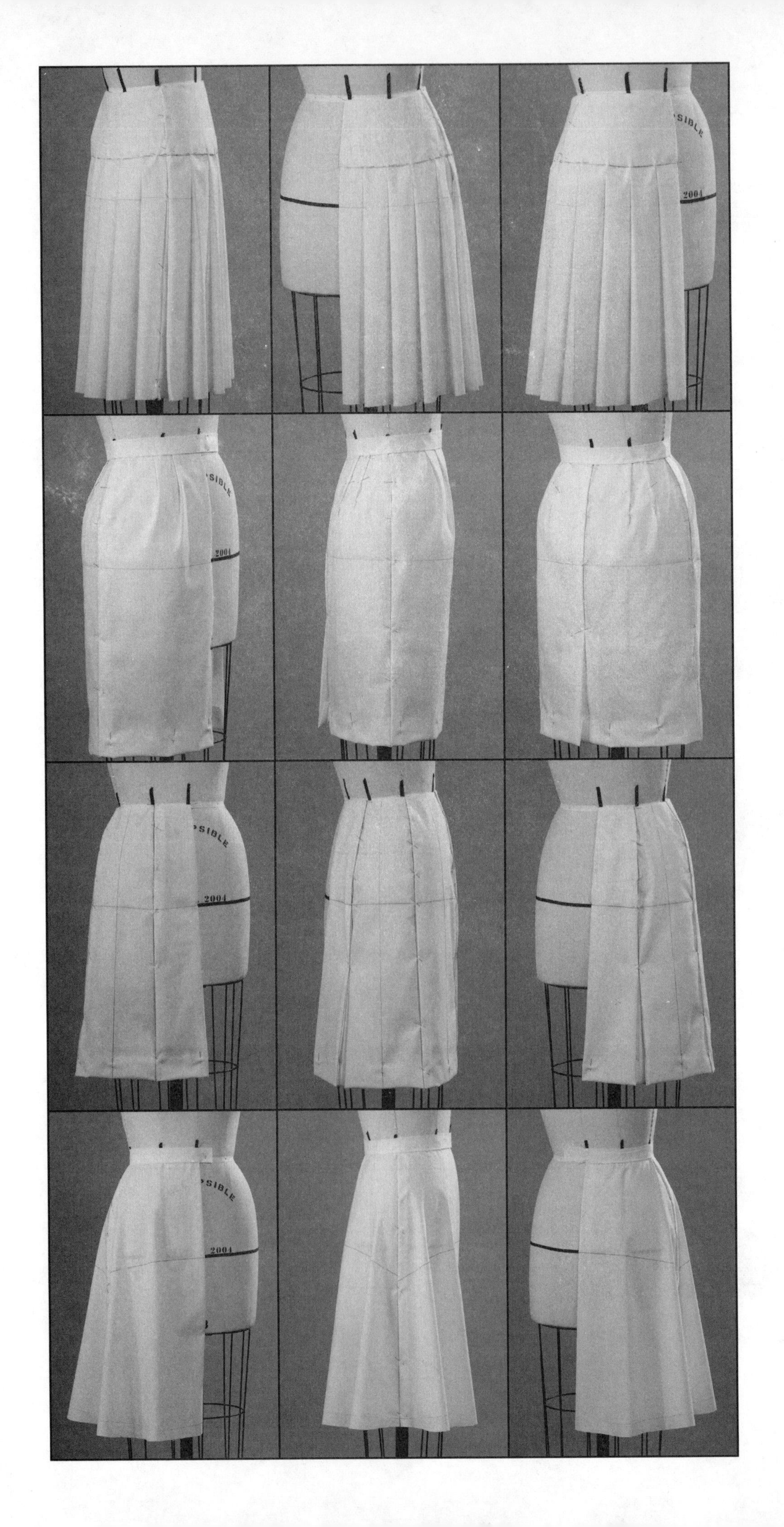

目录 CONTENTS

Chapter 6
袖子

Chapter 7
连衣裙

Chapter 8
服装效果图

附录

前言 PREFACE

这是一本将艺术表现与技术方法合二为一的综合性图书。本书既说明了时装设计步骤，又讲授了效果图绘画技法及款式变化。在书中，作者详细说明了时装设的计三个重要组成部分，即立裁、制板及效果图之间的关联，开辟了新的研究角度，具有较高的学习价值。

在以往的教材中，立裁、平面制板及效果图通常为单独学科。从设计时装到绘制效果图的过程中，将三者完整、统一的联系起来是一种快速、高效的设计方法。本书的目的在于，在设计师的设计草图与制作方法之间建造一座桥梁。在此书的每一章中，作者展示了时装设计所需要的综合技能，及二维平面与三维立体之间的转化。

在本书章节中，作者分享了实践教学的经验与以往不成熟案例的教训，通过课堂演示向读者展现出来。在立裁的教学展示中，以往只是用简单插图来进行说明。这种方法不能准确地描述面料的悬垂特质，本书每一步骤都以照片形式来记录操作过程，弥补了前者的不足之处。这种图像与实物的互相转换，为制图等后续工作提供了便捷之道。

书中为设计师制作样板提供了多种方法，由立裁或平面图的变换创造出时装款式的变化。比如，作者选用的基础原型，从立裁到制板再到效果图的方法贯穿全书。本书分章节展示半身裙、衣身原型、领线与领子、袖子及连衣裙的制图方法，这些方法也同样适用于男装和童装。

在每一章的最后　在第一、二、三、六章中，首先例举操作工具，介绍立裁方法，并提供了用平面制板的制作说明。在第四、五、七章中，分别展示了衣身原型、领线、领子和连衣裙及款式变化，并且这三章，首先介绍了更加适合多样化设计的平面制板法。比如，以羊腿袖为例的款式变化，平面制板的方法比立裁更为适用。

众所周知，灵感在先设计在后，最初的设计需要通过草图进行简单的表达。绘画基础知识贯穿整本书中，学习的重点是理解身体的曲线与服装的形式和比例。效果图着重表现了款式细节，起到了将制板的技术性与设计草图的视觉性相平衡的作用。在每一章中，效果图的绘制都以平面制板和立裁为基础，循序渐进地加以介绍，可以全面的表达丰富的款式变化。

在2003年，凯思琳 · 马乔（Kathleen Maggio）策划了唐纳德 · 布鲁克斯（Donald Brooks）的展览Designer for all Seasons。当布鲁克斯先生在帕森斯设计学院时装设计专业担任客座设计师时，凯思琳 · 马乔熟悉了他的工作。这位20世纪的设计师因其在时装界的非凡造诣及在第七大道取得的成功而闻名于世。本书作者在展览中受到了启发，汲取了对裙类介绍的灵感。在书中，即使是最基本的服装款式，布鲁克斯先生也从中这些设计中散发出对时装设计永恒的执着精神。第八章致力于效果图练习，专注于刻画设计细节。同时，第八章也描述了立裁、平面制板与效果图三者之间的关系，并从第二章到第七章选取服装图片为例加以说明。

致 谢

我们十分感谢提姆·马乔（Tim Maggio）提供的摄影技术支持，感谢佛瑞德·格罗斯（Fred Gross）为本书绘图及Wolf Form公司的大力帮助。我们感谢比尔·兰奇泰利（Bill Rancitelli）提供的纸样，及杰里·布鲁姆（Jerry Blum）和凯·布利克（Kay Blick）为唐纳德·布鲁克斯个人作品做出的努力。感谢Fairchild出版社的编辑奥尔加·康德齐亚（Olga Kontzias）、西尔维亚·韦伯（Sylvia Weber）、杰西卡·罗茨勒（Jessica Rozler）、贝丝·科恩（Beth Cohen）及其团队，帮助我们一起完成了这本书。我们认真接受出版社评论员，来自肯特州立大学的梅勒尼·卡里科（Melanie Carrico），马萨诸塞州艺术学院的安迪·陈（Andy Chan），俄勒冈州立大学的凯西·马利特（Kathy Mullet），德克萨斯大学-奥斯丁的阿提斯·雷韦茨（Artis Rewerts），旧金山州立大学的苏珊·L.斯塔克（Susan L. Stark）及太玛丽学院的桑德拉·坦茨（Sandra Tonz）的建议。我们还要感谢我们的学生，他们的积极性和创造性不断点燃我们对时尚的热情。

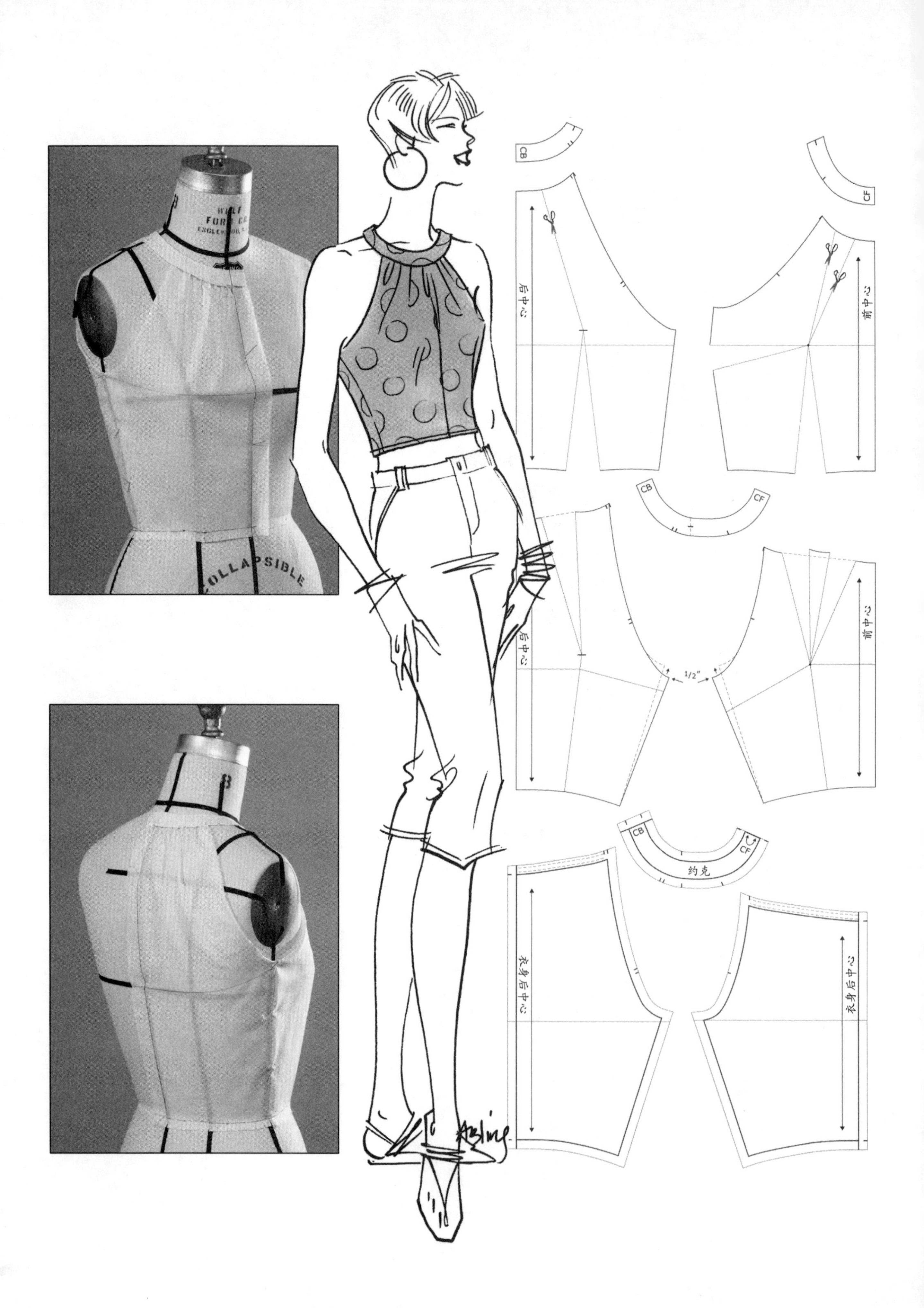

COLLAPSIBLE
CB
后中心
CF
前中心
CB
CF
后中心
1/2"
前中心
CB
CF
约克
衣身后中心
衣身后中心

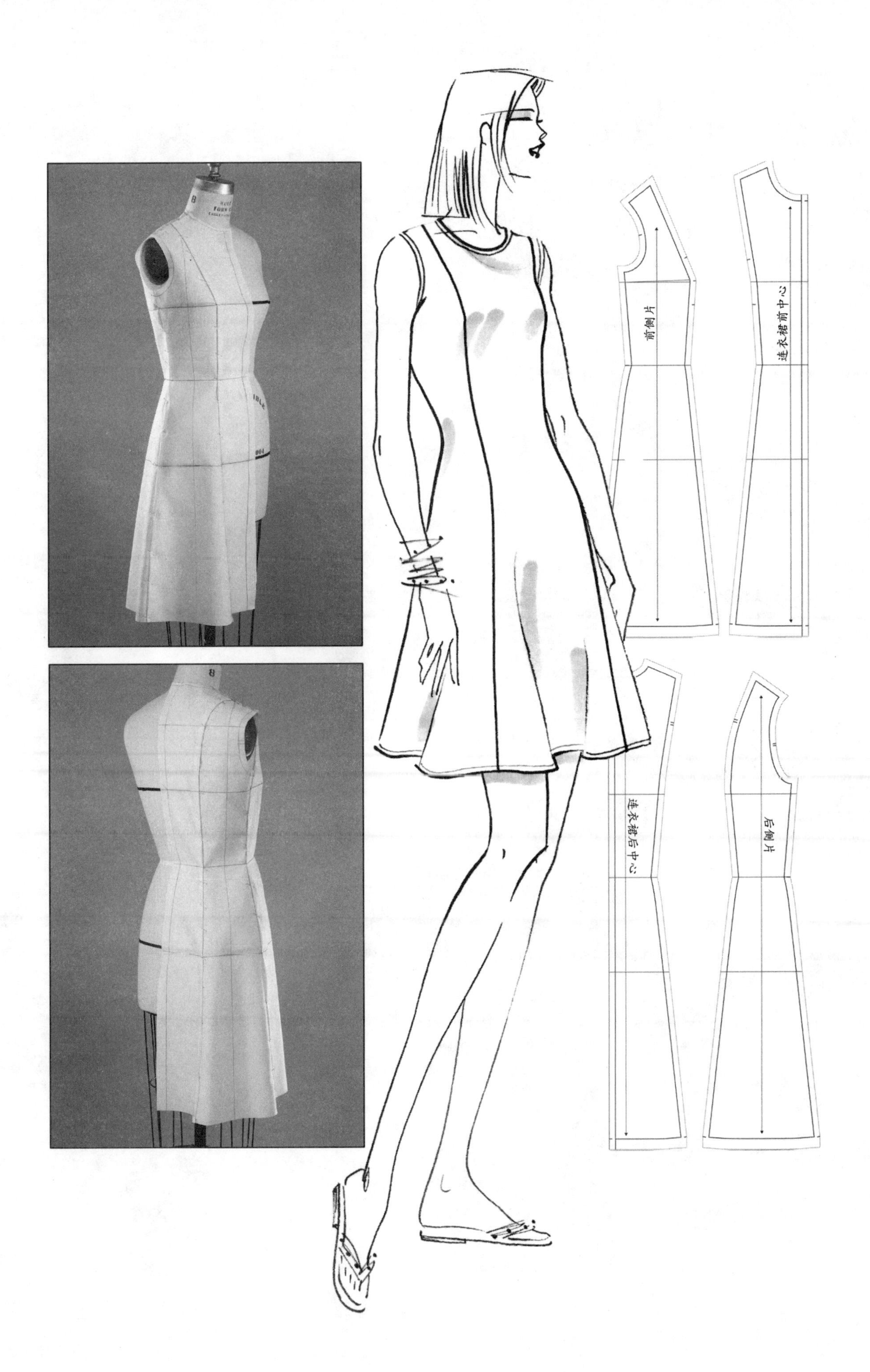
前侧片
连衣裙前中心
连衣裙后中心
后侧片

BOSTITCH
FORM CO.
WOLFORM Co.
LANCE
TRACING
PRO LAYOUT
MARKER
PARIS
DALE
MODEL 2002

1 工具和材料 TOOLS AND SUPPLIES

合适的工具、材料和技术是保证设计师通过草图、坯布将设计概念转换为服装实体的必要条件。工具和材料能准确地在立裁、平面制板和服装效果图中表达出设计师的想法。同样重要的是，设计师要十分了解制图符号及说明。我们从Wolf Dress Form公司得知，现在书本上的制图符号与工厂实际生产所用的符号是一致的（在本书后面提供）。本章内容涵盖了确定服装款式、调整款式结构及坯布准备方面的技能。在每章最后出现的人体模板包含了设计中的模特身材比例及实际人体的比例，可以用来描绘服装结构细节。这两种绘画风格在时尚行业起着至关重要的作用。

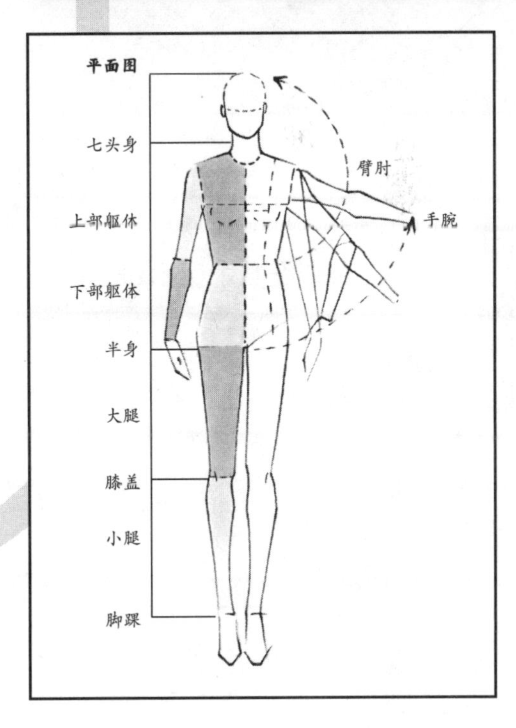

立裁：坯布

工具和材料

立裁工具

白坯布－中等厚度

斜纹带－$1/4''$英寸（约0.6厘米）宽

缝合工具

钉针－17号

手缝针

棉线

裁布剪刀

针包

测量工具

卷尺

直角尺

2英寸（约5厘米）×18英寸（约45.7厘米）透明塑料尺

1英寸（约2.54厘米）×12英寸（约30.48厘米）透明塑料尺

曲线板

刀尺

标记工具

铅笔

拓蓝纸

压轮

面料橡皮擦

工作台

台桌

熨烫设备

蒸汽熨斗

烫衣板

烫袖板

袖烫垫

烫包

烫布

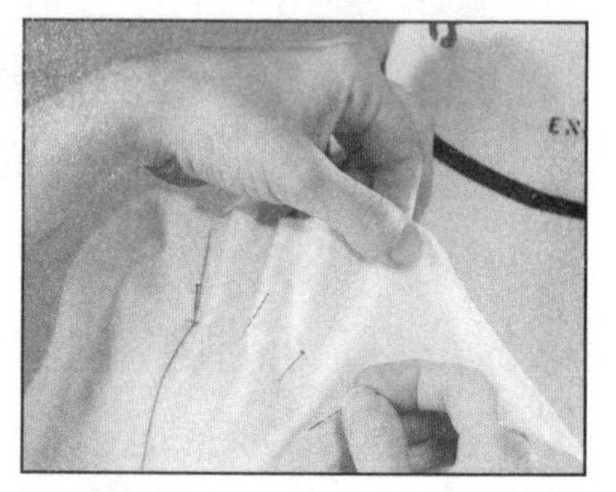

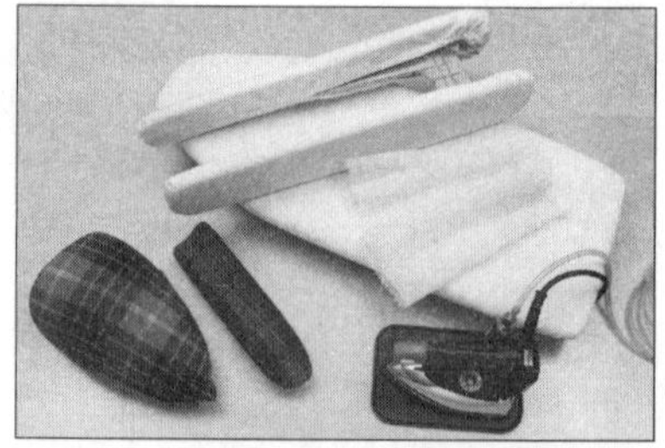

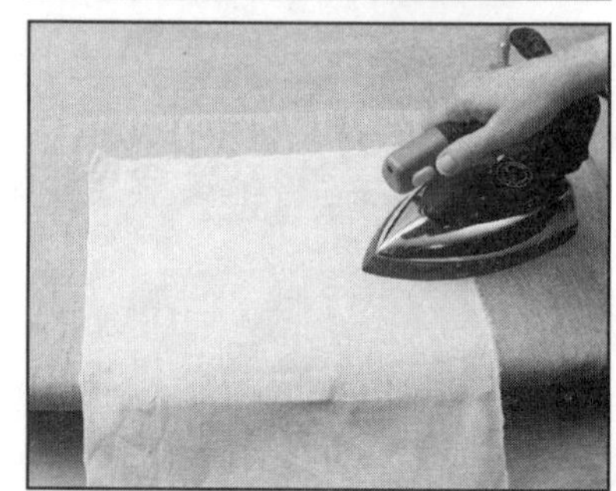

人台模型比较

服装效果图根据人体结构模拟出服装的廓型，并描绘服装细节。标准平面人体与服装效果图人体的区别在于服装效果图人体稍微拉伸了身长，强调了细长的躯干。

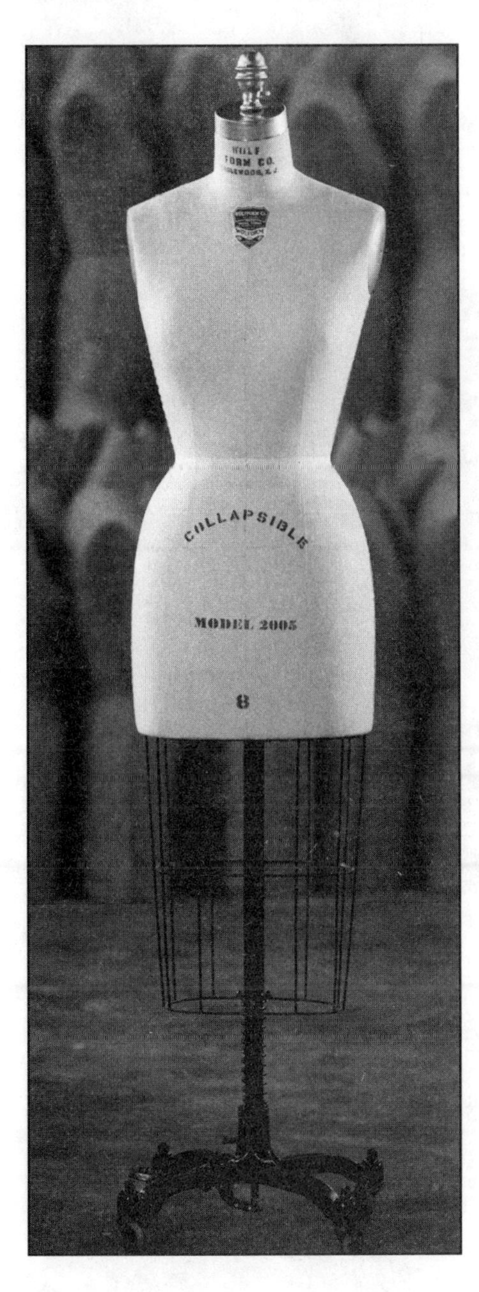

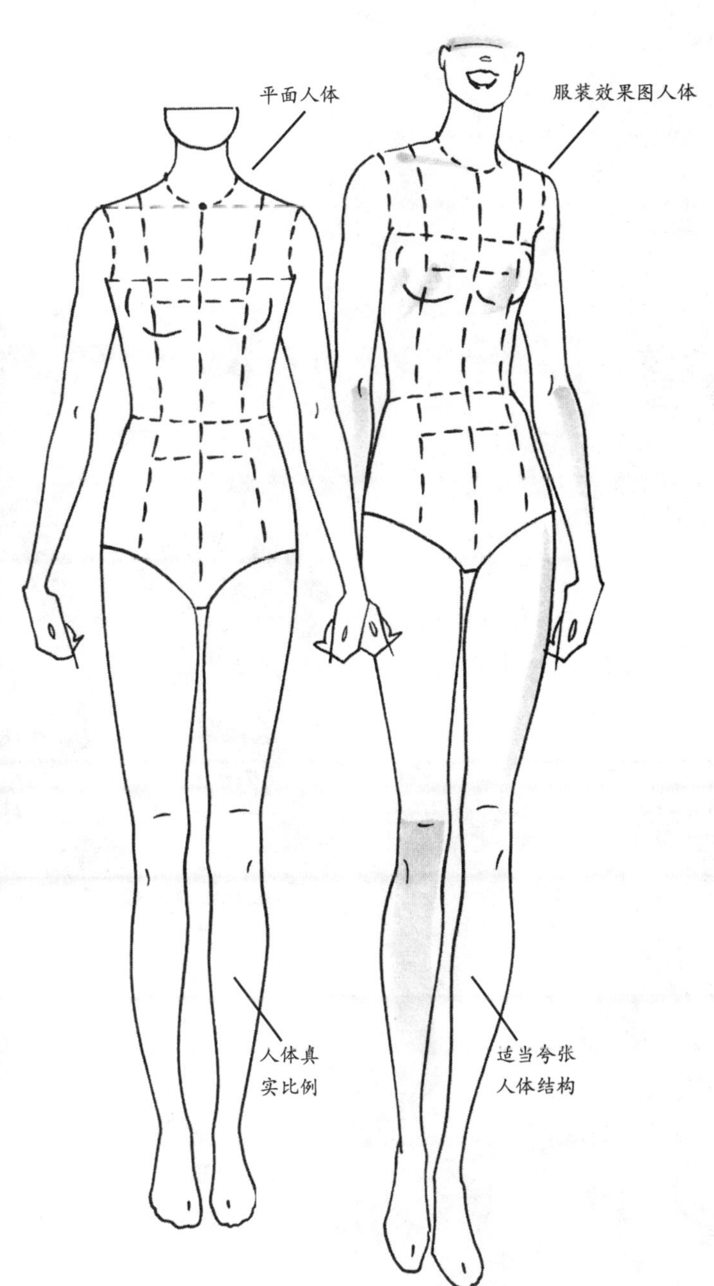

人台

学校和工作室的人台适用于设计运动装及休闲服。这种人台的手臂可以拆卸，方便服装塑形。此类人台的号型涵盖青少年、少女、成熟女性等年龄段及身材比例，也可以根据特殊人体三围进行构建。

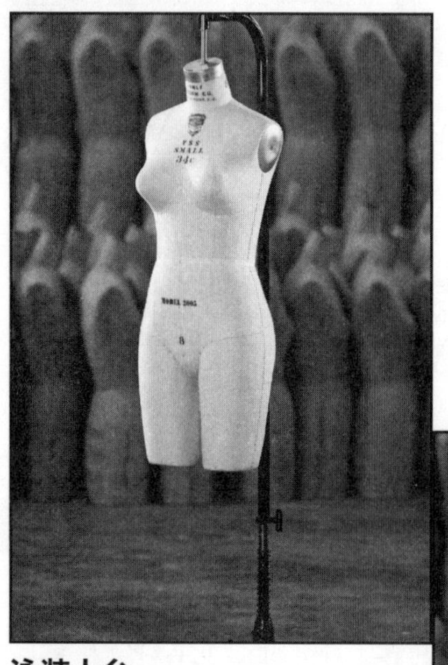

泳装人台

高度强调人体轮廓。这种人台是悬挂式的，所以面料可以覆盖到下半身的胯部和臀部。

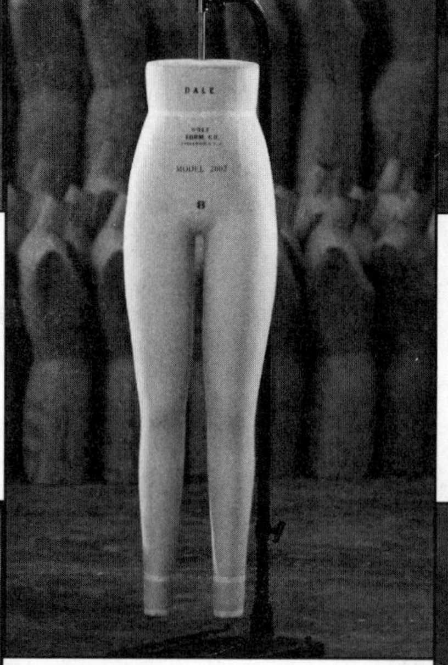

裤装人台

展示了人体的胯部和臀部。有的裤装人台只有一只腿模型，这样更加容易操作腿部内侧的褶皱设计。有的人台还可以调整臀部尺寸，来设计宽松舒适的板型。

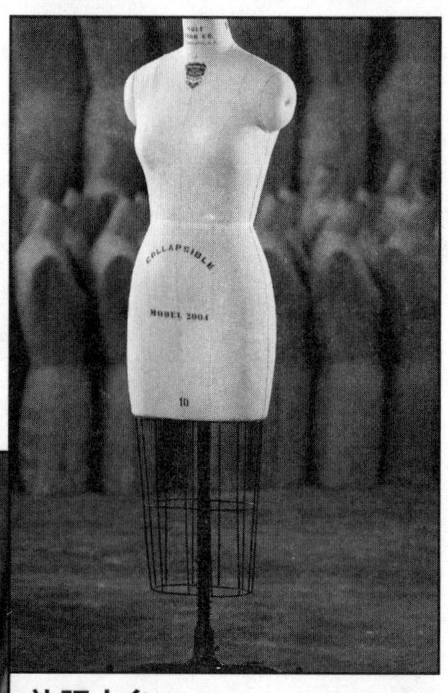

礼服人台

强调胸围和臀围，肩部加有垫肩。

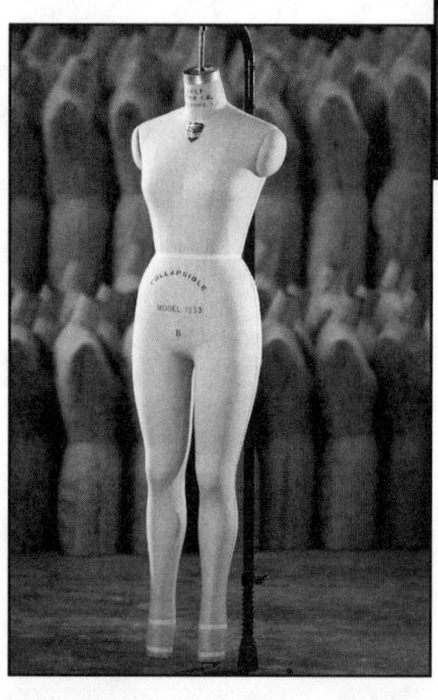

全身人台

适用于多种服装款式，如连体裤、高腰裤等。

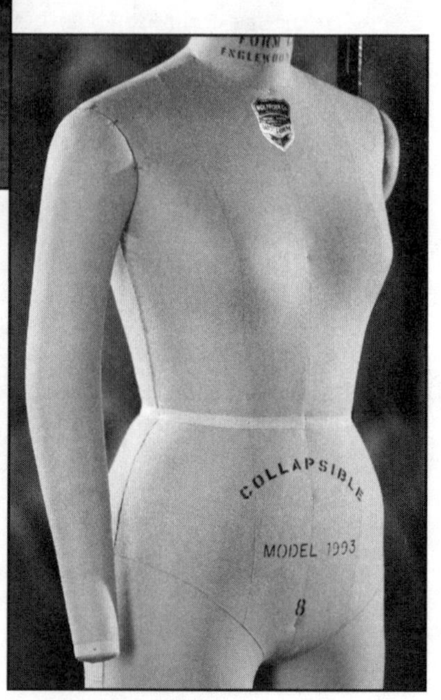

带手臂人台

为特殊款式配备了手臂模型，但操作不是很灵活。

立裁：坯布制板& 平面纸样

工具和材料

制板纸
服装制板纸，白色
描图纸，卷装

裁剪工具
剪纸剪刀

标记工具
自动铅笔
橡皮
复写纸
压轮

粘贴
透明胶带
图钉
固体胶水

测量工具
直角尺

工作台
木质桌面

纸张
标签纸

测量工具
码尺
直角尺
刀尺
曲线板

裁剪工具
纸样剪刀
美工刀
针尖式压轮
锥子

悬挂工具
挂钩
打孔机

工作台
桌面
桌垫

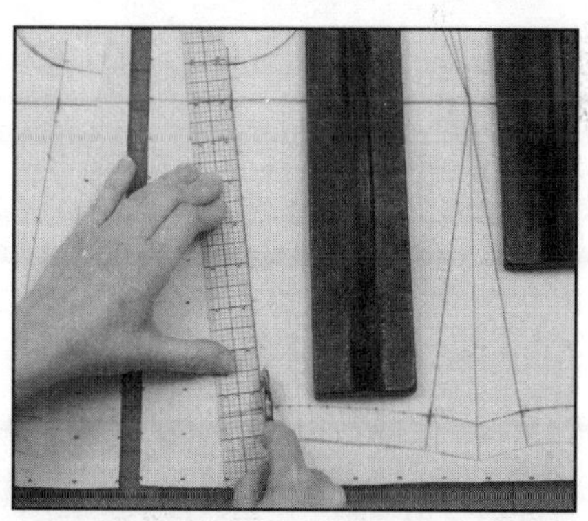

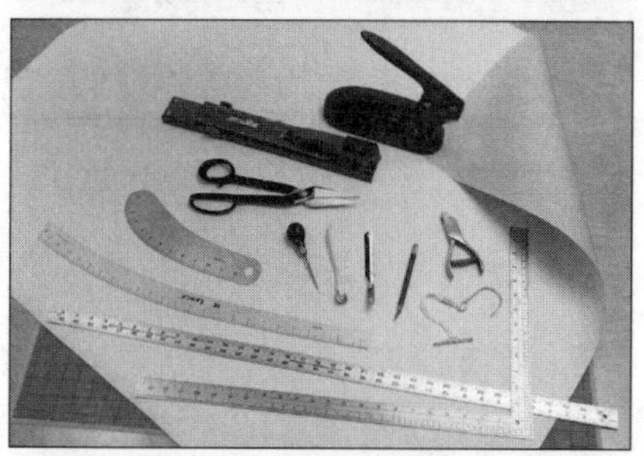

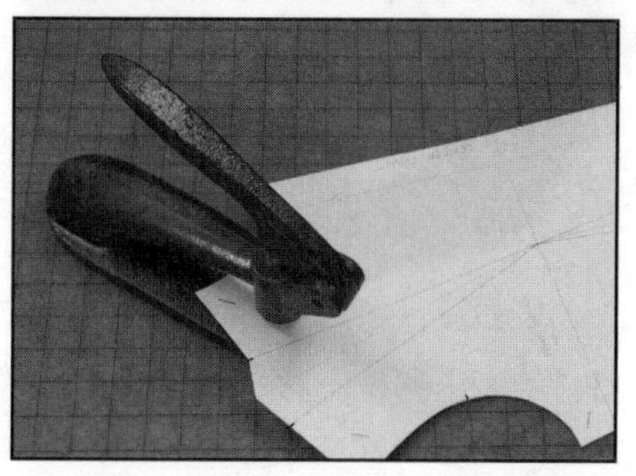

服装专业用语

省尖点 省道的端点，在立裁中也称为“消失点”。

臂板 人台手臂根上的金属板。板中间有螺丝钉固定在人台上。

斜丝 面料经纱和纬纱之间成45°角。

直角标记 拉伸坯布，经纬纱之间绝对垂直，在面料一角绘制出直角做标记。

女子衣身原型 女子衣身服装的最基本款式。

胸围线 水平绕胸一周的维度。

胸点 乳房最饱满的尖点，也被称为“胸高点”。

纬纱 纱向与经纱垂直，与经纱相比稍有弹力。

十字标 标记在接缝线和各部位的接口处。

周长 绕人体特定部位一周的长度。

款式图 根据真实的人体比例，参考服装结构细节绘制出的设计图，也称为“平面图”。

省道 根据设计，在面料上消除服装结构上多余的部分。由两条具有一定角度的线组成，两线交点为省尖点。

立裁 通过三维立体造型的方法制作出合体的服装。

平面制板 在二维平面上，根据人体标准尺寸绘制出服装结构图。

女装人台 根据真人标准尺寸建造的人体模型，模型内填充软料便于立裁时用钉针固定面料。

富余量 富余的面料，如用在肩部做垫肩或臀部的放量等。

贴边 衣服的缝份有贴片覆盖，做净边处理，如领口和无袖服装的袖窿等。

平面工艺制图 平面工艺制图在二维平面上标明所有缝迹线的位置、省道、设计细节和服装结构线，使设计更加清晰。

卷尺 规格为1/4英寸（约0.6厘米）×24英寸

（约61厘米）可任意弯曲的测量工具。

抽褶 通过调整缝纫线的针迹长度来控制褶量。

纱向 织物上横向和竖向的布丝。经纱方向的布丝韧度较高，弹性最低。纬纱韧度较低，但有少许弹力。一般来说，服装的前中心线和后中心线是按照经纱方向裁剪的。

臀围线 沿人体臀部水平方向测量一周，一般在腰围向下7英寸（约17.8厘米）至9英寸（约22.8厘米）的位置。

刀尺 用来绘制腰围线到臀围线的尺子。

省中心线 当省道合并时，在省尖出现的角平分线，这就是省中心线。

开衩 多出现在短裙边缘，方便迈步行走。

经纱 织物上与纬纱方向垂直，有较高强度。

白坯布 白色的织物，是立裁中制作样衣等的试验面料。

领围板 人台最顶端的金属板。在制作原型衣或连衣裙等样衣时，需要从领围板开始测量所需坯布长度。

剪口 缝迹线对合标记，也用来区分面料的正反面。

标签纸 用于绘制服装的尺寸样板，绿色底面。

平行线 与缝迹线相平行的标记线。

垂线 与缝迹线成90°角。

公主线 是人体中线与侧缝线之间的分割线，通常通过胸点。省道一般隐藏在公主线中。

缝份 裁片边缘，不同裁片的缝份对齐才能缝纫。

布边 出现在面料边缘的净边，没有多余的经纬纱露出。

破缝线 可以使服装更加立体。当纸样破缝后，每片可以得到特定的人体尺寸。破缝线可以隐藏省道或缝纫线。

样板 有立裁和平面制板两种制作方法；在打板纸上更容易绘制样板轮廓。可以有多种款式变化。

记号缝 用于标识的人工手缝线迹，面料正反面均可见。

压轮 用来在白坯布或打板纸上标记板型线迹，使用时要在纸样与面料之间放置复写纸。

校准线 样衣制作完成后用校准线检测样衣制作是否正确、完整。

褶裥 与省道相比，褶皱使服装款式看起来更加多变和丰富，适用于款式的局部。

斜纹带 $^{1}/_{4}$英寸（约0.6厘米）宽的编织纱带，作用是在人台上标记人体的位置线。

腰围线 人体衣身最细部分，是上衣与裙子的分界线。

锁缝针脚 采用手针的方式，在服装边缘处缝制一排斜角针。

立裁

白坯布

薄型白坯布布纹比较稀松，质地透光，很好辨认。常用于制作立裁样衣及贴身服装等。

中型白坯布质地较紧密，薄厚适中。在立裁中塑形性很好，为服装立裁的通用面料。

厚型白坯布用于制作强调廓型的服装，如夹克和大衣等。

坯布准备

1 选择薄型或中型坯布。

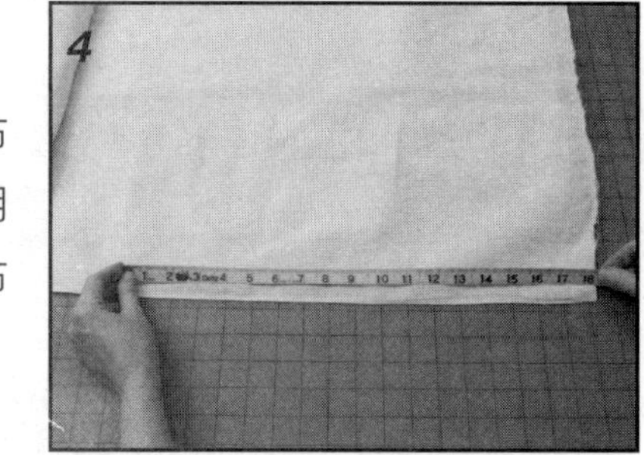

2 如图2a所示，找到坯布的布边；照图2b所示用剪子打出剪口，然后将布边撕下。

3 将坯布的另一边也做裁剪布边处理。

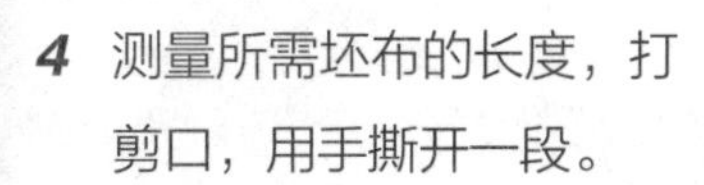

4 测量所需坯布的长度，打剪口，用手撕开一段。

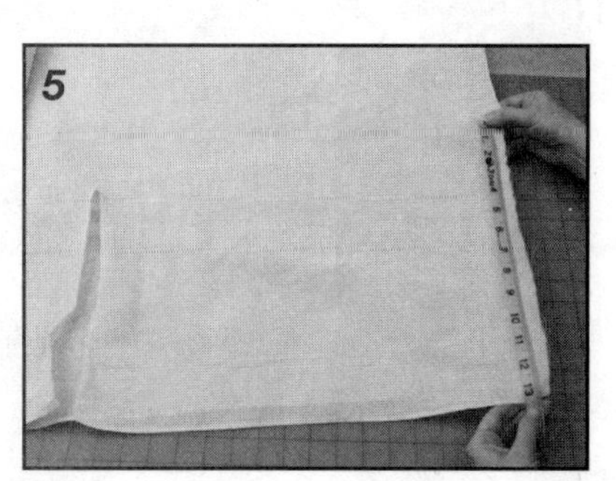

5 测量坯布宽度。

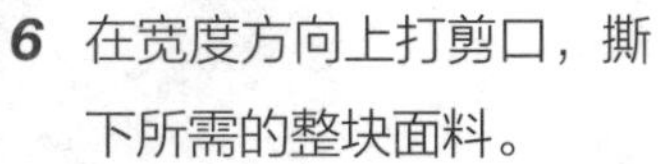

6 在宽度方向上打剪口，撕下所需的整块面料。

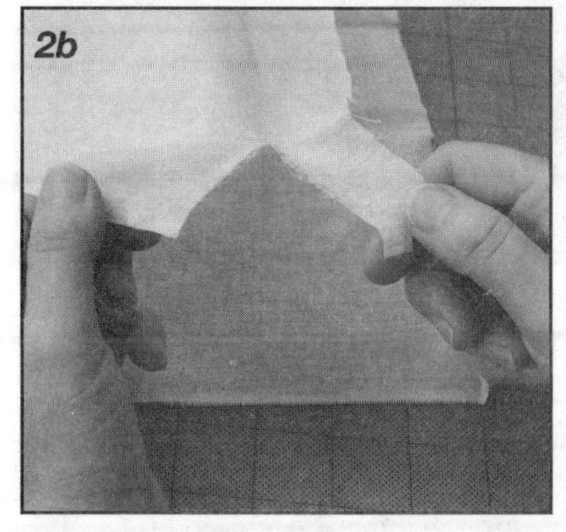

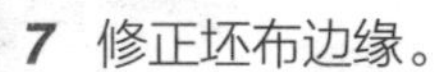

7 修正坯布边缘。

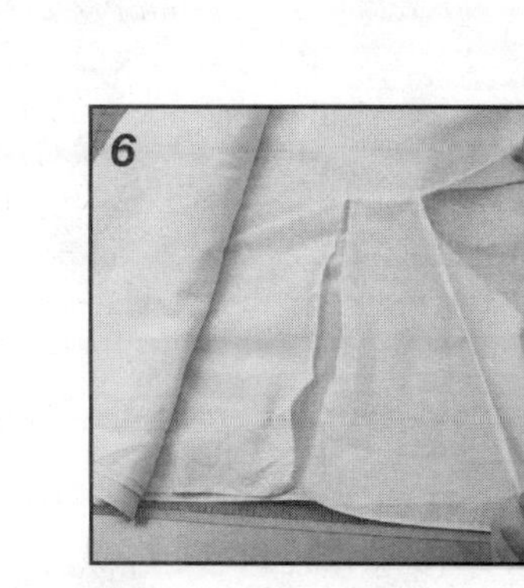

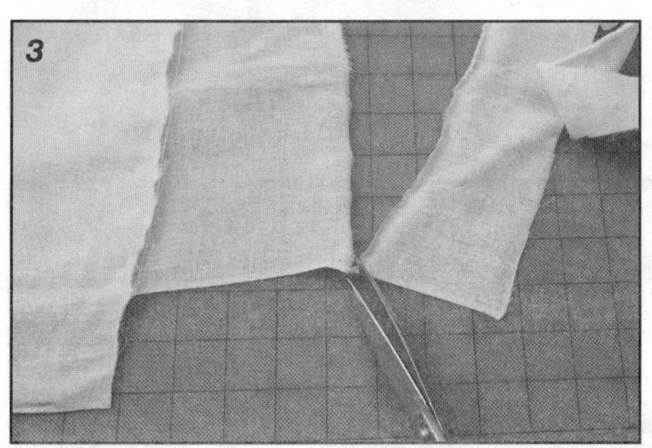

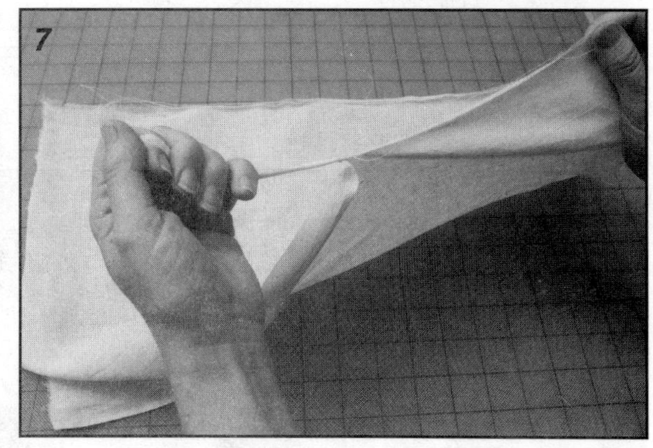

立裁

整理坯布

1 坯布刚被撕开，边缘经纬纱需要校直。

2 沿45°角斜向拉伸坯布两角，直到经纬纱互相垂直。

3 整理坯布四角。

4 用直角尺检验坯布四角是否呈直角。

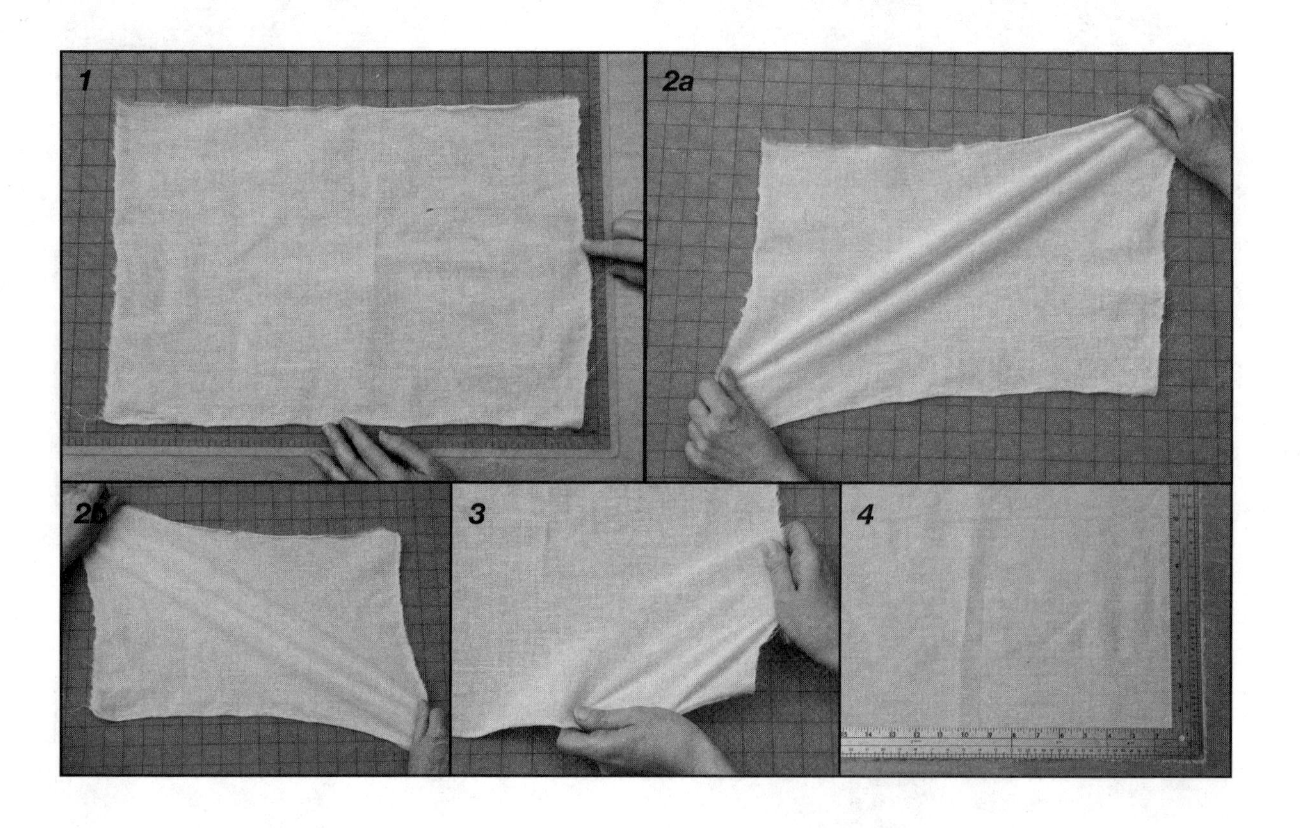

熨烫

1 沿纬纱方向熨烫卷起的坯布边缘。

2 沿经纱方向熨烫，直至坯布完全平顺帖服。

3 准备待用。

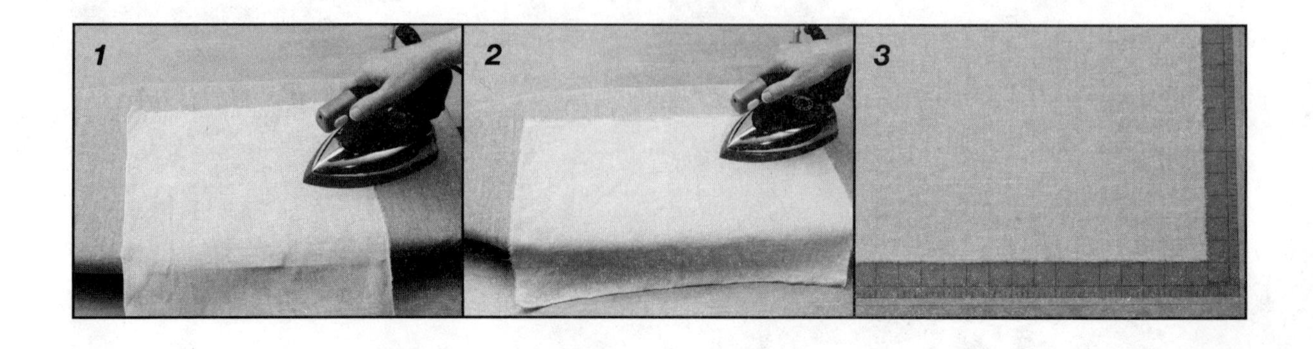

标记坯布

1 沿经纱方向在边缘量取1英寸（约2.54厘米），用铅笔绘制出一条横线。这条线标记的是服装的中心线。

2 参照横线，用直角尺标记出纬纱线。

注意：在测量过程中，纱线可能被拉伸。且坯布反面也要能够看见步骤1、2做出的直线。

3 准备待用。

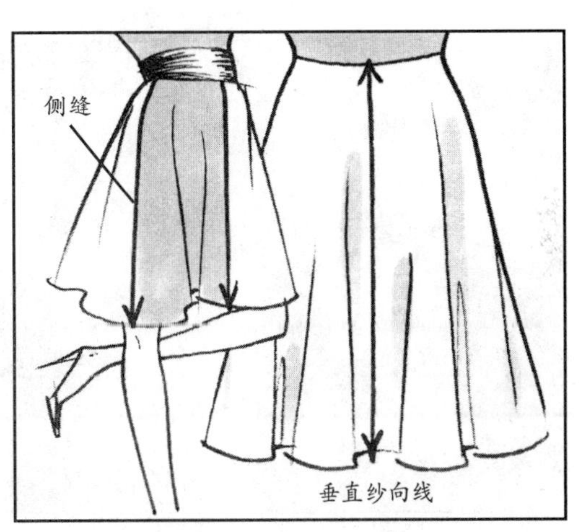

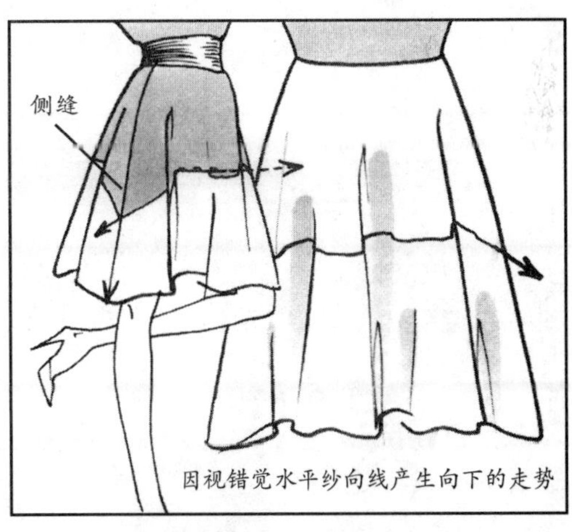

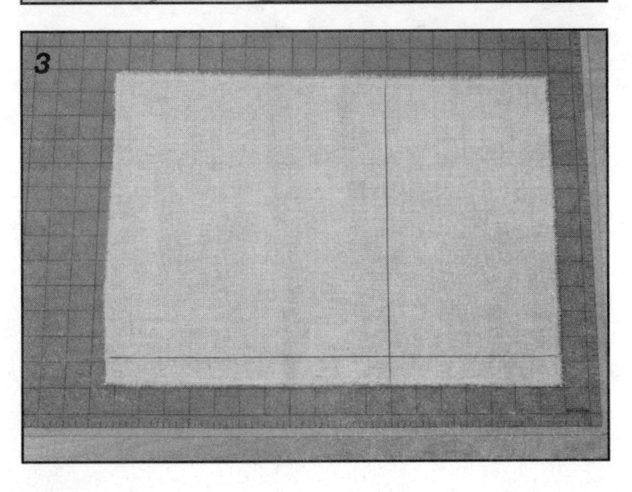

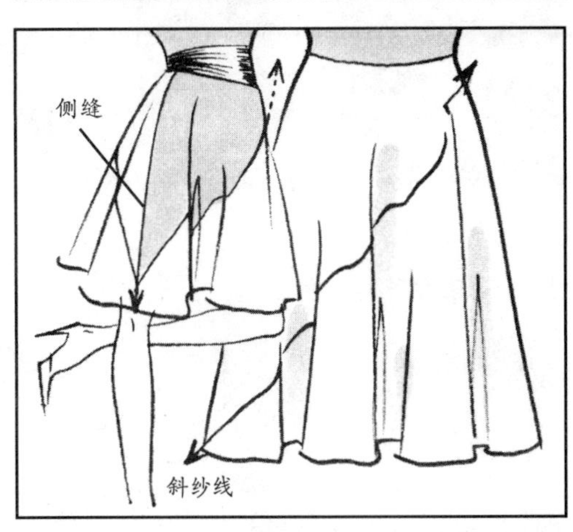

立裁

人台标记线

胸围线

1 将斜纹带固定在人台胸围最丰满处的一侧。这段距离的斜纹带在人台中心线上，用钉针固定。

2 将斜纹带在胸围最丰满处的另一侧固定，将两胸点间的斜纹带拉平。

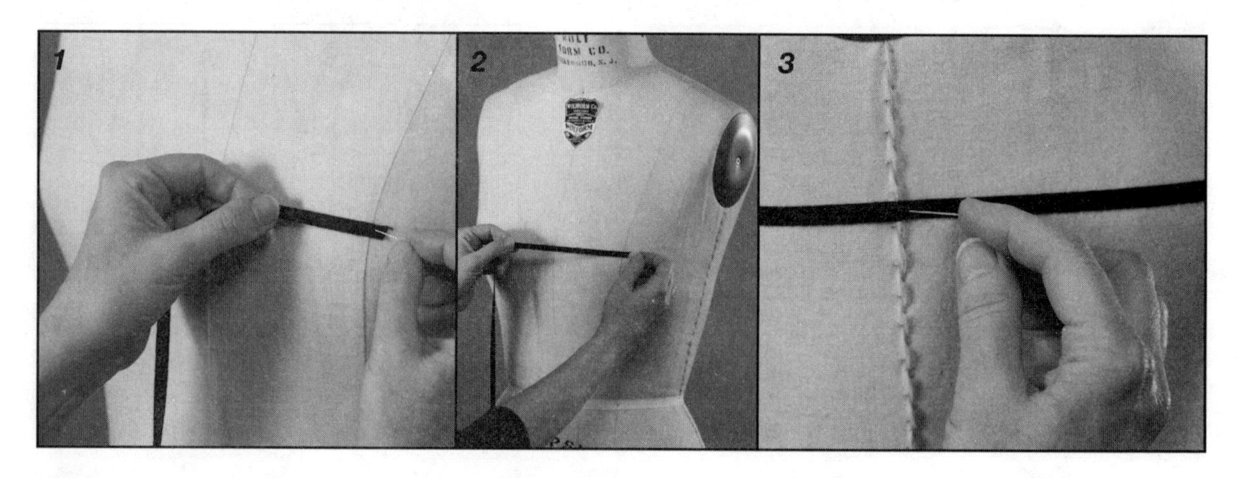

3 斜纹带上的钉针斜插在人台上，将钉针全部插进人台内，只有钉头露出。

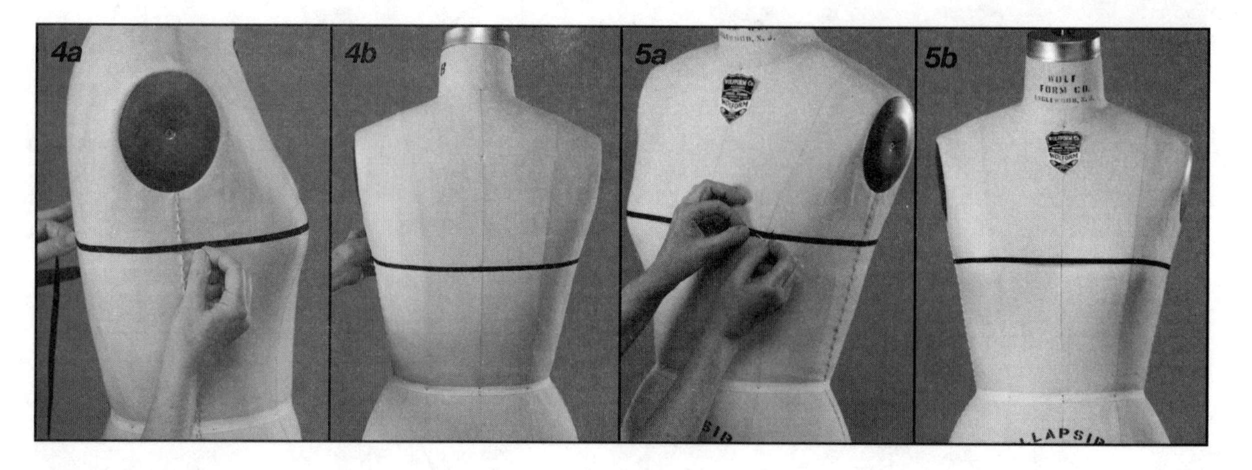

4 斜纹带沿水平方向绕胸围一周，用钉针固定。

5 剪掉多余的斜纹带。

臀围线

1 从腰围线向下量取8英寸（约20.3厘米）。

2 从前中心线开始钉斜纹带。注意：用钉针固定

3 斜纹带沿水平方向绕臀围一周，用钉针固定。

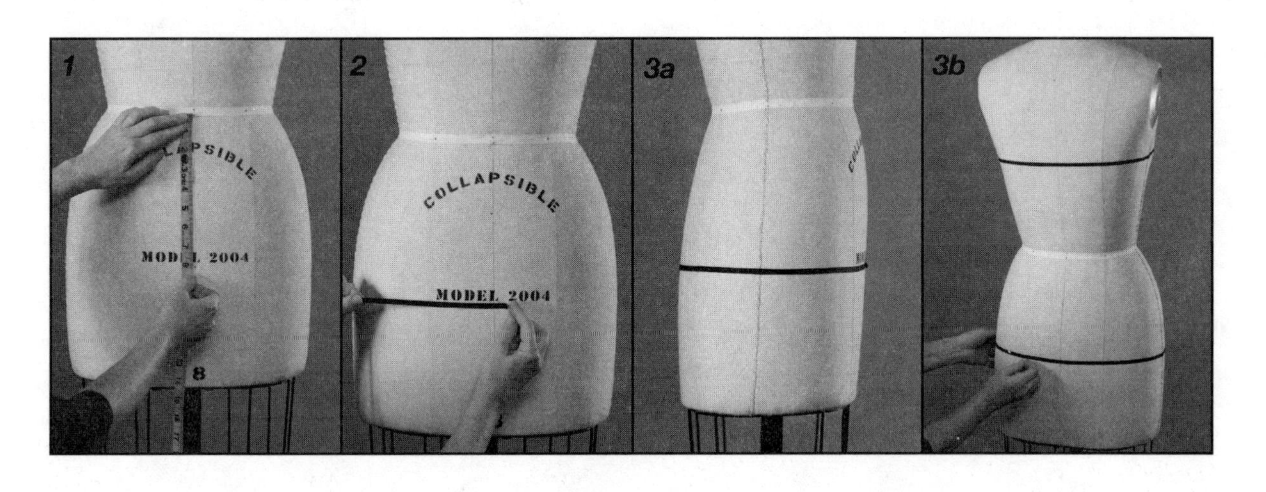

人台

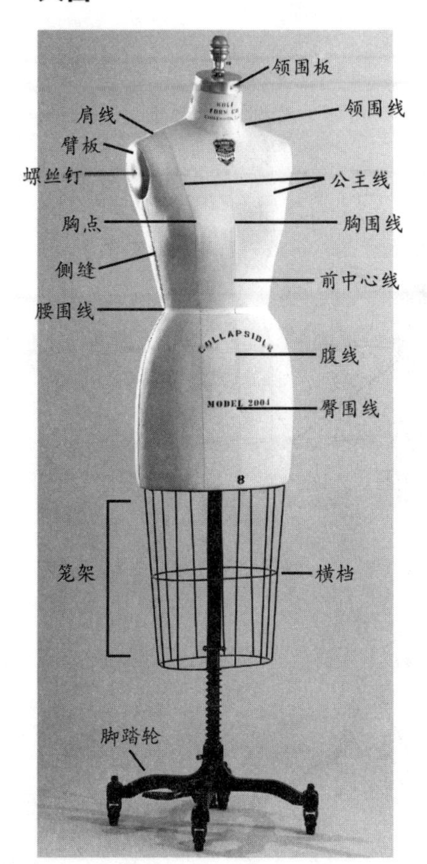

绘制标记线

简单地标出人台水平标记线位置，它可以帮助你在垂直的人体上勾勒出基本廓型。注意人台上的竖直标记线是等距离分布的，所以水平标记线之间也要平行等距排列。

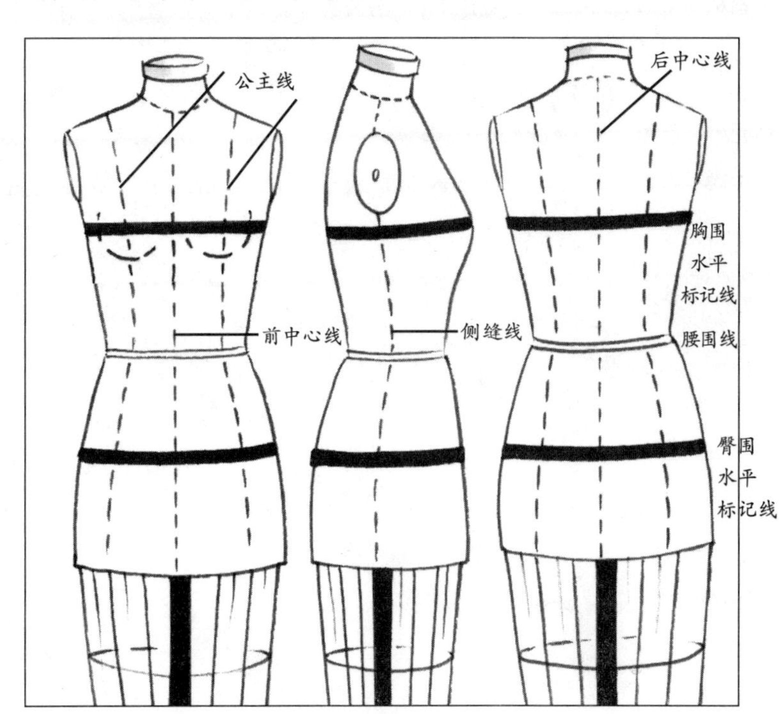

图标说明

裁剪

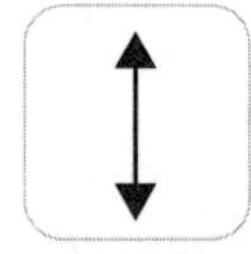
经纱

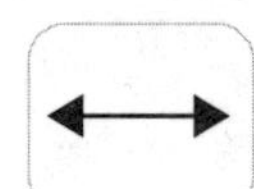
纬纱

经纱方向连裁

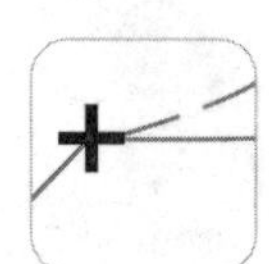
十字标

剪口

前中心

后中心

SS
侧缝

SF
前侧

SB
后侧

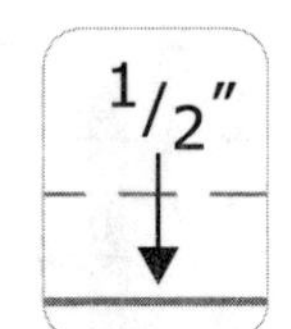

换行线

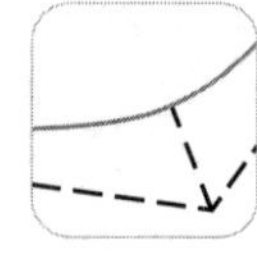
辅助线

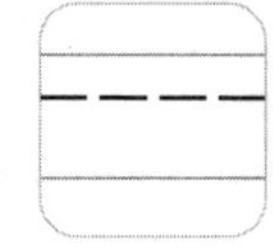
折线

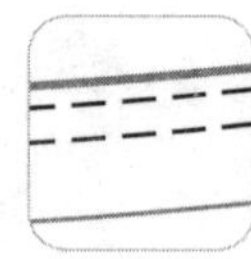
缝纫线

省裥

裁片数量

口袋位置

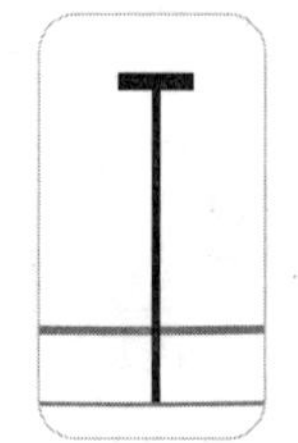
女裙开衩

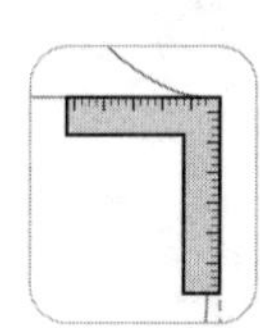
直角线

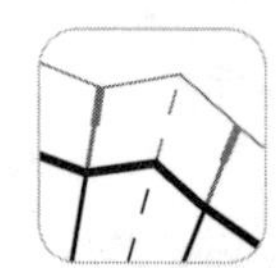
省中心线

省尖点

服装效果图

佛瑞德·格罗斯摄

工具和材料

纸张

9×12描图纸

9×12马克纸

9×12 Bleedproof品牌绘图纸

铅笔

2H硬铅笔，用做浅色勾线笔

2B软铅笔，用做深色勾线笔

黑色彩色铅笔

钢笔

细尖黑色墨水笔（绘制外轮廓线用）

超细尖（.005）黑色签字笔（绘制线迹用）

橡皮

可塑橡皮

橡皮笔

卷笔刀

双孔式

补充

人体模特书籍，如比纳·艾布林格（Bina Abling）所著的《时装人体绘制》（Model Drawing），Fairchild出版社（2003）

绘制平面人体模特

平面或速写人体没有固定的人体姿势，都是根据实际情况和需求来确定的。服装效果图中的人体模特是表现时装廓型、结构的载体，所以人体姿势的摆动并不固定。有的人体姿势会突出表现服装的特殊缝迹线、省道及其他塑形细节。

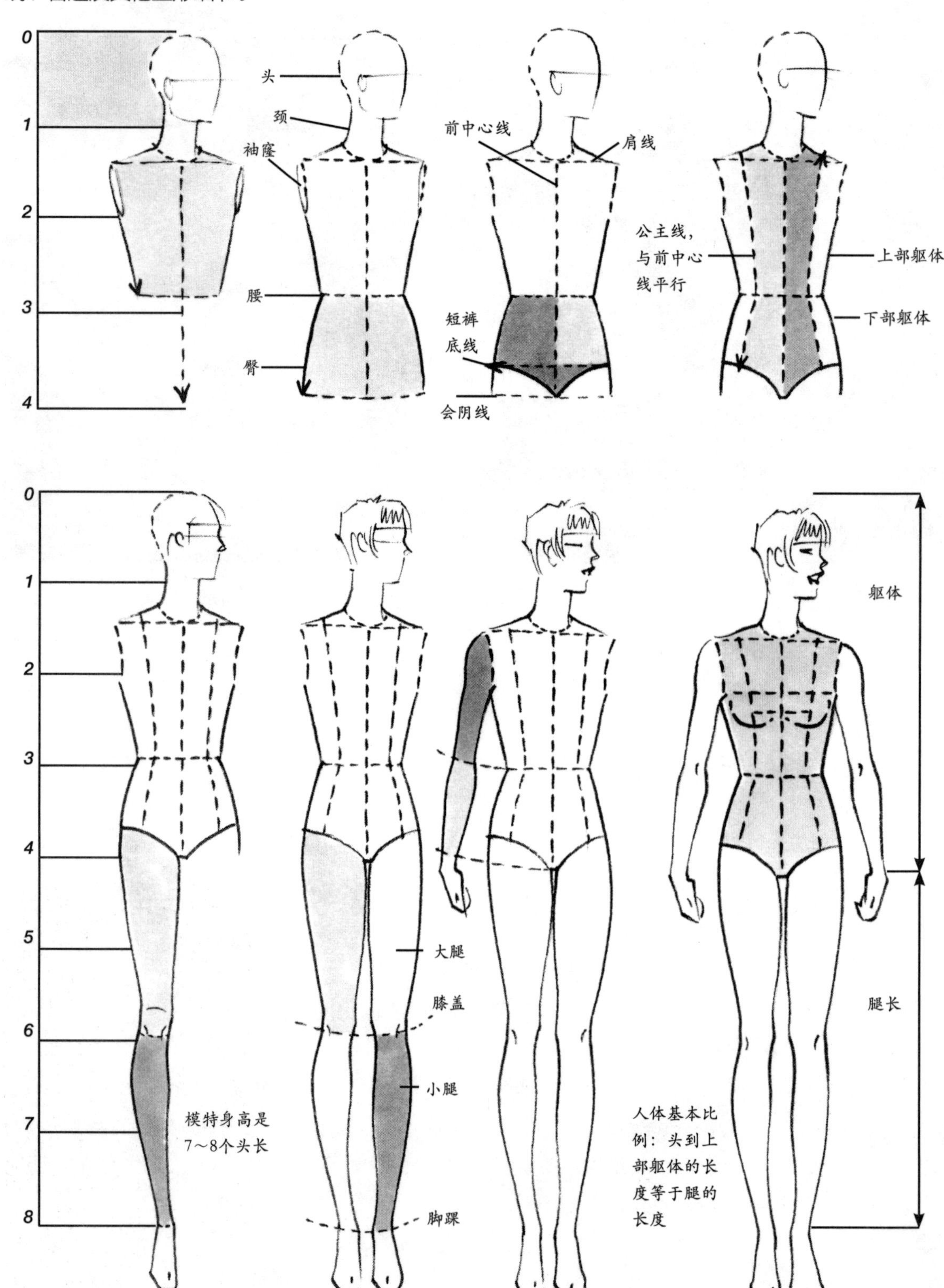

时装人体与平面人体之间的比较

本页着重介绍因追求视觉效果被拉长的时装画人体及实际平面人体之间的差异。

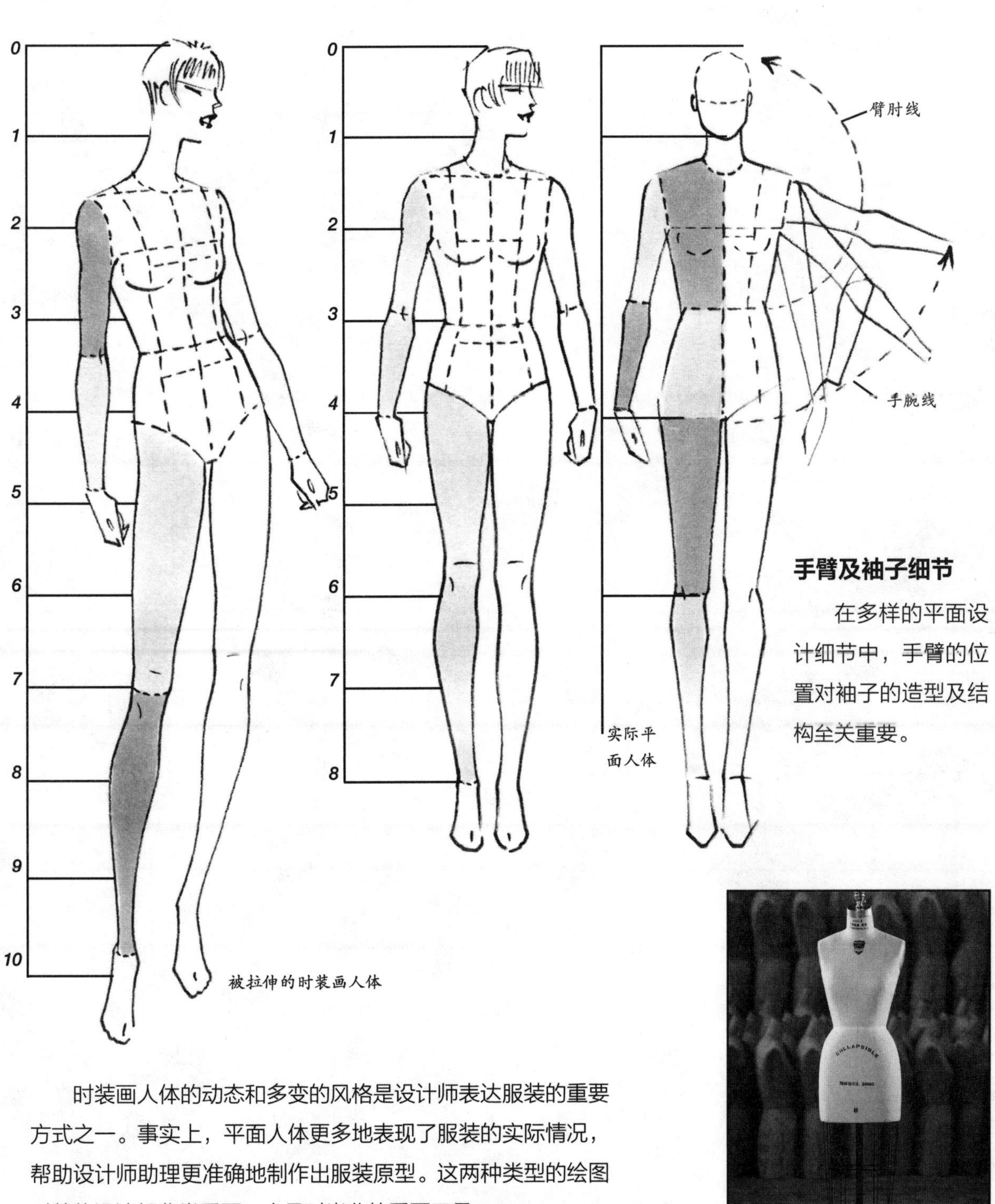

被拉伸的时装画人体

手臂及袖子细节

在多样的平面设计细节中，手臂的位置对袖子的造型及结构至关重要。

时装画人体的动态和多变的风格是设计师表达服装的重要方式之一。事实上，平面人体更多地表现了服装的实际情况，帮助设计师助理更准确地制作出服装原型。这两种类型的绘图对整体设计都非常重要，也是时尚业的重要工具。

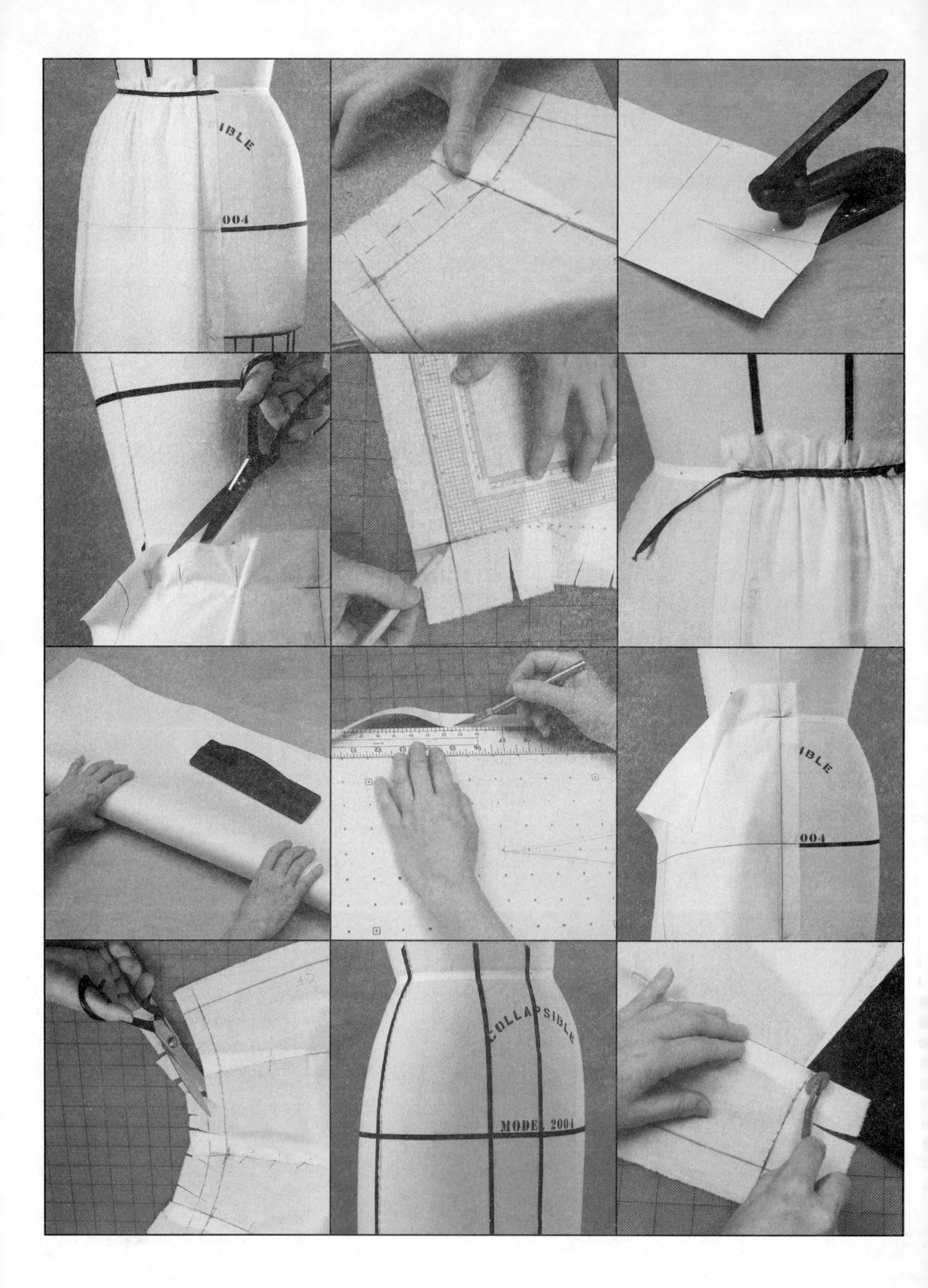
IBLE
004
IBLE
004
COLLAPSIBLE
MODEL 2004

2 半身裙 SKIRTS

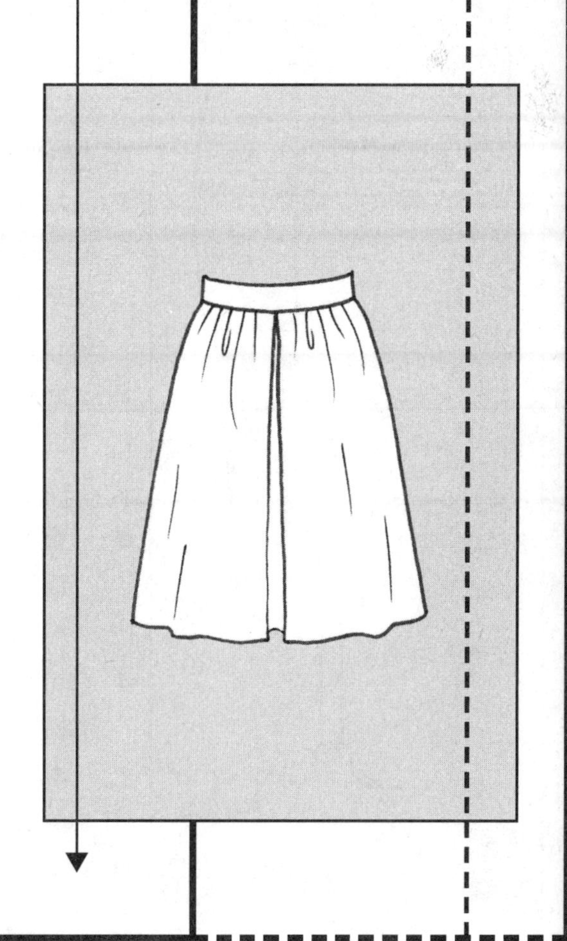

设计最简单的短裙廓型，一开始需要通过立裁来制作样衣。在标记和固定白坯布后，设计师要校准缝纫线。校准的方法是使缝纫线两边对齐。然后将白坯布转移到制板纸上，再用标签纸制作服装尺寸样板或服装原型，这样可以更加容易地变换服装廓型和款式。

本章节示范了如何使用服装样板变换出五种半身裙款式。大家可以通过增加、删减或转移省道来创造服装结构。缝迹线、褶皱、约克、贴边装饰、口袋和腰带等的变化都包含在本章中。服装效果图贯穿在整个章节中，与平面人体（也可以叫做款式草图）及半身裙的多种廓型图片一起构成本章内容。

半身裙立裁

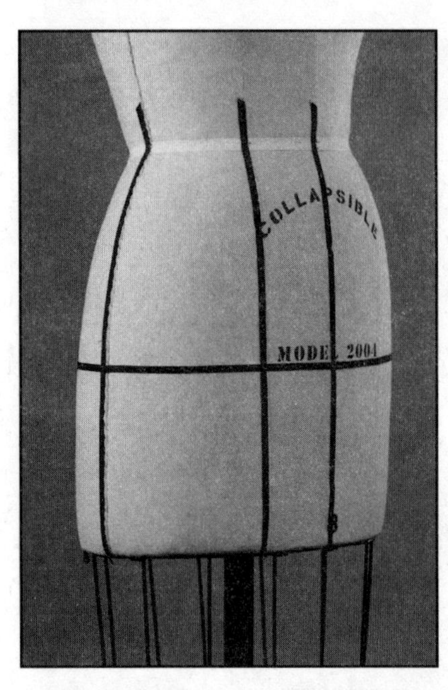

贴半身裙标记线

- 腰围线向下8英寸（约20.3厘米），水平方向绕臀围一周为臀围线。
- 前中心线和后中心线
- 公主线

注意：半身裙底摆线上不要贴标记线，用钉针侧插固定。

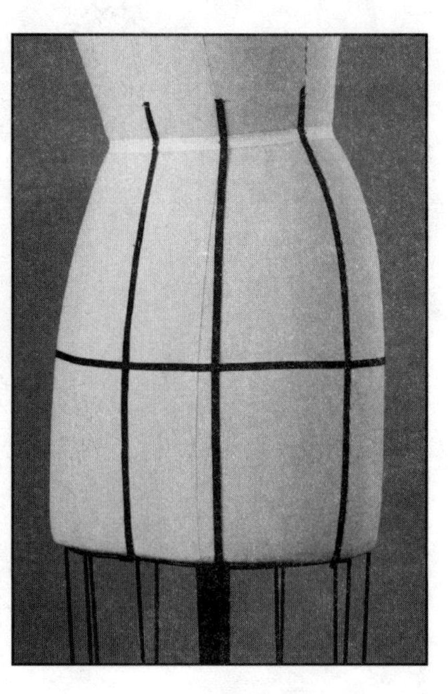

前片白坯布准备

1 **前长：**测量从腰围线到人台笼架第一横档的长度。再增加3英寸（约7.6厘米）的缝份和包边。

2 **后长：**水平测量从臀围前中心线到侧缝线的长度，再增加3英寸（约7.6厘米）的松量和缝份。

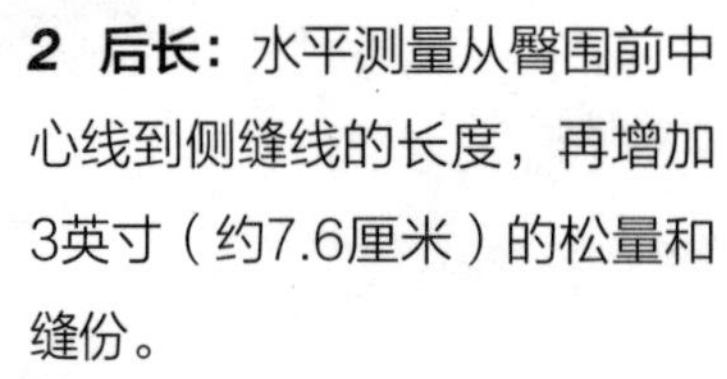

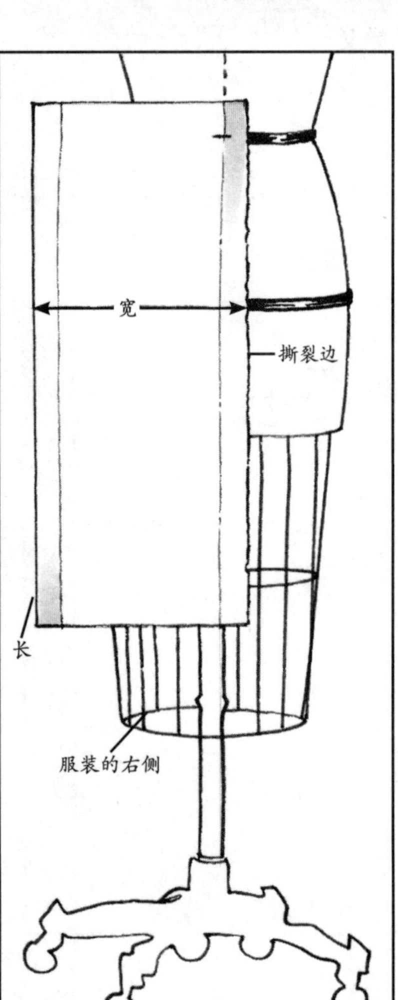

标记白坯布

1 从经纱方向的裁边量取1英寸（约2.5厘米）的宽度，绘制出与经纱裁边平行的前中心线。

2 从前中心线向下量取1英寸（约2.5厘米），标记出腰围线。

3 以臀围线为基准，从前中心线到侧缝方向量取1英寸（约2.5厘米）。

4 增加1/2英寸（约1.27厘米）的松量。在臀围线的侧缝做十字标，绘制出平行于前中心线的侧缝线。

注意：有一半白坯布一直处于悬挂状态，位于立裁服装的右侧。

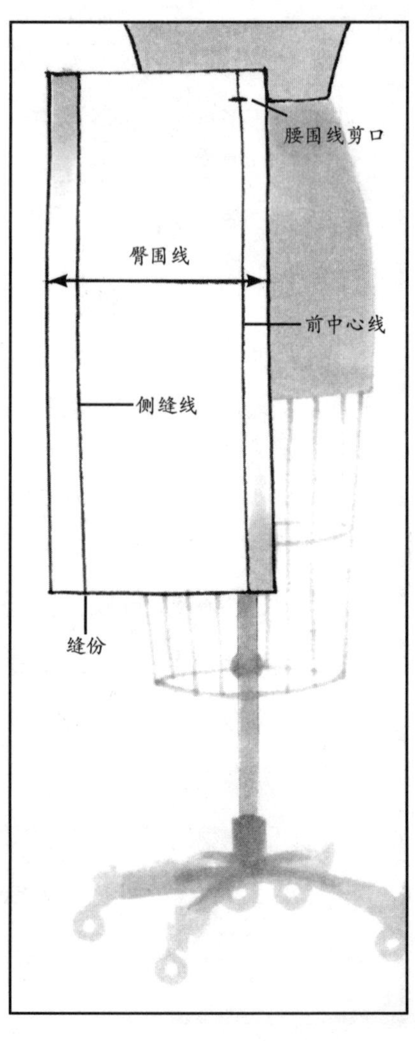

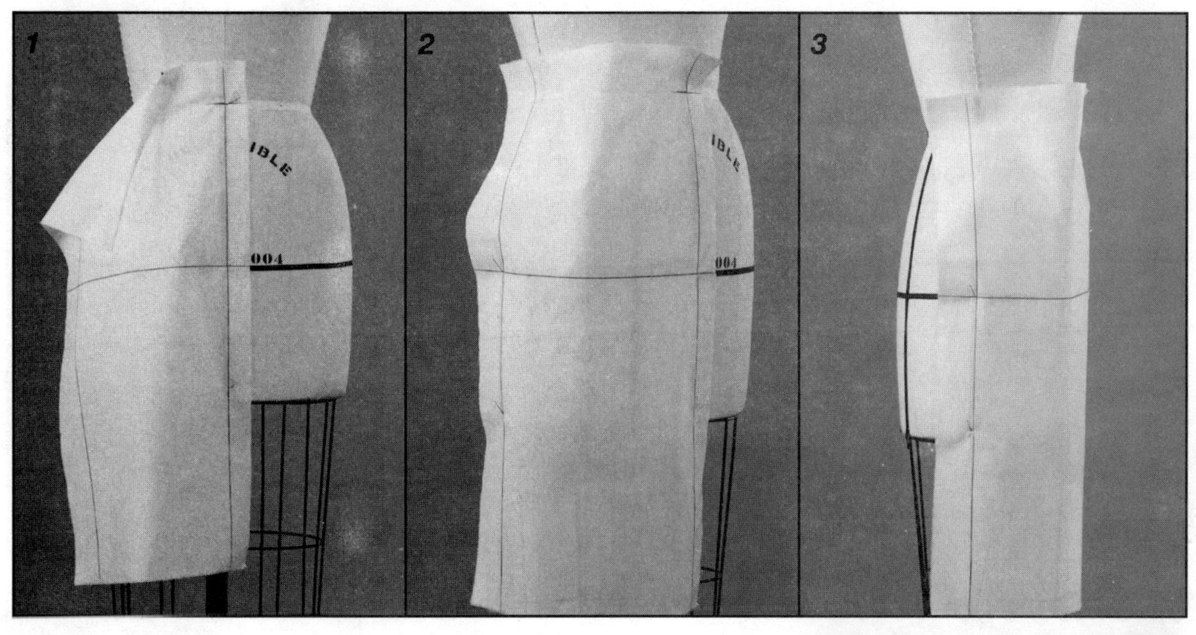

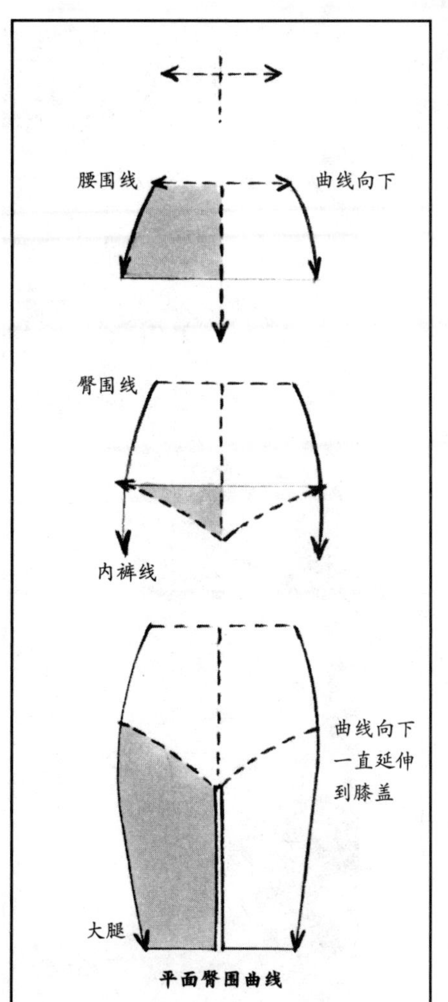

立裁半身裙前片

1. 在白坯布上用胶带标记出半身裙的经纱和纬纱方向。在腰围线、臀围线和前中心线这些地方用钉针将白坯布固定在人台上。
2. 用钉针在臀围线侧缝和人台底部处固定白坯布。
3. 将白坯布向腰围处铺平，沿侧缝向后腰围方向取1英寸（约2.5厘米）用钉针固定。
4. 在臀围线处放些松量并用钉针固定。

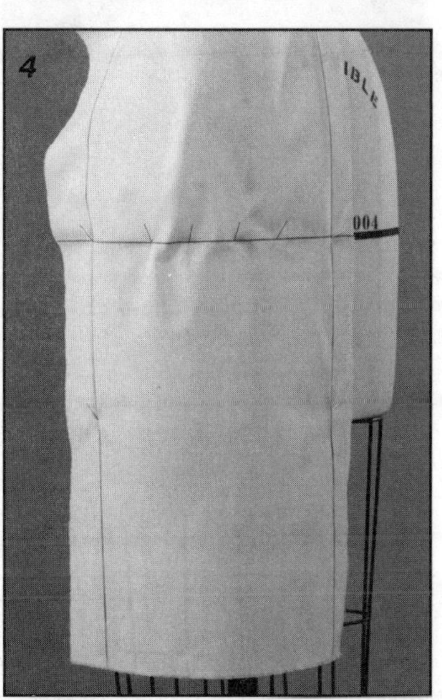

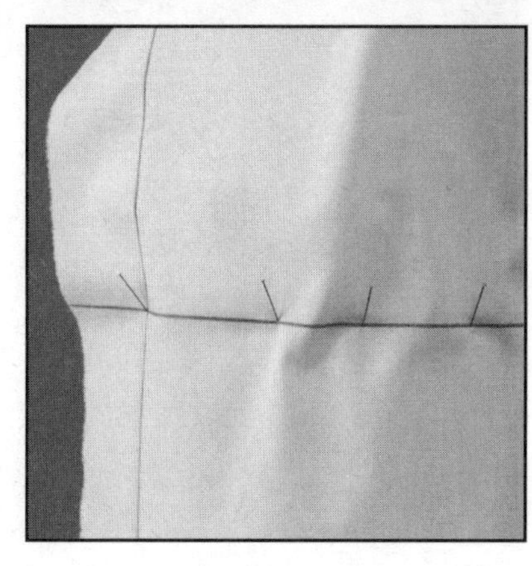

半身裙的立裁

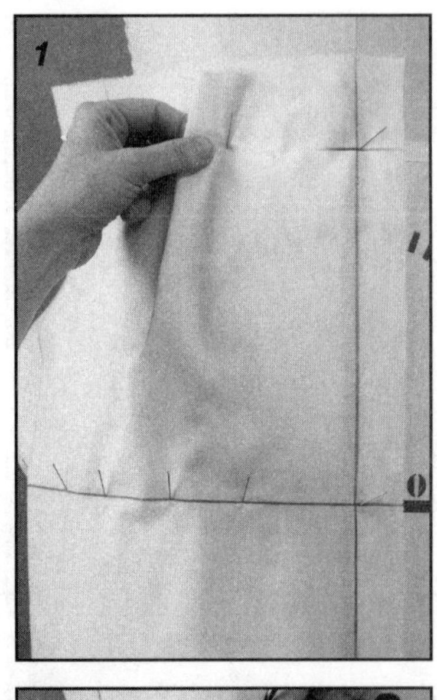

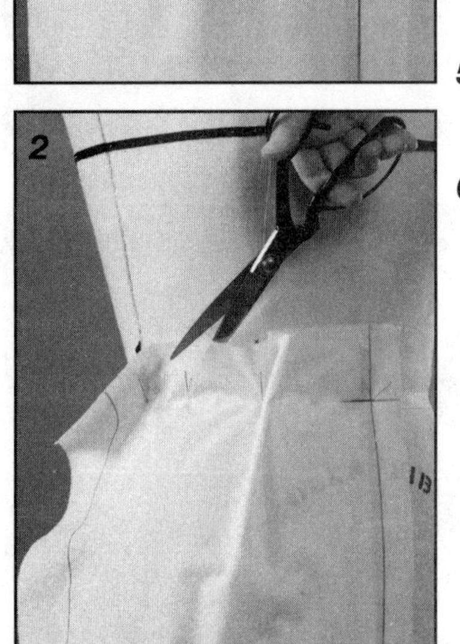

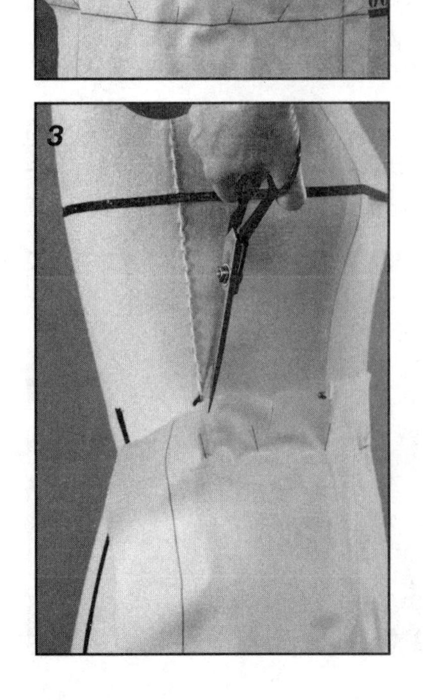

腰围线及腰省

1 将从腰部到前中心线的白坯布铺平，在公主线用钉针固定。在公主线的一侧捏出1英寸（约2.5厘米）的腰省，用钉针固定。

2 将腰省到侧缝的白坯布铺平。在腰围线上打剪口。

3 在前腰放出$^{1}/_{4}$英寸（约0.6厘米）的松量。

4 从臀围线到腰围线用钉针固定，将多余的量推到后身。

5 用铅笔在侧缝绘制出点线做标记，在腰部绘制出十字标。

6 在公主线捏出多余的坯布，形成一个省道。省道的大小取决于裙子竖直方向的廓型。从腰线到省道尖点方向量取$5^{1}/_{2}$英寸（约14厘米）。在水平方向用钉针做标记点。调整省道。

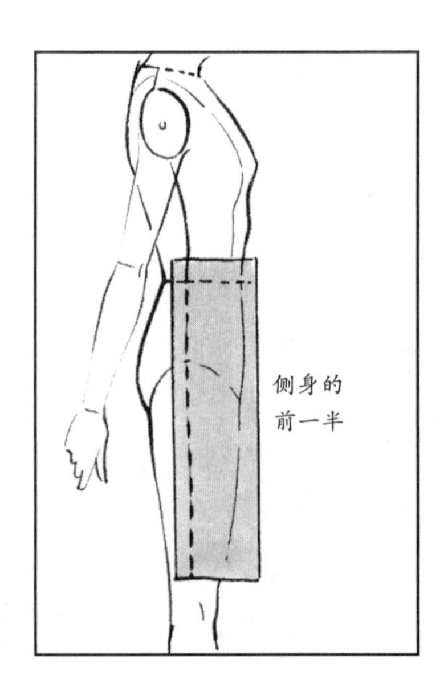

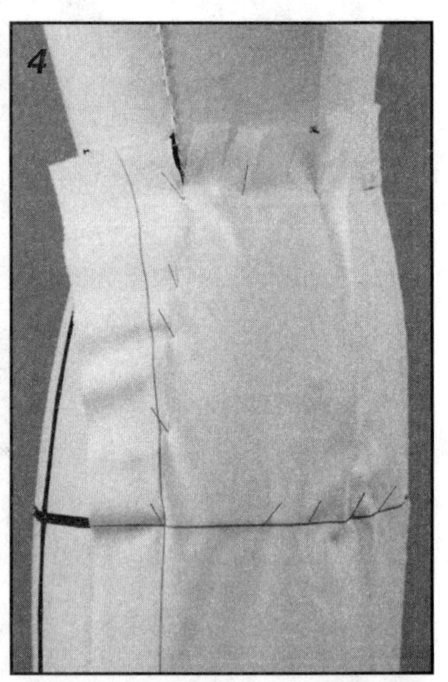

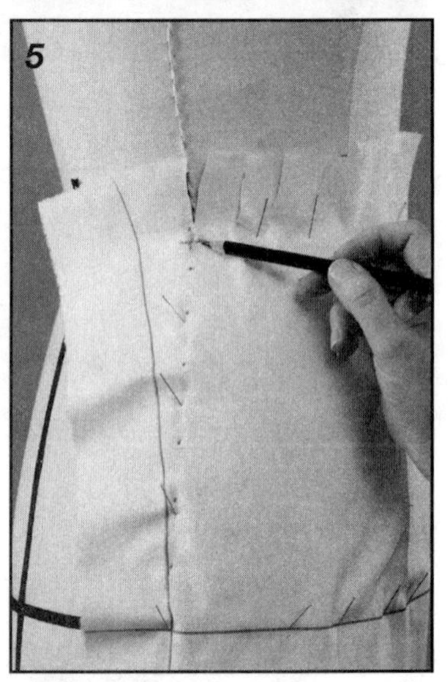

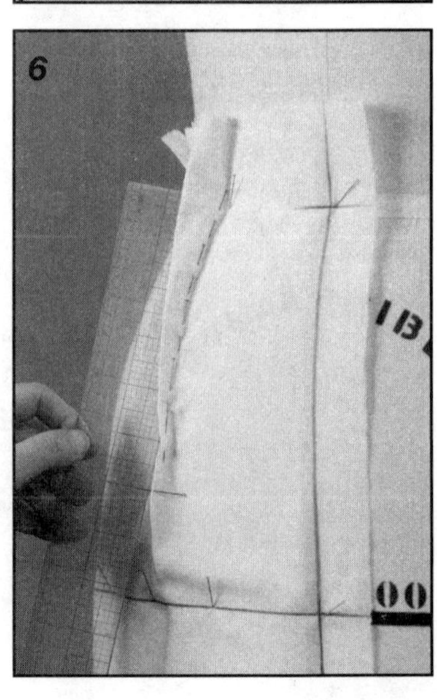

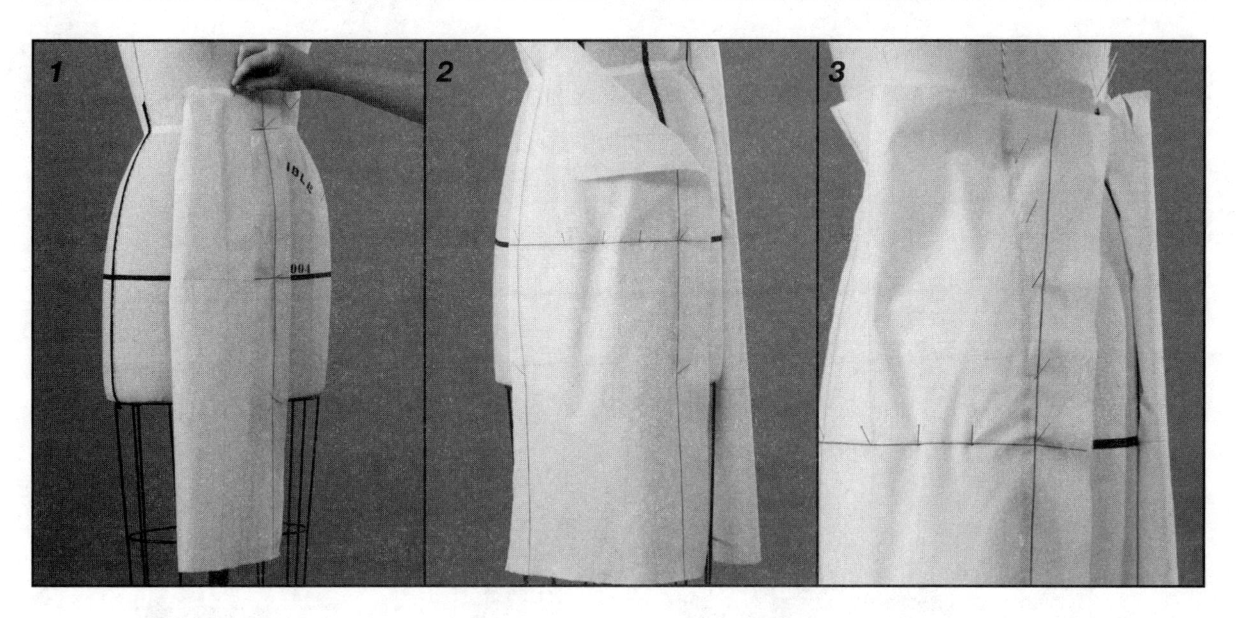

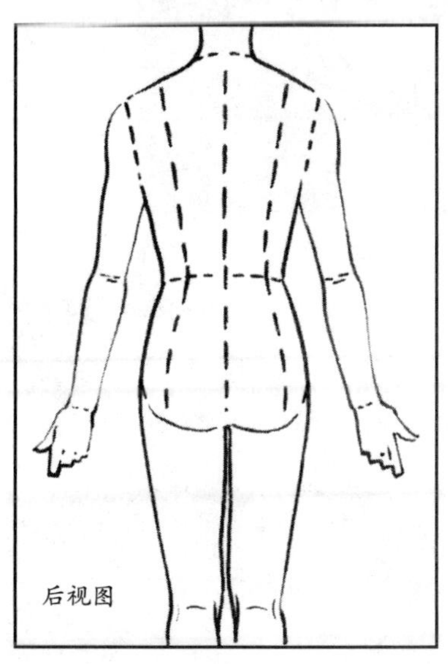

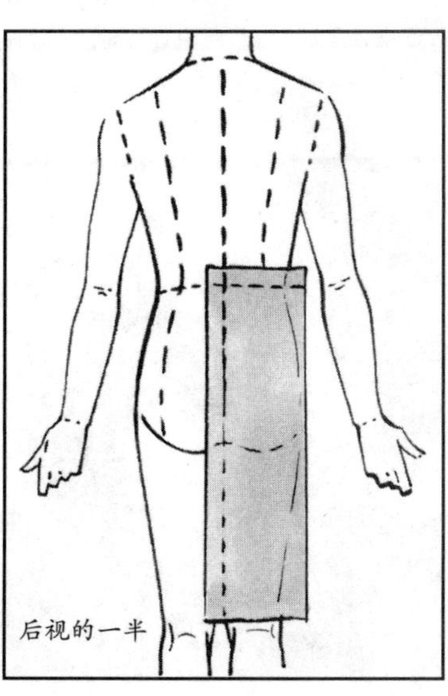

准备后身白坯布

1 **后长：** 坯布的长度要满足从后中心腰围线到人台笼架第一横档的距离。增加3¼英寸（约8.3厘米）的缝份。

2 **后宽：** 在臀围线上从后中心线到侧缝的距离。增加3英寸（约7.6厘米）的松量及缝份。

标记白坯布

2 从纵向毛边处量取1英寸（约2.5厘米），平行于毛边绘制出后中心线。

2 在侧缝处使后片与前片坯布纱向一致。在臀围水平处绘制出纬纱标记线。

3 在臀围线上测量后中心线到侧缝的距离。增加½英寸（约1.27厘米）的松量。在臀围线与侧缝的交汇处做十字标记，并绘制出平行于后中心线的侧缝线。

立裁半身裙后片

1 拔掉前片侧缝处的钉针，在后片稍向前方重新用钉针固定，钉针位置离开侧缝线。

2 在臀围标记带的后中心线上，用钉针沿经纱和纬纱方向钉成一排。在腰围处将白坯布铺平，用钉针固定并做十字标。在臀围线的侧缝处分散松量，用钉针固定。在毛边的底部固定住后中心线和侧缝的白坯布。

3 在腰围处铺平坯布，在侧缝线向前片方向1英寸（约2.5厘米）处钉针。

半身裙立裁

后腰围线

1 抚平后中心线腰围处的坯布，在公主线上钉针。在腰围线与公主线的交汇处捏起1英寸（约2.5厘米）的省道，用钉针固定。从省道到侧缝之间钉针并打剪口。沿腰放出1/4英寸（约0.6厘米）的松量。

2 在省道与公主线之间捏出多余的量。根据裙子廓型，在垂直方向捏出所有多余的量形成省道，并用钉针固定。从腰线到省道尖点方向量取6英寸（约15.2厘米）。省道尖点向侧缝方向移动1/2英寸（约1.27厘米）。在水平方向用钉针做标记点。调整省道。

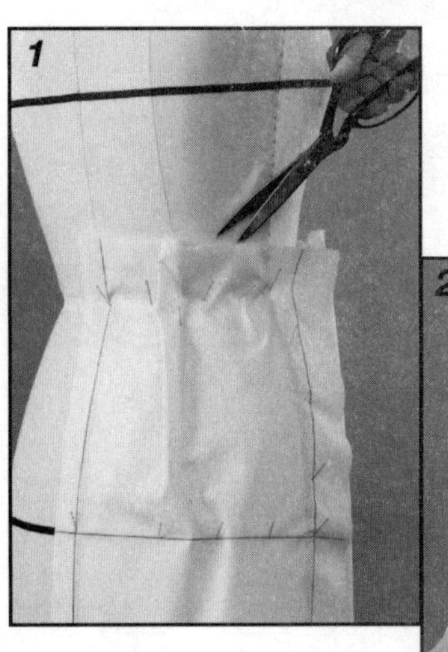

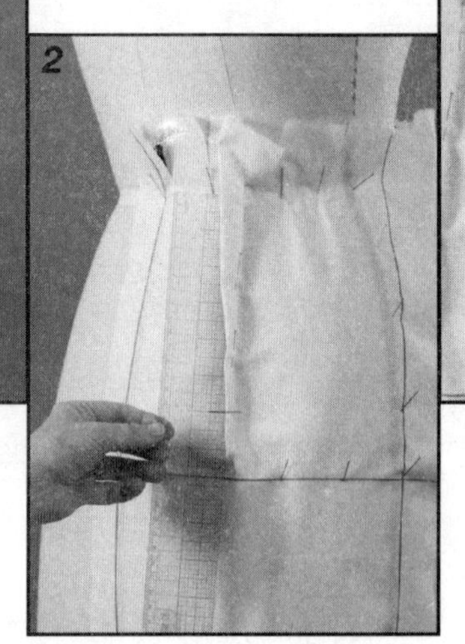

3 从臀围到腰围斜插钉针，将多余坯布平铺到后身。在侧缝用铅笔做点线进行标记，在腰围处做十字标记。

4 松开前片侧缝上的钉针，折叠前片侧缝缝份，压在后片缝份之上，并用钉针斜插固定侧缝线。

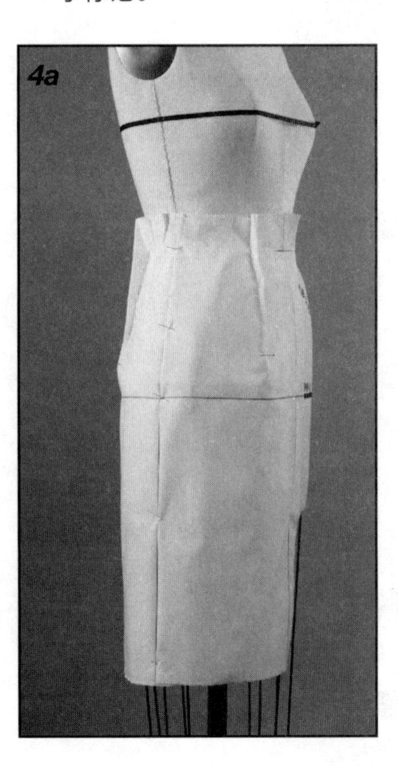

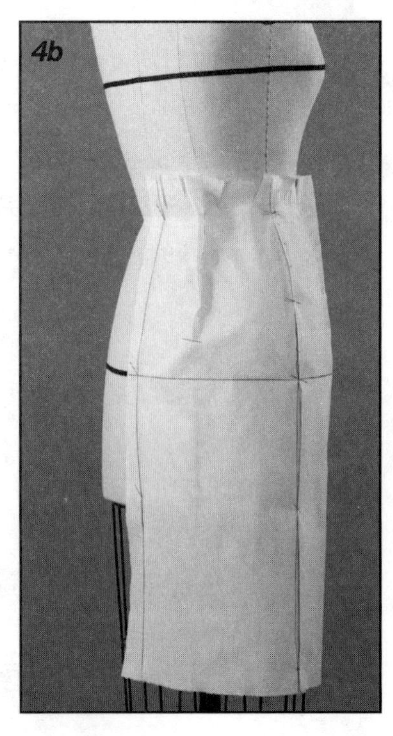

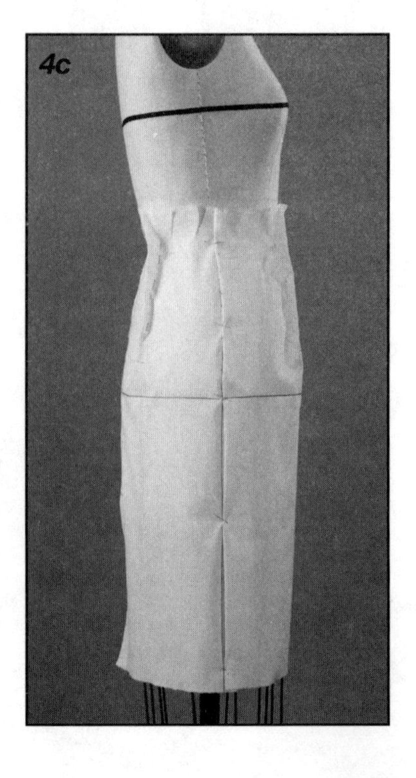

完成半身裙立裁

1 用铅笔绘制出做好的省线，在腰围处的每个省道两侧做十字标记。

2 拆掉钉针，沿省中心线将两条省边对齐，合并省道，再用钉针固定。后片省道重复此步骤。

3 在坯布腰围线上贴上斜纹带。坯布上的斜纹带位置要略低于在人台腰围标记线。用铅笔在坯布上绘制出斜纹带的位置。

4 调整修正。

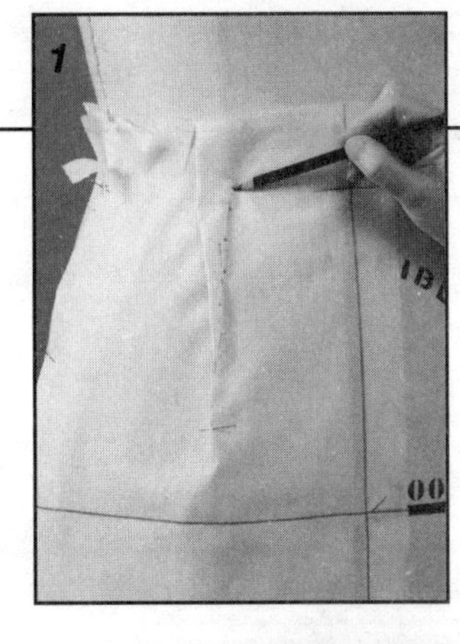

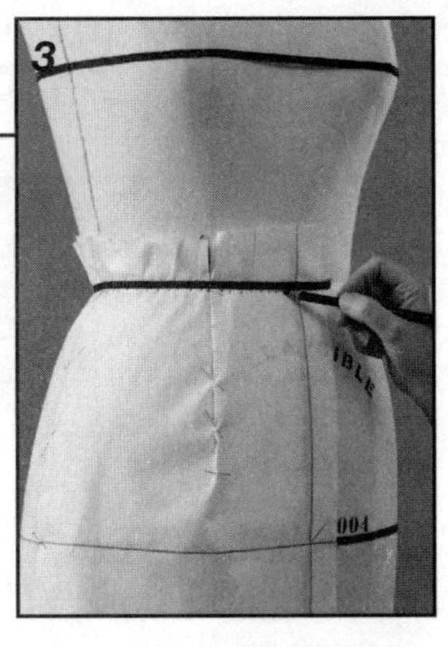

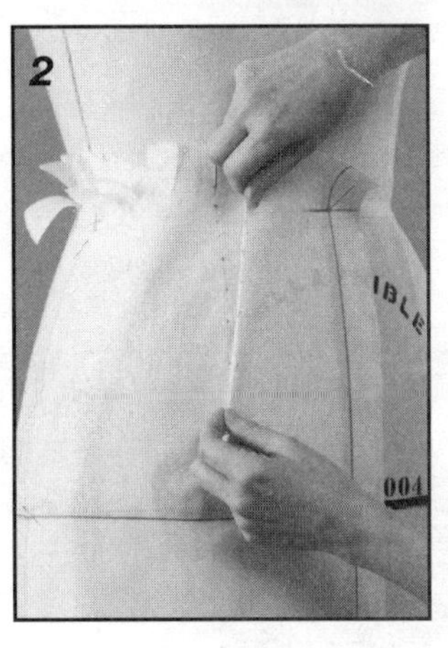

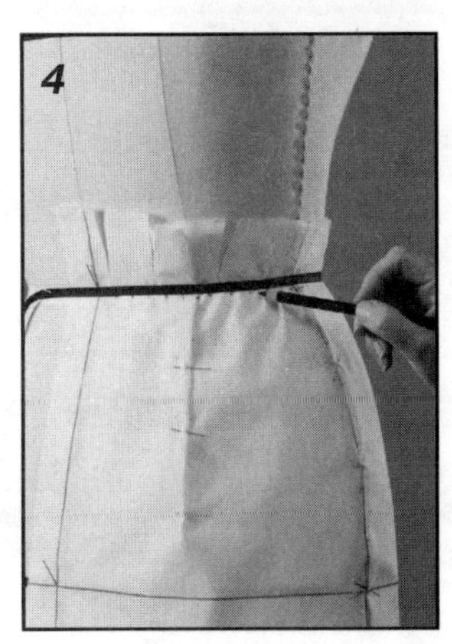

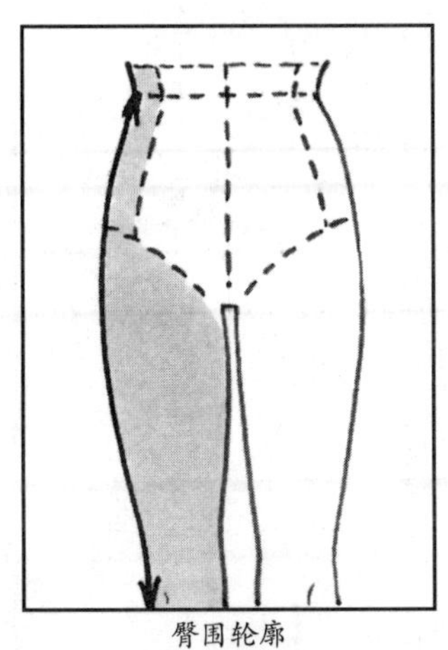
臀围轮廓

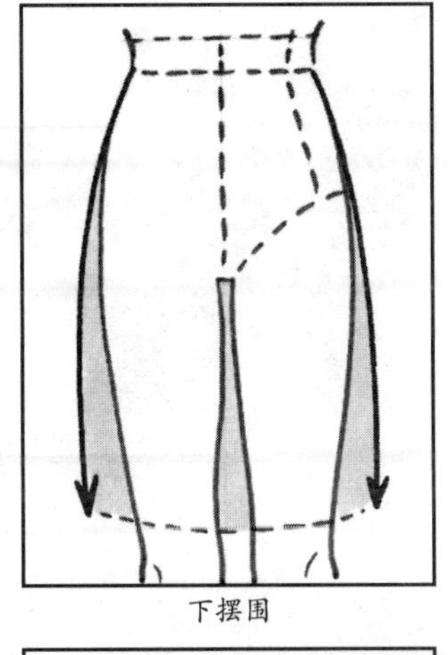
下摆围

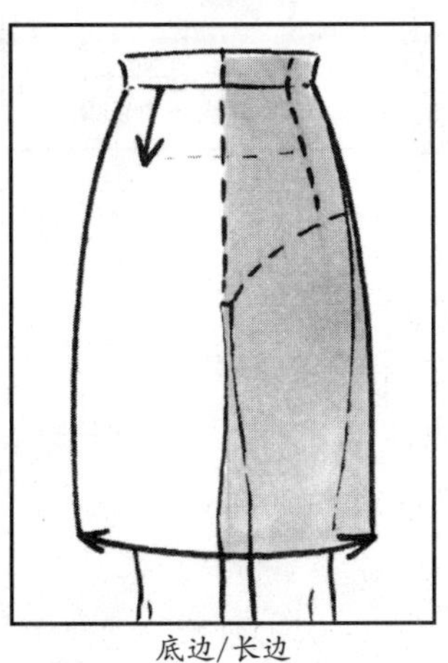
底边/长边

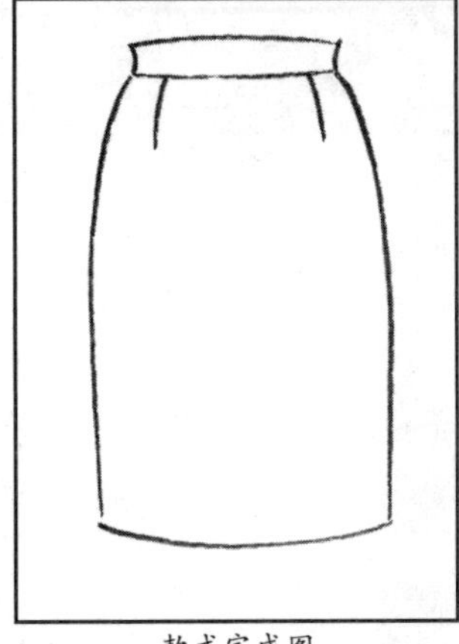
款式完成图

绘制半身裙款式图

这种裙子廓型包臀、合体，最大限度的塑造了腰和臀的轮廓。在最初绘图之前，初学者可以借助平面人体模板作为参照。从腰部开始，做曲线到臀部。曲线向下到大腿时，线条与腿部之间的距离表现了半身裙面料的特性。裙子底边线条稍作弧度，确定出裙子的长度。款式图可先绘制一半，另一半用拷贝纸拓描。

校准半身裙坯布：**腰围线**

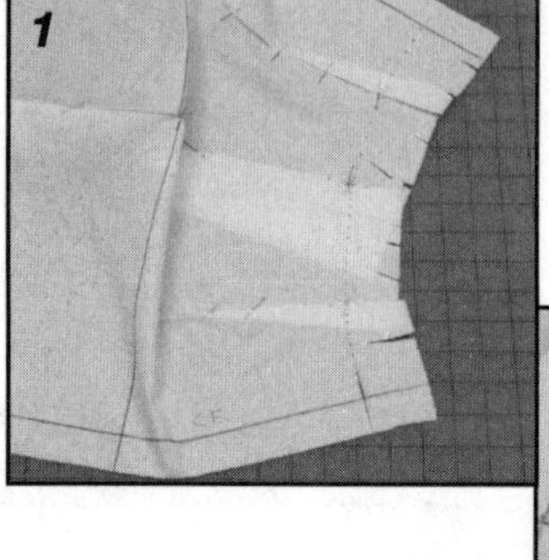

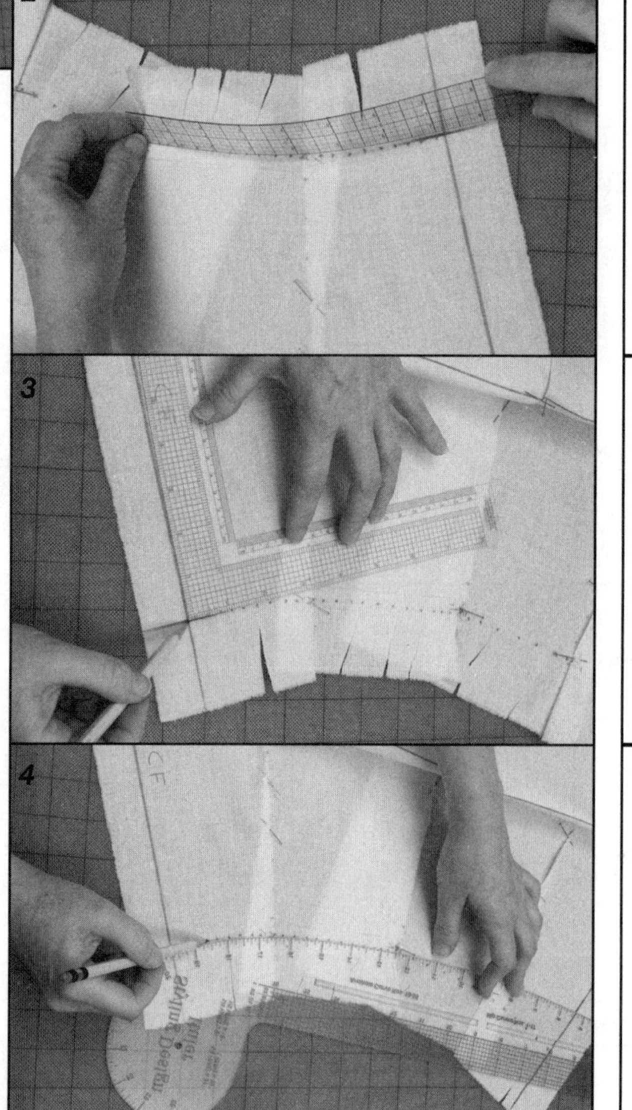

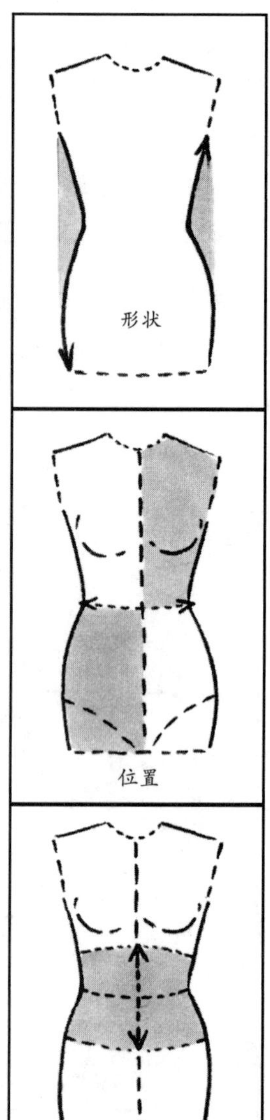

1. 校准指的是重新绘制出标记线。用钉针固定好坯布省道、侧缝等线迹后，将半身裙坯布从人台上摘下。
2. 测量裙子的腰围长。再测量坯布上标记的腰围线长度。前后腰围长应该各包括1/4英寸（约0.6厘米）的松量。
3. 在距离前中心线1/2英寸（约1.27厘米）做直角标记。
4. 借助曲线板连接腰线上铅笔标注的标记点。
5. 对后片坯布重复上述步骤。

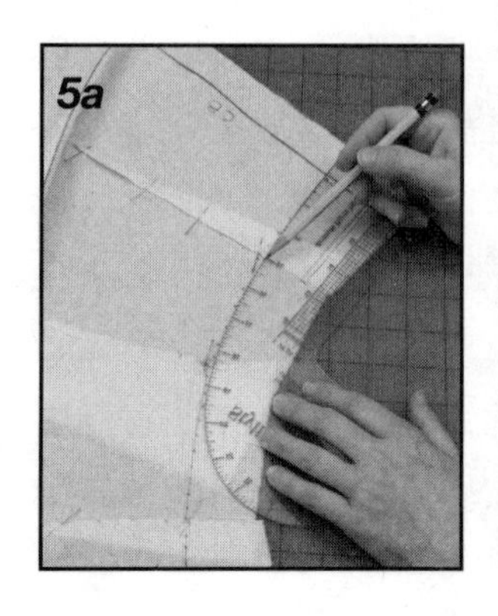

5b

绘制腰围线

腰围线是连接胸部和臀部，在肚脐位置收紧的曲线。在服装的平面款式图中，腰围线的设计造型和位置可以有多种形式。

腰围线变化

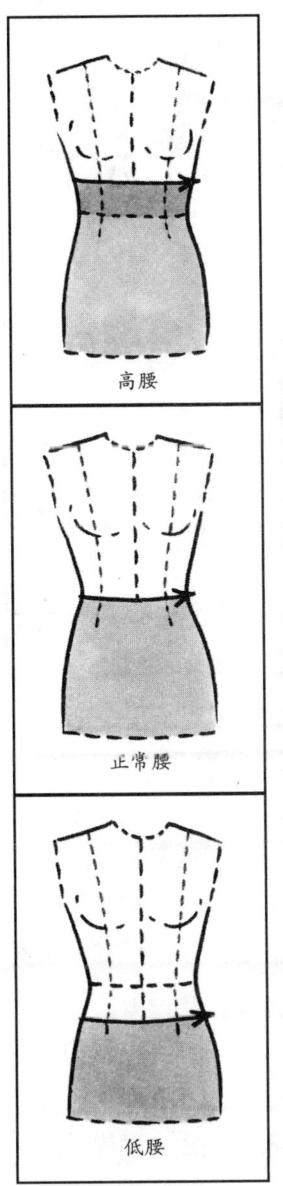

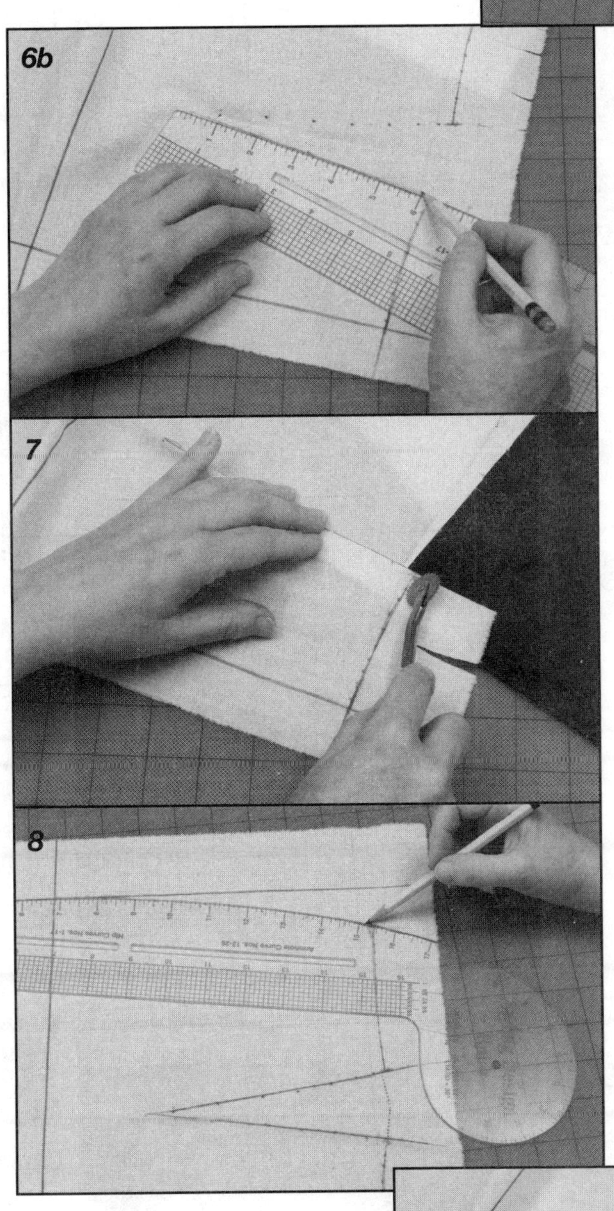

省道

6 去掉省道的钉针，将省道打开并压平。用曲线板辅助绘制出省道。

7 手动推进标记点，将省道按照省中线在腰部合并。在对合的省道中插入拓蓝纸（拓蓝纸两面都要可用）。在合并的省道口上，沿着腰线的轨迹压动压轮，将省道开口处的腰线补齐。

8 用曲线板将腰臀之间的侧缝线补齐。

时装腰线的位置因款式或加宽或收窄，具有较强的设计风格。在此页面的左侧竖直图片有所展示，具体说明了对半身裙、连衣裙和裤子三种腰线的具体处理方法。这样，设计草图会更加准确，对练习绘制款式轮廓造型有很重要的帮助。

校准半身裙坯布：腰围线

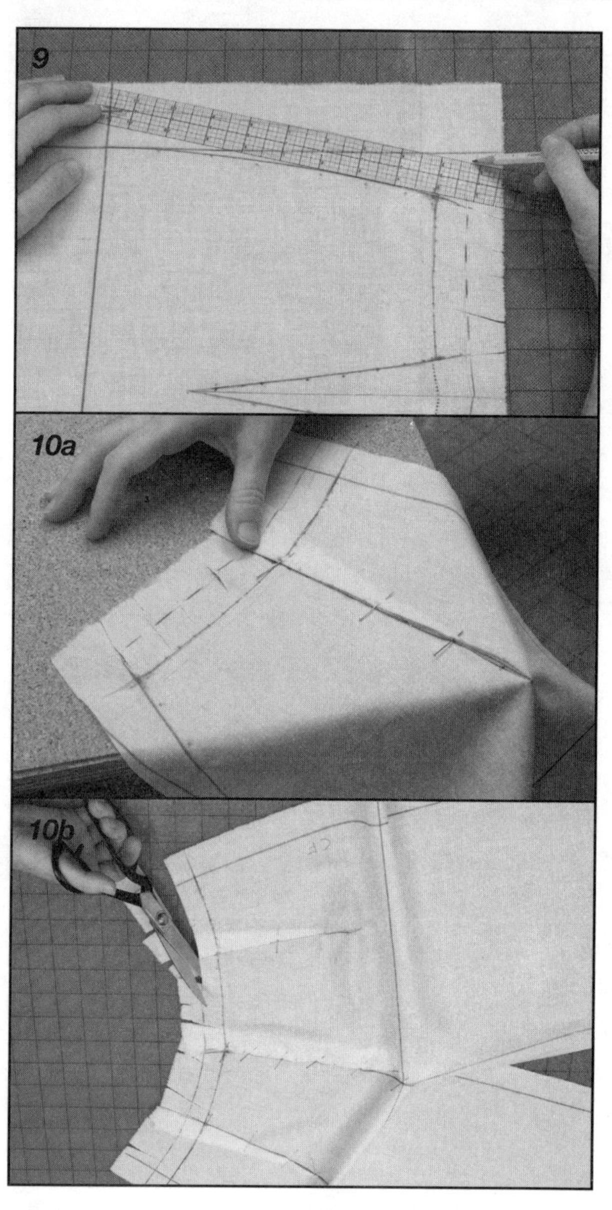

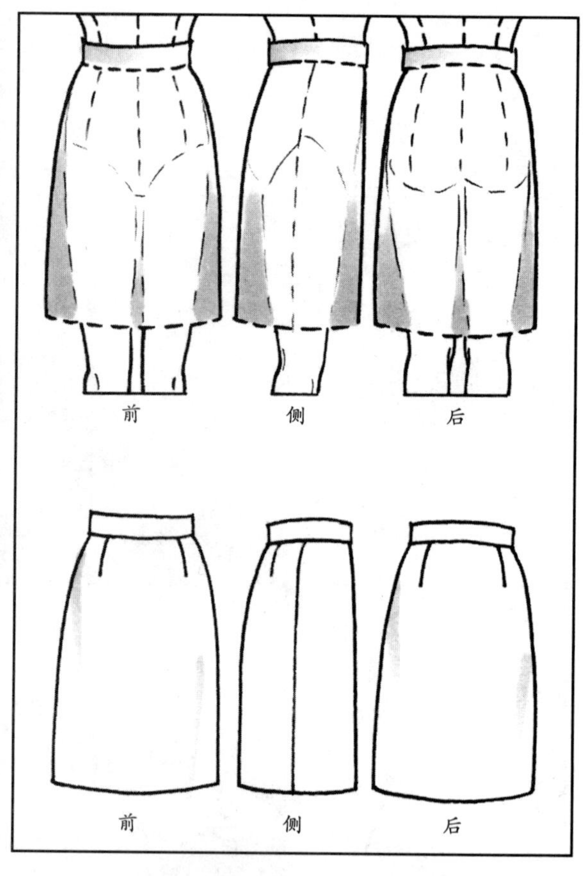

校准并完成半身裙坯布

9 在侧缝增加1英寸（约2.5厘米）缝份。

10 合并省道并用钉针固定，修整腰线，在腰线上增加1/2英寸（约1.27厘米）的缝份。

11 确定好半身裙的长度后，从前中心线向下量取22英寸（约55.88厘米），用直角尺绘制出垂直于前中心线的底边。使后片与前片侧缝等长，然后绘制出后片底边。

12 将前后坯布重新用钉针固定在人台上，底边反折，进行最后调整。

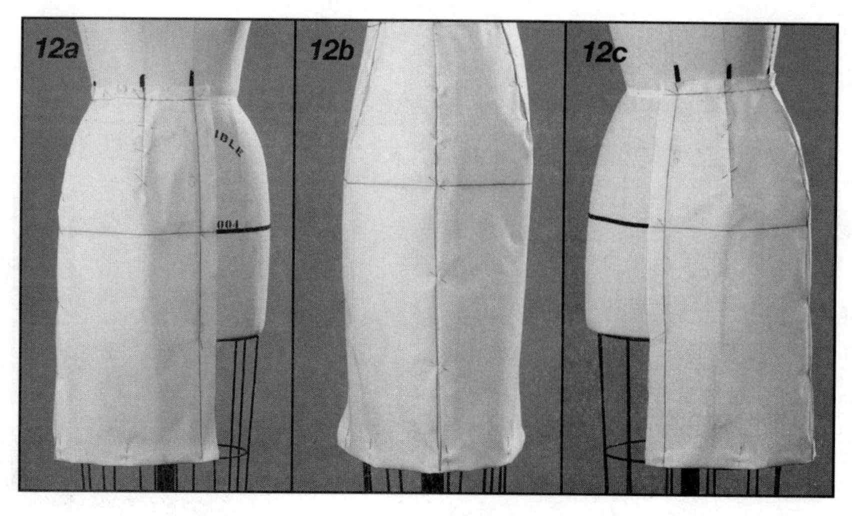

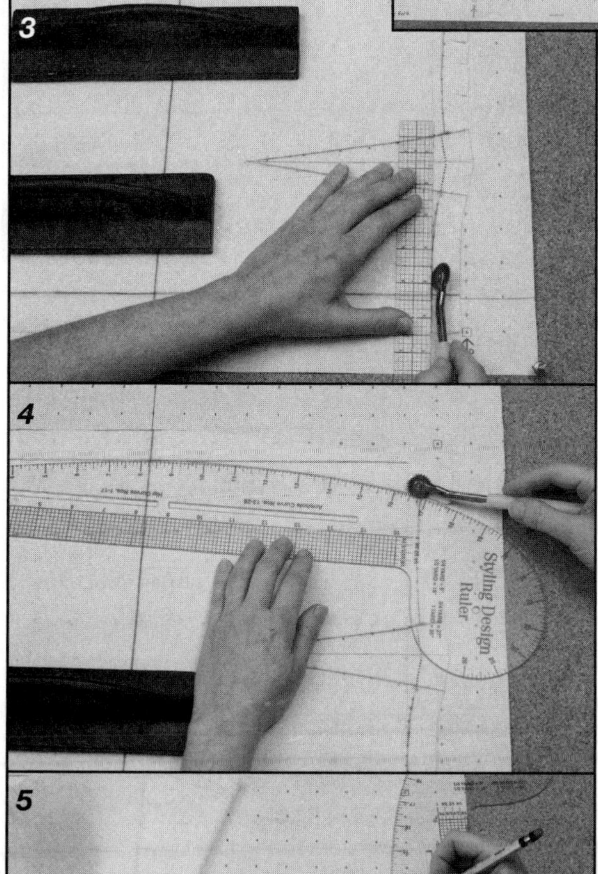

从坯布转移板型至纸样

1. 用直角尺在制板纸上分别绘制出经纱和纬纱的方向。
2. 拆掉钉针，将坯布抚平。将坯布放在制板纸上，对齐经纬纱向。
3. 利用坯布自带的重量，用钉针将坯布与制板纸固定。用压轮的锯齿边将结构线转移至制板纸上。这个步骤最好在如软木塞一样较有弹性的桌面上进行。推动压轮时需要有尺子进行辅助，保证转移的线条流畅。
4. 将坯布从制板纸上取下，用铅笔重新描画纸张上拓下的所有结构线。
5. 在侧缝和前中心各增加1英寸（约2.5厘米）的缝份，腰围和底边各增加1/2英寸（约1.27厘米）的缝份。所有侧缝线都延长至缝份。
6. 转移好的纸样可以用剪刀、切割机或激光裁刀进行净边。

制作裙子样板

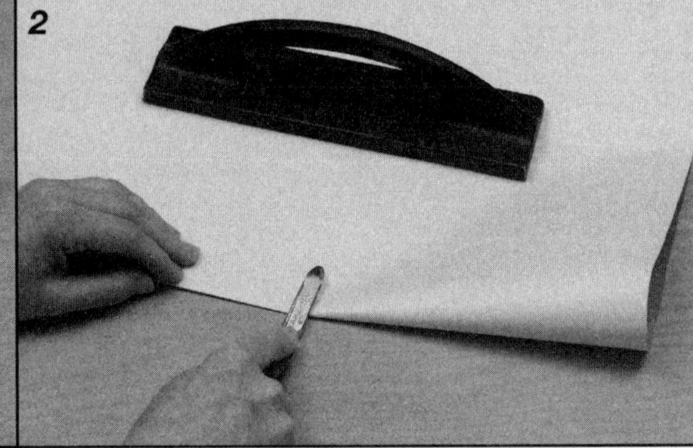
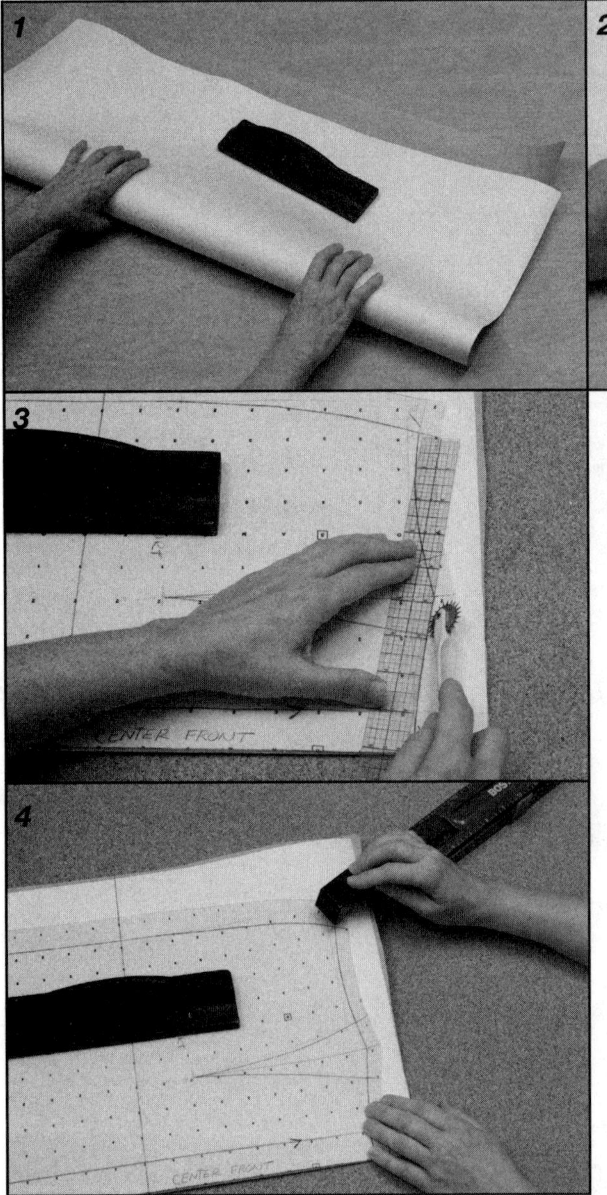

样板纸样

1 将标签纸裁剪为纸样的两倍大，然后对折。

2 将折边压平。

3 用直角尺绘制出纱向。将纸样中缝处的缝份折叠，把标签纸放在纸样下面。

4 用有一定重量的镇纸（可用订书机代替）压住纸样。通过压轮锯齿将纸样的所有线迹转移到标签纸上。绘制出所有的缝迹线和省道。做出方向平行于中心线的经纱纱向。

5 用裁纸刀将直线裁开，用剪刀将曲线剪开。

注意：样板不包括缝份

6 用钻孔器在省尖点钻孔。

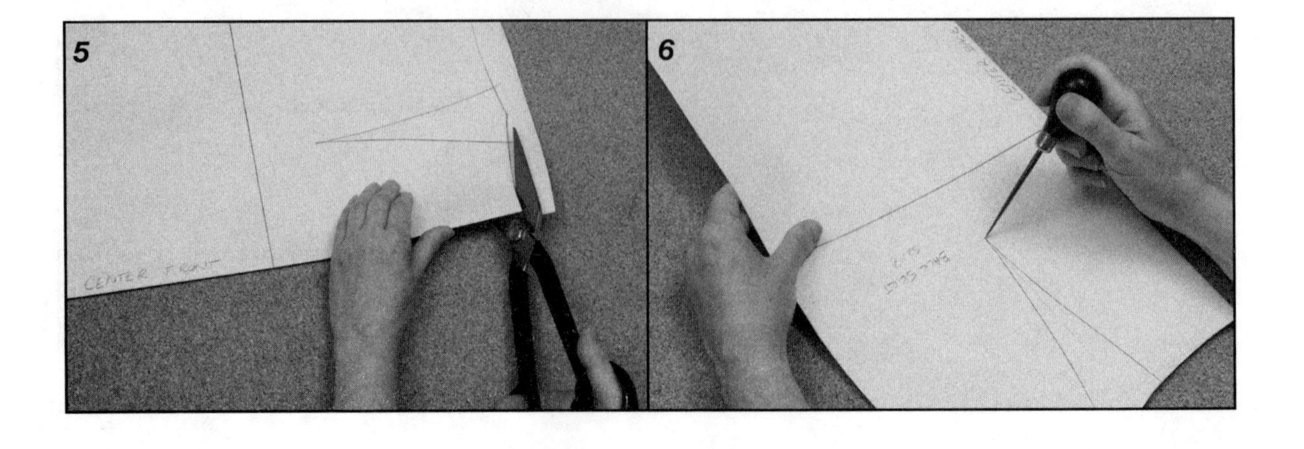

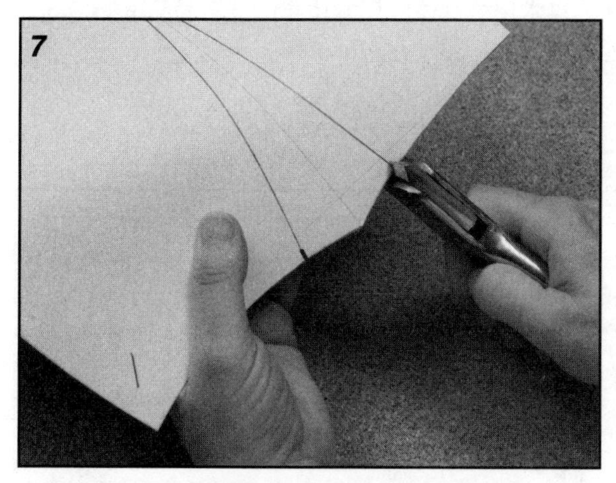

7 在省道两边和臀围线侧缝的纬纱上打剪口。

8 在每片样板上都用打孔器打孔。

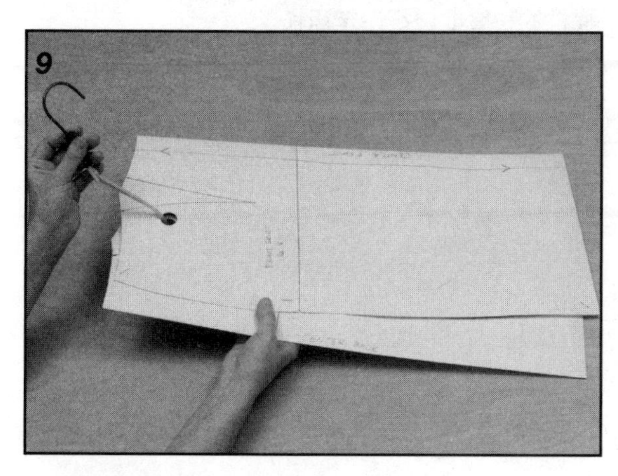

9 把完成的样板挂在纸样钩上。

腰线的表现技法示范图

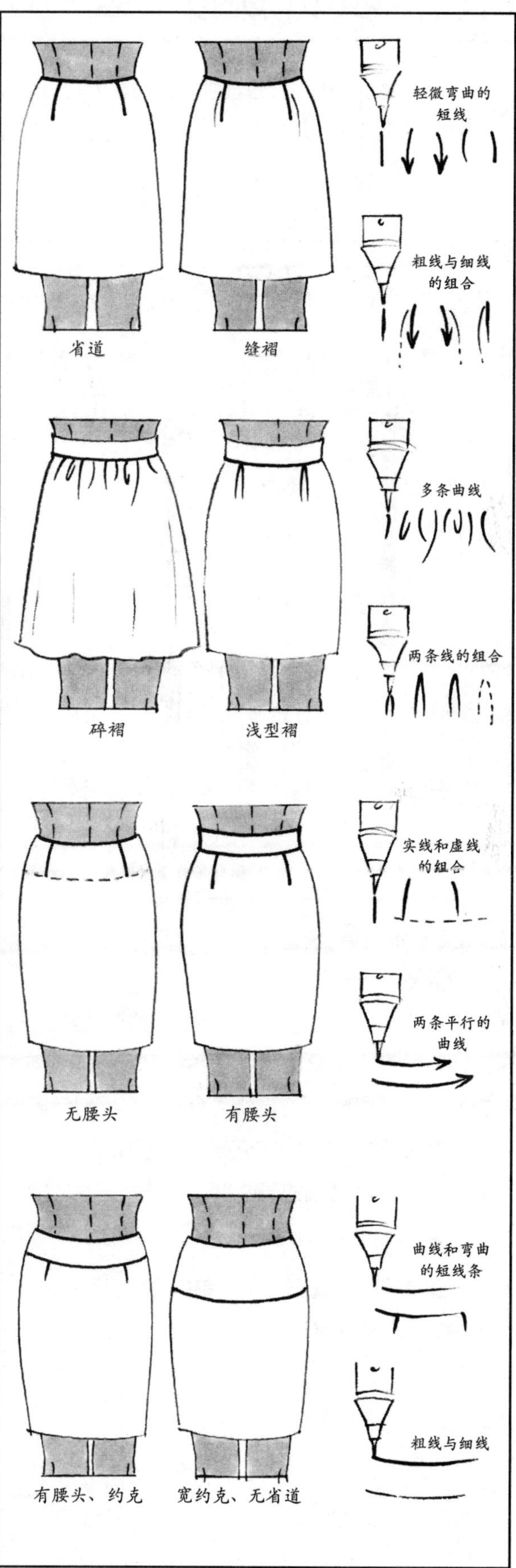

纸样设计的方法与尺寸构成

在半身裙纸样的设计过程中，必须要借助几个人体的基本尺寸，这些尺寸也是创造不同风格的基础。当纸样转移到坯布并且在人体上进行试穿时，会变得与人体更加贴合。

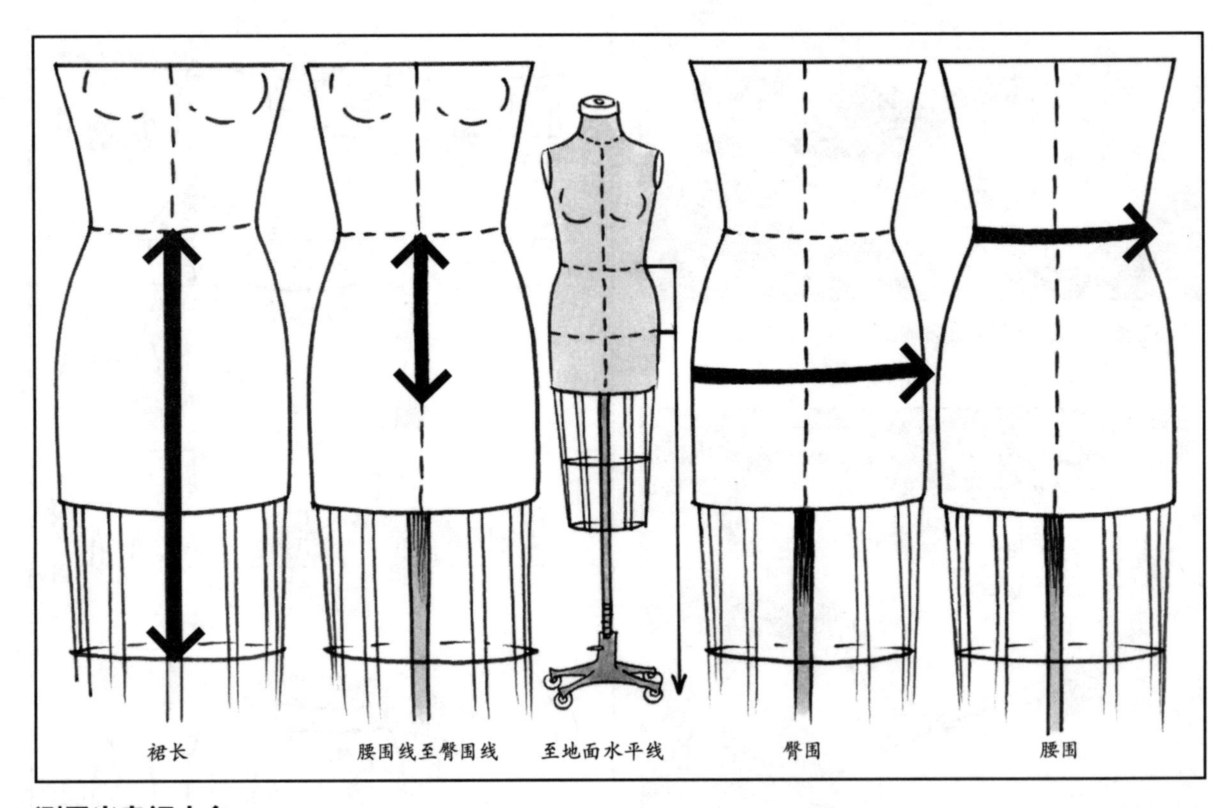

测量半身裙人台

使用卷尺来获得以下尺寸：

- **前中长** 测量人台中心线上腰围标记线至笼架上的第一横档的长度或自行设定裙长。
- **腰围至臀围** 从人台腰围标记线中心向下量取8英寸（约20.3厘米），用钉针固定此点。
- **臀围** 斜纹带沿水平方向绕人台一周，用钉针固定。因为人台后腰围的位置低于前腰围，所以量取后身腰围至臀围的间距要少于8英寸（约20.3厘米）。
- **腰围** 测量人台最细的部位。

附加测量：

- **1/2臀围** 在臀围标记线上测量前中心线至后中心线的距离。
- **后中长** 测量后腰围至自行设定裙长的距离。

基本制板步骤概述

制板需要在硬质桌面上，用尖头铅笔绘制，并保持线迹的水平。半身裙制板需要四种尺子。除了2英寸（约5.1厘米）×18英寸（约45.7厘米）的透明塑料尺之外，还需要直角尺、曲线板和码尺来使制板更加精确。

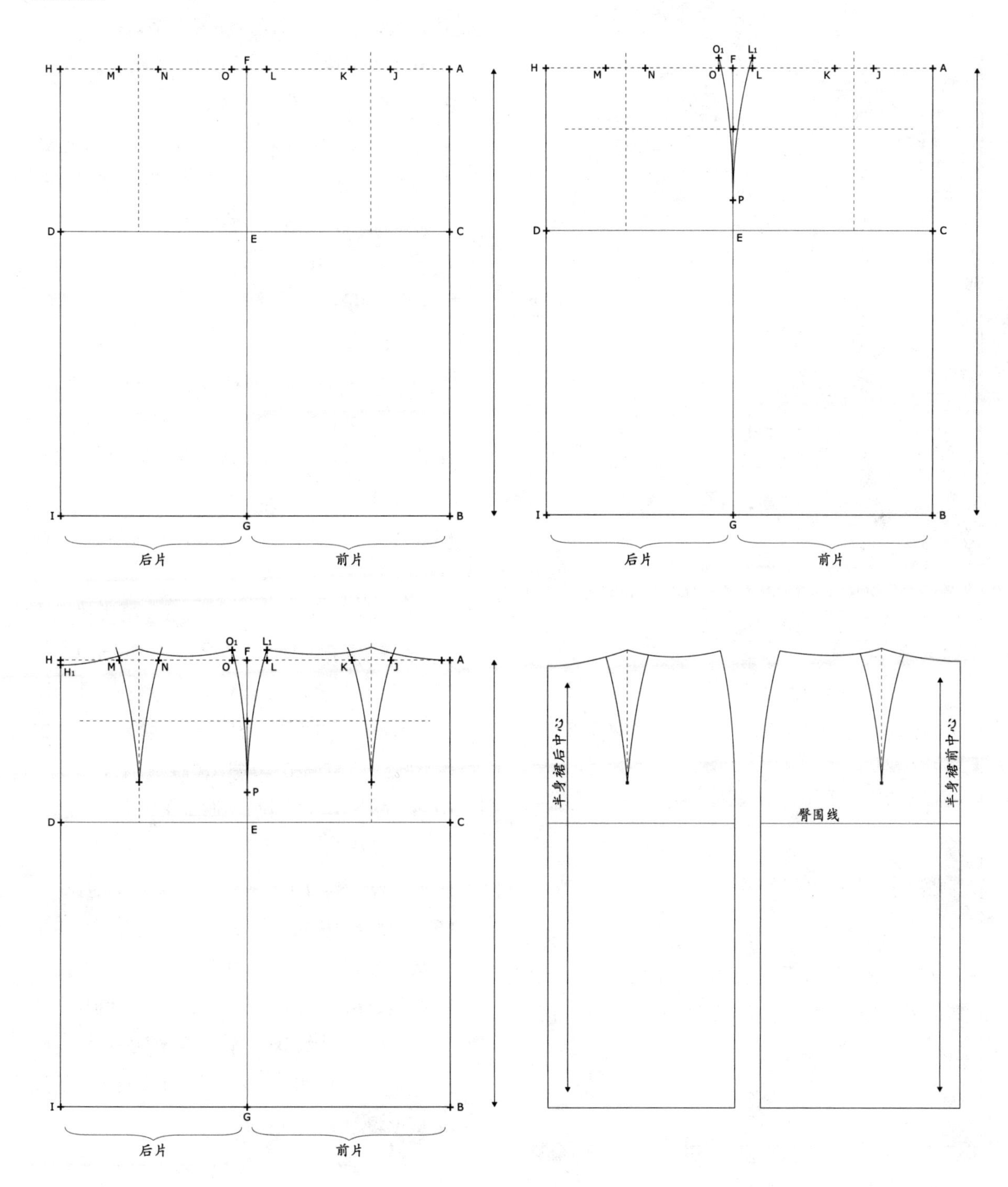

纸样设计的方法与尺寸构成

后片 前片

步骤1~17

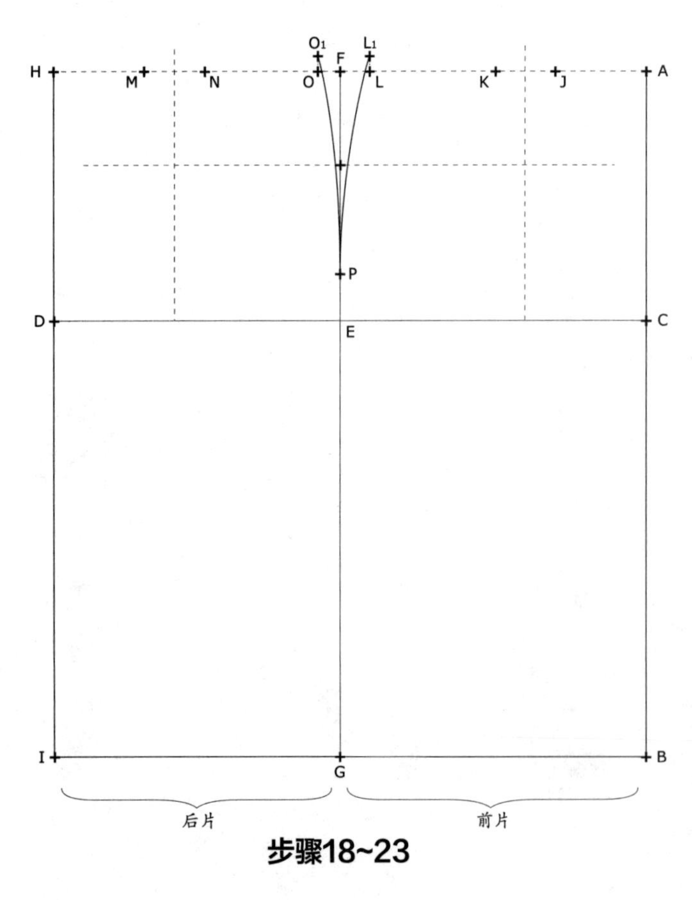

步骤18~23

准备一张24英寸（约61厘米）宽×28英寸（约71.1厘米）长的制板纸。在制板纸右半侧，沿长边向下3英寸（约7.6厘米），向里2英寸（约5.1厘米），做A点。从A点做一条水平线为腰围线。用直角尺进行制板。

1 A至B=**前中长**

2 A至C=8英寸（约20.3厘米）

3 C至D=$\frac{1}{2}$臀围增加1英寸（约2.54厘米）松量

4 D至E=C至D长度的$\frac{1}{2}$，再减去$\frac{1}{2}$英寸（约1.27厘米），前片比后片宽。

5 E至F=C至A

6 E至G=C至B（**侧缝**）

7 D至H=E至F

8 D至I=E至G（**后中心线**）

9 连接B至G至I（**底边**）

10 A至J=3英寸（约7.6厘米），从**前中心线**到**公主线**的标准距离。

11 J至K=2英寸（约5.1厘米），省道位置，省道呈打开状态。

12 通过J至K的中点，从腰围线至臀围线做垂线，并高于腰围线$\frac{3}{4}$英寸（约1.9厘米）。

13 K至L=$\frac{1}{4}$腰围加$2\frac{3}{4}$英寸（约7厘米），前片比后片宽$\frac{1}{2}$英寸（约1.27厘米），增加2英寸（约5.1厘米）省道和$\frac{1}{4}$英寸（约0.6厘米）松量。

14 H至M=3英寸（约7.6厘米），从前中心线到公主线的标准距离。

15 M至N=2英寸（约5.1厘米）省道宽度。

16 通过M至N的中点，从腰围线至臀围线做垂线，过腰围线延长$\frac{3}{4}$英寸（约1.9厘米）。

17 N至O=$\frac{1}{4}$腰围增加$2\frac{1}{4}$英寸（约5.7厘米），后片比前片窄$\frac{1}{2}$英寸（约1.27厘米），增加2英寸（约5.1厘米）省道和$\frac{1}{4}$英寸（约0.6厘米）松量。

---

18 L至L_1=$\frac{1}{2}$英寸（约1.27厘米）

19 O至O_1=$\frac{1}{2}$英寸（约1.27厘米）

20 E至P=$\frac{1}{2}$英寸（约1.27厘米）

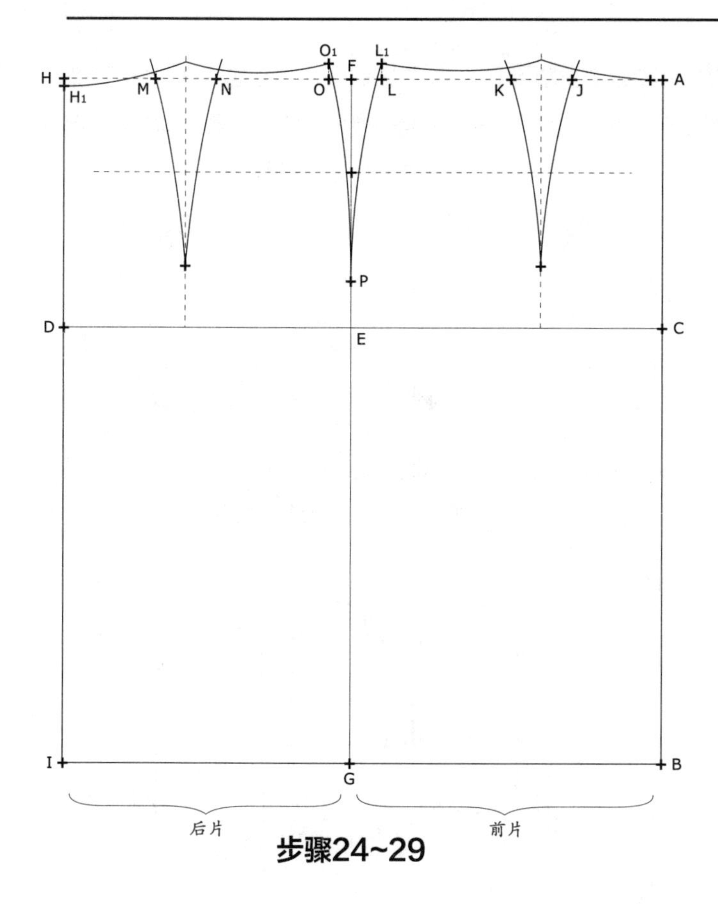

步骤24~29

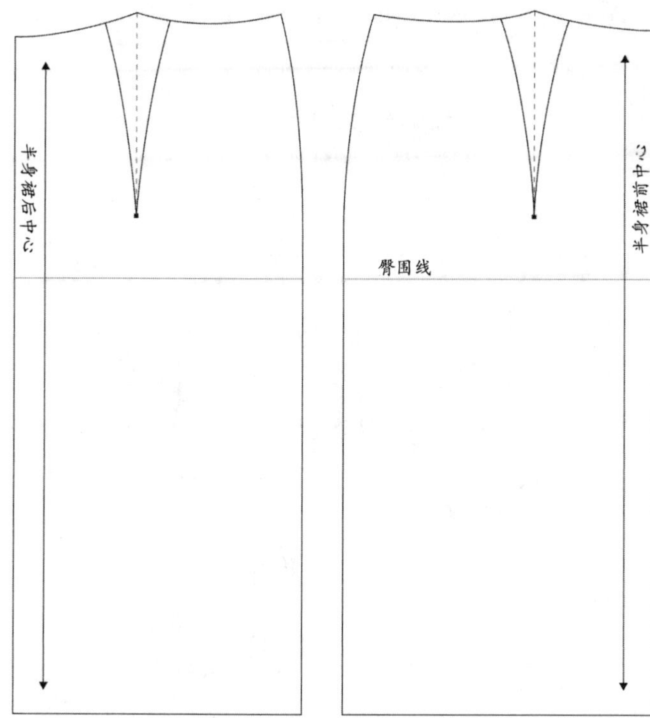

步骤30

21 在侧缝线从E点向上量取5英寸（约12.7厘米），过前后片做水平辅助线。

22 用曲线板连接P至L_1，距离P至F的辅助线¼英寸（约0.6厘米）。

23 用曲线板连接P至O_1，距离P至F的辅助线3/16英寸（约0.5厘米）。

腰围线

24 H至H1=¼英寸（约0.6厘米），后腰围线偏低

25 在臀围线上沿垂线向上量取2英寸（约5.1厘米），在该点做十字标标记省尖点。

26 用曲线板分别连接省尖点至J、K、M、N。延长省线过腰围线。

27 将J和K对点对折，合并省道并用钉针固定。从A点开始，保持距离腰线½英寸（约1.27厘米）用曲线板绘制出新的腰围线，通过合并的省道一直至L_1。用压轮压过合并的省道，再用铅笔描边。然后打开省道，绘制出两条省侧线。

28 将M和N对点对折，合并省道并用钉针固定。从H_1点开始，保持距离腰线¼英寸（约0.6厘米）用曲线板绘制出新的腰围线，通过合并的省道一直至O_1。用前片处理省道的方法完成后片省道的绘制。

29 准备两片足够大小的白坯布。用压轮和拓蓝纸将前后半身裙的制板转移到白坯布上。在前后中心线和侧缝各增加1英寸（约2.54厘米）的缝份，腰围处增加½英寸（约1.27厘米）的缝份，底边增加2英寸（约5.1厘米）的缝份。用钉针固定并合并省道和侧缝，调整廓型。

完成半身裙制板

30 标记调整后的白坯布，将所有的改动转移至纸样。将半身裙的服装尺寸样板转移至标签纸。详见42~43页如何制作服装尺寸样板。

半身裙的服装效果图

半身裙的效果图表现是根据裙子外形而定的，需要注意腰围线、臀围线和底边的造型。然后，就要着眼于结构细节，如省道、缝合线和口袋等。再下一步是半身裙的表面装饰，如褶皱或者织物质感等，这些要表现在半身裙的款式图上。设计三元素，廓型、结构和面料需要同步进行，每一部分都要完整地表现出来，进行精确地描绘。下面是一些效果图范例，给练习者提供了一些基本的廓型。

A 用直尺绘制半身裙底边的自然曲线比较困难。效果图需要徒手绘制，来确定半身裙的廓型。

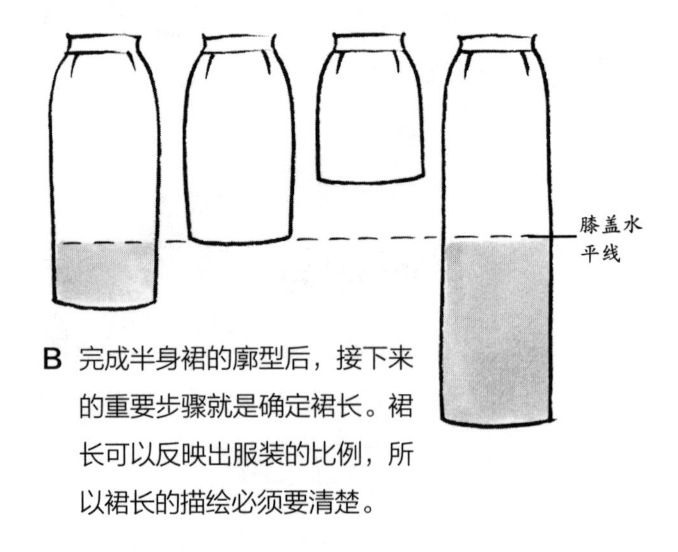

B 完成半身裙的廓型后，接下来的重要步骤就是确定裙长。裙长可以反映出服装的比例，所以裙长的描绘必须要清楚。

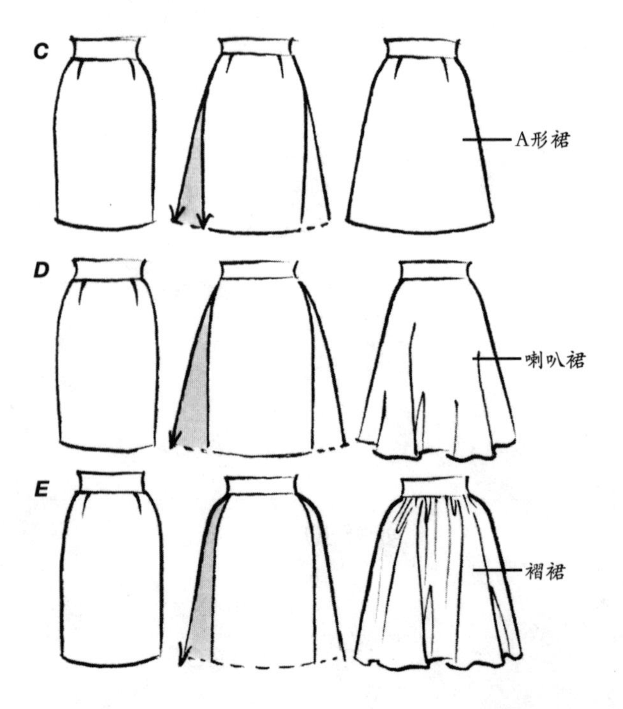

加量

C 注意在臀围线处通过增加裙摆的量来塑造A形裙。

D 在腰围线下加入更多的量，可以创造出类似斜裁效果的喇叭裙。

E 蓬蓬裙效果的半身裙，需要将所有的增加量聚集在腰头。这里也是褶皱开始的地方。

裙型变化

直筒裙

直筒裙前侧有口袋和褶裥，后片有省道。裙子有腰头，在后中心线装拉链，并有开衩。省道的间距、裙长及口袋形状是直筒裙的标志性结构细节。

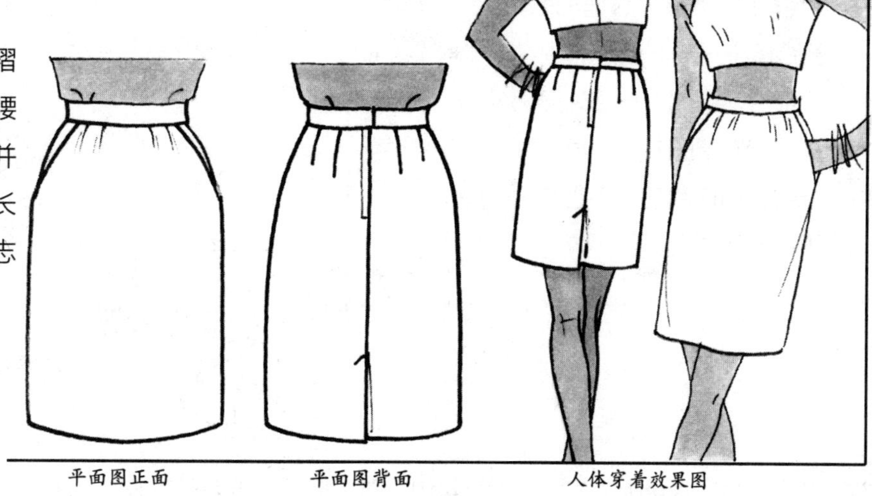

平面图正面　　平面图背面　　人体穿着效果图

制板

1 拷贝半身裙的原型样板，包括省道。

2 沿垂直方向将省道一分为二。将第二个省道的一半$1^{1}/_{4}$英寸（约3.2厘米）向侧缝方向转移。前省A1转移至A2，后省D1转移至D2。在腰围上的省道端点打剪口。以A1的省尖点为参照，A2省尖点距离A1为 $2^{1}/_{4}$英寸（约5.7厘米）。后片重复此步骤。

3 **前片** 在侧缝的口袋加入松量。臀围线扩展$^{3}/_{8}$英寸（约1厘米），标记为H。连接底边至H，用曲线板连接H至腰围线。

4 **口袋** 取A2向左$^{1}/_{2}$英寸（约1.27厘米），在腰围线上标记B1。标记腰围侧缝角B2。在侧缝向下量取$5^{1}/_{2}$英寸（约14厘米）标记为C。连接B1至C做出口袋线。在口袋C点向下量取$2^{1}/_{2}$英寸（约6.35厘米），从该点绘制出曲线过臀围线向下$1^{1}/_{4}$英寸（约3.2厘米）。口袋宽5英寸（约12.7厘米，臀围线以上宽度），在腰围上宽$1^{1}/_{4}$英寸（约3.2厘米）。在B1至C的中点打剪口。

5 **后片** 从后中底边向上量取9英寸（约22.9厘米），然后向左做2英寸（约5.1厘米）长方形。向下取1英寸（约2.5厘米）做斜边。

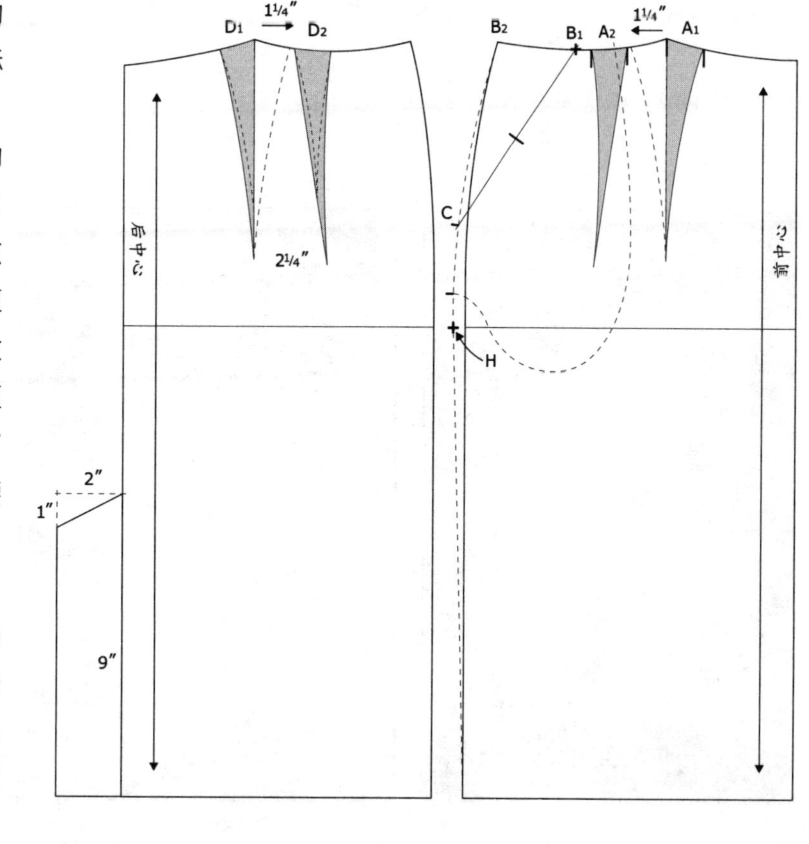

裙型变化

6 口袋 口袋内层从B1至B2至C环绕一周，通过腰围线最后回到B1。口袋外层从B1至C至B1环绕一周。标记出剪口和与前中心线平行的纱向线。

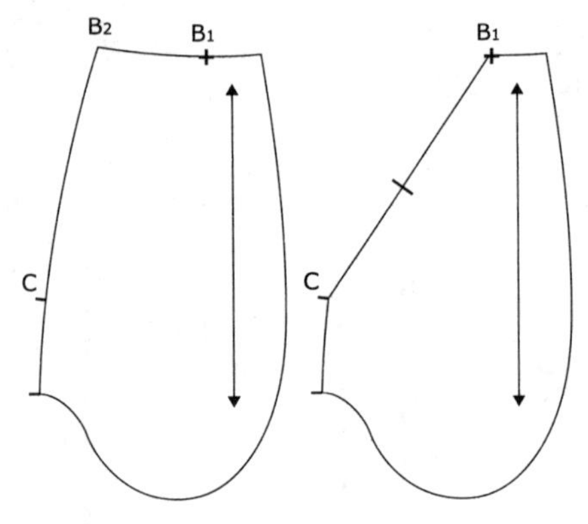

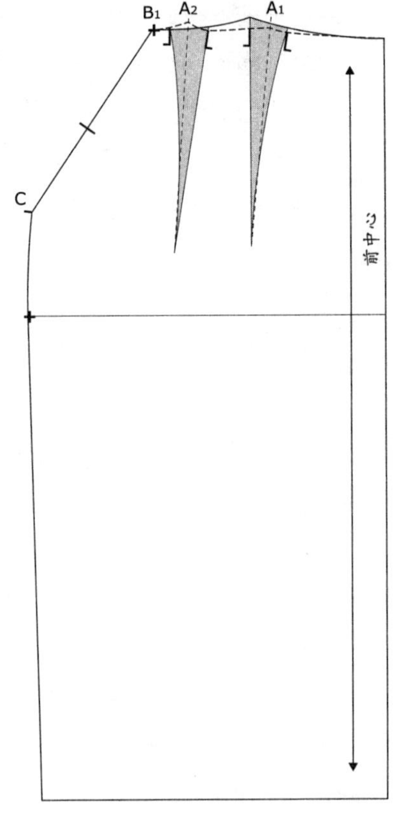

7 沿半身裙前片腰围上的所有剪口勾边。对齐剪口，折叠前片并用钉针合并褶裥。用尺子修整腰围线。用压轮标记省道。

8 缩短后省道D1长度为5英寸（约12.7厘米），缩短D2长度为$4^1/_2$英寸（约11.4厘米）。标记每个省道的新省尖点。

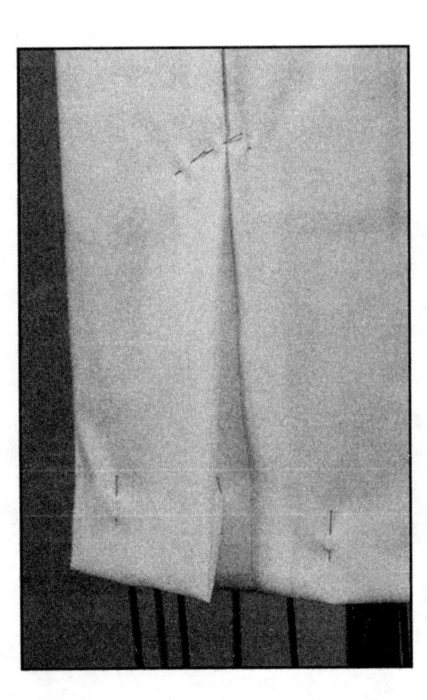

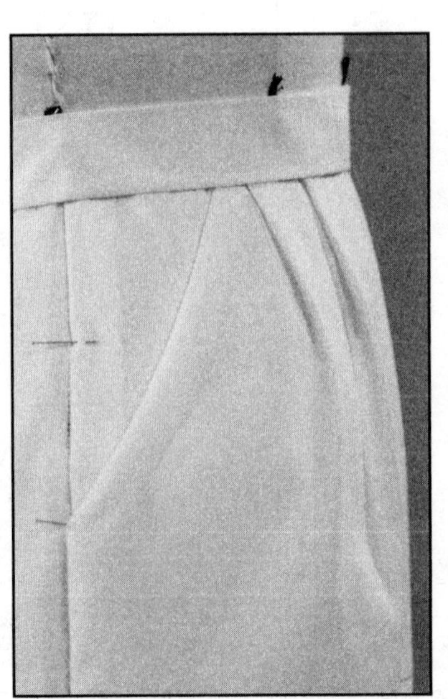

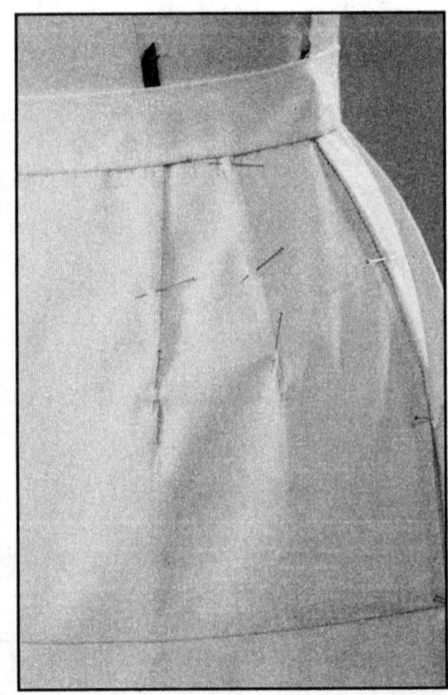

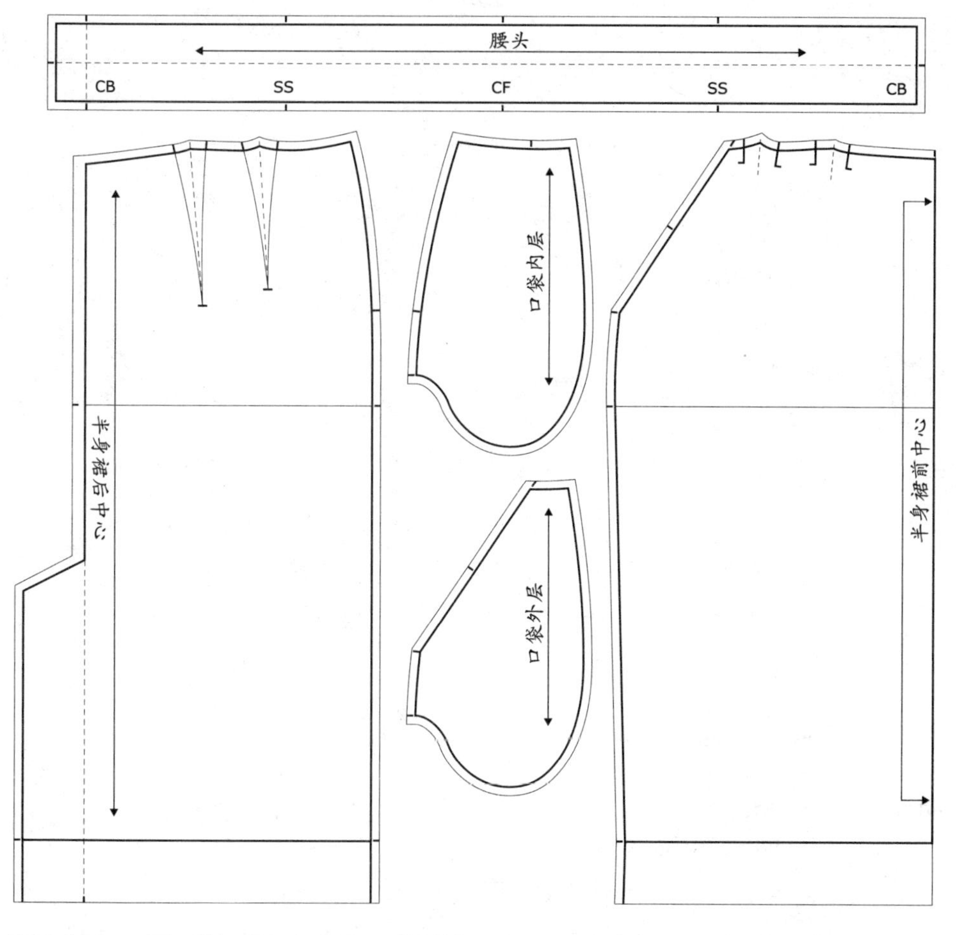

9 腰头长度：腰部增加1英寸（约2.5厘米）松量，在左侧扩展1英寸（约2.5厘米），腰头宽度为1¼英寸（约3.2厘米）。在已经绘制好的半身裙原型腰围上，直接绘制出腰头的板型。在腰头上打剪口以便与前中心线、侧缝和后中心线对位匹配。绘制出经纱方向。

10 底边增加2英寸（约5.1厘米）缝份。在缝份上标明打褶线和剪口的位置。在每片纸样上标记出经纱方向。半身裙的前片在裁剪时，先将面料对折，再将半身裙前中心线与面料对折线对齐裁剪。

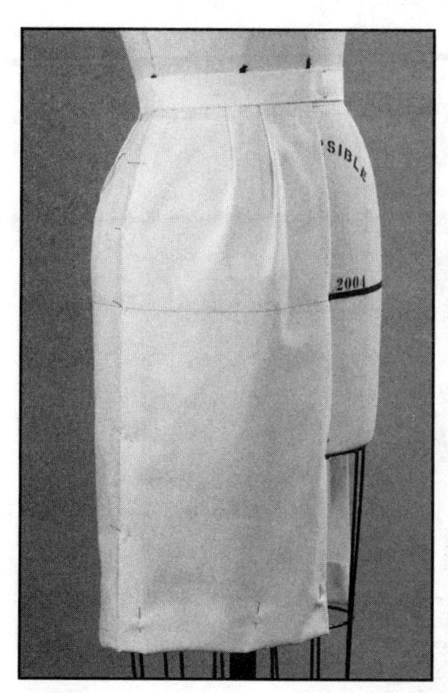
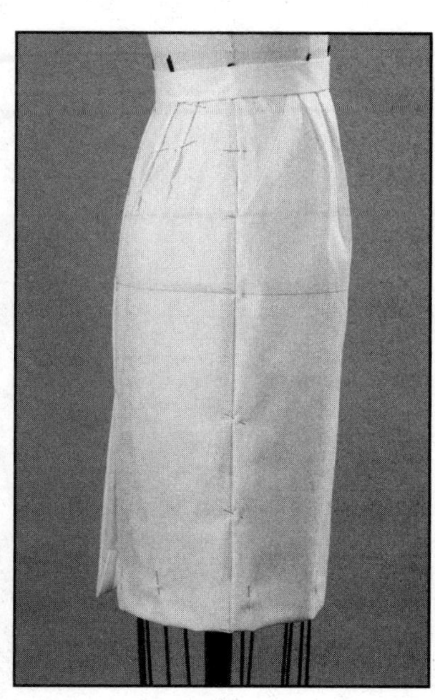
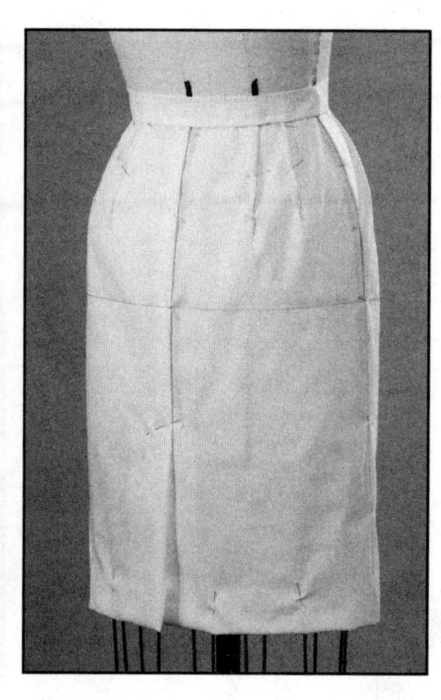

裙型变化

喇叭裙

喇叭裙裙型比A形裙更加往外扩，没有省道，有腰头并且侧缝有拉链。当设计师确定好款式后，勾画的褶皱分布在公主线的两侧。裙子的底摆要卷边。

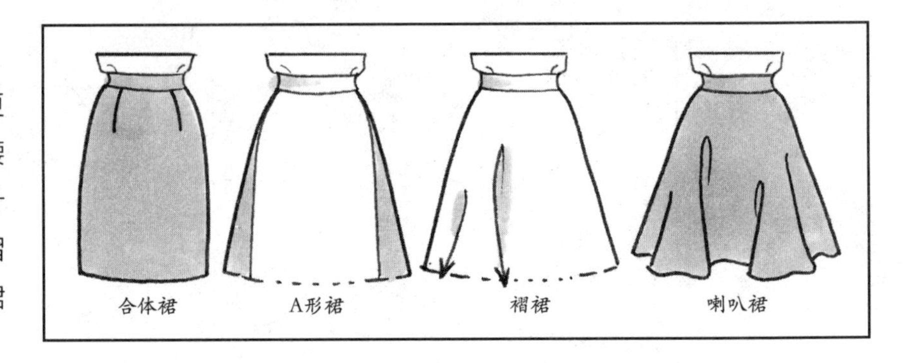

制板

1 拷贝半身裙原型的前后片，包括省道。标记出每个省道的省尖点，从省尖点绘制出平行于前后中心线的直线至底边。

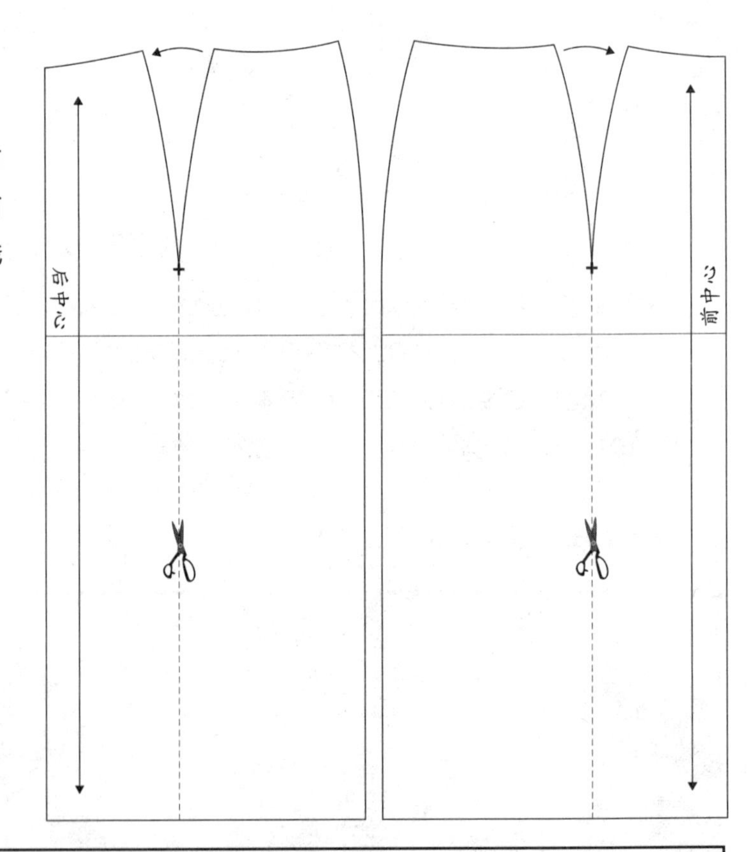

款式图的变化

苗条、合体的裙子可以用作模板来绘制裙摆幅度更大的喇叭裙。先在裙子的一侧增加出裙摆量，再在另一边增加对称的裙摆量，然后修正底边线。拷贝此图，在此基础上重复步骤完成喇叭裙款式图的绘制。

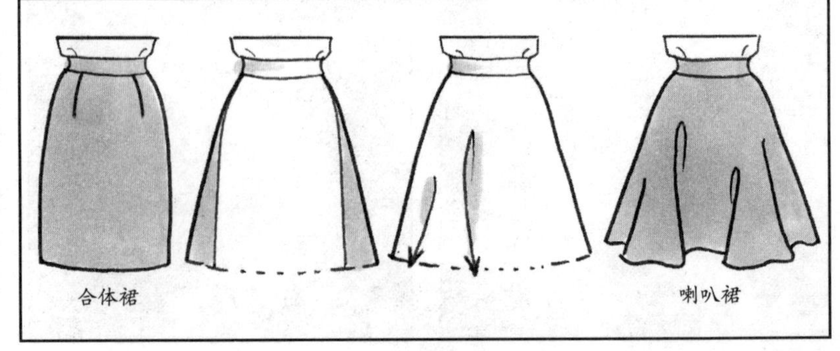

2 裁剪裙子的轮廓及省道，剪开从省尖点至底边的直线。合并腰部省道。省线稍微弯曲有少许重叠。

3 连接底边的开口，用虚线表示。测量并在底边虚线的二分之一处做标记，在侧缝处加入这二分之一的量。从臀围线向上量取4英寸（约10.2厘米），连接底边成为新的侧缝线。在后腰围公主线处打两个剪口。

4 拷贝前后裙片，调整底边。

5 绘制出$1\frac{1}{4}$英寸（约3.2厘米）宽的腰头，增加1英寸（约2.5厘米）松量和1英寸（约2.5厘米）扩边。分别在前中心线、后中心线和侧缝处打剪口。

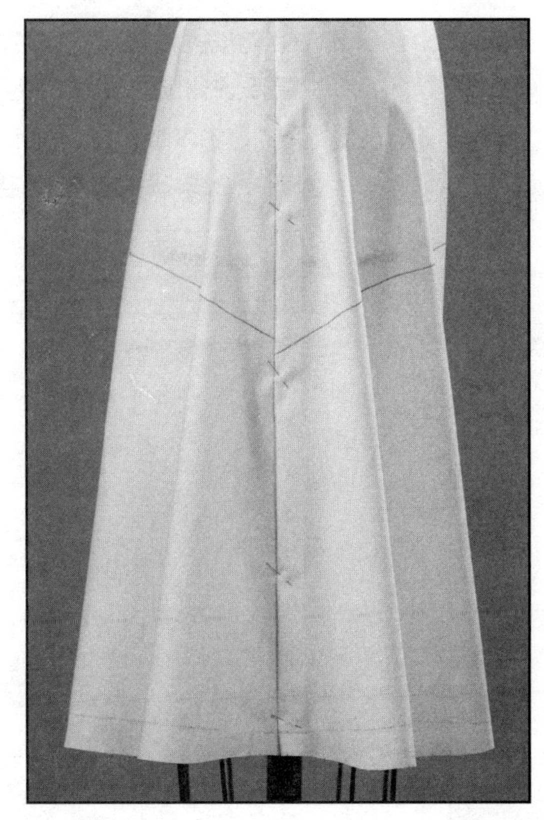

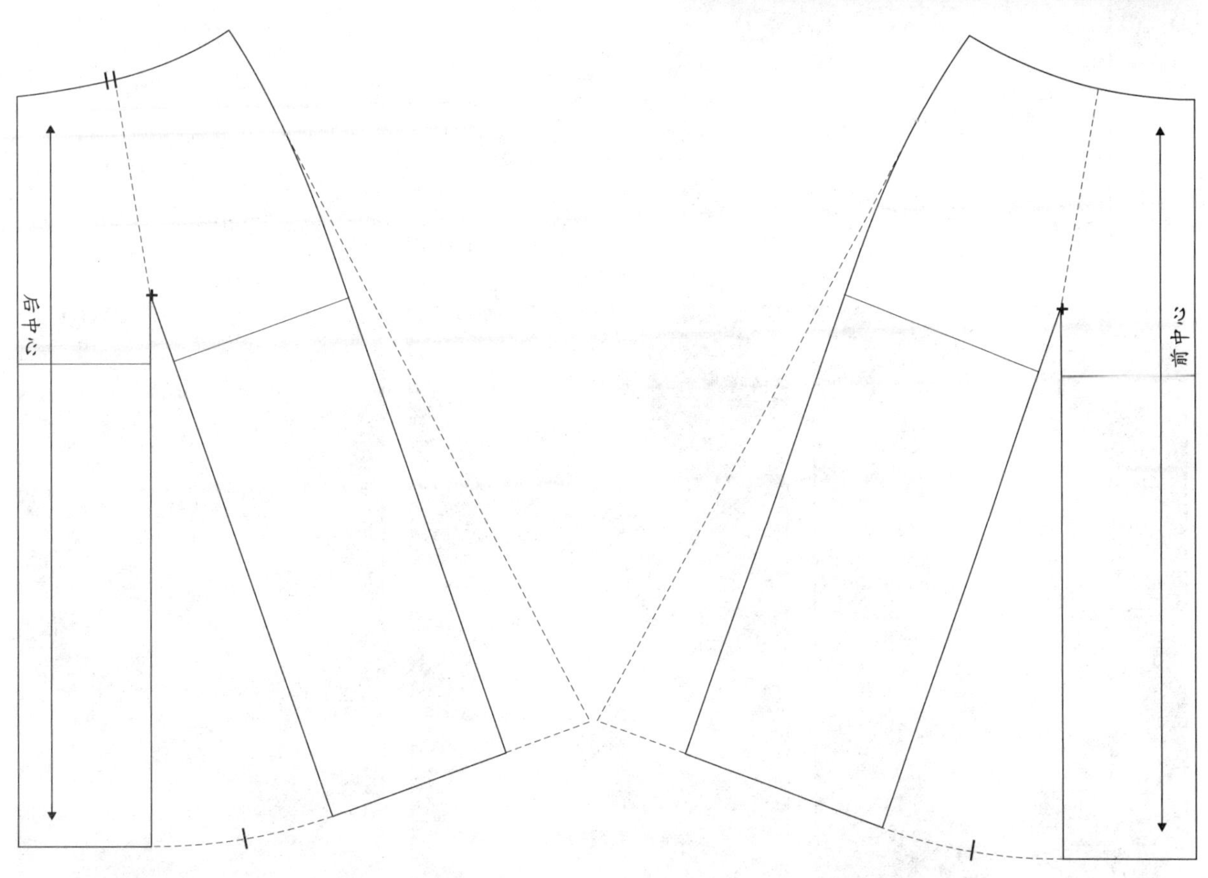

裙型变化

6 在所有纸样上加上缝份、纱向，底摆增加1英寸（约2.5厘米）包边。从腰围到左侧拉链方向向下7英寸（约17.8厘米）做标记。绱拉链需要3/4英寸（约1.9厘米）的缝份。在裁剪时，需先将面料对折，再将半身裙的前中心线、后中心线分别与面料的对折线对齐，再进行裁剪。

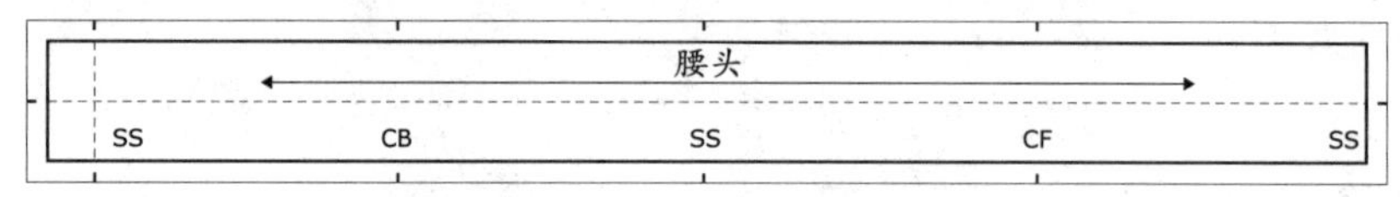

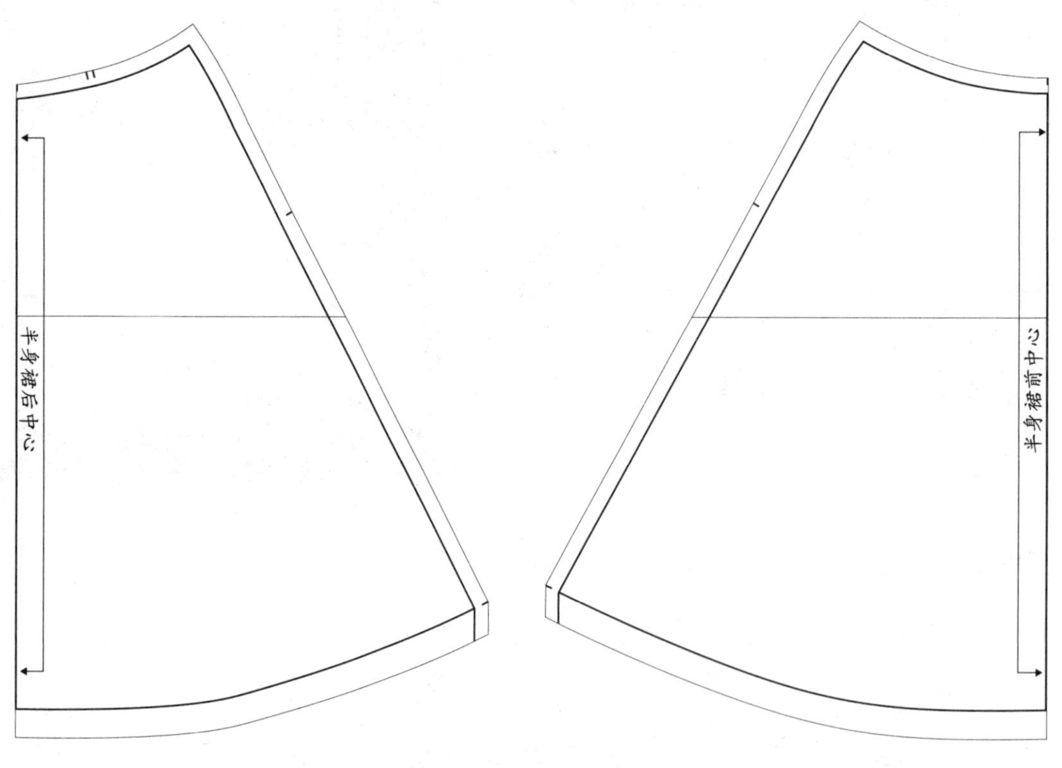

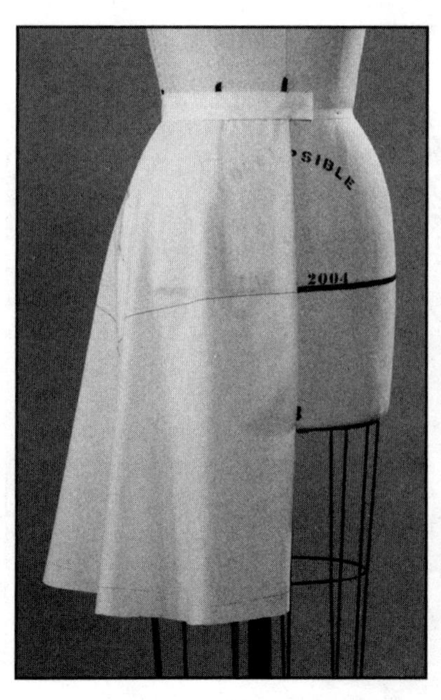

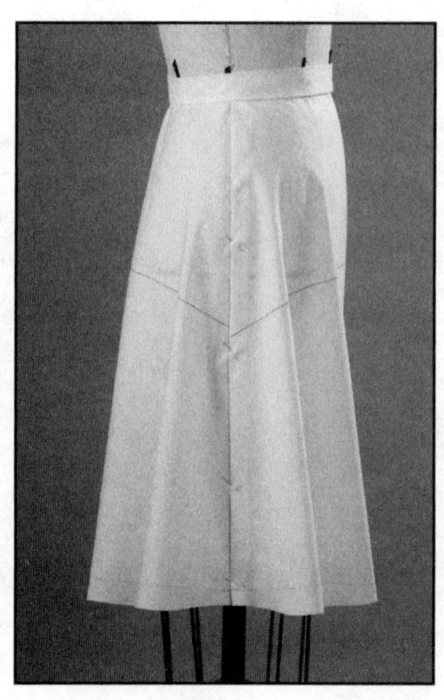

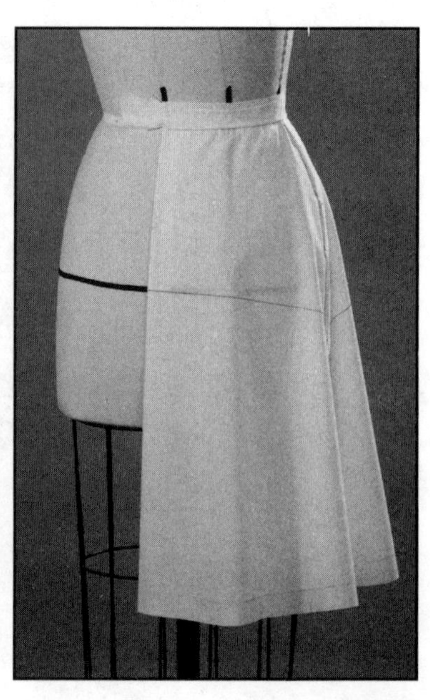

裙型变化

褶裥裙

廓型类似A形裙，褶裥裙的省道合并在公主线里。腰部有贴边，侧缝装有拉链。后片公主线为反向开衩。褶裥从腰部开始，到底边散开。

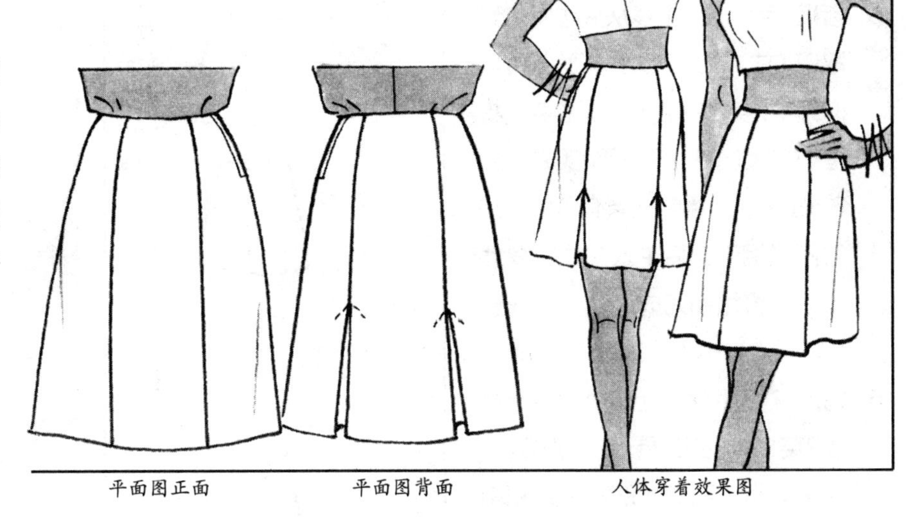

制板

1 拷贝半身裙原型的前后片，包括省道。标记出每个省道的省尖点，从省尖点绘制出平行于前后中心线的直线至底边。

2 在底边从直线两边各取$^1/_2$英寸（约1.27厘米），分别连接省尖点。在每个省尖点上做标记。后片第二个剪口低于第一个剪口$^1/_4$英寸（约0.6厘米）。

3 底边侧缝外扩$^1/_2$英寸（约1.27厘米）。从臀围线向上量取$2^1/_2$英寸（约6.4厘米），连接底边外扩线，形成新的侧缝线。

4 **前褶** 拷贝前中部分，即前中心线到公主线左侧$^1/_2$英寸（约1.27厘米）的省道右侧延长线。给缝份留出余量。拷贝前片侧缝部分，即从侧缝到公主线右侧$^1/_2$英寸（约1.27厘米）的省道左侧延长线。每个褶裥都呈微喇状。后片重复前面的步骤，包括所有的剪口和纱向线。

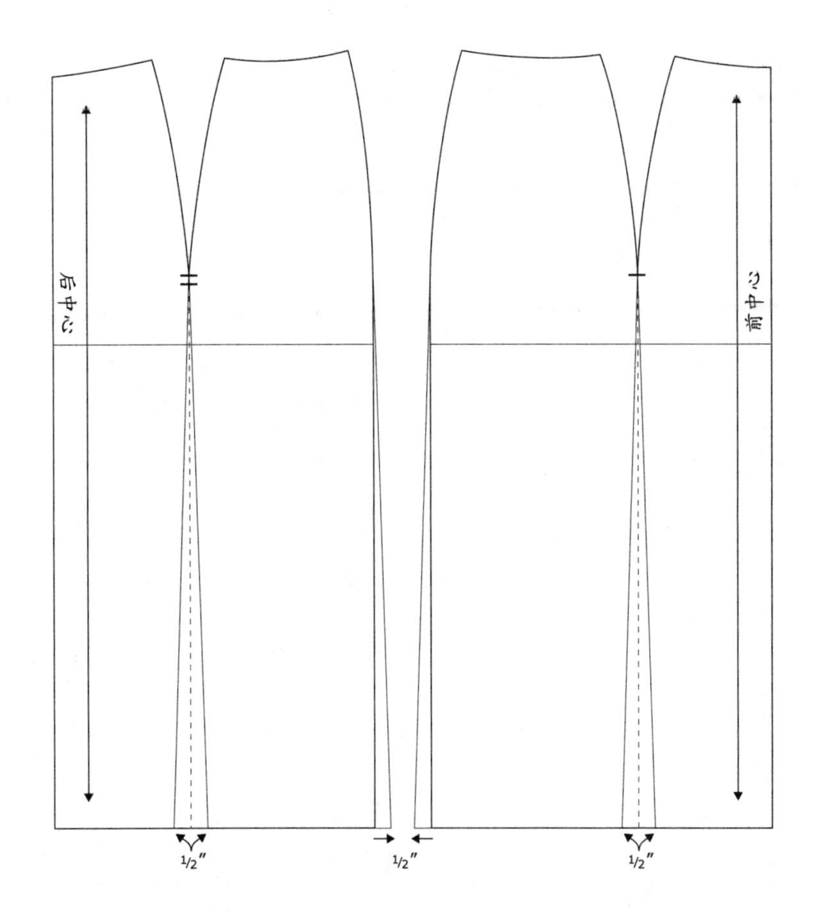

裙型变化

5 后裥 后片沿公主线从底边向上量取9英寸（约22.9厘米），再横向外扩2英寸（约5.1厘米），将褶裥加大。在外角下降1英寸（约2.5厘米），绘制一条有角度的线与侧缝相连。后中公主线重复此步骤。将绘制完成的褶裥拓在对折的纸上，剪下后打开。

6 贴边 在每个裁片上，做平行于腰线2英寸（约5.1厘米）的贴边。将没有省道和侧缝的前中片和前侧片贴边，后中片和后侧片贴边连接起来。

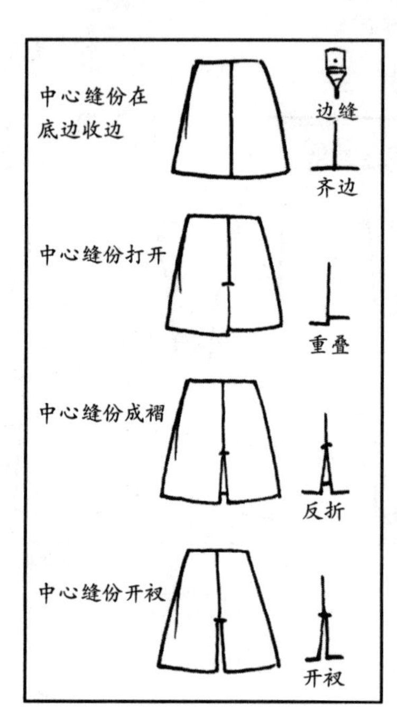

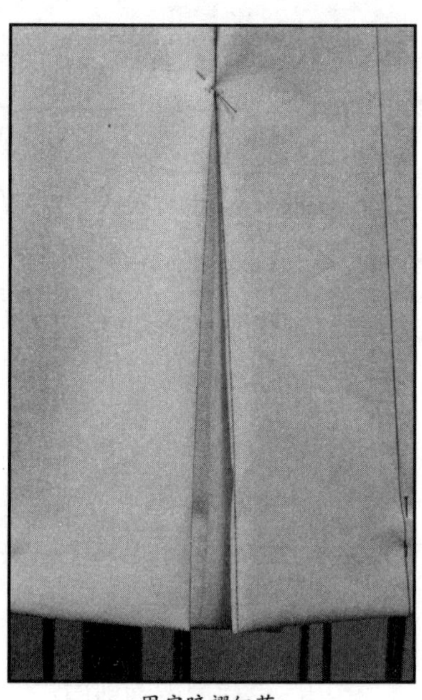
固定暗褶细节

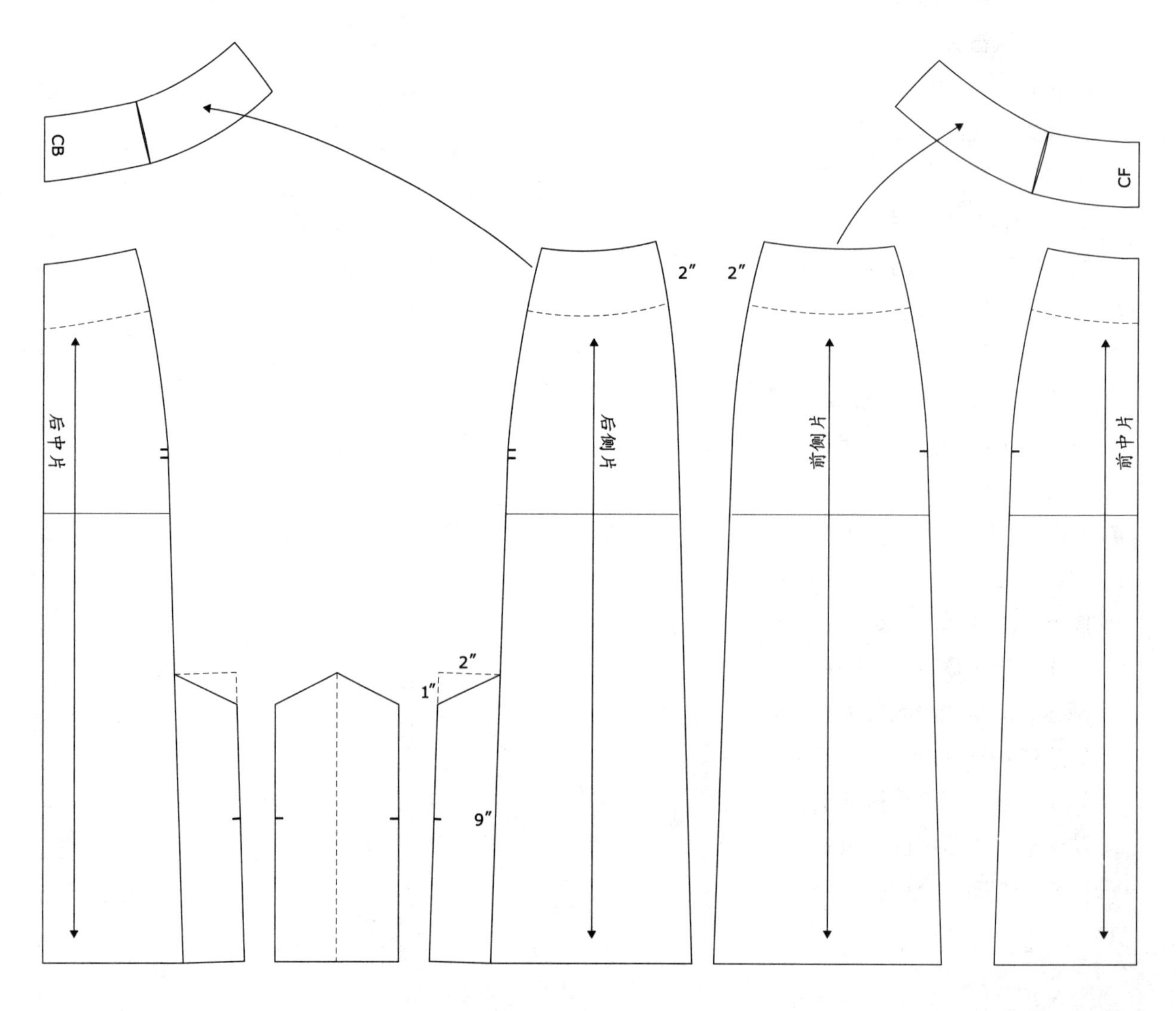

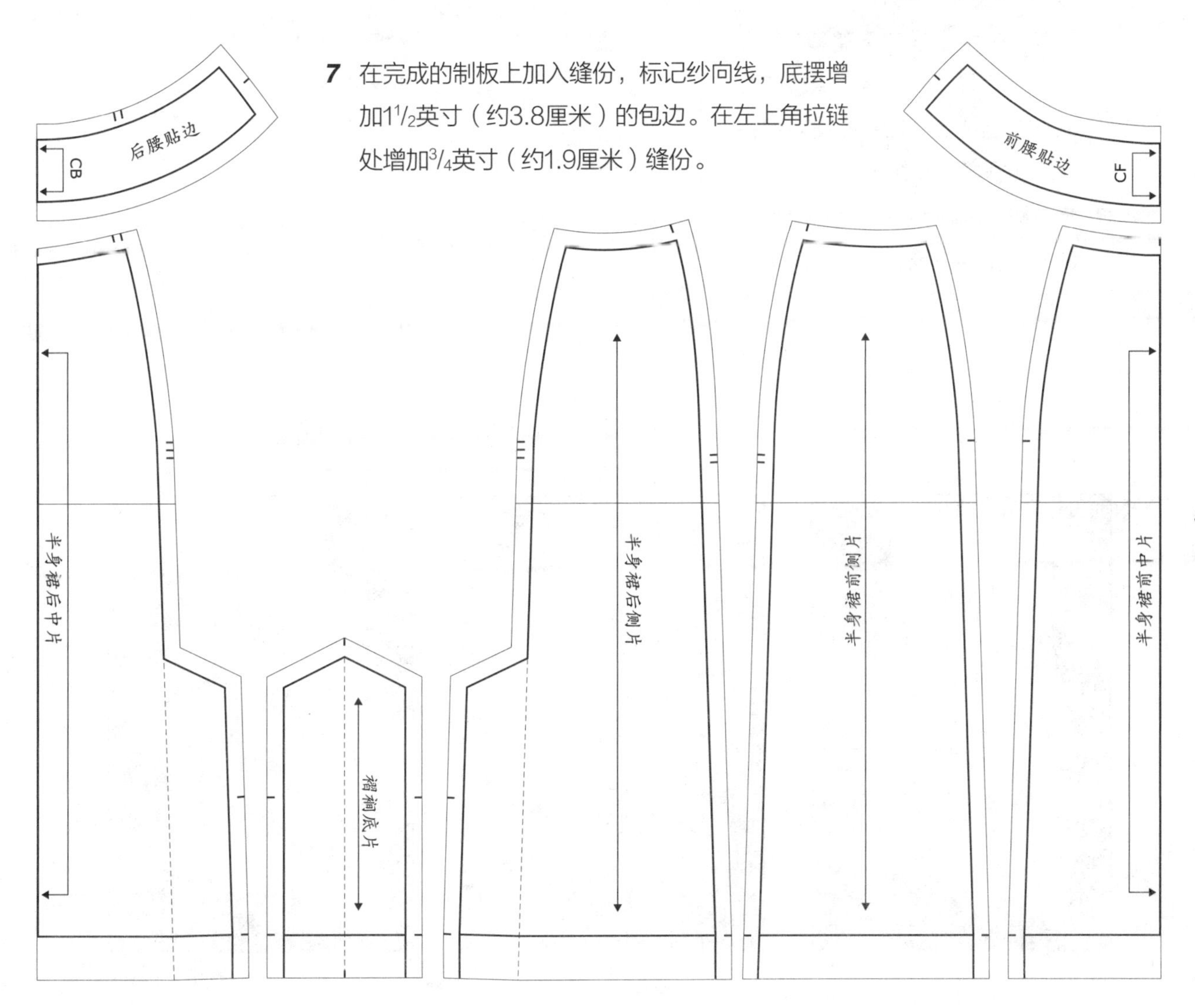

7 在完成的制板上加入缝份，标记纱向线，底摆增加$1^{1}/_{2}$英寸（约3.8厘米）的包边。在左上角拉链处增加$^{3}/_{4}$英寸（约1.9厘米）缝份。

裙型变化

百褶裙

这种裙型在腰部加入了约克，约克下做刀褶处理，去掉了省道结构。裙子在左侧有拉链，腰部约克有贴边。刀褶的分布与间隔需要进行精确的计算。更多关于如何绘制百褶裙效果图的方法请详见第8章。

平面图正面　　平面图背面　　人体穿着效果图

制板

1 前后片侧缝对齐，拷贝半身裙原型，标记出纱向线。

2 约克 前中心线向下量取5英寸（约12.7厘米），从此点横向绘制一条横线直到后中心线。保持这条线垂直于前中心线。

3 半身裙 将前片（从约克线到底边部分）平均分成五片，每片宽度相等。后片重复此步骤。

后中心　　前中心

1　2　3　4　5　6　7　8　9　10

后中心　　前中心

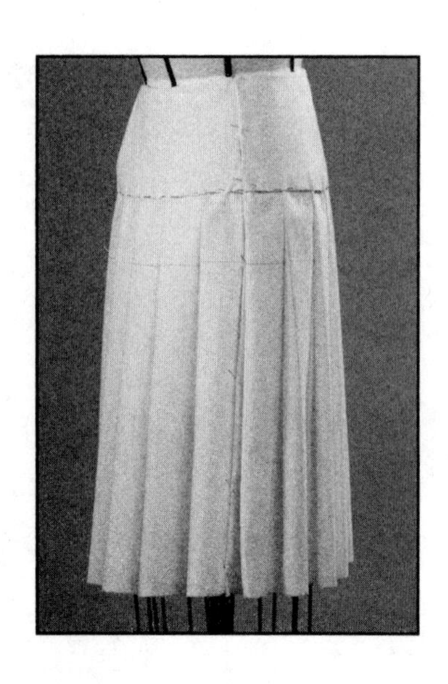

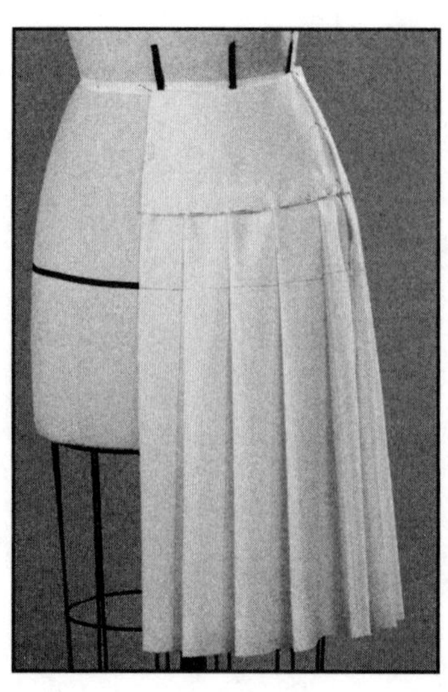

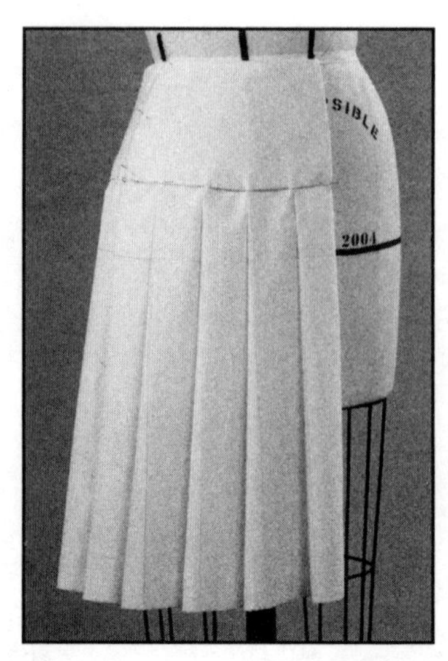

4 剪下约克，合并省道。

5 在22英寸（约55.9厘米）×32英寸（约81.3厘米）的制板纸上绘制出纱向线。把平分的5个裁片剪开，按照裁片宽度两倍的距离依次排开，并将所有剪开的裁片与纱向线对齐。从腰围至距离臀围1/8英寸（约0.3厘米）处，对每个裁片的右侧进行轻微地曲线修正。半身裙前片褶裥从左侧分布至右侧。后片进行同样的处理。在侧缝处加入褶裥时要注意保持前后片刀褶的连续性。

6 拷贝前后片，标记出所有褶裥和对折线。在腰部和底边打剪口。修正前后约克，包括约克上的剪口。

7 制板完成后，将所有的裁片加上缝份，底边增加1英寸（约2.5厘米）包边。在左侧加上3/4英寸（约1.9厘米）用于绱拉链的缝份。标记出平行于前中心线和后中心线的经纱方向，将面料对折，再将半身裙前中心线与面料的对折线对齐裁剪。约克裁剪两片，其中一片用作贴边。

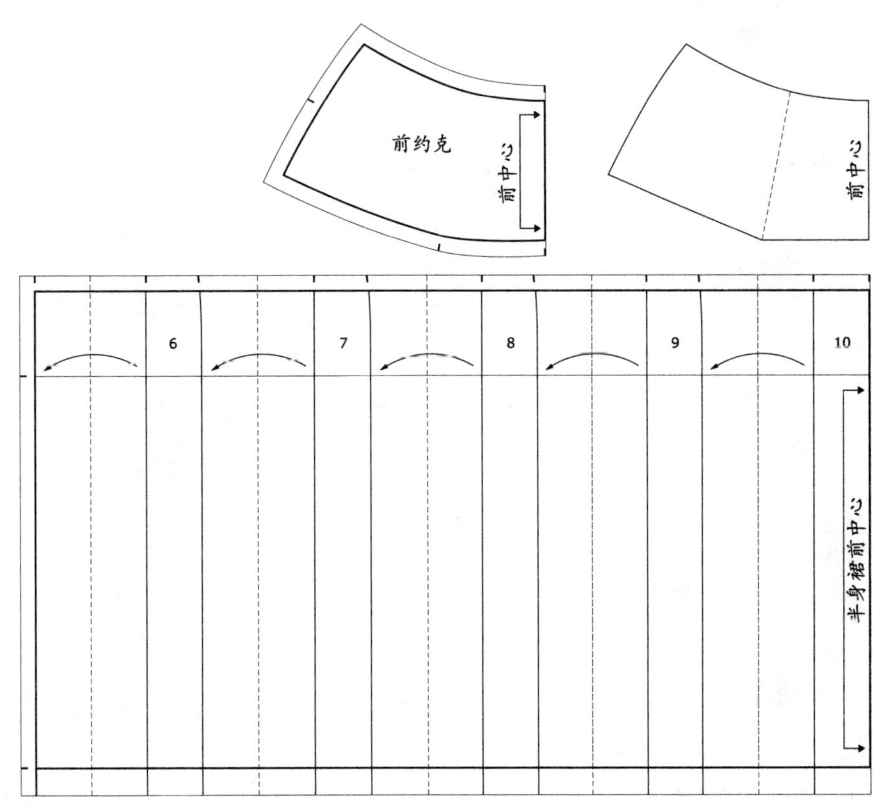

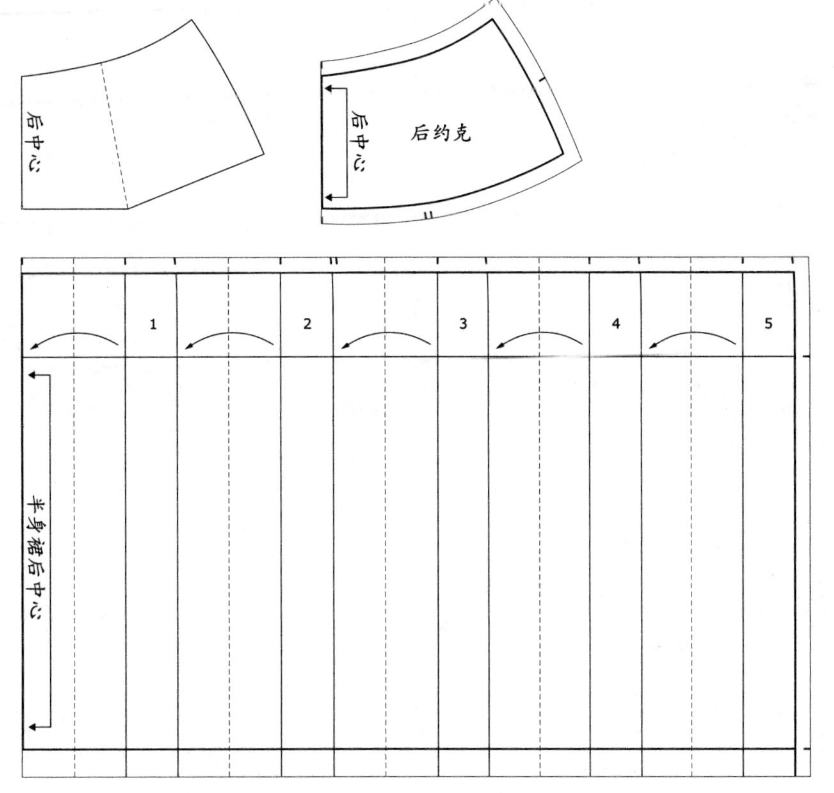

裙型变化

折裥裙

这种款式的裙子与A形裙的廓型很像，省道聚拢。裙子在前中心处有暗褶，后中心处有拉链，腰部有腰头并在侧缝处加入口袋。

平面图正面　　平面图背面　　人体穿着效果图

制板

1 拷贝半身裙原型的前后片。前中心线增加7英寸（约17.8厘米）衬底。腰部增加1³/₈英寸（约3.5厘米），臀围增加1英寸（约2.5厘米），底边、前后侧缝分别增加1¹/₂英寸（约3.8厘米）。绘制出新的侧缝线。

2 从腰部至侧缝绘制出新的腰线。

3 **口袋** 在侧缝向下1¹/₂英寸（约3.8厘米）的位置绘制口袋，侧缝上口袋开口为6¹/₂ 英寸（约16.5厘米）。从此点做9¹/₂英寸（约24.1厘米）长×5英寸（约12.7厘米）宽大小的口袋。

4 底边起翘¹/₄英寸（约0.6厘米），修正底摆弧度。

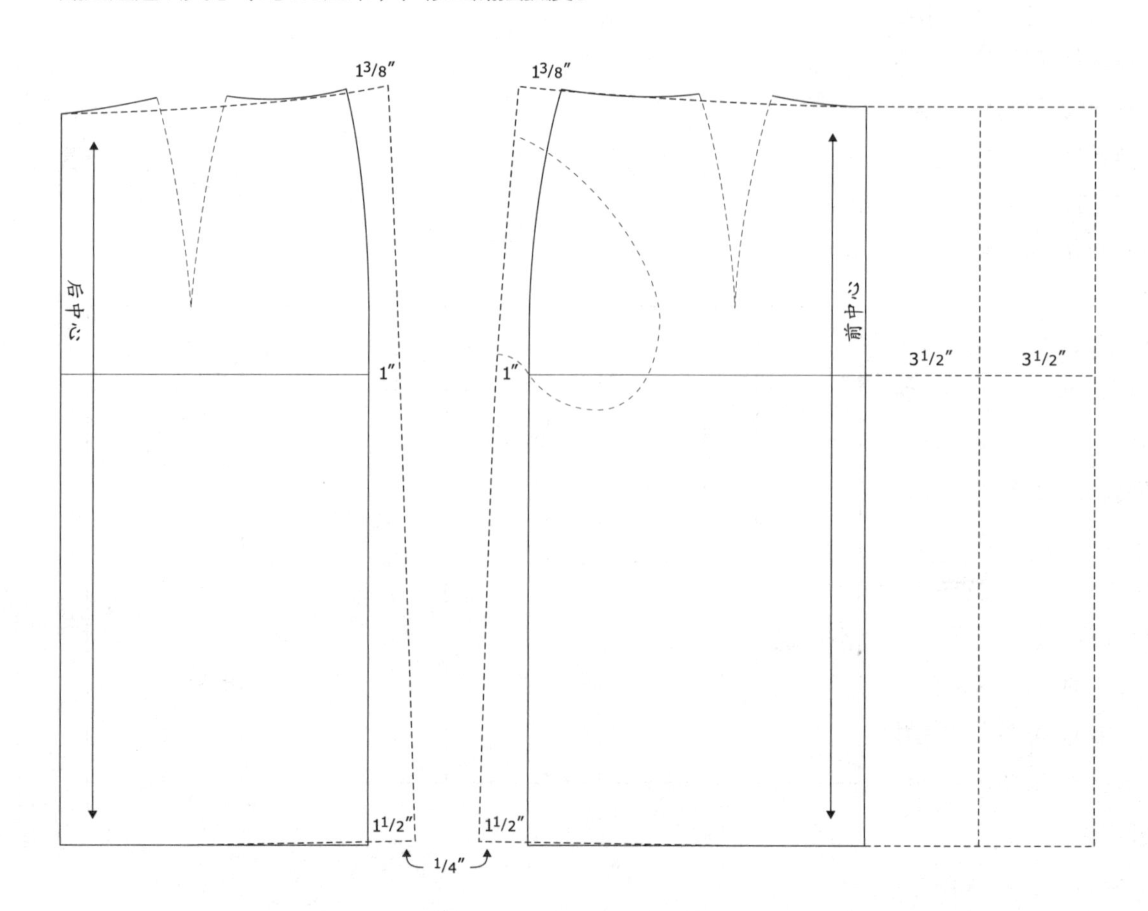

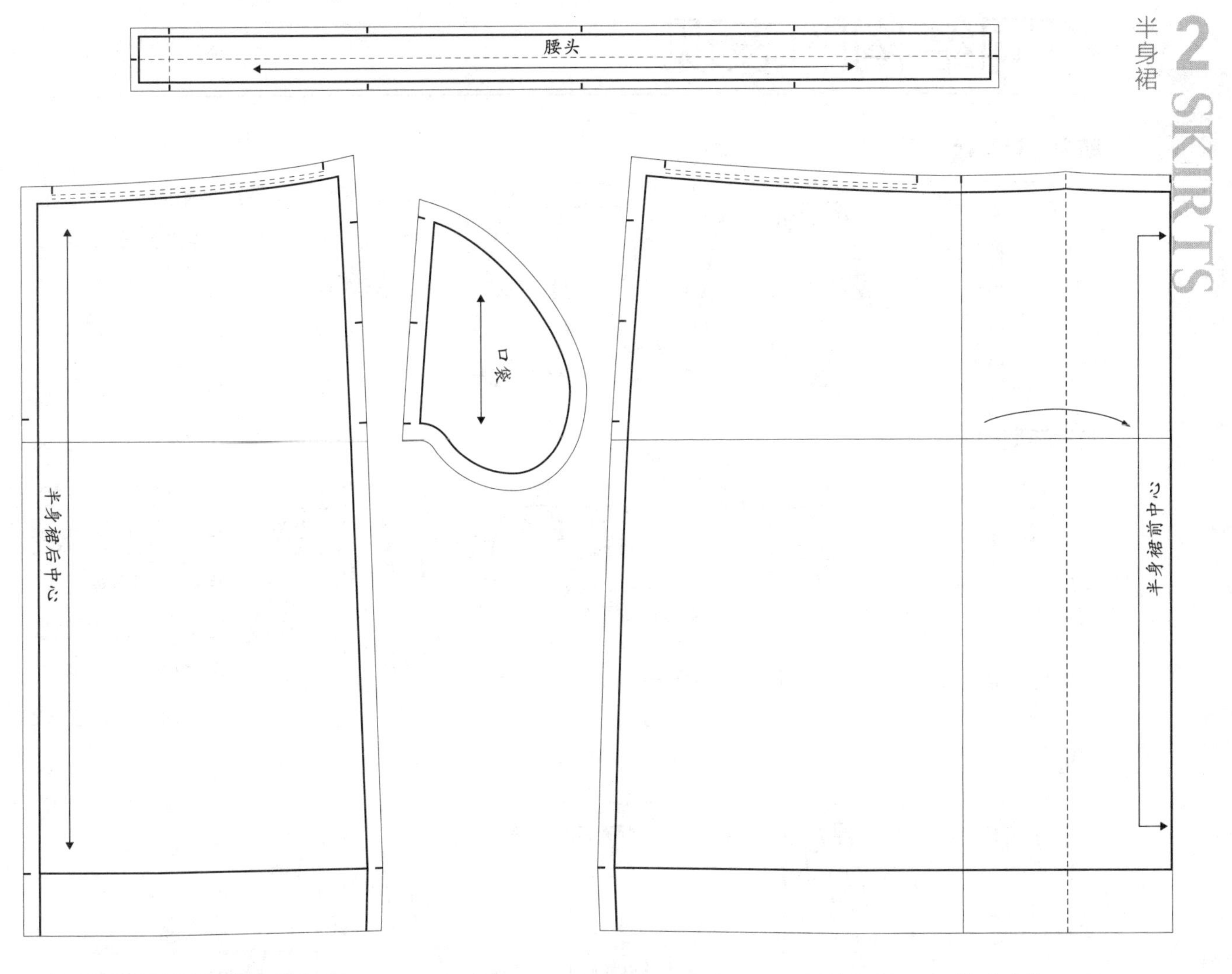

5 腰围 在原腰围线上距前中心$1^1/_2$英寸（约3.8厘米）处，标记剪口。在侧缝同样取$1^1/_2$英寸（约3.8厘米），标记剪口，在剪口之间标记出抽褶符号。

6 立裁 通过立裁的方式在腰部打褶，首先要先将板型转移到白坯布上。将前中心的褶裥合并，用钉针固定。分散臀围松量，用钉针定型。将面料均匀地分布腰围一圈，然后用斜纹带绕紧并用钉针固定。用铅笔标记出斜纹带的位置。

7 制板 拷贝口袋。在侧缝和口袋边缘增加$^3/_4$英寸（约1.9厘米）的缝份，使口袋与半身裙更加贴合。在后中心拉链处增加$^3/_4$英寸（约1.9厘米）的缝份和2英寸（约5.1厘米）的包边。在腰围量取$^3/_4$英寸（约1.9厘米）的宽度用作腰头。对应后中心打剪口。

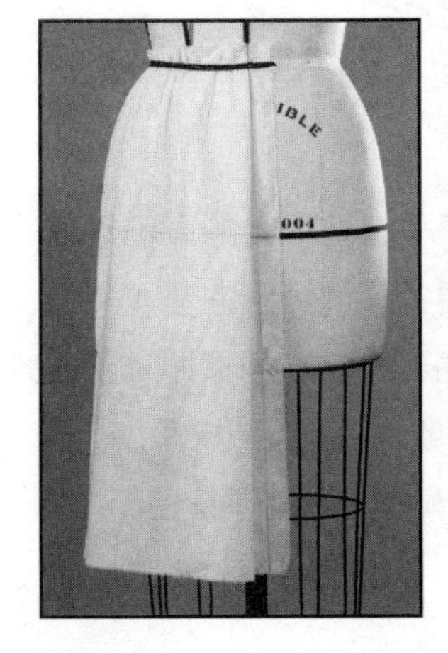

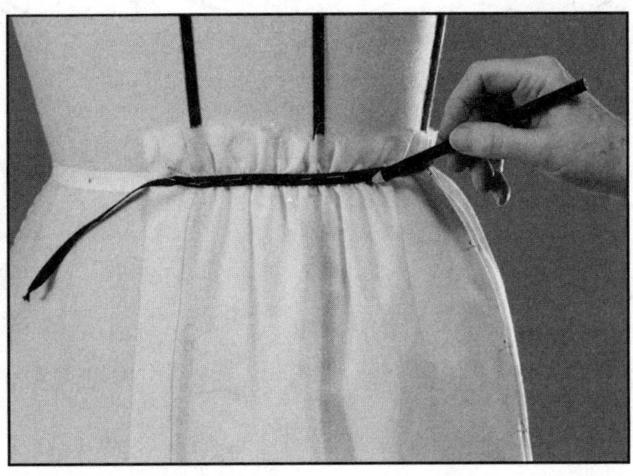

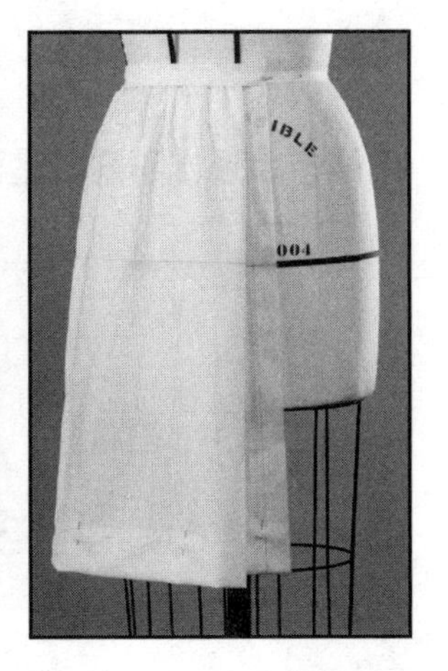

不同结构的表现

前中心箱型褶

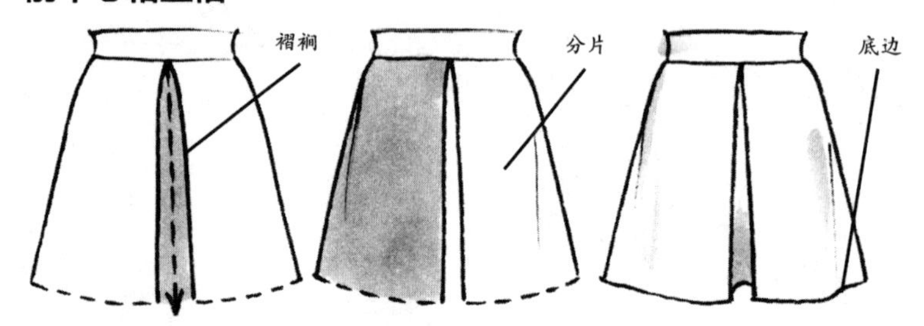

这些基本款打褶裙图例以A形轮廓为基础进行变化。图例中的半身裙分段打褶，展示了折叠、分片和底边的变化。

四片箱型褶

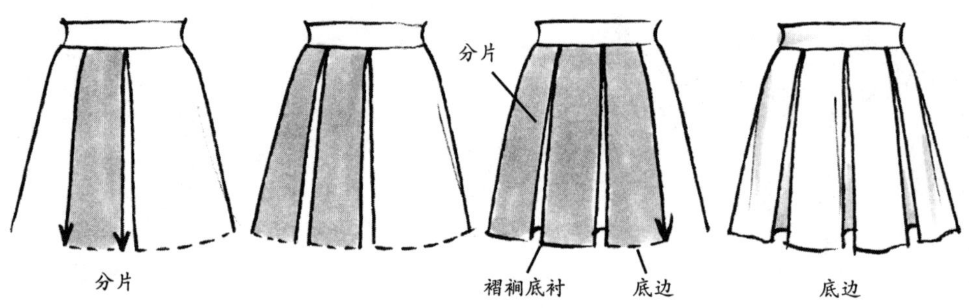

如图所示，裙子的前片为四片三褶裙，属于多片箱型褶。这种裙型利用了公主线和前中心线来分割裙面。

侧褶

侧褶的宽度要比箱型褶分片的宽度小，并向一个方向折叠。设计师可以在底边展示出侧褶的倒向。

创新组合——侧褶&箱型褶

这种组合型褶，事先要计算好褶裥的尺寸，在底边做好收尾。

用线条表现出不同的造型

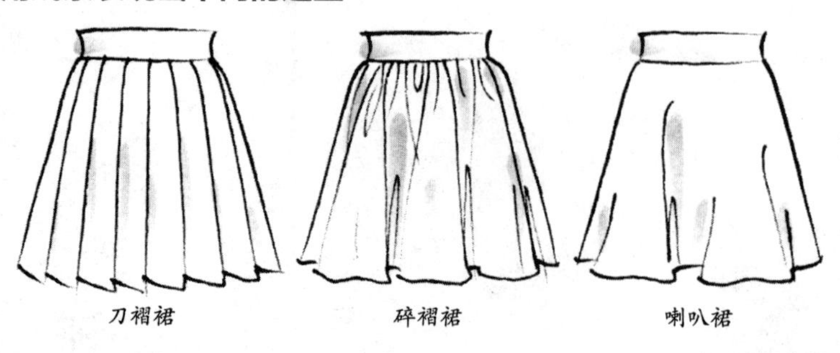

刀褶裙　碎褶裙　喇叭裙

这些裙子在图纸上的展示需要设计师通过裙子的外形来强调其特征。每一款裙子的外形和褶裥需要通过设计师不断地提高绘图技术，以更加清晰和准确地表达其想法。

牛仔裙造型　　**暗门襟**

本页依然会展示一些在A形裙基础之上进行变化的裙款。这些款式的裙子包含了一些细节、缝迹线和立裁结构来辅助造型，如牛仔裙口袋、明线等。

八片裙（前四片/后四片）

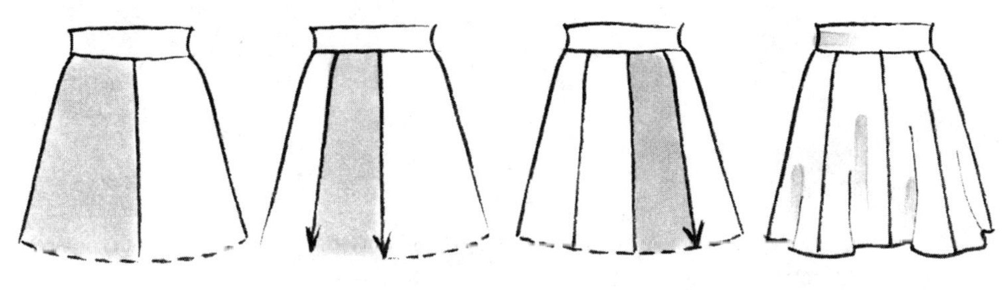

制作八片裙时先设计好每片褶裥的细节。首先在中间位置加褶，之后向两边排开，每片宽度相等。

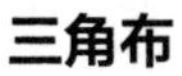

三角布

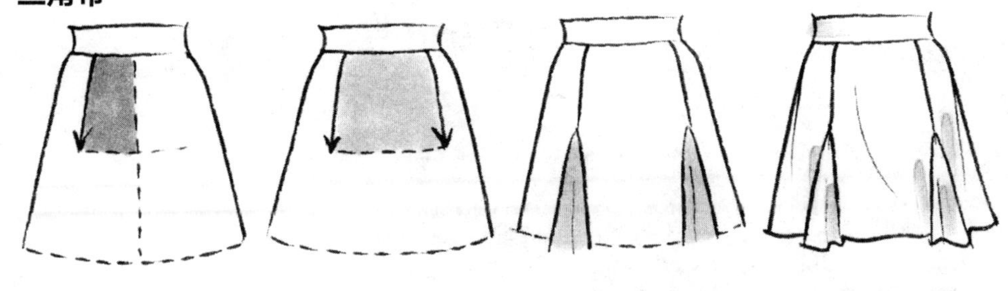

这些三角布（在缝份中插入）多为出现在公主线内的特殊裁片。三角布的长宽大小一定要计算到位。

包身裙　　**苏格兰褶裥短裙**

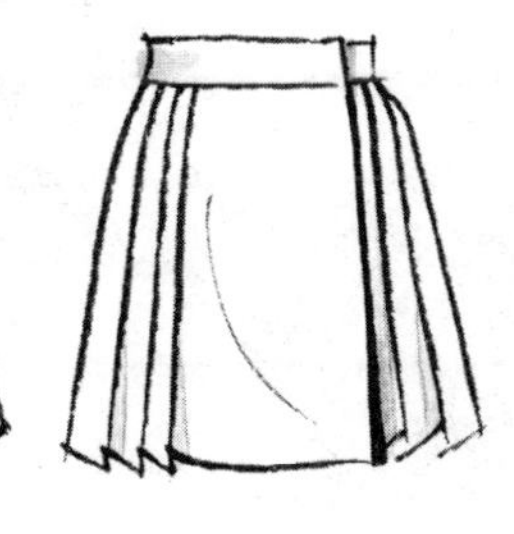

这两种裙子在裙摆的一侧包裹，目的是为了展示裙子的轮廓，并强调其样式。

装饰线

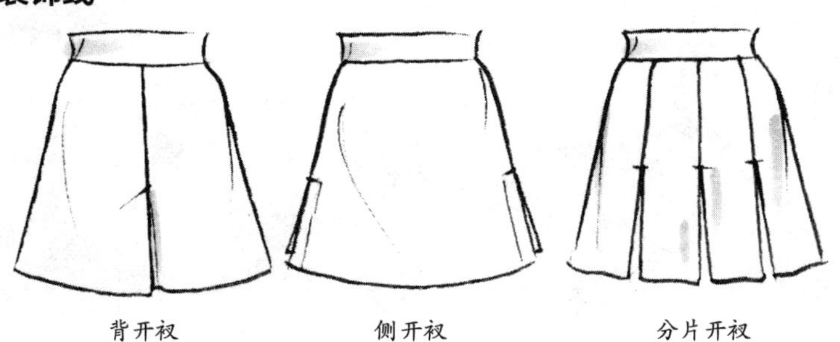

背开衩　　侧开衩　　分片开衩

这里有更多使用装饰线的例子，通过准确的草图来向读者展示裙子多变的设计风格。注意每组之间的细节变化和不同类型的款式细节。

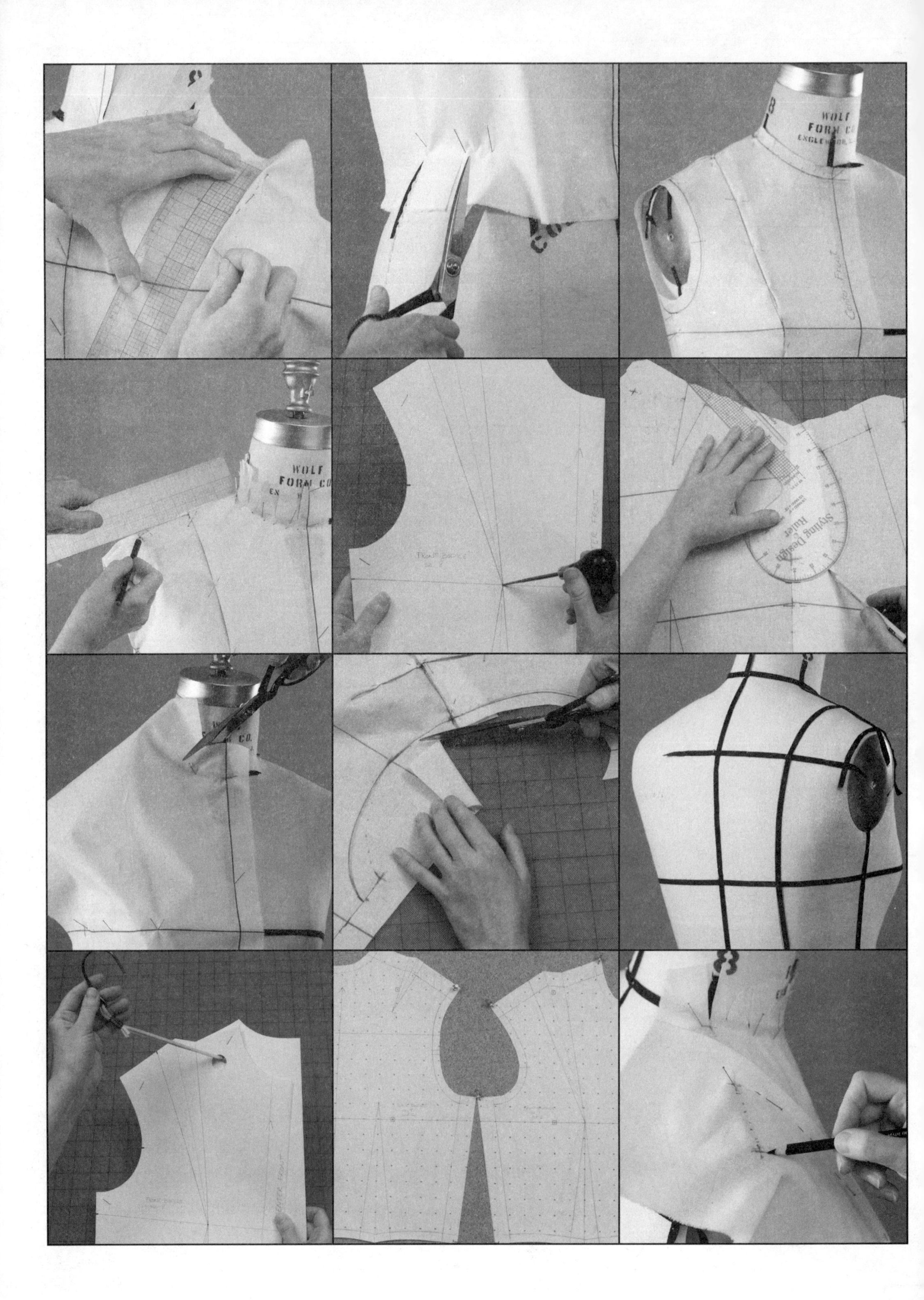
WOLF
FORM CO.
Styling Design Ruler

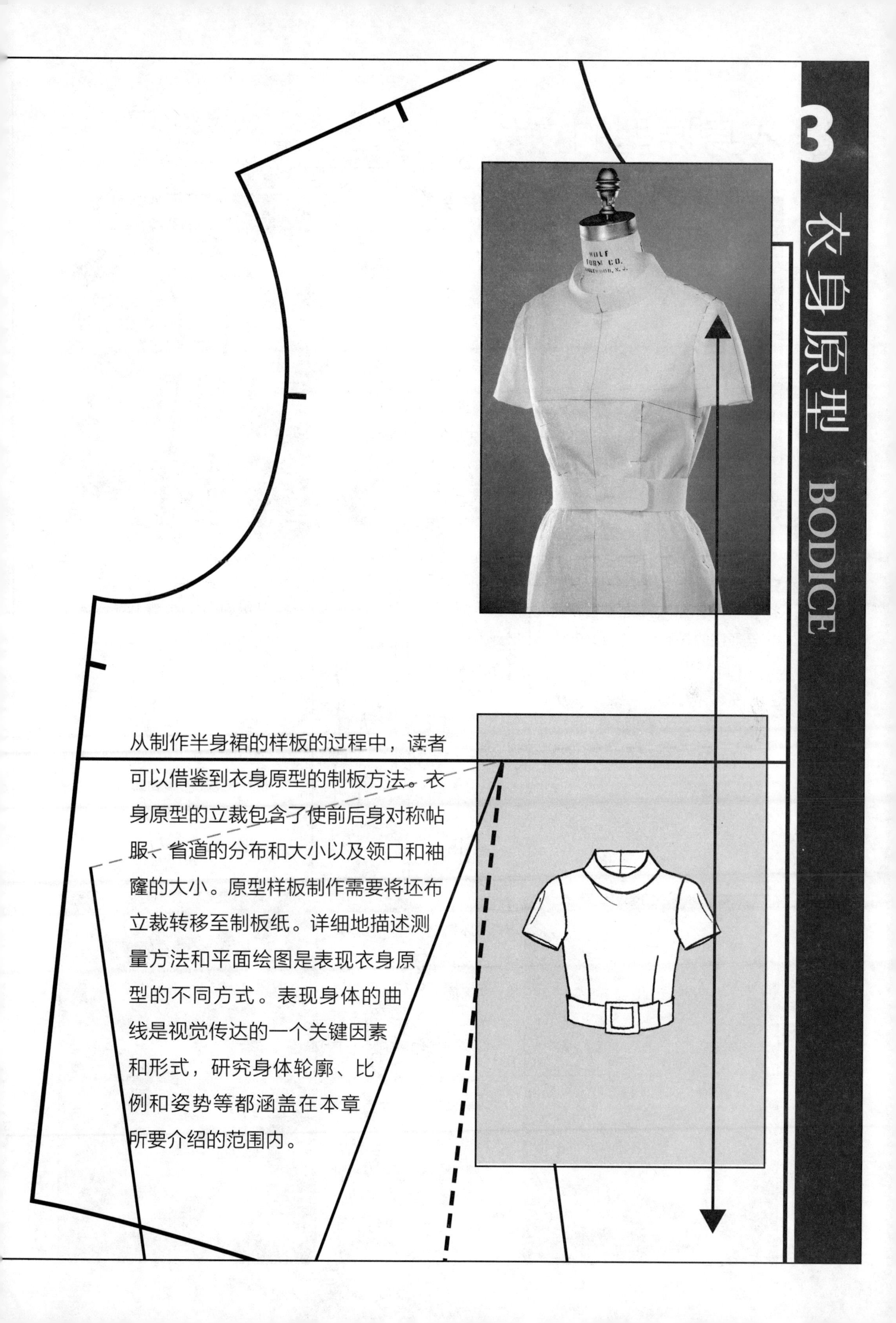

3 衣身原型 BODICE

从制作半身裙的样板的过程中，读者可以借鉴到衣身原型的制板方法。衣身原型的立裁包含了使前后身对称帖服、省道的分布和大小以及领口和袖窿的大小。原型样板制作需要将坯布立裁转移至制板纸。详细地描述测量方法和平面绘图是表现衣身原型的不同方式。表现身体的曲线是视觉传达的一个关键因素和形式，研究身体轮廓、比例和姿势等都涵盖在本章所要介绍的范围内。

衣身原型的立裁

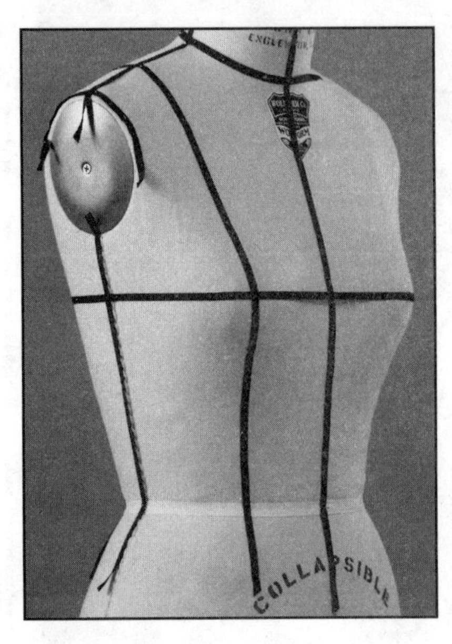

人台标记线

- 胸围线
- 前中心线、后中心线
- 公主线
- 侧缝线
- 领围线
- 肩线
- 肩胛骨连线

【在后中心线上从领围线向下4英寸（约10.2厘米）】

- 袖窿线

注意：不要将斜纹带覆盖在拼接线上，用钉针固定即可。

白坯布准备

1. **前长：**从前中心线量取领围板至腰围的长度，再加上2英寸（约5.1厘米）。
2. **前宽：**在胸围水平线上量取从前中心线至侧缝的距离，再加上$2\frac{1}{2}$英寸（约6.35厘米）

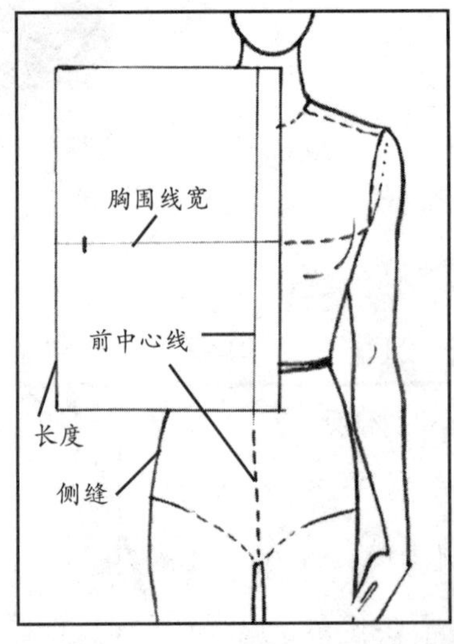

标记白坯布

1. 从纵向撕裂边向内量取1英寸（约2.54厘米），绘制出前中心线。
2. 量取领围板至胸围线的长度，过此点绘制出一条横线。
3. 通过胸围线，测量前中心线至侧缝的长度。增加$\frac{1}{2}$英寸（约1.27厘米）的松量。在胸围线上的侧缝处做标记。

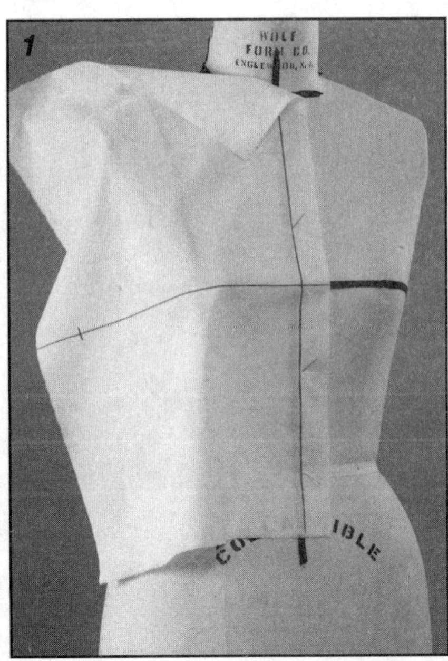

立裁

1. 将坯布上的经纬纱与人台上的横竖标记线对齐。用钉针在前中心领围线上固定住坯布，再在胸围线和腰围线上下3英寸（约7.6厘米）分别固定。在公主线通过的胸点处固定。
2. 在胸围线上分布$\frac{1}{2}$英寸（约1.27厘米）的松量，在侧缝用钉针固定，标记出十字标。

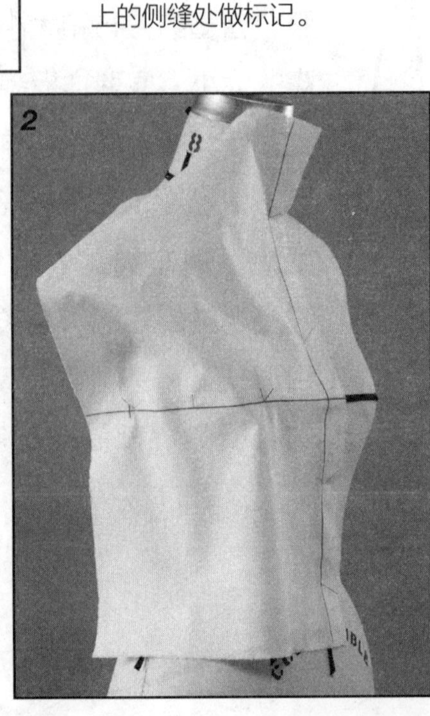

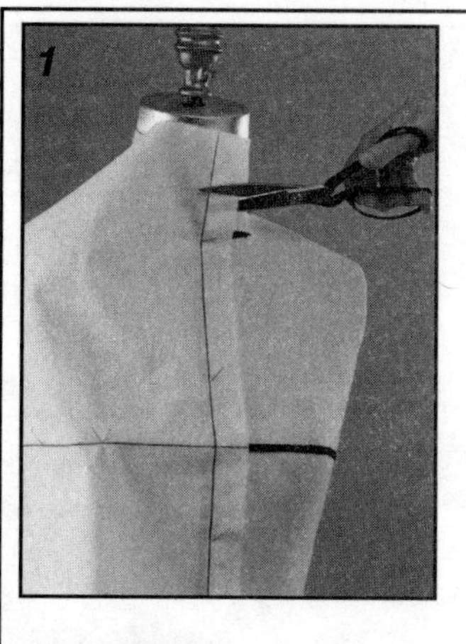

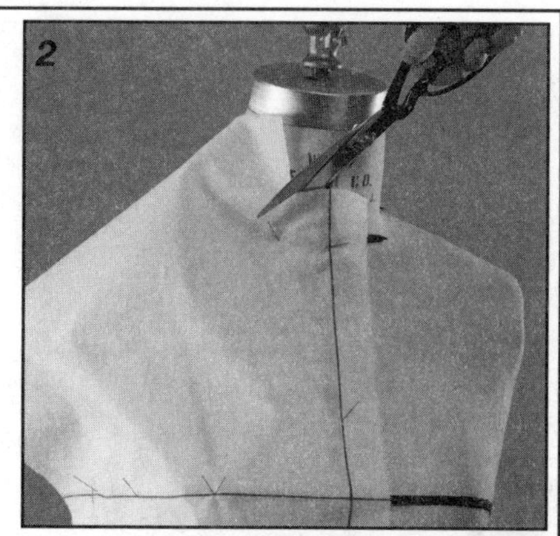

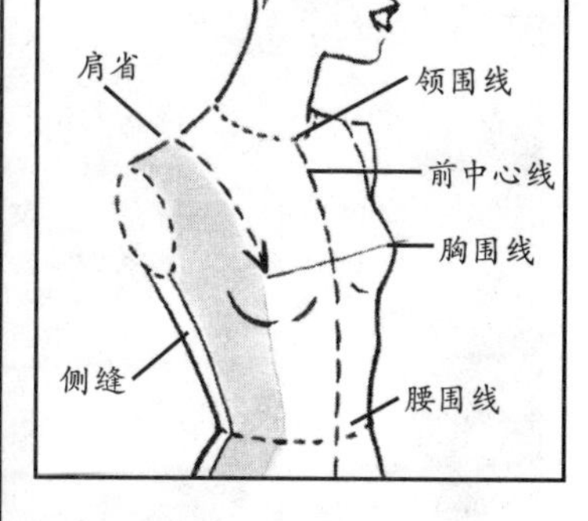

领口立裁

1 在前中心线和领围线的交叉点插入钉针做标记。

2 铺平坯布，裁剪掉2英寸（约5.1厘米）×2英寸（约5.1厘米）的正方形。

3 缝份线垂直于领围线，对准步骤1的标记，用钉针固定。

4 坯布环绕领围，一边打剪口一边用钉针固定，一直到肩线。在胸部和肩部的坯布要帖服，在领口不要拉伸或牵引坯布。要留有1/8英寸（约0.3厘米）的松量。

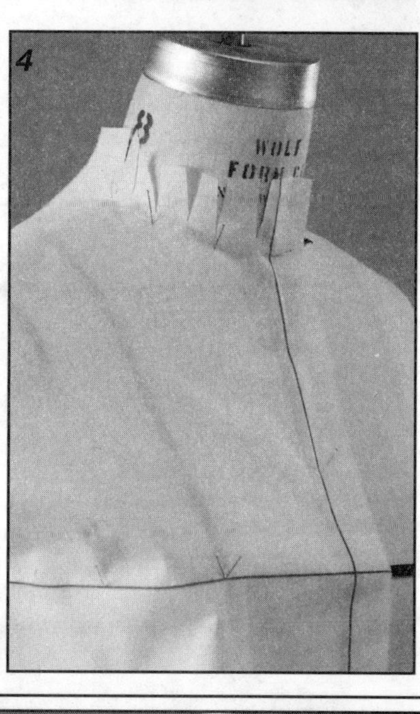

肩省塑形

5 从颈侧点到公主线将坯布抚平，取肩部中点并用钉针进行固定。

6 将胸围上多余的坯布和肩部的余量向公主线聚集并用钉针固定。

7 多余的量会形成省道，其中肩省省量最大。

8 在从袖窿至腰围的侧缝线，用钉针固定坯布。

9 从肩部至胸点的肩省用钉针固定。

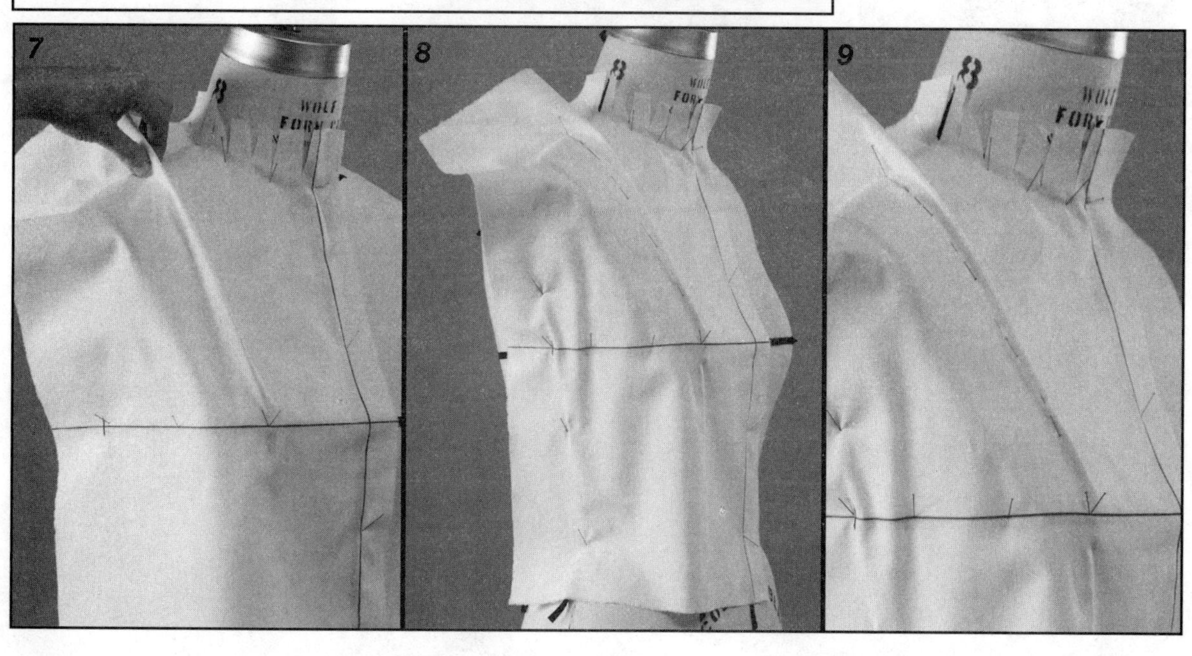

衣身原型的立裁

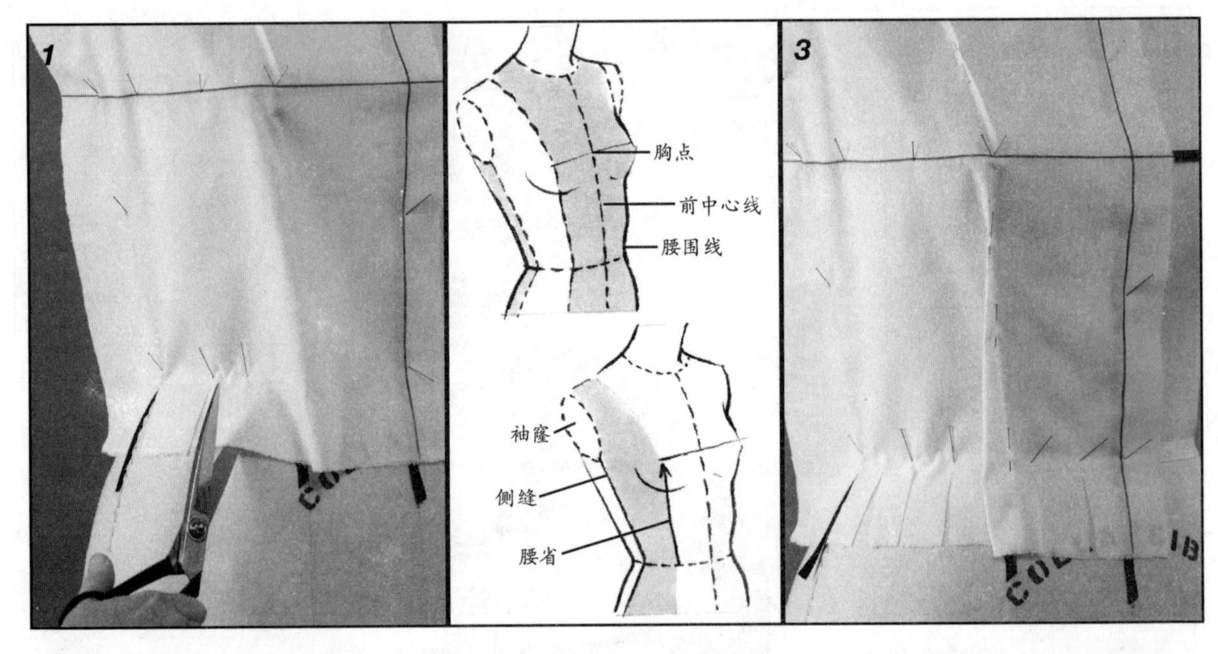

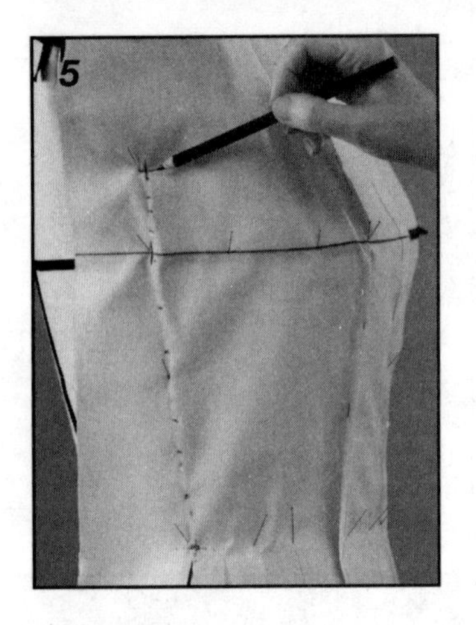

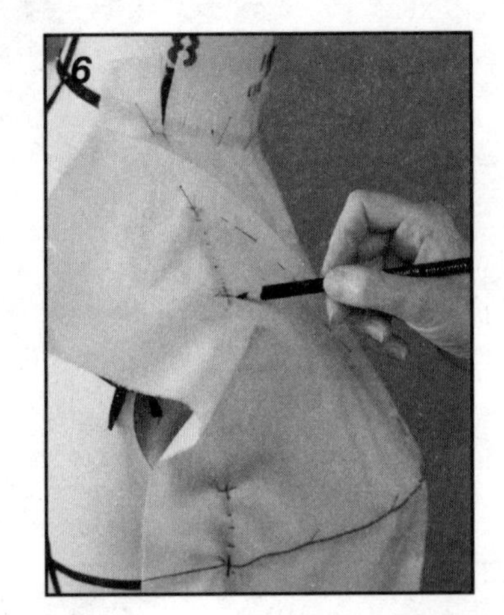

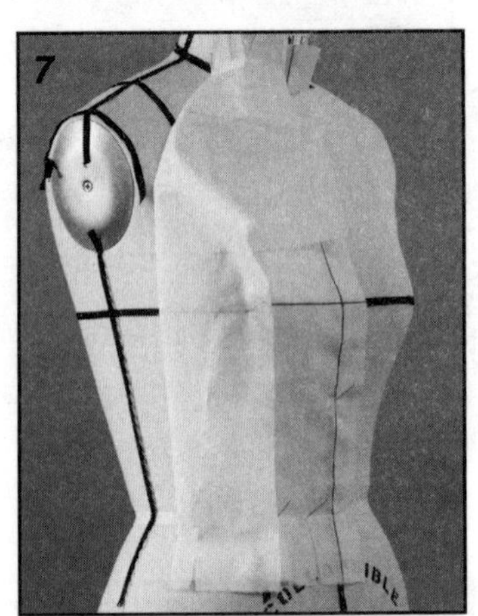

腰省塑形

1 在腰线从侧缝处至公主线用钉针固定。打剪口，腰围预留1/4英寸（约0.6厘米）的松量。

2 从前中腰围至公主线，用钉针平均固定。

3 富余的坯布会形成省道。从省道至胸点用钉针固定。

标记立裁坯布

4 用铅笔标记出腰围和侧缝的斜纹带。

5 在腰省两侧、腰围线上侧缝处和臂板侧缝处做十字标记。在肩侧点、肩省两侧和颈侧点做十字标记。

6 沿着肩缝和领围绘制出点线。

7 将多余坯布向前片折叠，剪掉后片肩部和侧缝的坯布。

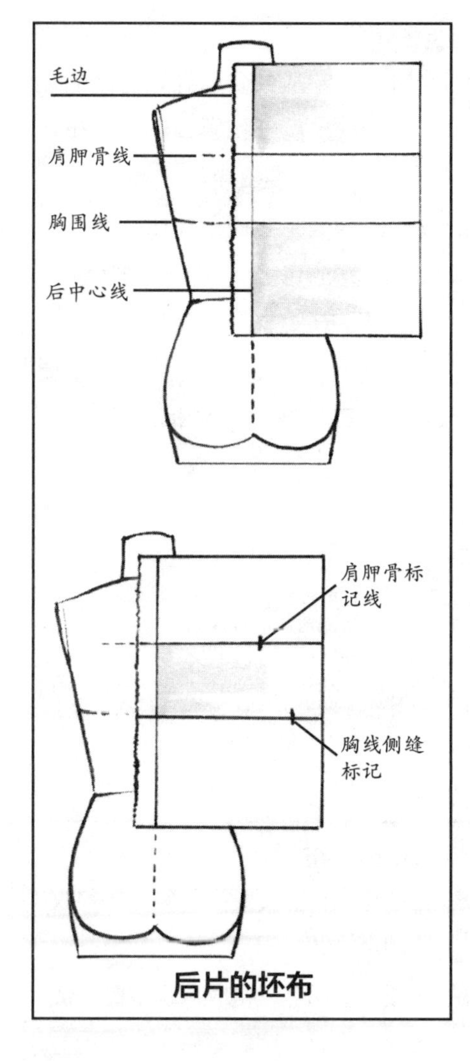

后片的坯布

后片准备

- **后长：** 从后中心线量取领围板至腰围的长度，再加上2英寸（约5.1厘米）。
- **后宽：** 在胸围水平线上量取从后中心线至侧缝的距离，再加上3英寸（约7.6厘米）。

标记白坯布

1 从坯布长边的毛边向内量取1英寸（约2.54厘米），绘制出后中心线。

2 量取领围板至胸围标记带的长度，绘制出一条横线。

3 量取后中心线至侧缝的宽度，增加1英寸（约2.54厘米）的松量。在胸围线侧缝处做十字记。

4 将经纬纱与胸围线对齐。在肩胛骨位置做标记线。

5 测量肩胛骨至袖窿、肩胛骨至十字标记的距离。

后片立裁

1 将经纬纱与胸围线对齐。将后颈点、肩胛骨、胸围线和腰围线用钉针固定。固定纬纱，沿着标记线分布松量。在袖窿处分布¼英寸（约0.6厘米）的松量。

2 固定后领线，在领口缝份上打剪口至肩线处。

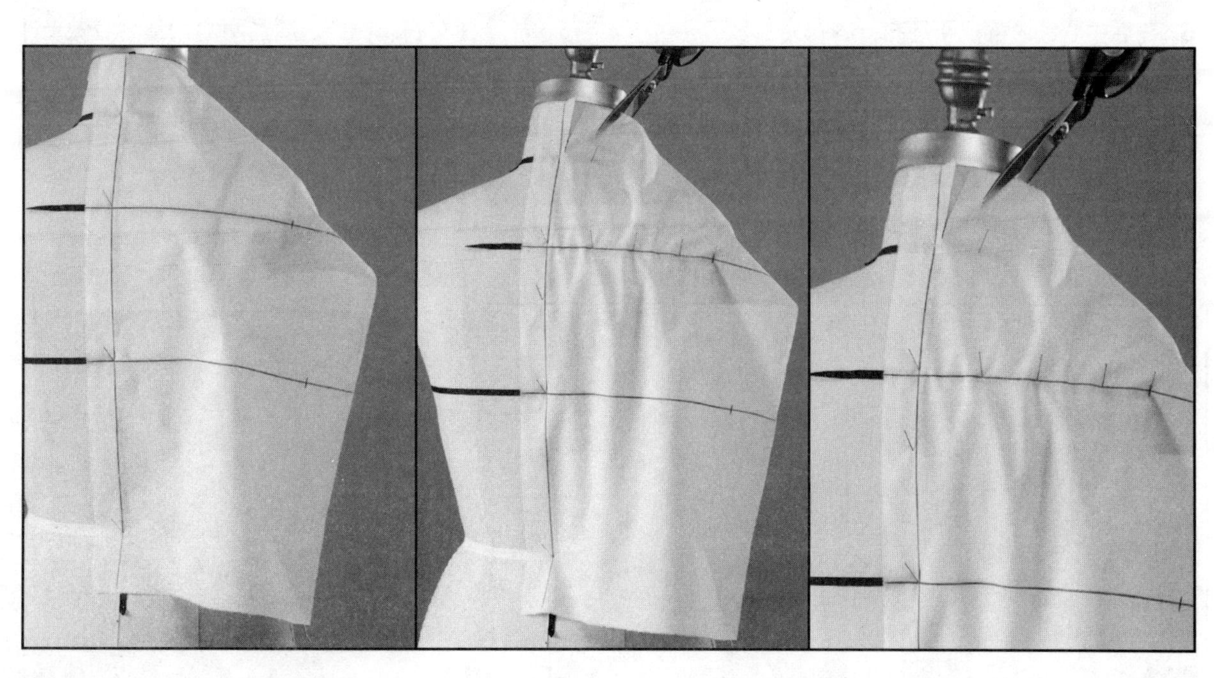

衣身原型的立裁

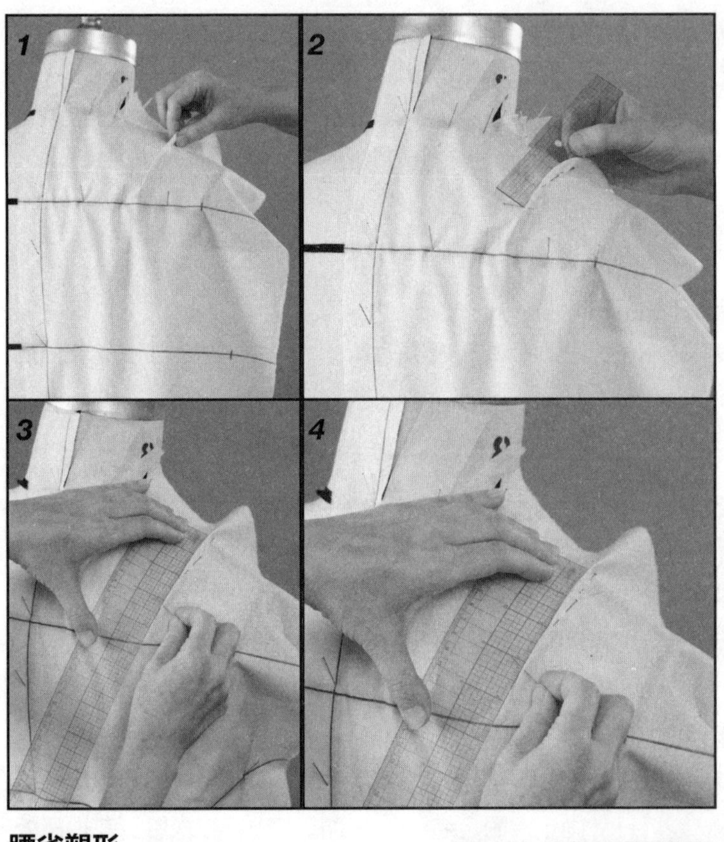

肩省塑形

1 用钉针固定从颈侧点到公主线的坯布。胸部、肩部和领口的白坯布要抚平，坯布不要拉伸。

2 过肩部向公主线抚平坯布，在肩胛骨将多余坯布捏出，用钉针固定。

3 多余的坯布形成了小的省道。

4 从肩线向下量取3英寸（约7.6厘米），在省尖点用钉针标记。

腰省塑形

5 在腰围线侧缝处，沿腰部倒向公主线用钉针固定坯布，裁掉多余坯布。在腰围加入1/4英寸（约0.6厘米）松量。

6 在后中心线腰部抚平坯布，倒向公主线用钉针固定。

7 捏出多余坯布形成省道。沿着公主线在腰部捏出大省道，用钉针固定，在胸围线以上1英寸（约2.54厘米）收尾。

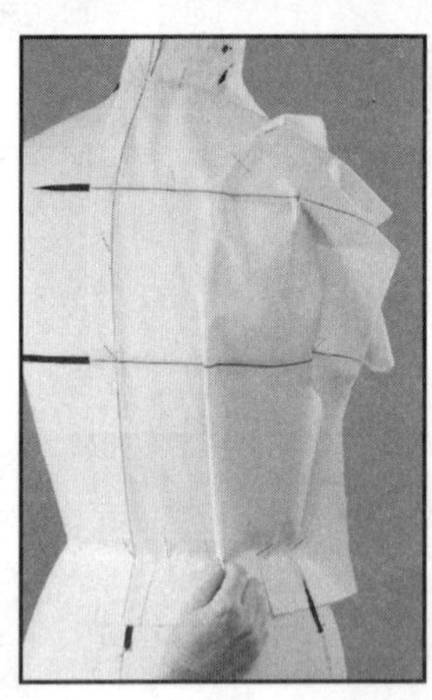

标记立裁坯布

8 在坯布上，沿着腰围和侧缝的斜纹带用点线做标记。

9 在腰省的两侧、侧缝以及袖窿与侧缝的交叉点，用铅笔做十字标记。在肩侧点、肩省两侧和颈侧点做十字标记。

10 沿肩线和领围线用点线做标记。

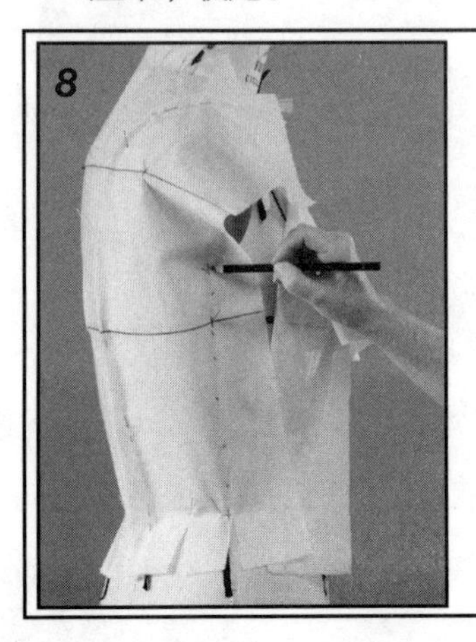

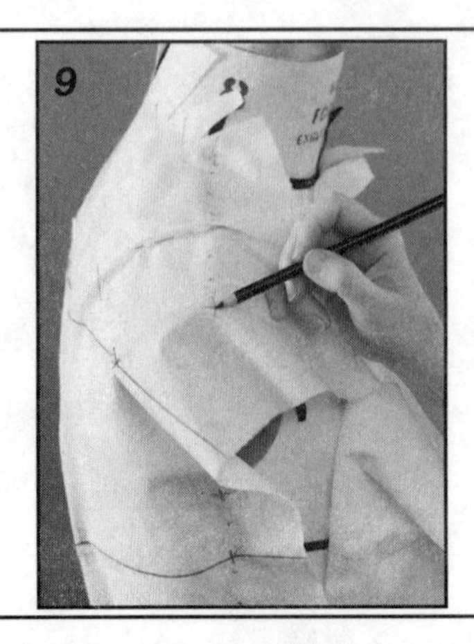

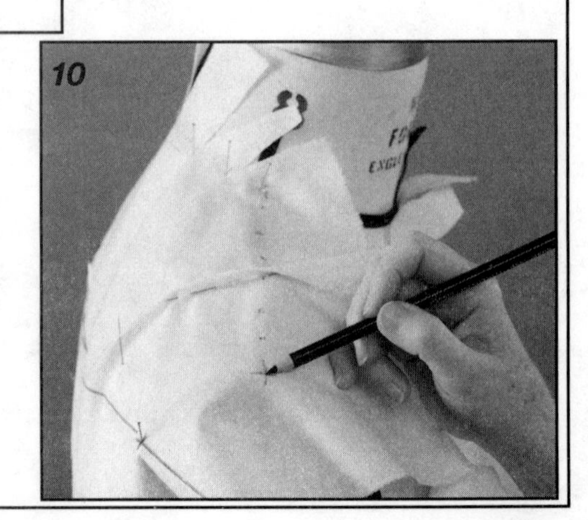

合并前后片

1. 合并省道，用钉针固定。在侧缝处用前片压住后片，对齐纱向线和标记线，用钉针固定。沿着腰围线用钉针固定标记线。
2. 合并前后肩线。留1英寸（约2.54厘米）缝份，将多余的坯布剪掉。

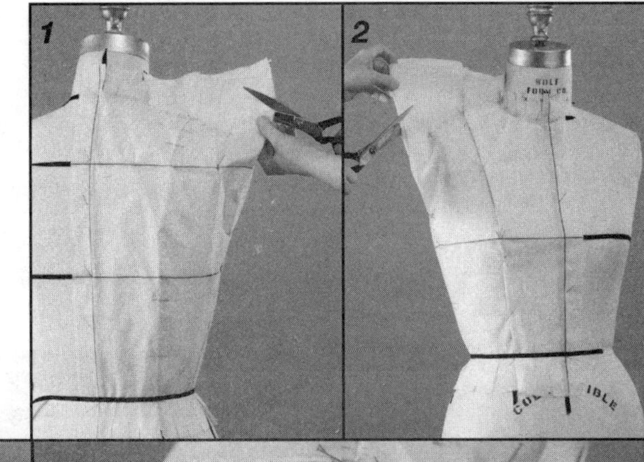

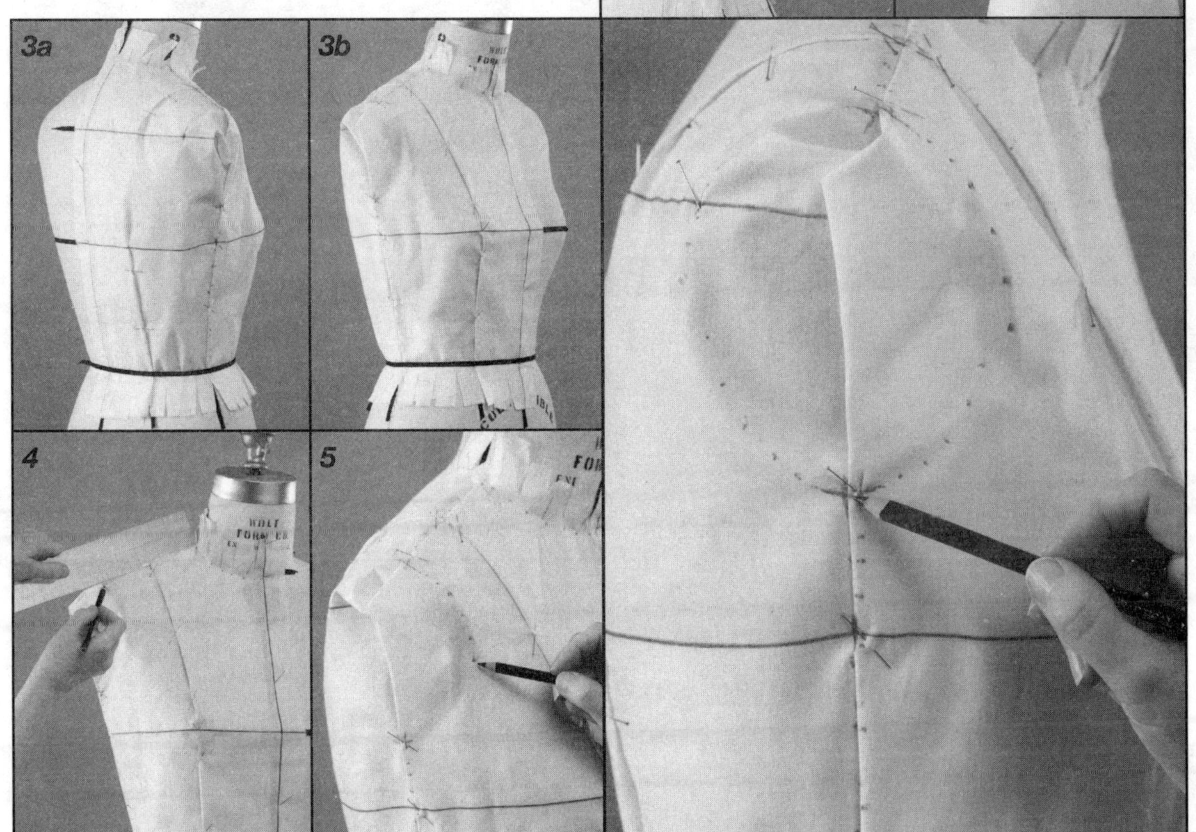

3. 在肩线处用前肩压住后肩，对齐肩省。
4. 8号（成衣尺寸）的肩宽应为5英寸（约12.7厘米）。肩省在肩线上处于居中的位置。
5. 对齐肩部标记，围绕臂板用点线做标记。
6. 在臂板下半部分用点线做标记。
7. 沿斜纹带对合前后腰围的标记线。

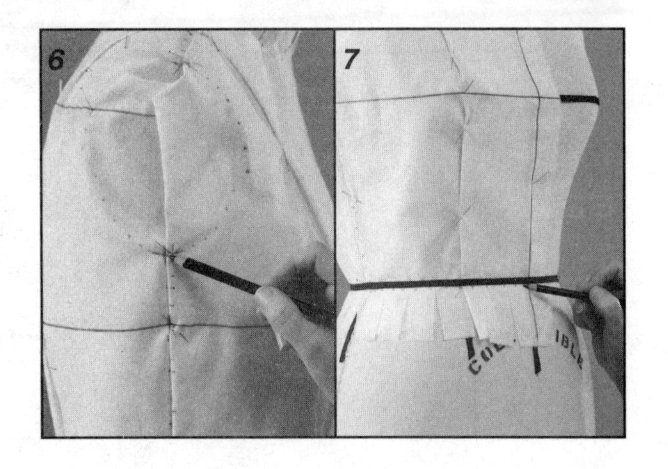

校准衣身原型坯布

1 拔掉肩缝上的钉针，保证侧缝能够拼合，将人台上的坯布摘下。

2 在省道闭合的状态下，测量前后腰围。如果有必要的话，前后片应各包括1/4英寸（约0.6厘米）的松量。

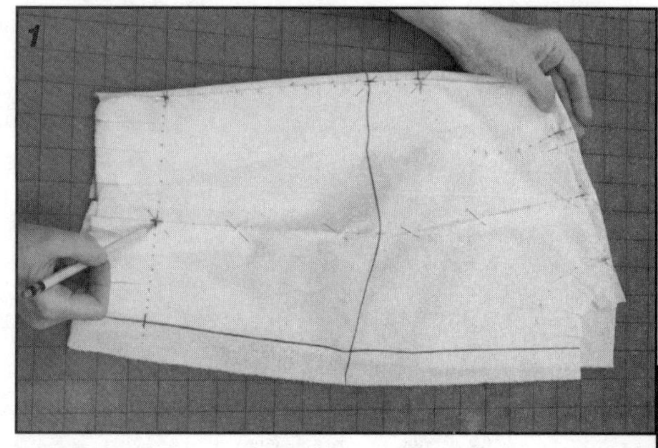

3 在中心线距离矫正腰围1英寸（约2.54厘米）处做直角线。

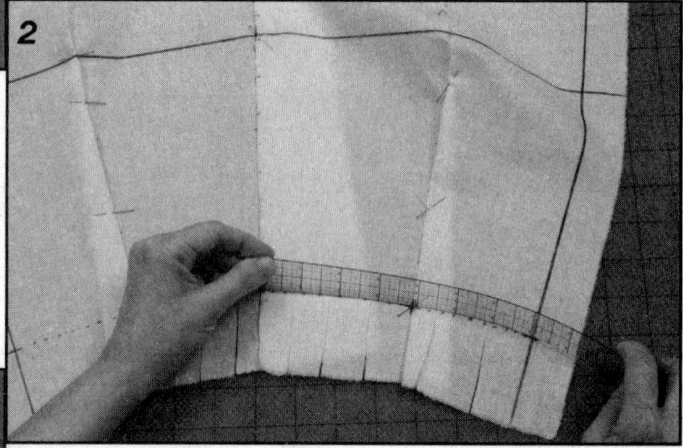

4 用曲线板沿着腰围上的点线标记绘制出腰围线。

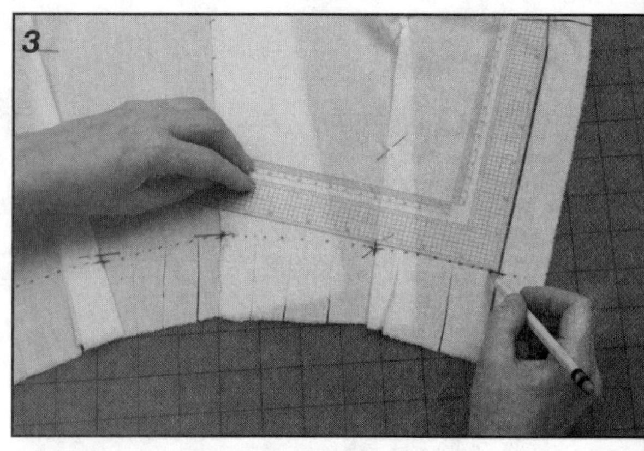

5 打开省道。用直尺绘制出省线。普通的衣身样板，前片省尖点应该在胸围线以下。测量腰围线的长度。前后片应该各包含1/2英寸（约1.27厘米）的松量。

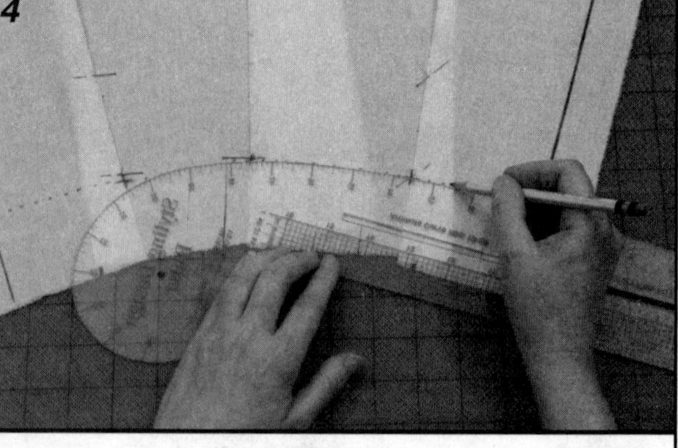

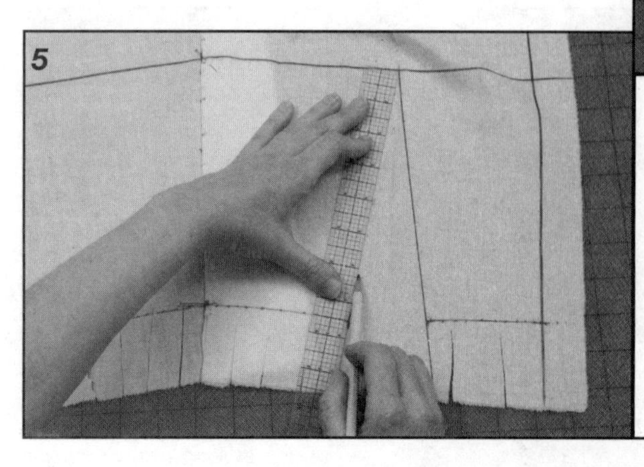

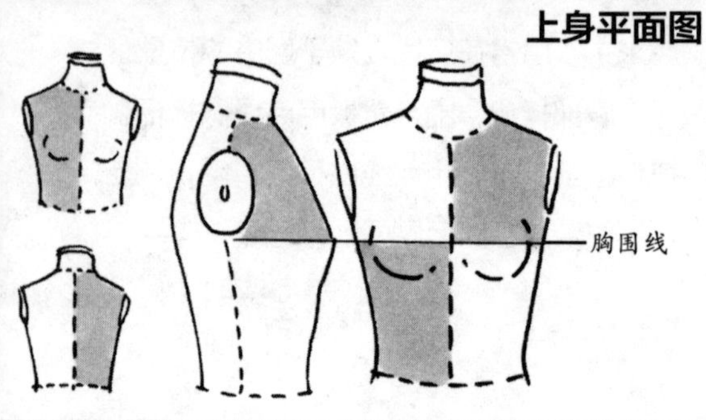

6 在侧缝上将袖窿降低1英寸（约2.54厘米）。

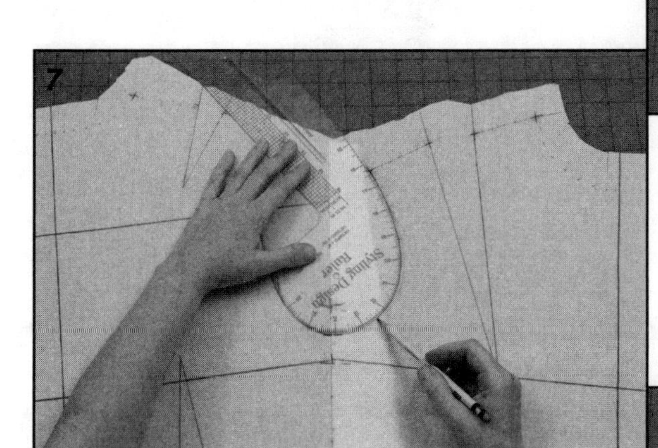

7 用曲线板绘制出袖窿。它应该展现出人台臂板的曲线。

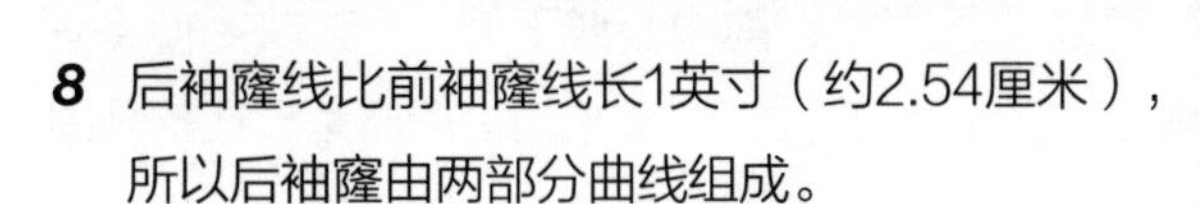

8 后袖窿线比前袖窿线长1英寸（约2.54厘米），所以后袖窿由两部分曲线组成。

9 绘制出侧缝线。

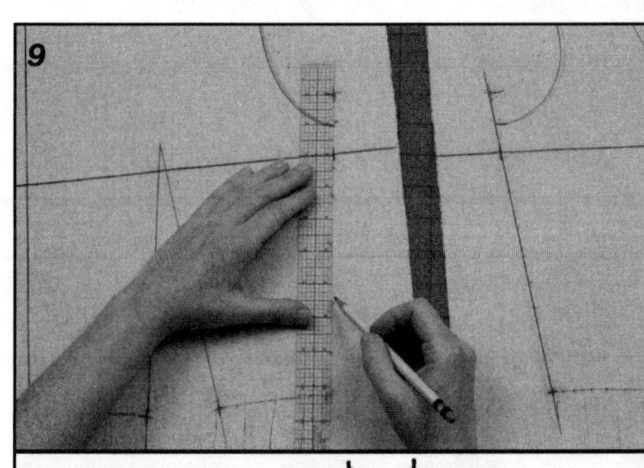

10 合并肩省并绘制出肩线。后肩线从公主线至颈部有轻微的弧度，用曲线板来绘制。

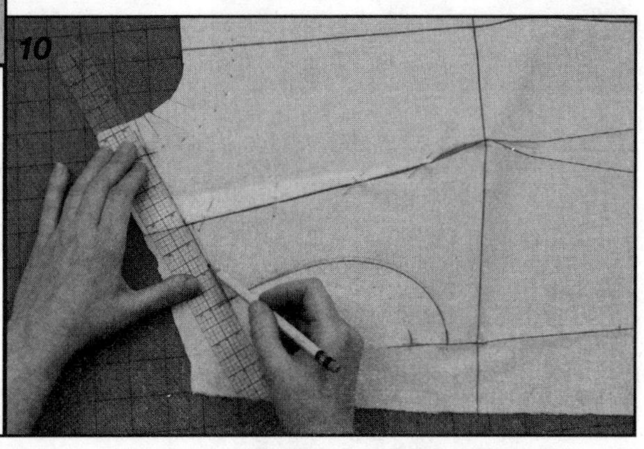

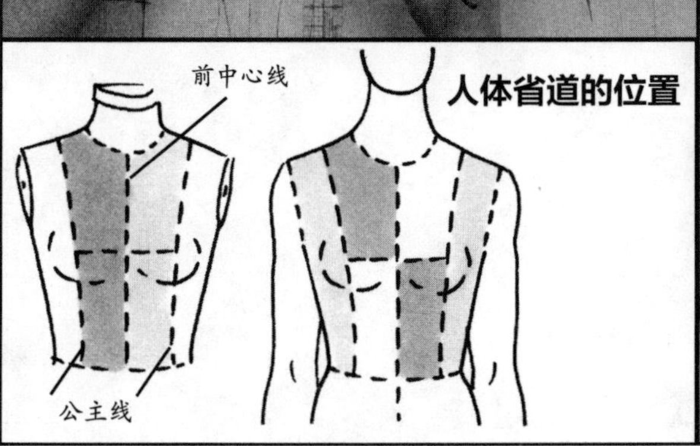

校准衣身原型坯布

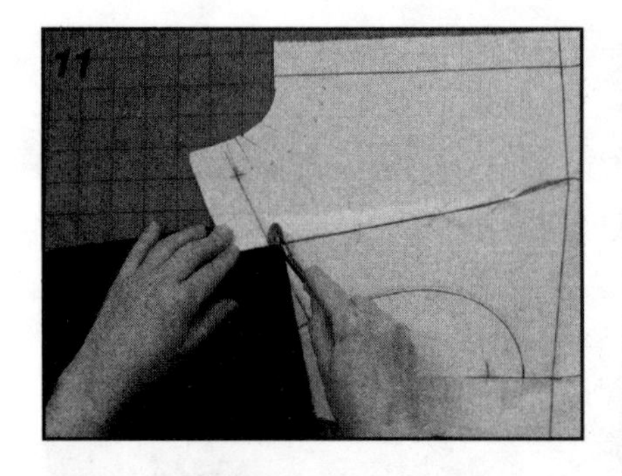

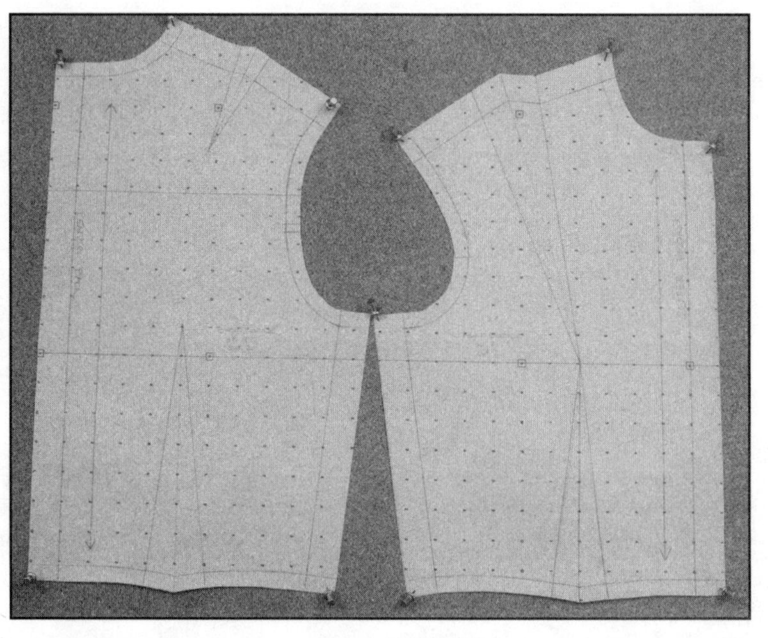

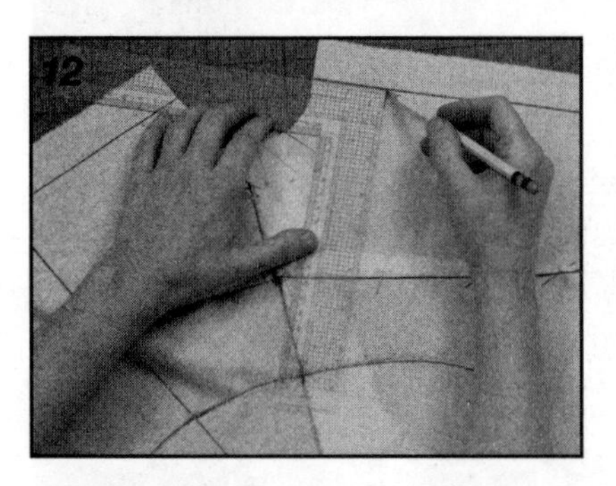

11 在省道开口拆下钉针。在省道中间放入复写纸，用压轮压出缝迹线和省道线。

12 领围线 合并肩线。领围线在前中心线下降1/4英寸（约0.6厘米），在肩线上扩宽1/8英寸（约0.3厘米）。用直角尺在前领围线下降1/4英寸（约0.6厘米）处及后领围线下降1/2英寸（约1.27厘米）处做直角修正。

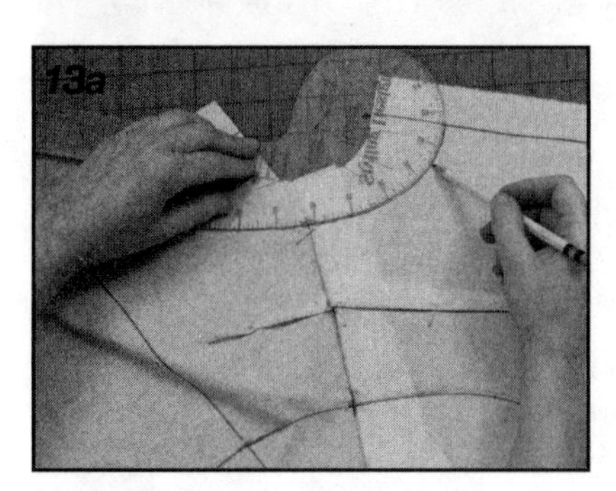

13 用曲线板绘制出新的领围线，要反映出原本标记的颈部的曲线。

14 袖窿和领围线留出1/2英寸（约1.27厘米）的缝份，剪掉多余的坯布。侧缝、肩线、腰围和前后中心线各留出1英寸（约2.54厘米）的缝份。

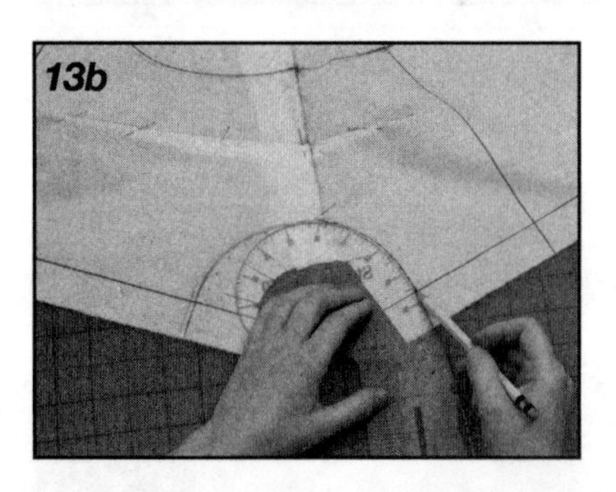

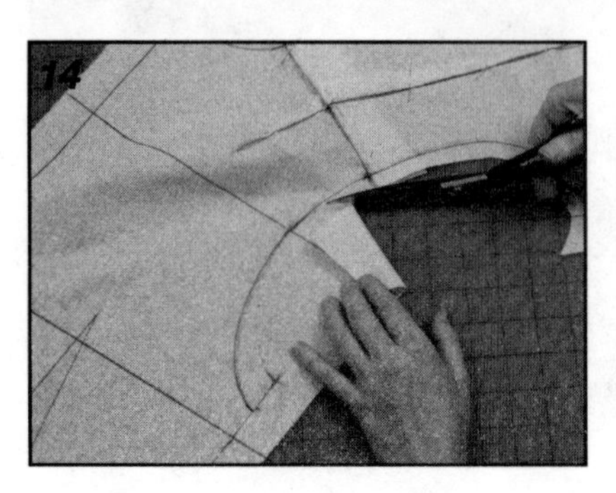

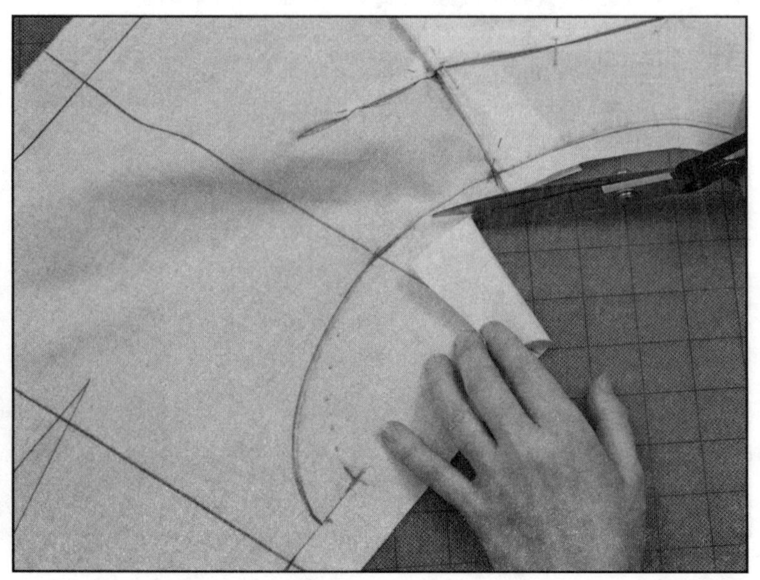

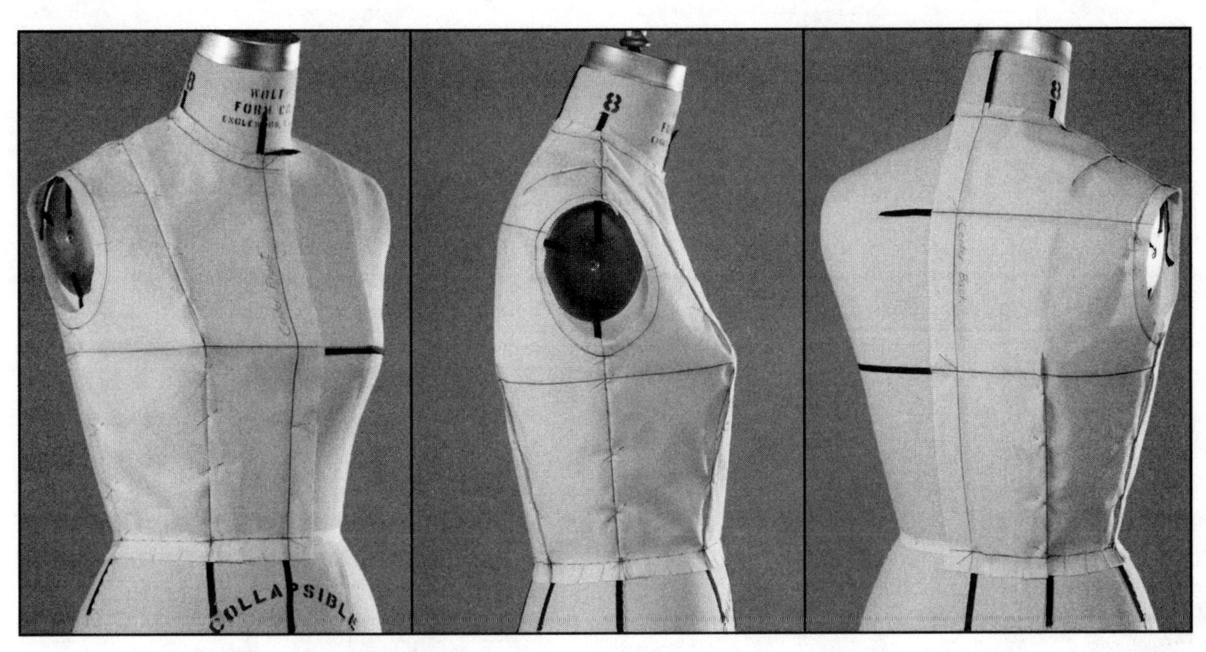

15 拼合、修正前后片，检查是否合体。平行手臂板的螺丝钉在袖窿上打剪口，后片的第二个剪口比第一个低1/4英寸（约0.6厘米）。

绘制平面图

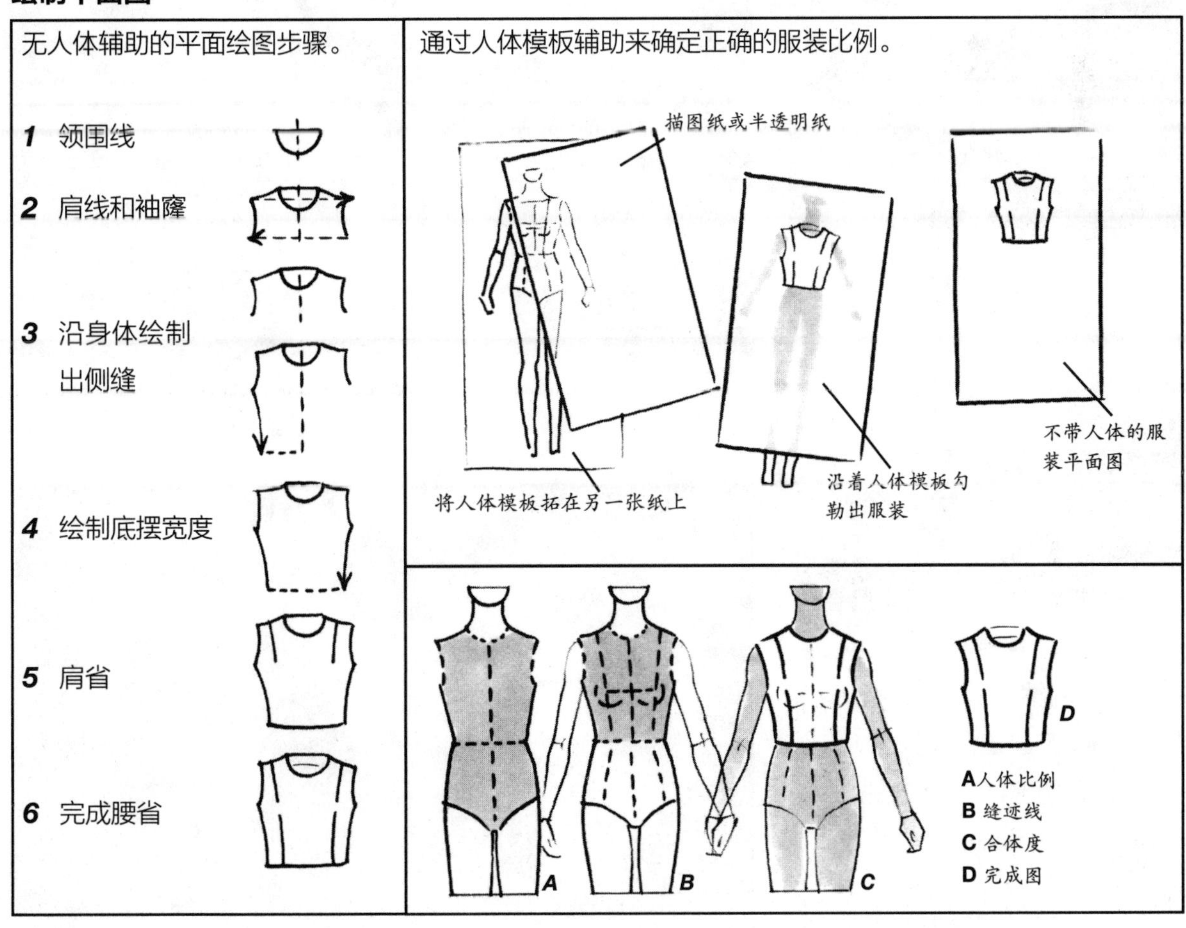

制作衣身尺寸样板

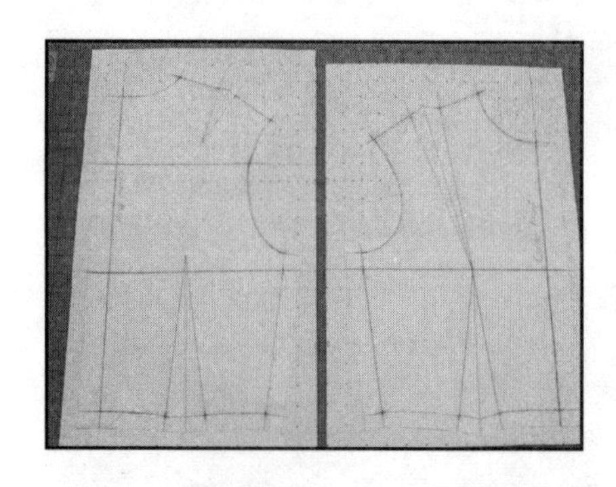

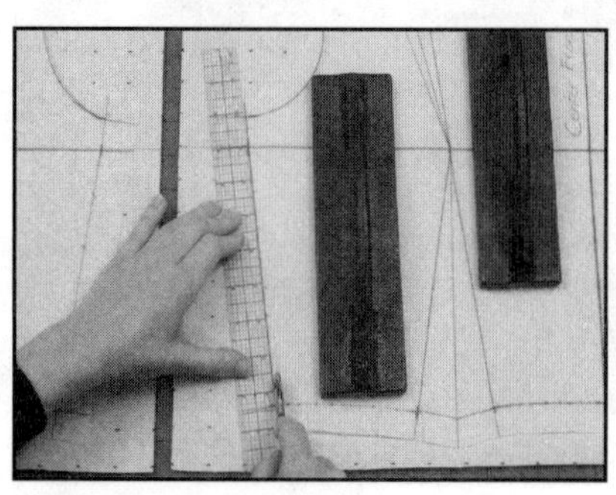

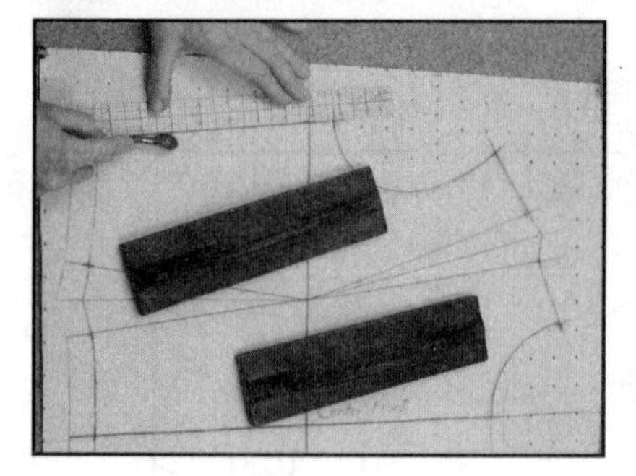

将坯布转移至制板纸

1. 在修正好的坯布上做标记，拆下钉针，压平坯布。
2. 在制板纸上标记出经纬纱向。将坯布放在制板纸上，对齐经纬纱向。用钉针将坯布与制板纸固定，防止操作时移动。
3. 用压轮将坯布上的结构线拓在制板纸上。最好在较柔软的桌面上操作，如软木台。遇到直线时，压轮需要借助直尺来完成平顺的部分。
4. 在侧缝、肩线和前后中心线留出1英寸（约2.54厘米）的缝份。在领围线、袖窿和腰线留出$^{1}/_{2}$英寸（约1.27厘米）的缝份。将所有的轮廓线延伸到缝份。

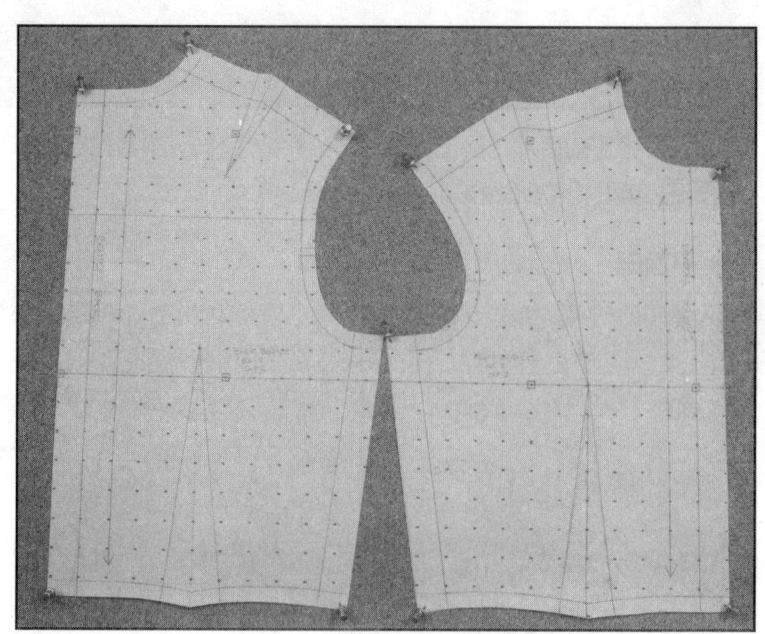

衣身的尺寸样板

1. 将标签纸裁剪为制板纸的两倍大小。把标签纸对折，留出平顺的折边边缘。用直角尺绘制出纬纱。将制板纸板的中心缝份折叠，将标签纸的对折折痕和纬纱标记线对齐。
2. 用压轮的齿针将制板纸上的结构线转移至标签纸上。

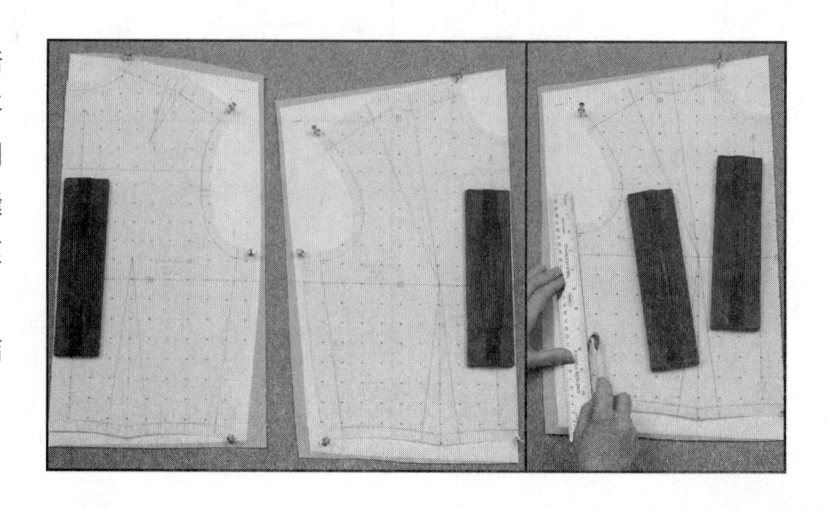

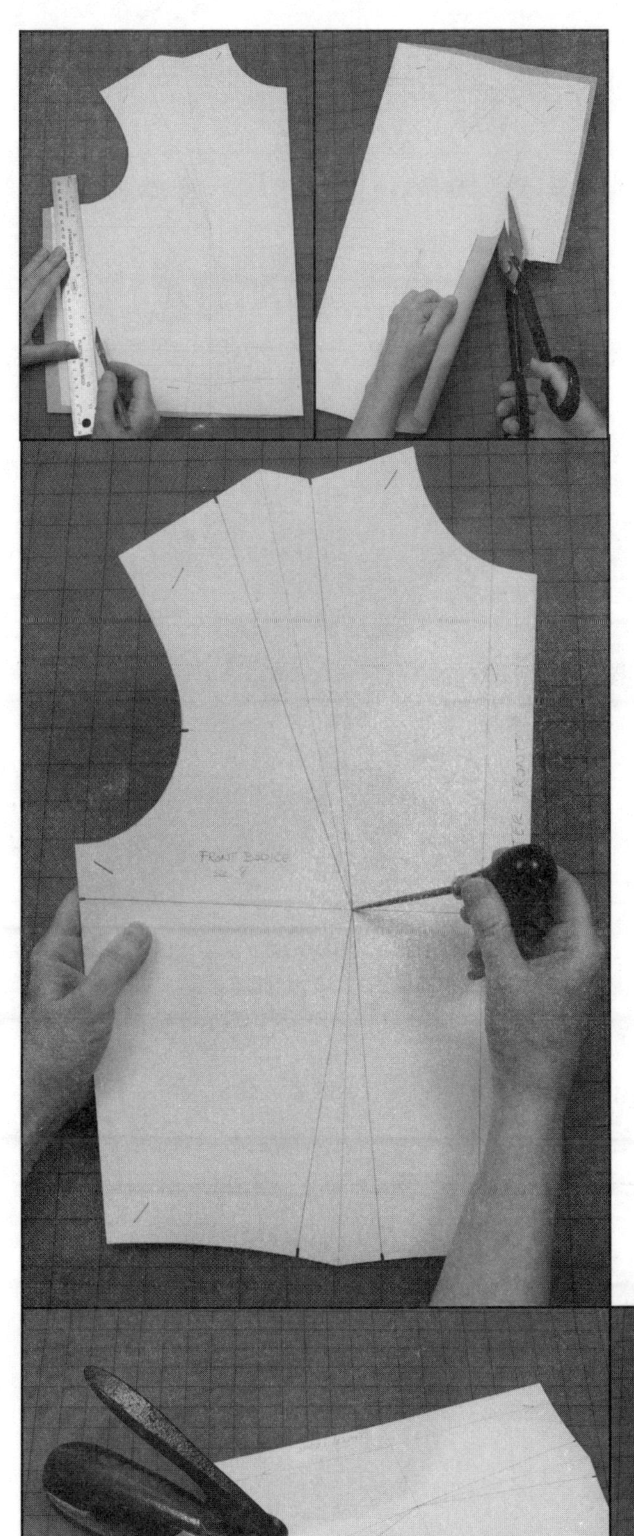

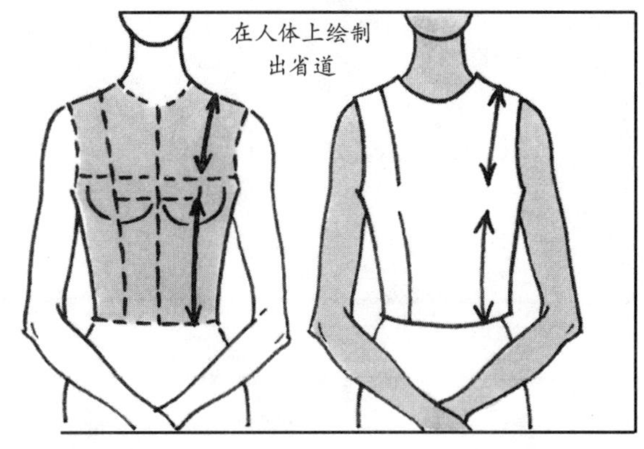

3 用铅笔、直尺和曲线尺绘制出缝迹线和省道。平行于中心线绘制出经纱。

4 用裁刀裁开直线，用剪刀剪开曲线。在尺寸样板中，缝份可以忽略。

5 在省道、袖窿以及侧缝的纬纱方向上打剪口。

6 在省尖点打上小孔。

9 在完成品上打孔，挂在纸样钩上。

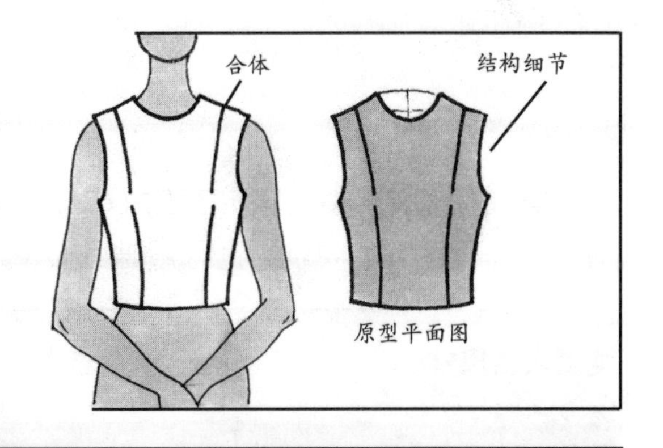

衣身纸样设计的方法与尺寸构成

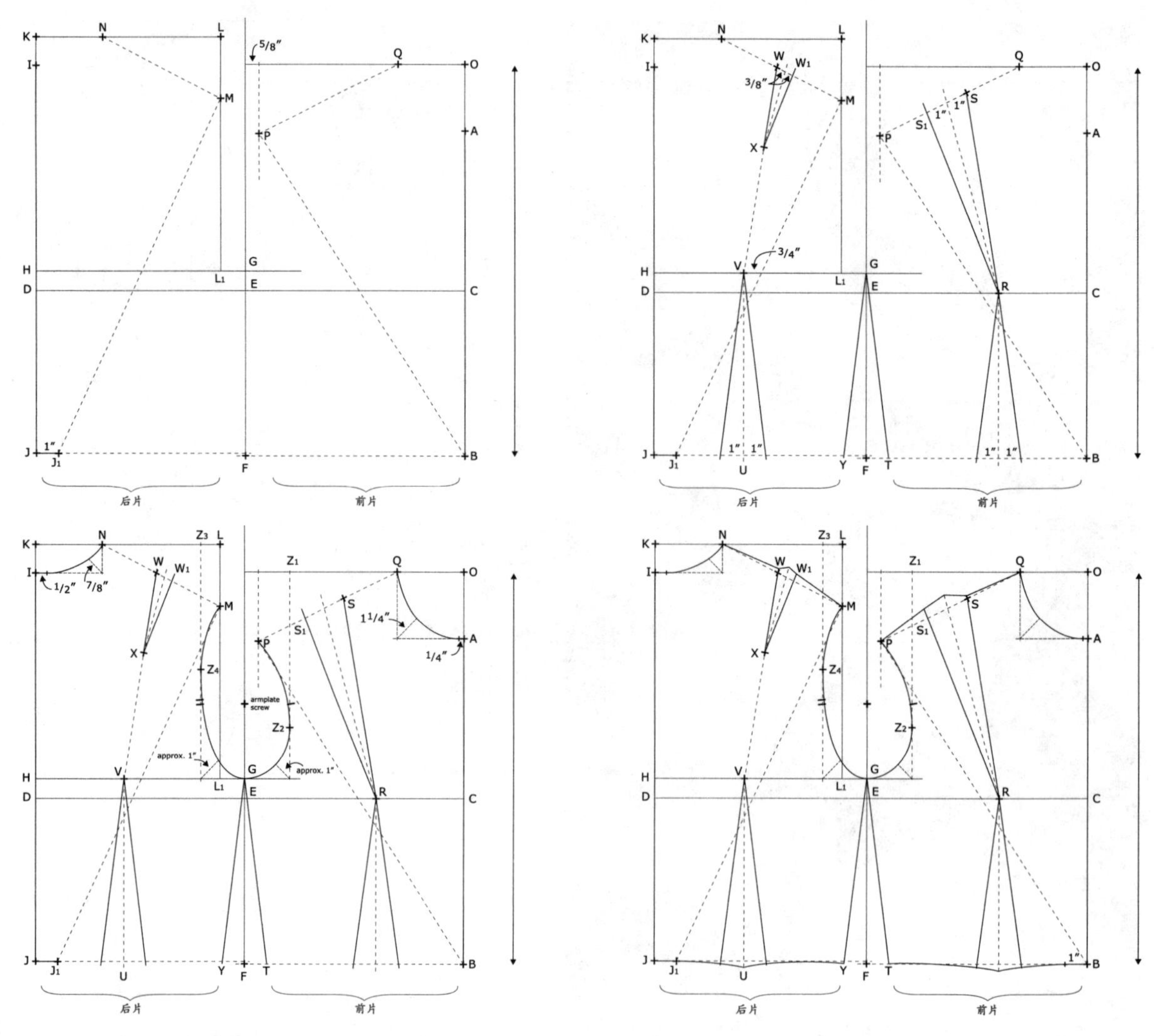

准确地测量绘制衣身原型所需要的人体尺寸。仔细地测量人台的尺寸，或者人体的尺寸，并进行详细记录。下面的内容将循序渐进地说明制板步骤。

测量人台尺寸

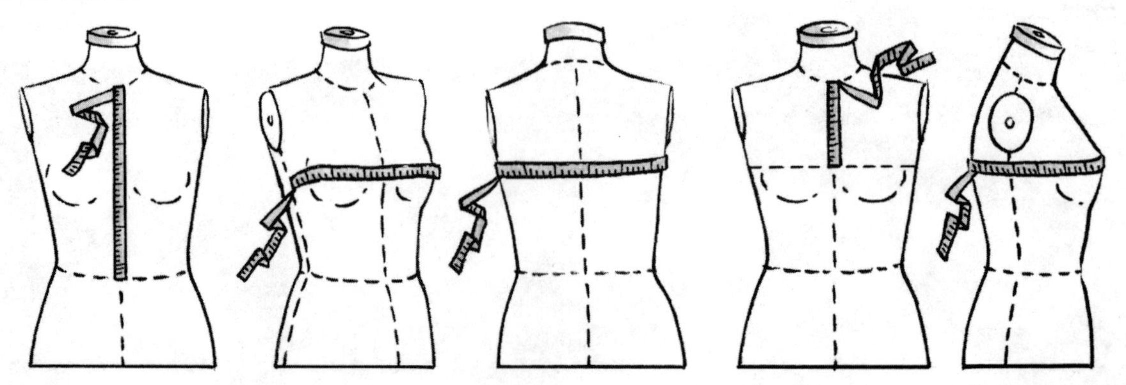

1 前中长（领围线至腰围线）

2 胸围（胸部水平最丰满处），用钉针固定皮尺

3 领围线至胸围线

4 前中心线至后中心线（1/2胸围）

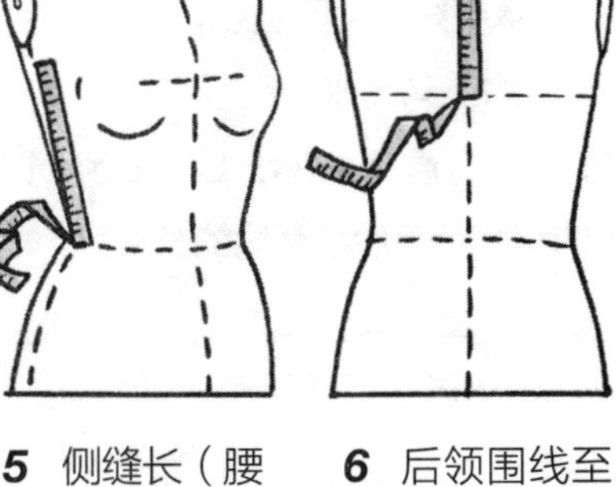

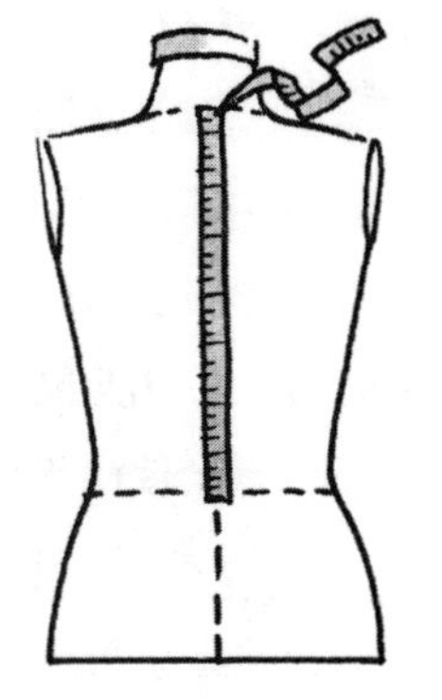

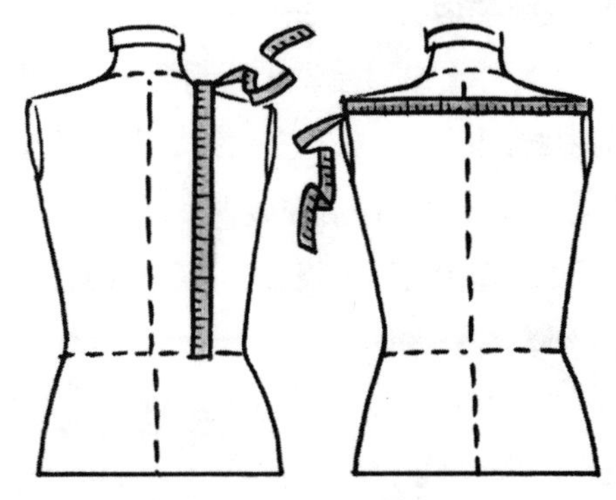

5 侧缝长（腰围线至臂板下1英寸（约2.54厘米）

6 后领围线至胸围线

7 后中长（后领点至腰围线）

8 后颈侧点至腰围线

9 后肩宽（袖窿至袖窿）

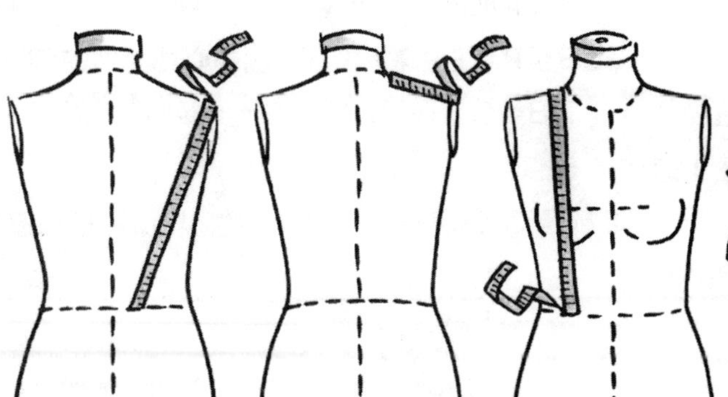

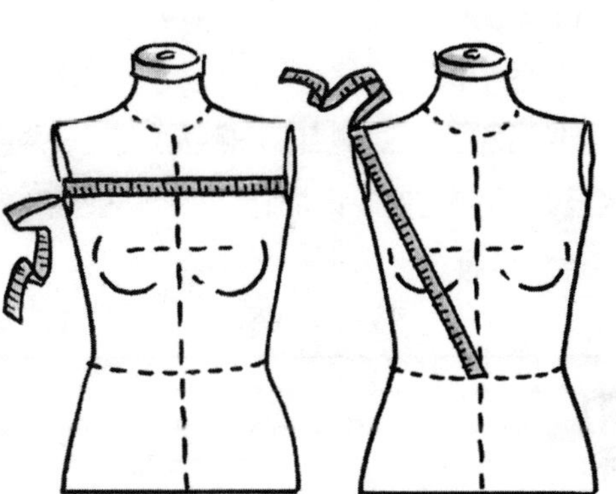

10 后腰至肩【距后中腰围线1英寸（约2.54厘米）至肩侧点】

11 后肩长（从颈侧点至肩侧点）

12 前颈侧点至腰围线

13 胸宽

14 前腰围线至肩侧点

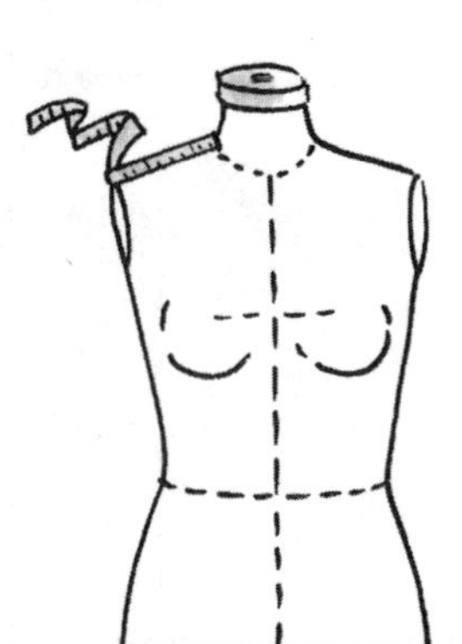

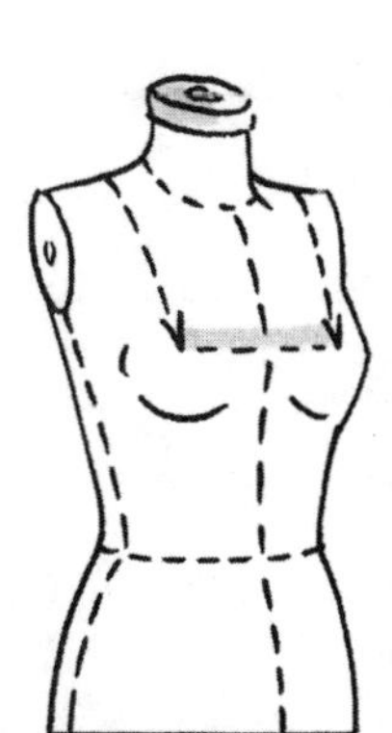

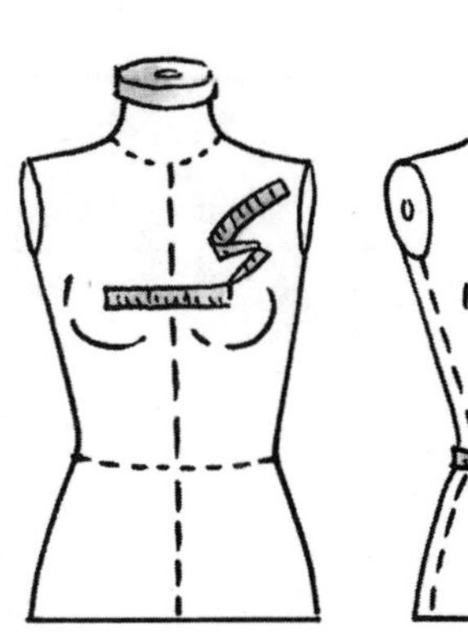

15 前肩长

16 乳点至乳点

17 腰围

18 背宽

衣身纸样设计的方法与尺寸构成

1 A至B=**前中长**，在一张24英寸（约61厘米）×24英寸（约61厘米）的制板纸的右侧绘制出前中长，沿长直线2英寸（约5.1厘米）。

2 A至C=从颈部到胸部的距离。

3 C至D=**胸围**的1/2，增加1¼英寸（约3.2厘米）的松量。

4 D至E=CD的1/2减少1/4英寸（约0.6厘米）。

5 E至F=**侧缝线**（胸围至腰围）。

6 F至G=**侧缝线**【腰围线至臂板下1英寸（约2.54厘米）】。延长这条辅助线至纸张顶端。

7 G至H=从G点向**后中心线**绘制出一条直线，并向前中心线方向延长2¼英寸（约5.7厘米）。

8 D至I=胸围线至**后颈点**。

9 I至J=**后中长** 。

10 J至K=**腰围线**至**颈侧点**，从侧缝绘制出一条直线。

11 K至L=**全肩宽**的1/2增加1英寸（约2.54厘米）的省道和松量。

12 从L点向H-G引一条垂直线，在交点标记为L_1。

13 从J向F引一条水平线做后腰围线。

14 从B向F引一条水平线做前腰围线。

15 J至J_1=1英寸（约2.54厘米）。

16 J_1至M=在J_1上放置直尺，在L-L_1上找到M点，使M点至J_1的距离等于后腰至肩的长度。

17 M至N=在M上放置直尺，在K-L上找到N点，使N点至M的距离等于后肩长再增加1英寸（约2.54厘米）。

18 B至O=**前腰围中心线**至**前颈侧点**。向侧缝引一条水平直线。

19 距离G-H线引出的右侧侧缝线5/8英寸（约1.6厘米）的位置做垂直线。

20 B至P=在袖窿上做**前腰围中心线**至肩的直线。在B点放置直尺，标记它与步骤19做的垂直线的交点。

21 P至Q=前肩长增加2英寸（约5.1厘米）的省道。

步骤1~21
图解

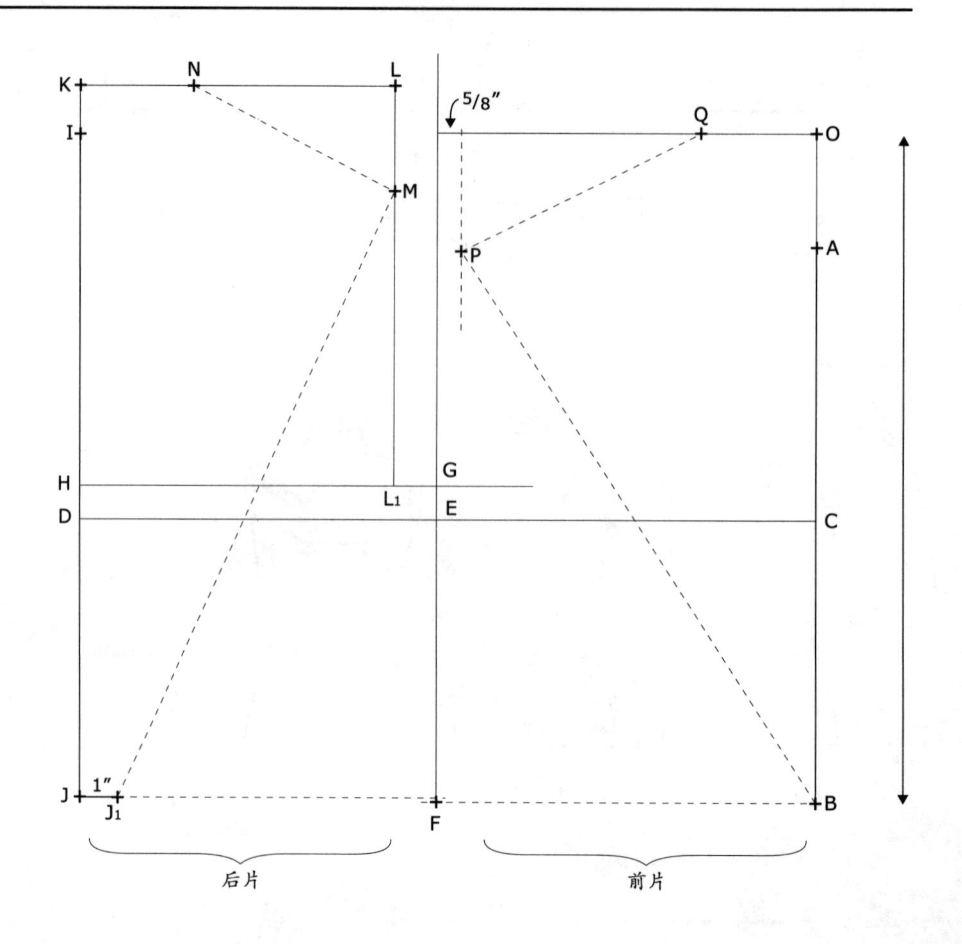

22 C至R=**乳点**至**乳点**的$^1/_2$。

23 从R向腰围线绘制出一条垂直线。在垂线左右各量取1英寸（约2.54厘米）做省线。过腰围线延长所有省线$^1/_2$英寸（约1.27厘米）。

24 B至T=**腰围**的$^1/_4$增加$2^3/_4$英寸（约7厘米），前片比后片宽$^1/_2$英寸（约1.27厘米），增加的$^1/_4$英寸（约0.6厘米）为松量，增加的2英寸（约5.1厘米）为省道）。

25 T至G=**前片侧缝**。

26 Q至S=**前肩**的$^1/_2$。

27 S至S_1=2英寸（约5.1厘米）的**省道**。省道中点连接R点。连接省线至R，过肩线延长所有省线$^1/_2$英寸（约1.27厘米）。

28 V=J_1-M与G-H相交，在交点向后中心线方向取$^3/_4$英寸（约1.9厘米），标记为V点。

29 U=从V点向腰围线做垂直线，过腰围线延长$^1/_2$英寸（约1.27厘米）。

30 在U点左右两边各取1英寸（约2.54厘米），连接两点至V。过腰围线将省线延长$^1/_2$英寸（约1.27厘米）。

31 J至Y=腰围的$^1/_4$减少$^1/_2$英寸（约1.27厘米），增加$2^1/_4$英寸（约5.7厘米）的省道和松量。

32 Y至G=**后侧缝线**。

33 N至W=肩线的$^1/_2$增加$^1/_8$英寸（约0.3厘米）的松量。

34 W-W_1=$^1/_4$英寸（约1.9厘米）的省道。

35 从省中点向X做$3^1/_2$英寸（约8.9厘米）长的直线。

36 连接省线至X。过肩线将省线延长$^1/_2$英寸（约1.27厘米）。

步骤22~36
图解

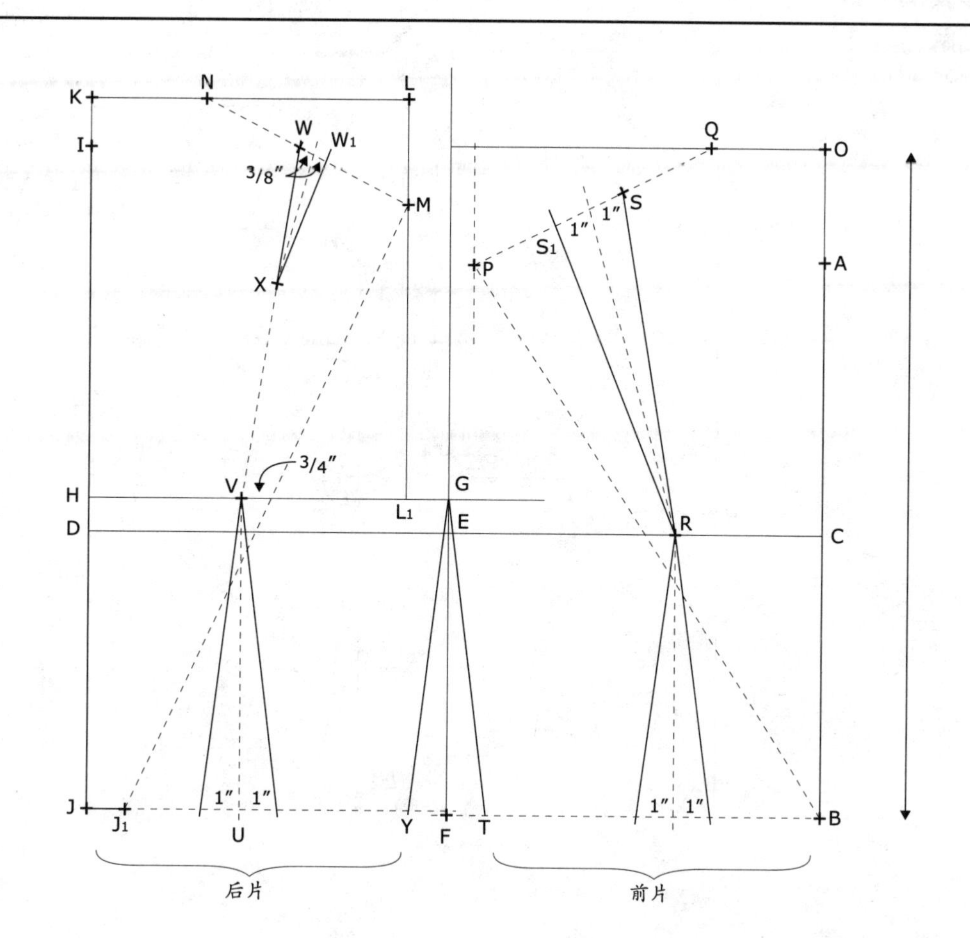

衣身纸样设计的方法与尺寸构成

领口线与袖窿

37 从**前中心线**和**后领口**绘制水平辅助线。过**颈侧点**做垂直线。

38 **前领口：** 在水平辅助线上做$1\frac{1}{4}$英寸（约3.2厘米）的45° 角斜线。在**A-Q**之间绘制出领口曲线。在做曲线前，使**前领中心线**与前中心线距离$\frac{1}{4}$英寸（约0.6厘米）。

39 **后领口：** 在水平辅助线上做$\frac{7}{8}$英寸（约2.2厘米）的45° 角斜线。在**I-N**之间绘制出领口曲线。在做曲线前，使**后领中心线**与后中心线距离$\frac{1}{2}$英寸（约1.27厘米）。

40 **前袖窿：** **O**至Z_1=**胸围**的$\frac{1}{2}$，做**H-G**辅助线。

41 Z_2= Z_1至**H-G**的$\frac{2}{3}$。

42 从**H-G**至Z_2做垂线。

43 在水平辅助线上做1英寸（约2.54厘米）的45° 角斜线。在**P-Z_2-G**之间绘制出曲线。

44 **后袖窿：** **K-Z_3**=**背宽**的$\frac{1}{2}$。从Z_3做**H-G**的垂线。

45 Z_4=Z_3至**H-G**的$\frac{1}{2}$。

46 从**H-G**至Z_4做垂线 。

47 在水平辅助线上做1英寸（约2.54厘米）的45° 角斜线。绘制出下袖窿**Z_4-G**，上袖窿做曲线**Z_4-M**。

步骤37~47
图解

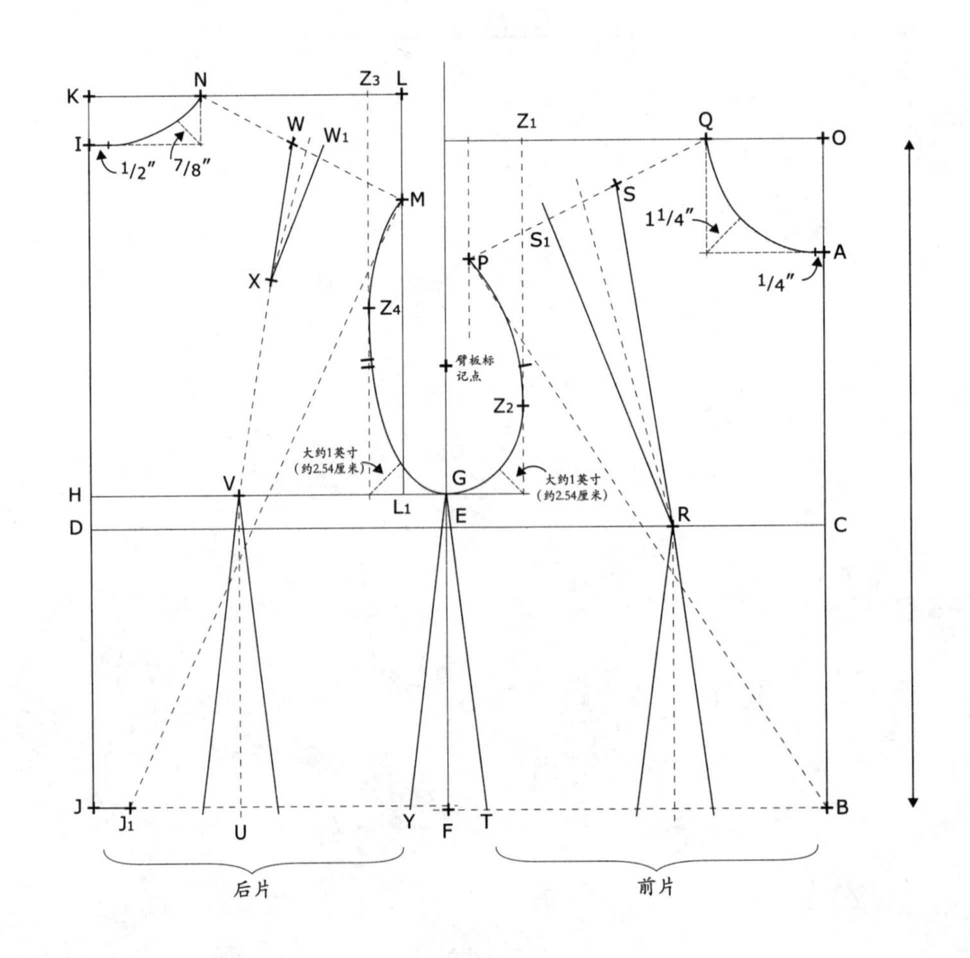

腰围线与肩线

48 前后片分离。向侧缝方向合并**腰省**，用钉针固定。前后侧缝合并，用钉针固定。

49 从**前中心线**和**后腰线**分别向侧缝做1英寸（约2.54厘米）直角。用曲线板修正前后腰围线。

50 压轮压拓腰围线，补全腰围省线。

51 向侧缝方向合并肩省，用钉针固定。在前片从Q至P绘制出直线，后片从N至M绘制出直线。用压轮压拓肩线，补全肩省。注意：在图上调整后，后肩线会稍微弯曲。

52 拼合前后片**肩省**。背部留出松量。修正前后**领口**和**袖窿**处的肩线。

53 准备好两片白坯布。用压轮和拓蓝纸将纸样拷贝在坯布上。增加缝份并进行裁剪。然后调整坯布。

步骤48~53
图解

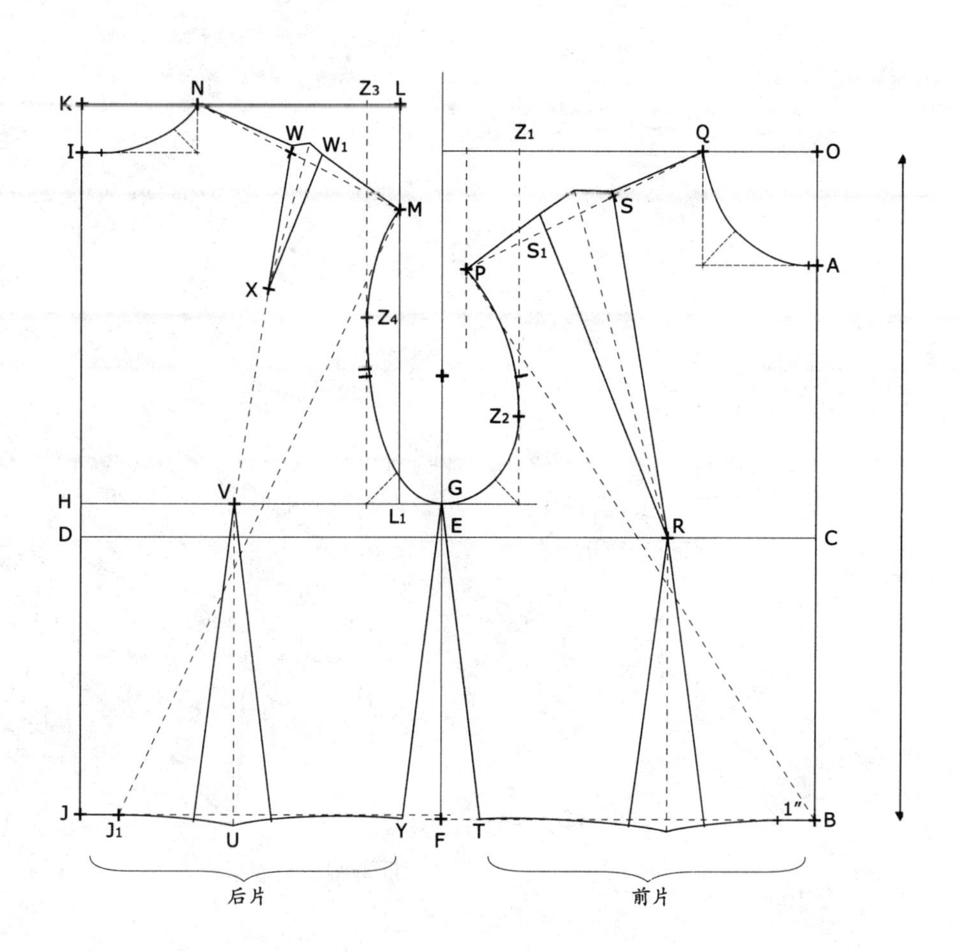

衣身纸样设计的方法与尺寸构成

制板完成图

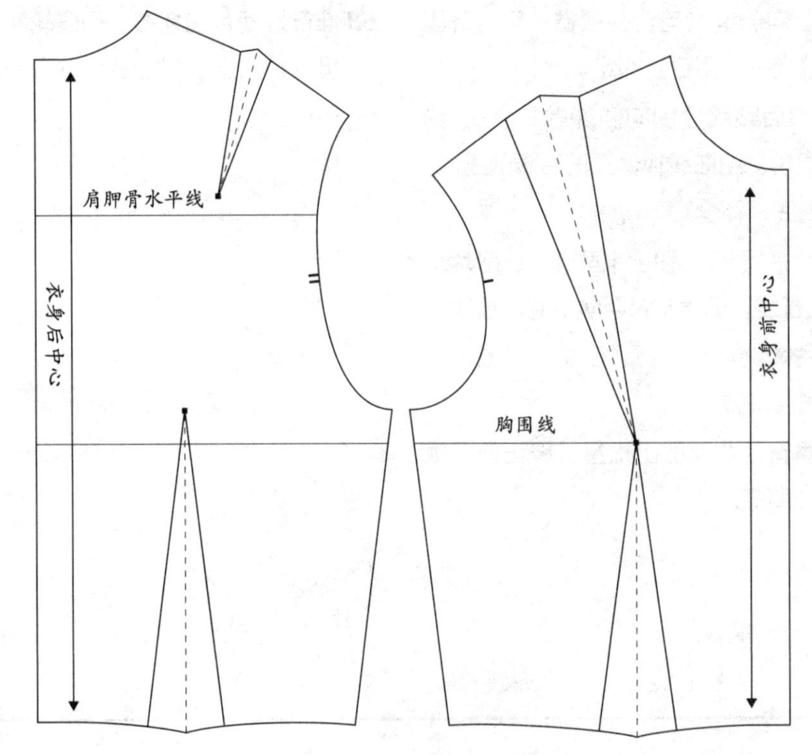

这种原型板用于有袖款式。

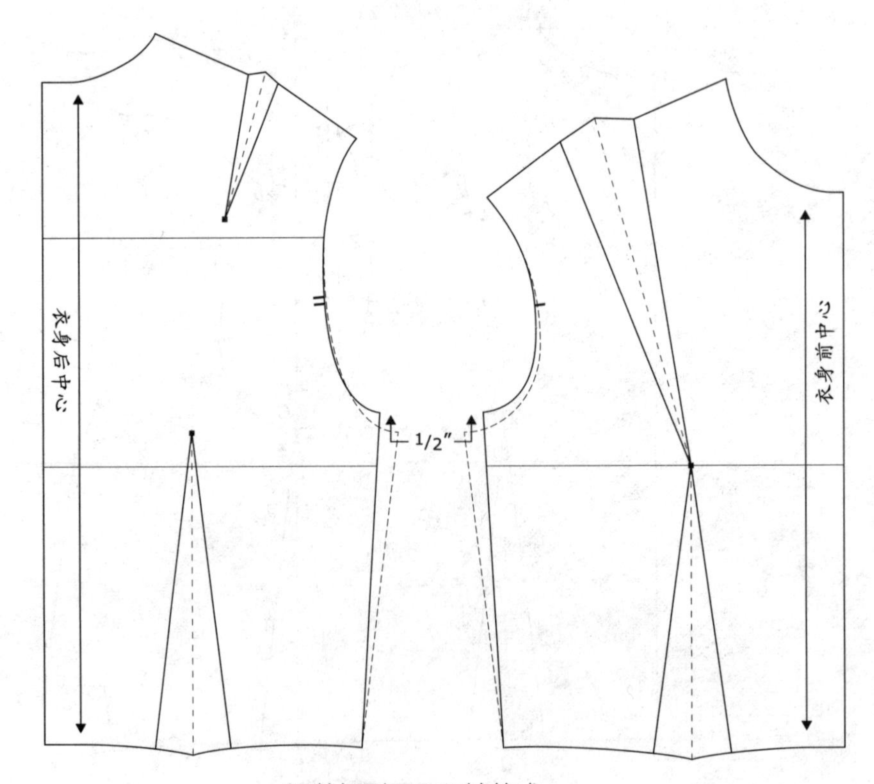

调整板型用于无袖款式。

原型塑形

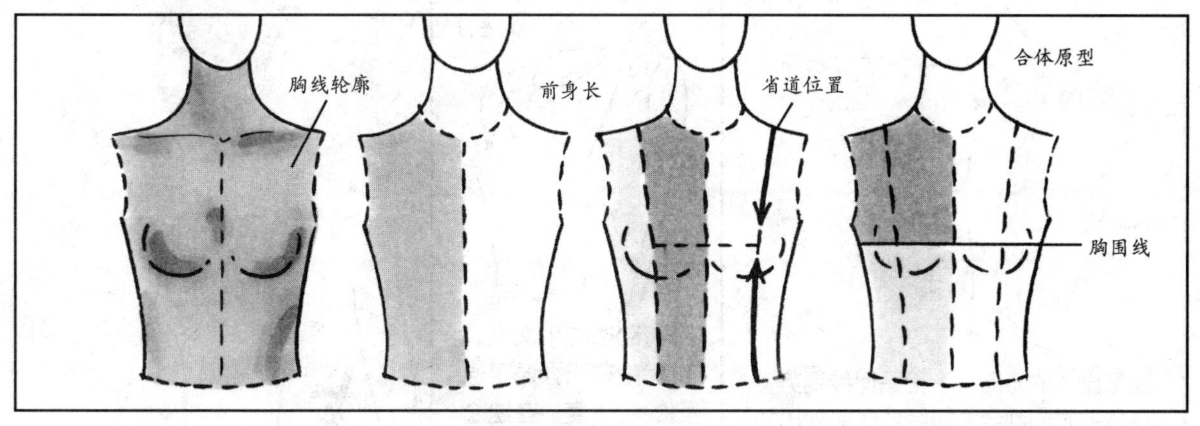

试穿衣身原型，前片合体的关键在于乳点。乳点是胸围最丰满处。胸围线在前省之间。

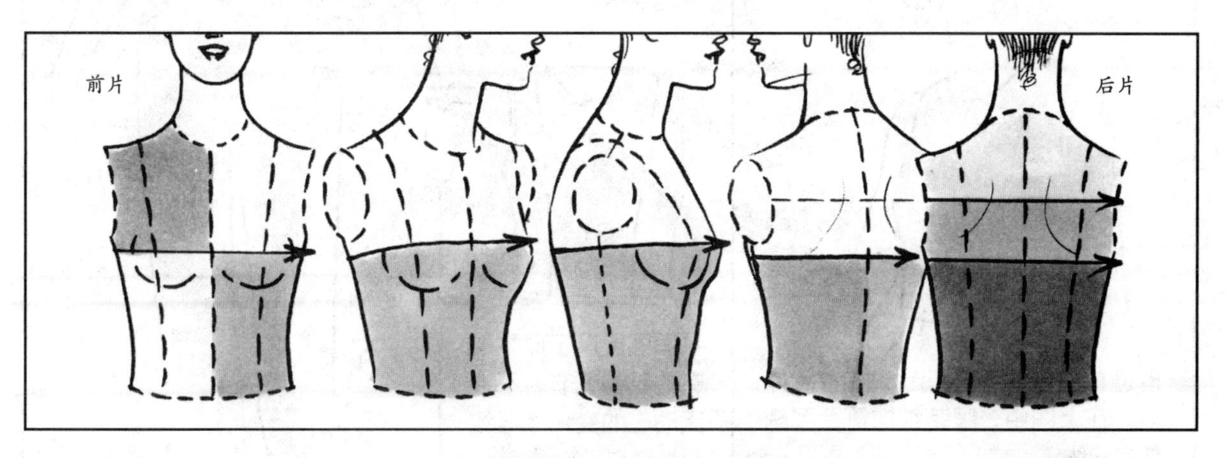

后片合体的关键在于对肩胛骨的位置所进行的细微调整。肩胛骨水平线平行于后片的胸围线。

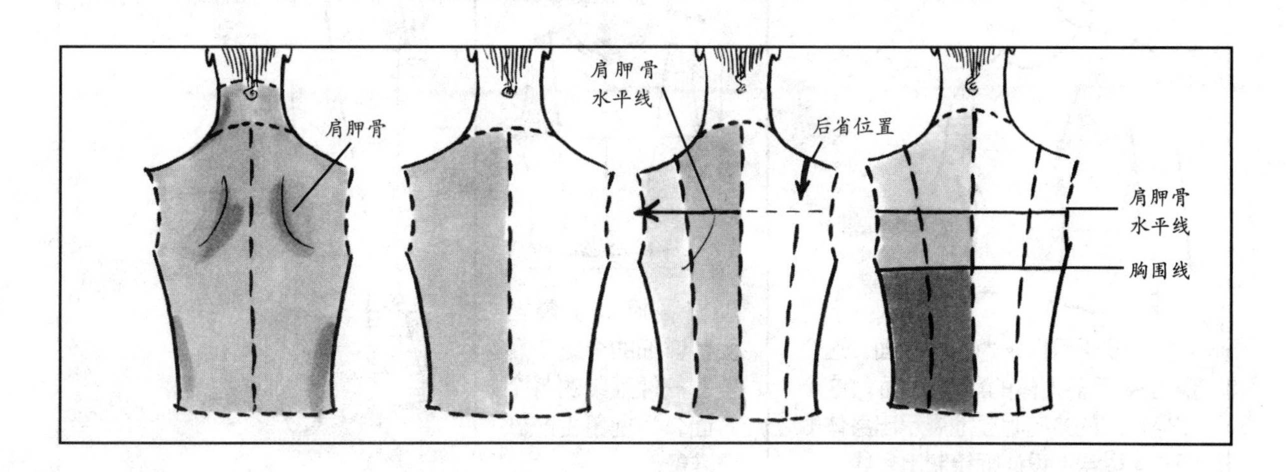

制图选择

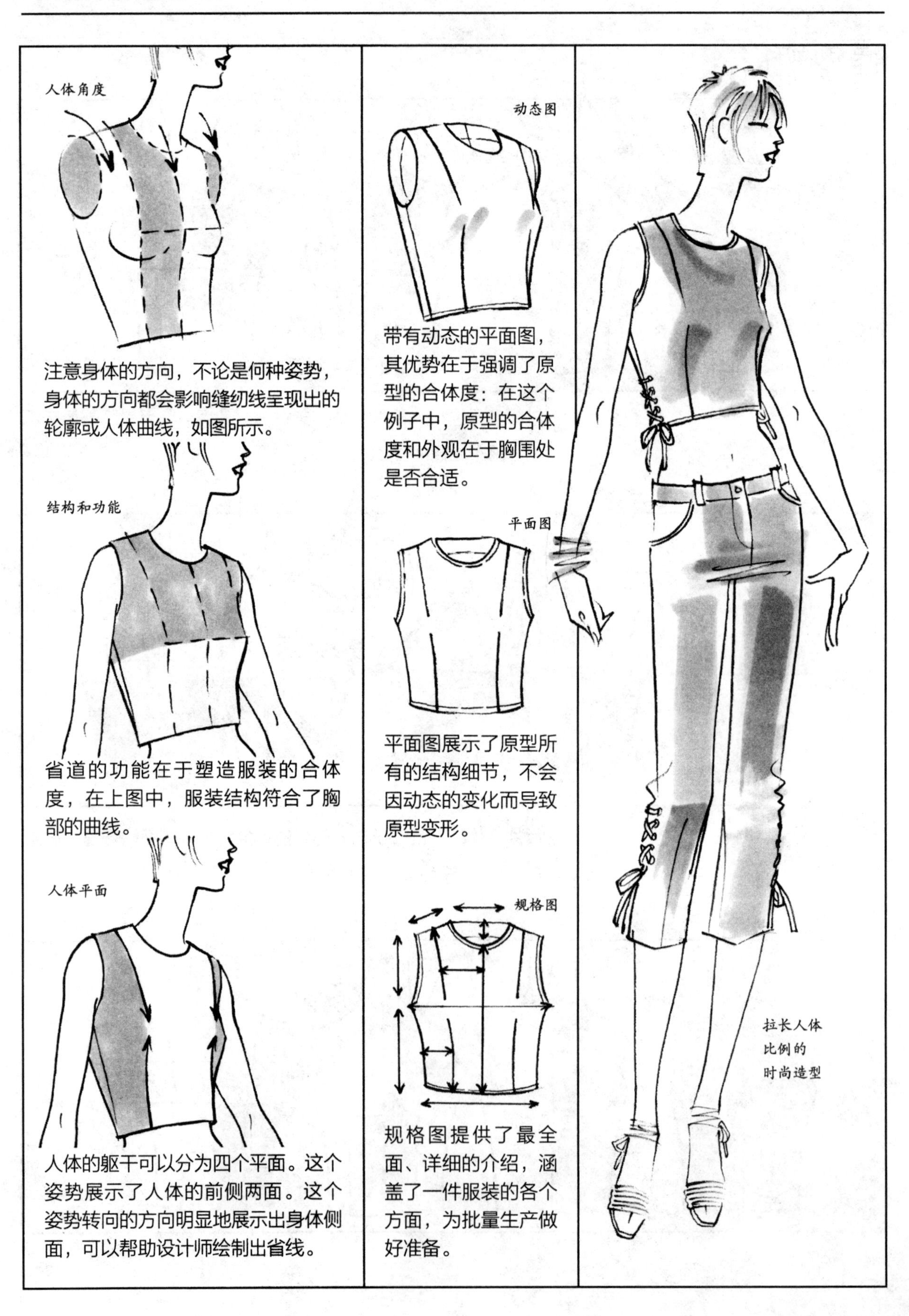

注意身体的方向，不论是何种姿势，身体的方向都会影响缝纫线呈现出的轮廓或人体曲线，如图所示。

省道的功能在于塑造服装的合体度，在上图中，服装结构符合了胸部的曲线。

人体的躯干可以分为四个平面。这个姿势展示了人体的前侧两面。这个姿势转向的方向明显地展示出身体侧面，可以帮助设计师绘制出省线。

带有动态的平面图，其优势在于强调了原型的合体度：在这个例子中，原型的合体度和外观在于胸围处是否合适。

平面图展示了原型所有的结构细节，不会因动态的变化而导致原型变形。

规格图提供了最全面、详细的介绍，涵盖了一件服装的各个方面，为批量生产做好准备。

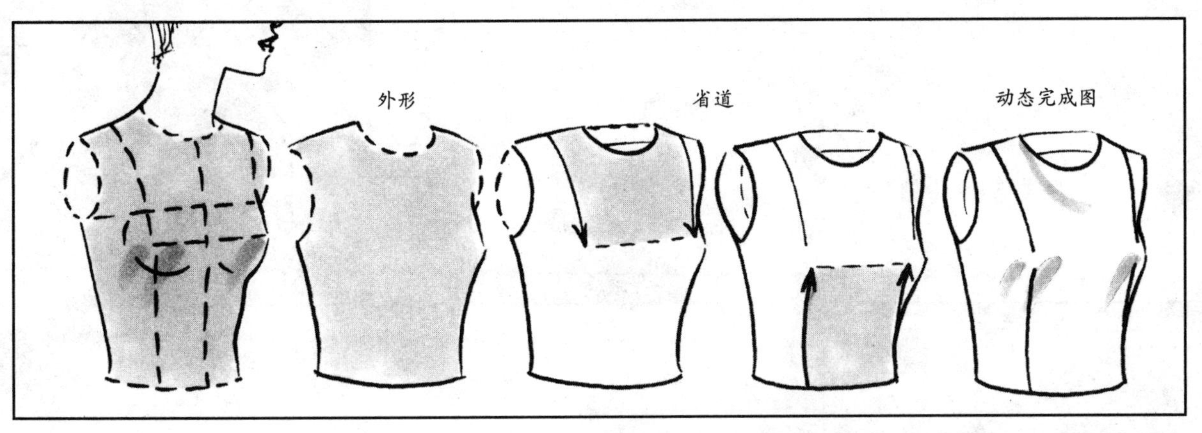

动态图 动态图能强调服装的合体度，强调服装的外形或功能。这个动态展示了胸部的轮廓。

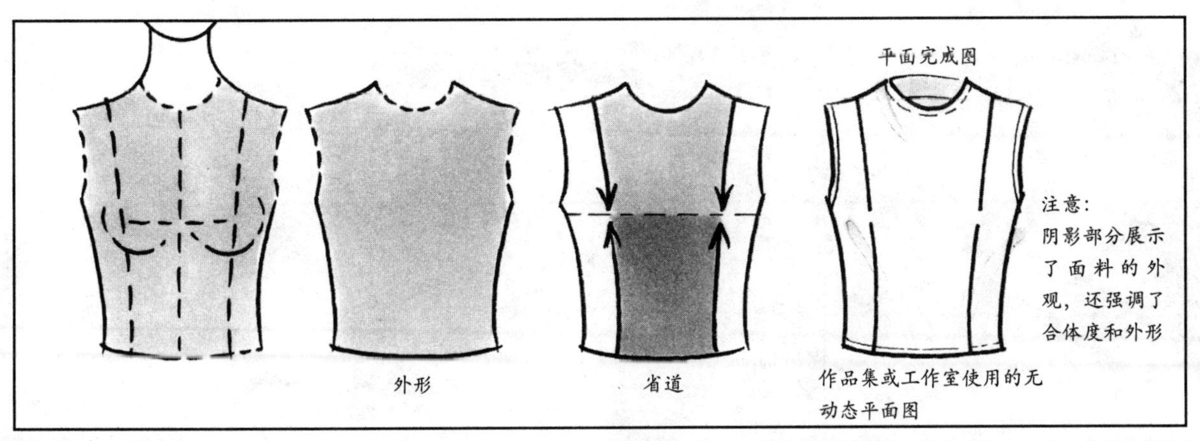

平面图 平面图单纯地强调了服装的外形、结构和比例。在这个例子中，胸围线没有被强调出来。

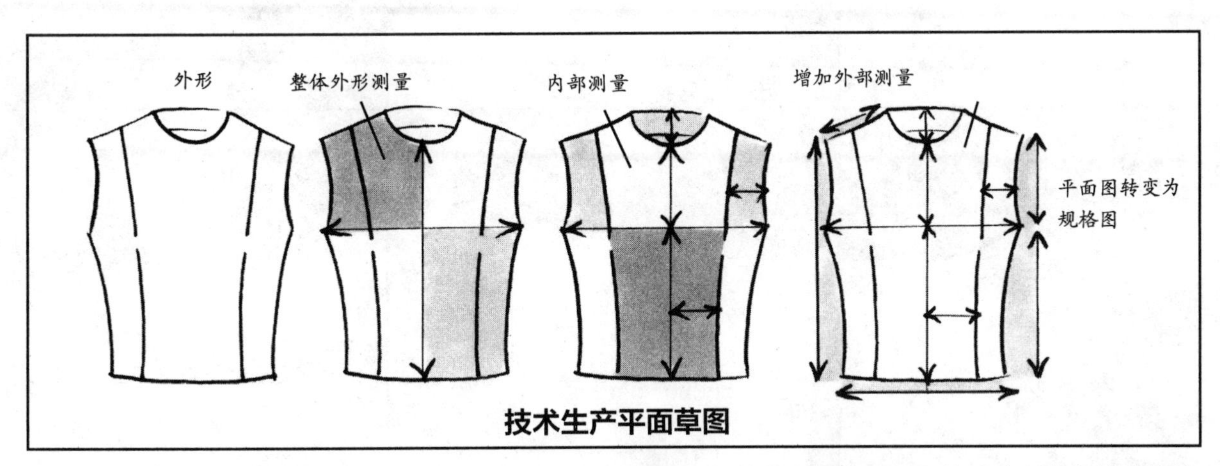

规格图 规格图必须在平面图的基础上进行精确地绘制，来反映制板的细节，为生产所需的测量步骤提供技术保障。

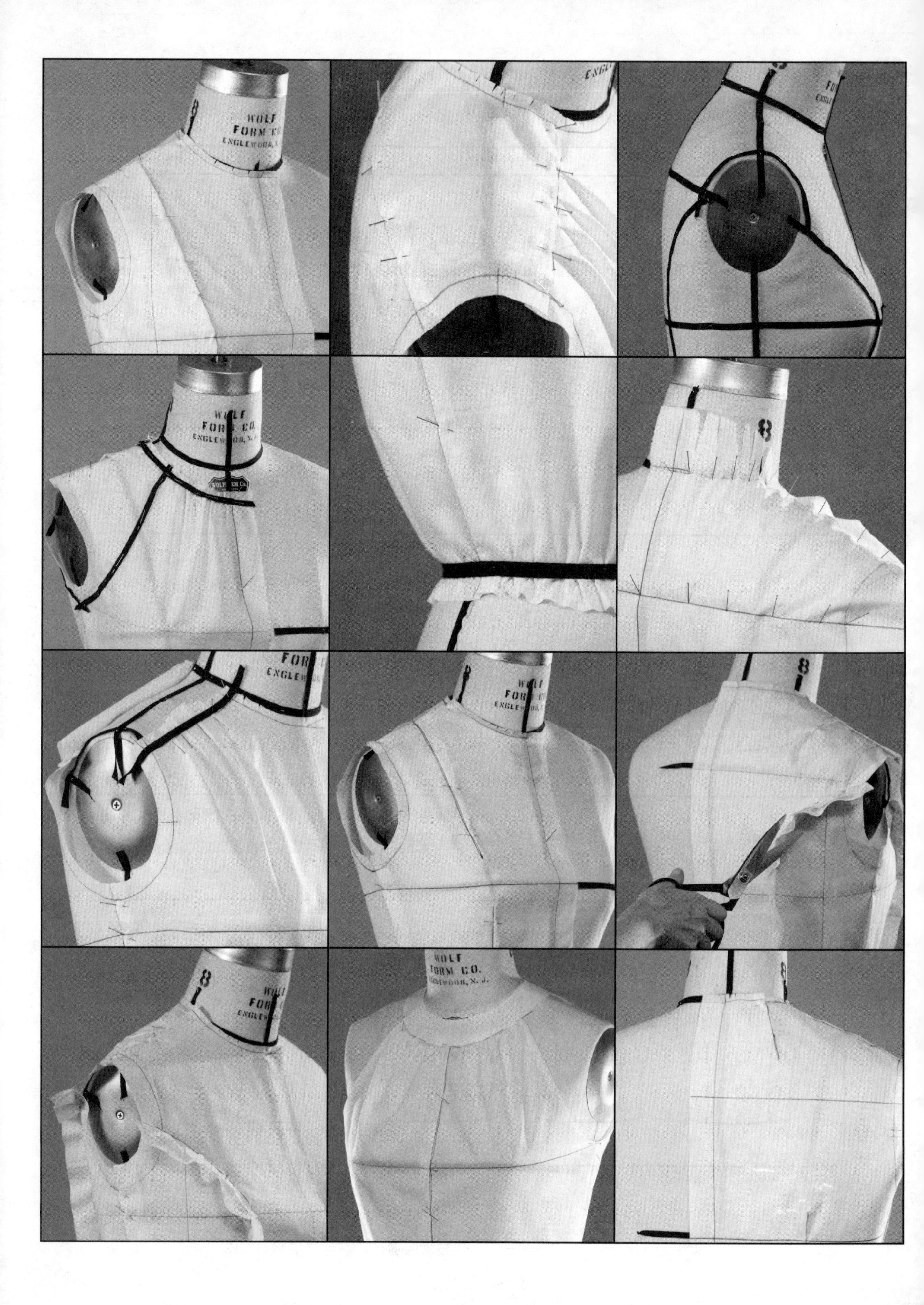
WOLF
FORM CO.
ENGLEWOOD, N.J.
8

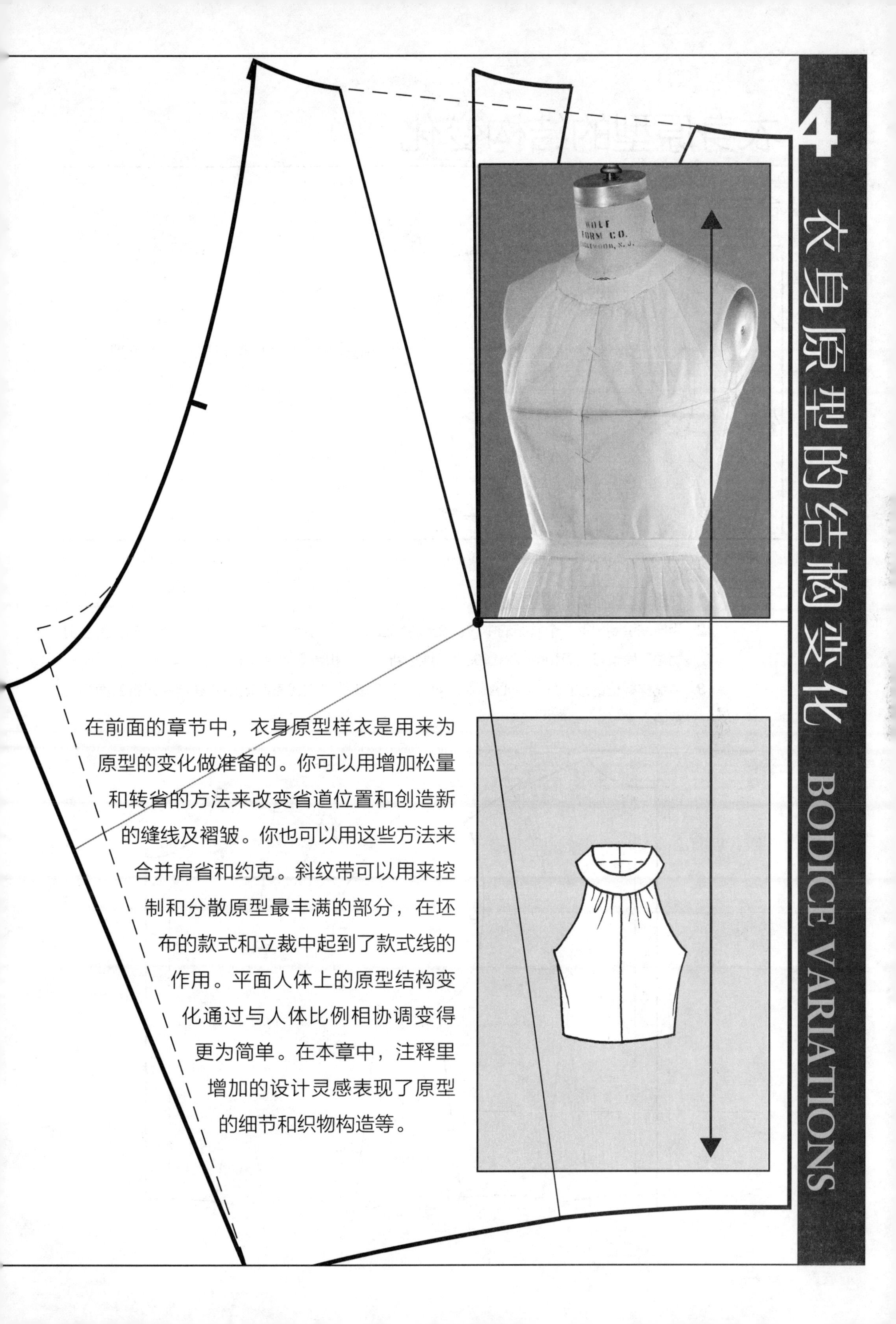

4 衣身原型的结构变化 BODICE VARIATIONS

在前面的章节中，衣身原型样衣是用来为原型的变化做准备的。你可以用增加松量和转省的方法来改变省道位置和创造新的缝线及褶皱。你也可以用这些方法来合并肩省和约克。斜纹带可以用来控制和分散原型最丰满的部分，在坯布的款式和立裁中起到了款式线的作用。平面人体上的原型结构变化通过与人体比例相协调变得更为简单。在本章中，注释里增加的设计灵感表现了原型的细节和织物构造等。

衣身原型的结构变化

合并肩省与腰省

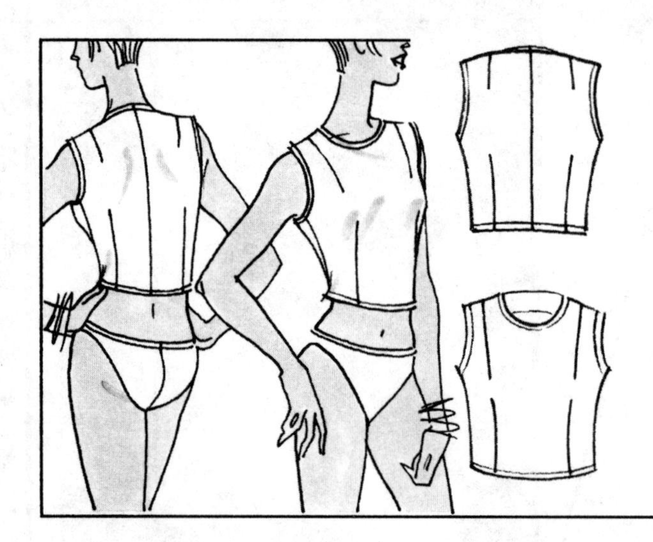

前省缩短，将衣身原型调整为成品原型。

制板

1 在制板纸的一侧拓下前后原型纸样。

2 用虚线绘制出每一个省道的中线。在省中线上，距离胸点1英寸（约2.54厘米）的位置分别缩短前肩省省尖点和前腰省省尖点。连接新省尖点和省道端点，形成新的省道。

3 将纸样标记的纱向线与中心线平行对齐。带箭头的纱向线表明前中心线要在对折的面料上裁剪。

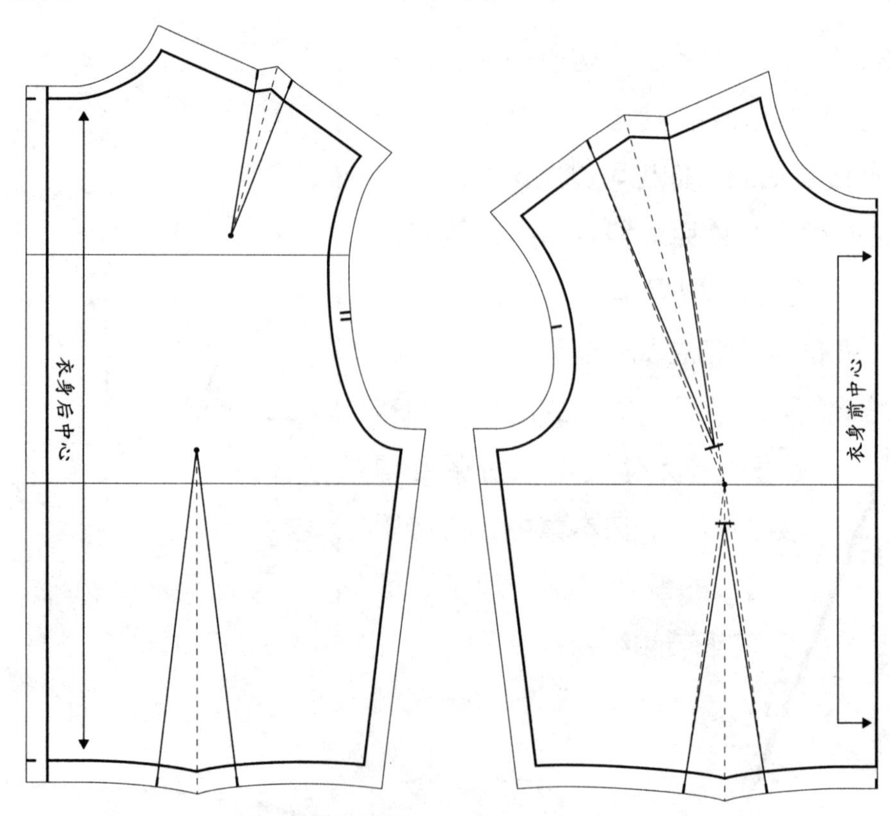

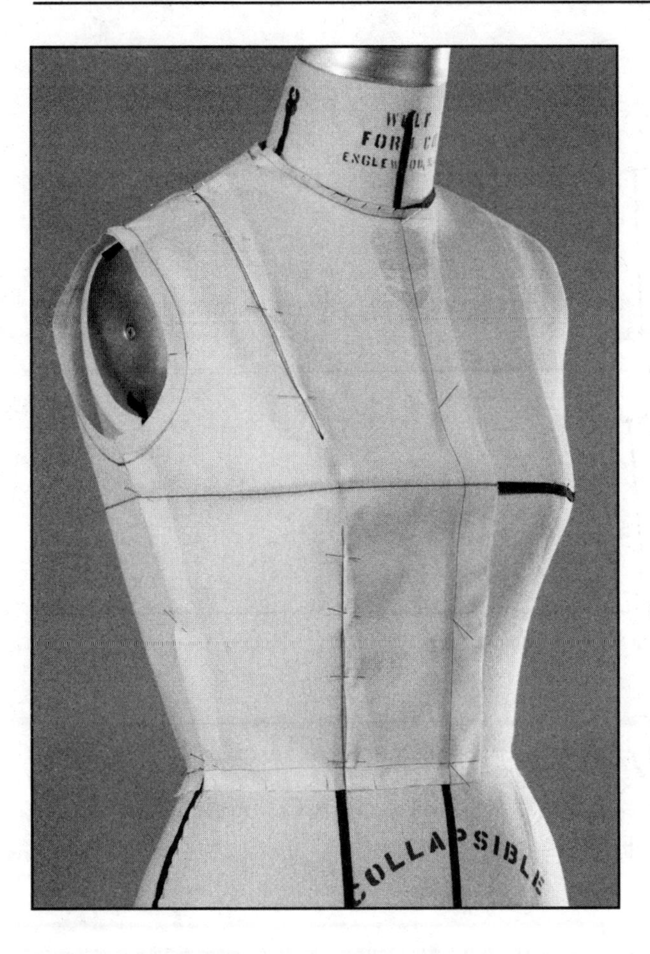

4 除了领口线增加1/4英寸（约0.6厘米）至1/2英寸（约1.27厘米）的缝份以外，纸样周围增加 1/2 英寸（约1.27厘米）至1英寸（约2.54厘米）的缝份。将所有剪口和缝纫线延长到缝份线上。

5 以标记的纱向线为基准，转移纸样板型至坯布。在纸样和坯布之间放置拓蓝纸，用钉针固定。用压轮压拓板型，包括剪口。

6 裁剪坯布。向侧缝方向合并省道，用钉针固定。前片缝份压住后片缝份并用钉针固定，对齐纬纱线和剪口。修剪领口和腰围的缝份。将坯布穿上人台，然后进行调整。

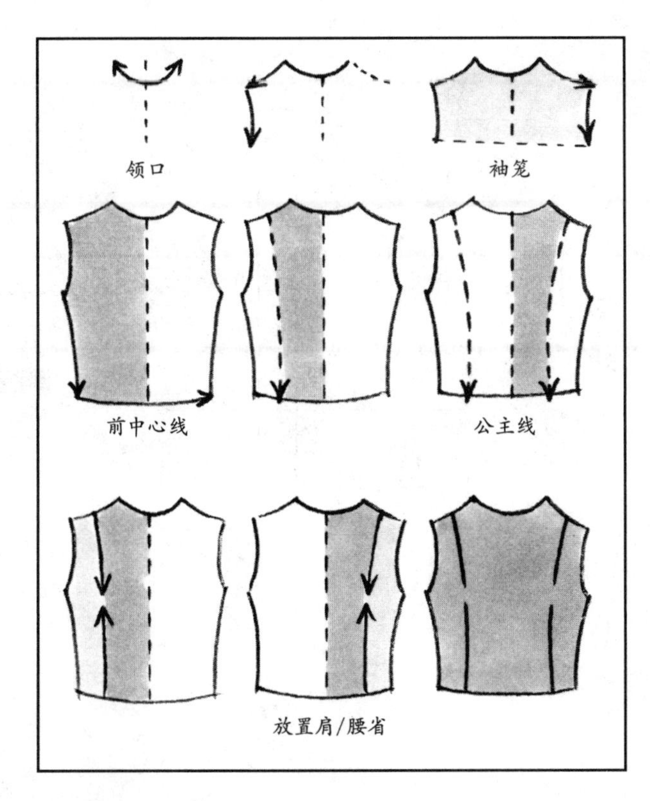

平面草图

平面图可以随手画，不需要参照人体模板。特殊款式需要借助平面人体模板进行辅助。随手绘制平面图意味着你要通过灵感来创建服装廓型。左侧是表现步骤的演示，你可以从服装的顶部开始，采用随手绘图的方式。先塑造服装的外边缘形状，然后内部要加上如缝纫线和省道之类的细节。这些细微差别对说明你设计的与众不同是至关重要的。平面图属于技术图的一种。任何类型的平面图，不论是否使用人体模板来表现，都需要精准的练习。

衣身原型的结构变化

公主线

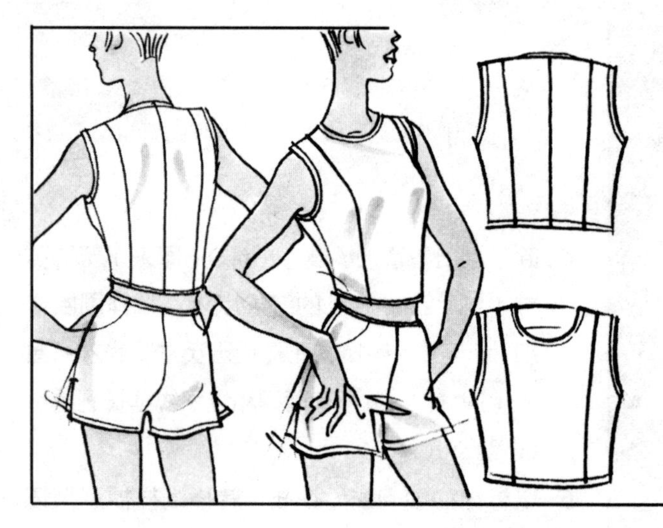

这种分割线从肩线中点延续到腰部，代替原来的腰省。

制板

1 在制板纸的一侧拓下前后原型纸样。

2 **前片** 在省道上距离省尖点上方和下方2英寸（约5.1厘米）处打剪口。

3 **后片** 绘制出一条线连接肩省和腰省。在肩省和腰省的省尖点打剪口。肩省的第二个剪口比第一个剪口低¼英寸（约0.6厘米）来标明后片。

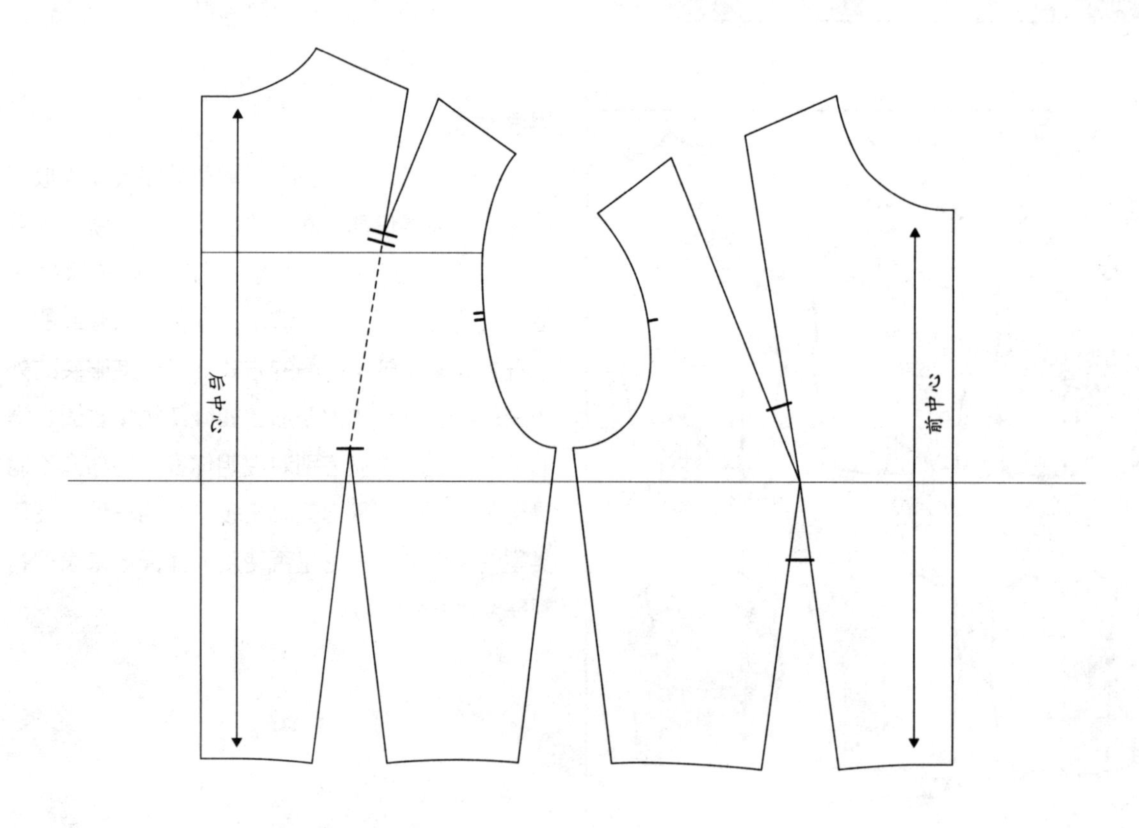

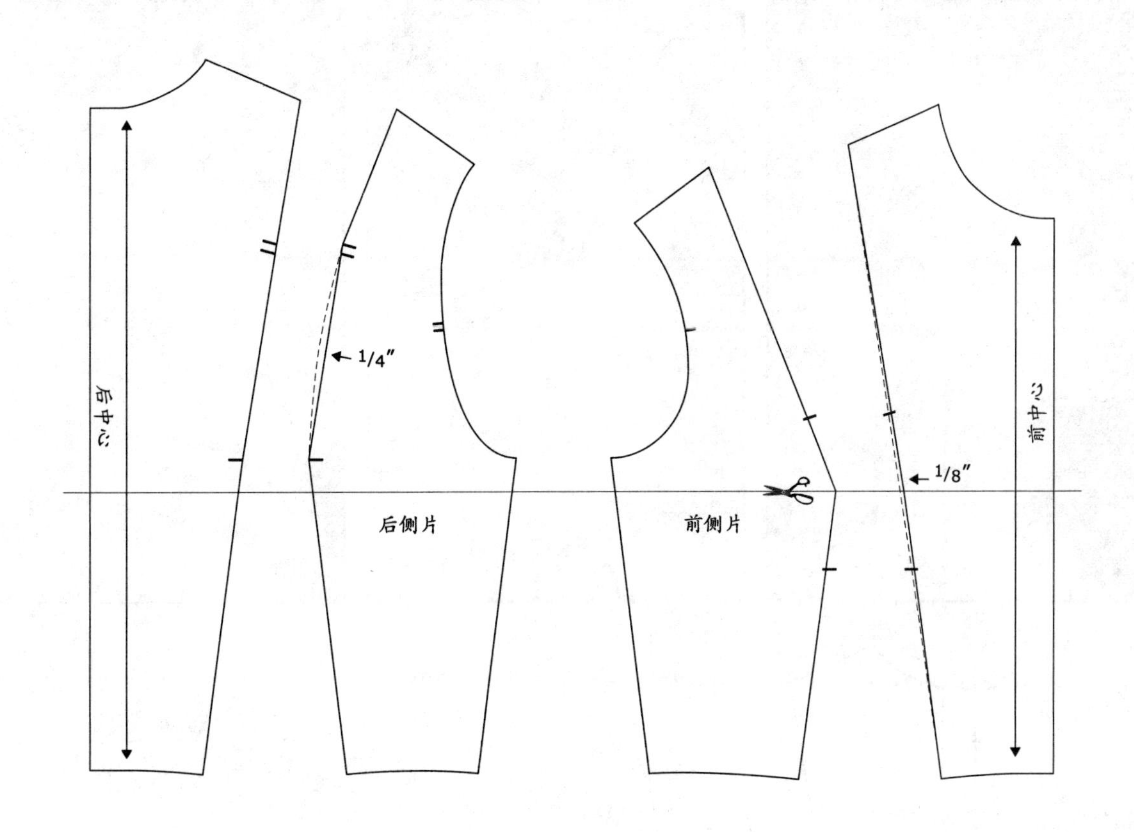

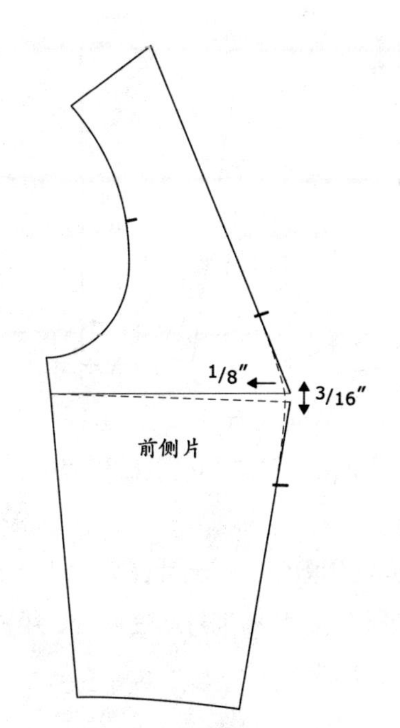

4 前片 拷贝省道右侧的前中片，包括剪口。在胸点增加$^1/_8$英寸（约0.3厘米）将公主线校直并延长到肩省和腰省，留出缝份。沿省道左侧拓下并剪切前侧片，包括所有剪口。

5 后片 沿省道左侧拓下后中片（中心片和侧片有相同的边际线和剪口）。

6 沿省道右侧拓下后侧片。取省道连接线的中点，过这个点向外侧$^1/_4$英寸（约0.6厘米）绘制出一条曲线。将边线调整平顺。

7 侧片 前侧片从胸点向侧缝增加$^3/_{16}$英寸（约0.5厘米）。在分片的中心标记出纱向线。在胸点周围减去$^1/_8$英寸（约0.3厘米），向剪口调整顺滑。重新描绘出前侧片。

衣身原型的结构变化

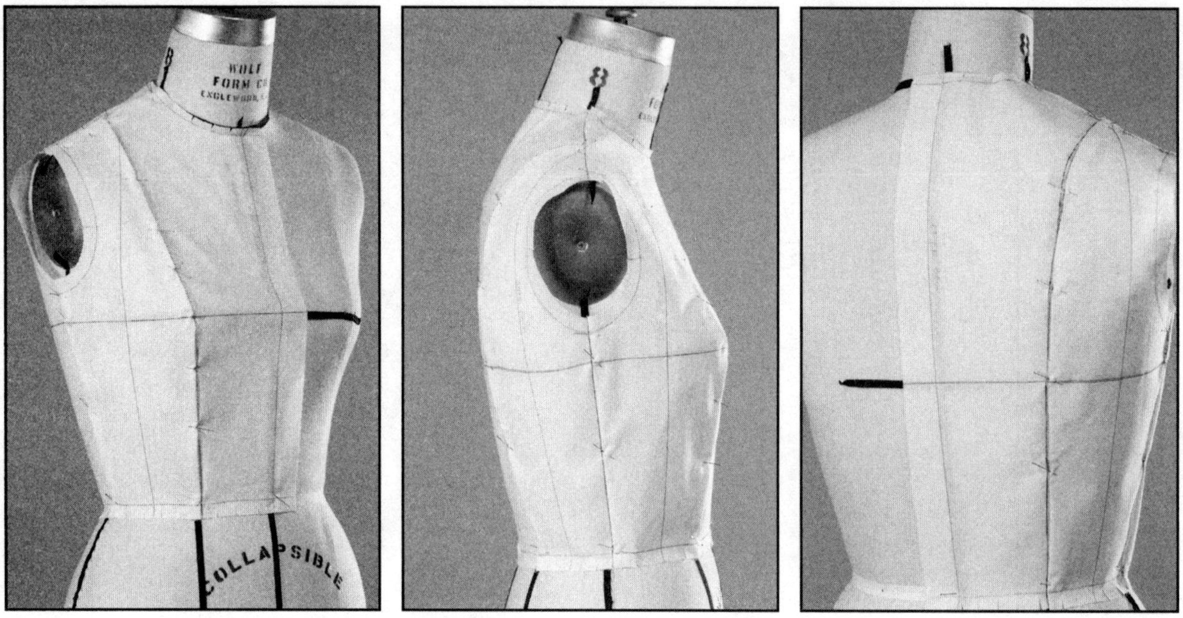
COLLAPSIBLE

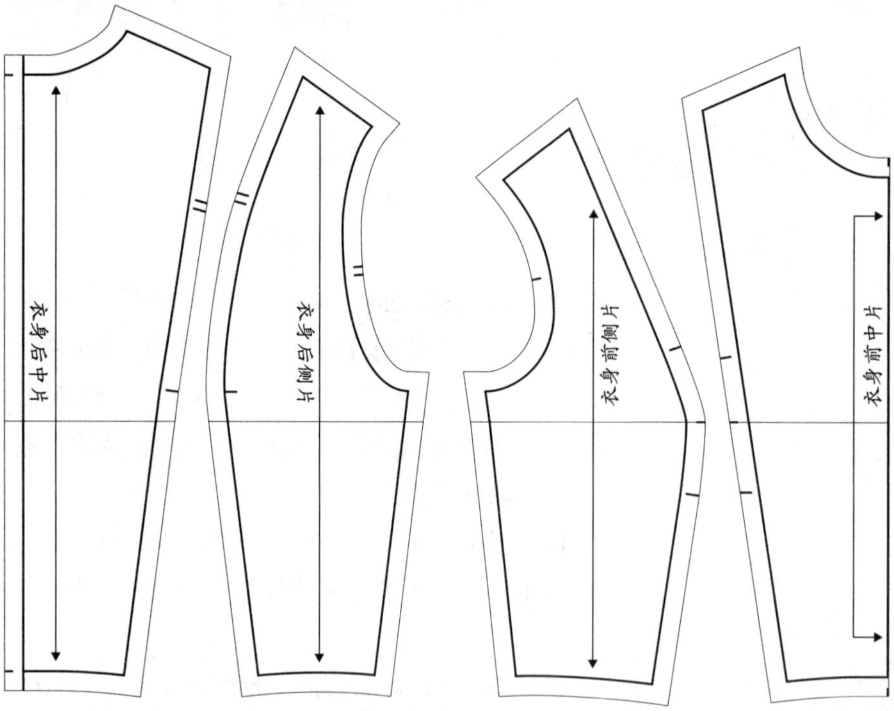
衣身后中片
衣身后侧片
衣身前侧片
衣身前中片

8 从侧片标记线的中点引出一条垂线。在前中片标记出纱向线平行于前中心线，包括剪口和缝份。

9 在白坯布和纸样之间放上拓蓝纸，拷贝板型，包括剪口和纱向线。

10 折叠缝份，沿着公主线将侧片压住前片，用钉针固定，对齐纱向线和剪口（前侧片在前中片公主线剪口之间有少许松量）。按需要修剪领口、腰部和公主线。在侧缝和肩部都将前片压住后片，用钉针固定。将坯布放在人台上，进行调整。然后摘下坯布，将改动处标记出来。

绘制公主线

设计草图经常会采用压低肩膀、抬高臀部的人体动态。这个动态和服装的结合显得人体非常具有活力。服装的变化取决于是否合体，同时还要考虑服装与人体前中心线的位置关系。设计草图中的衣服不一定符合真实服装的比例，但一定要有省道、缝迹线和其他设计细节，并且随着人体前中心线的变化而变化。这种方法同样适用于处理后中心线。

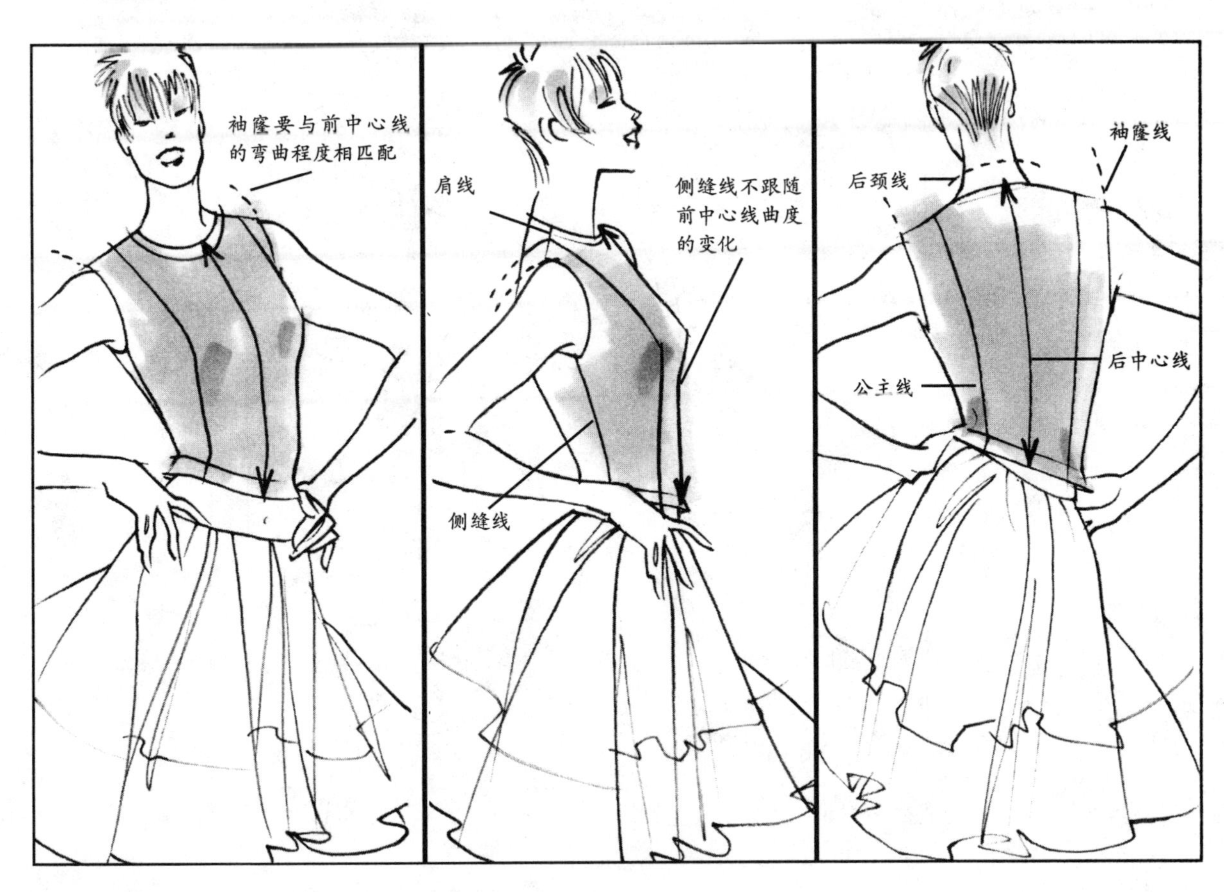

衣身原型的结构变化

刀背缝

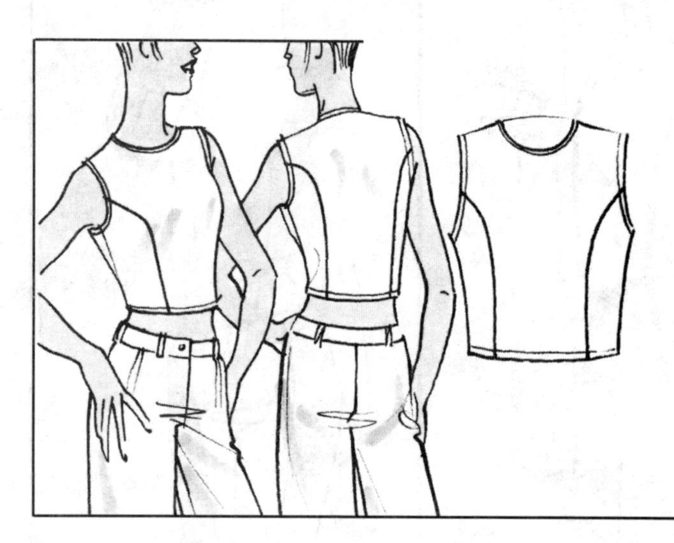

刀背缝即前肩省转移至袖窿，与腰省相连形成的分割线。

制板

1 在制板纸的一侧拓下前后原型纸样。

2 **前片** 从肩点沿袖窿向下取4英寸（约10.2厘米）。从此点向胸点绘制出一条曲线。在这条曲线上距离胸点上方2英寸（约5.1厘米）处以及沿腰省在胸点下方2英寸（约5.1厘米）处做标记。

3 **后片** 从肩点沿袖窿向下取3¹/₄英寸（约8.3厘米）。从此点向腰省省尖点绘制出一条曲线。沿刀背缝在省尖点上2英寸（约5.1厘米）处做两条标记线。

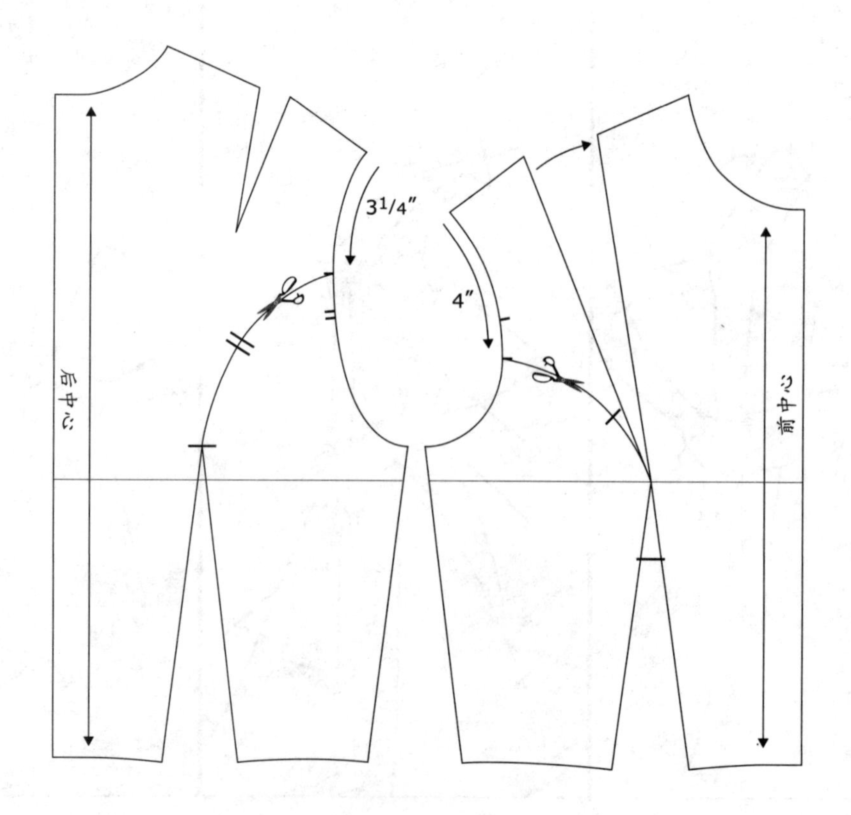

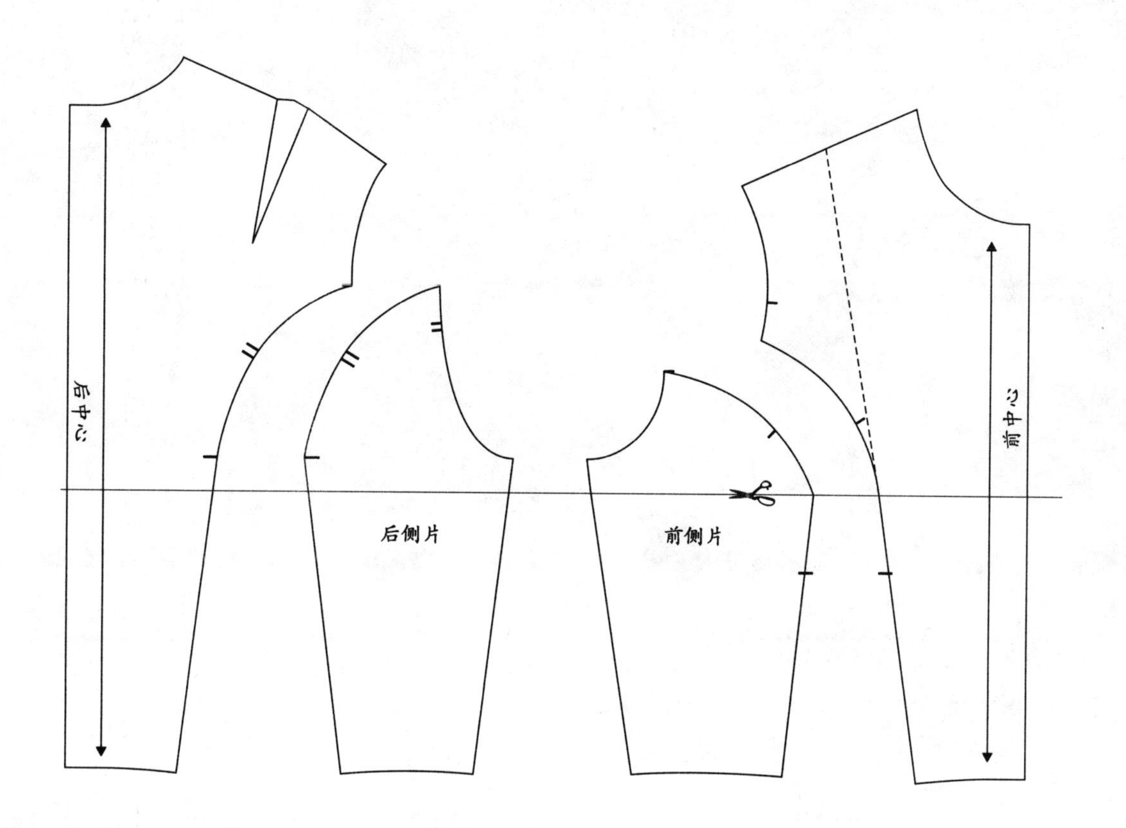

4 前片 不加缝份，裁剪纸样。沿袖窿到胸点的曲线剪开。省线右侧的纸样为前中片。合并肩省，省道左侧的纸样为前侧片。

5 后片 沿刀背缝左侧和腰省左侧拓下后中片。沿着省道右侧拓下后侧片，包括所有剪口。

6 前侧片 从省尖点向侧缝，沿胸围线向侧缝增加松量，纵向延展3/16英寸（约0.5厘米）。在前侧片的胸点附近减去1/8英寸（约0.3厘米），在前中片的胸点处加入这1/8英寸（约0.3厘米）。重新拷贝前中片和前侧片，标记两片的对位点。

7 每个裁片的纱向线一定要互相平行。在侧片的胸围线中点作标记。将纸样转移至白坯布上。加上缝份，将坯布放置到人台上进行调整。

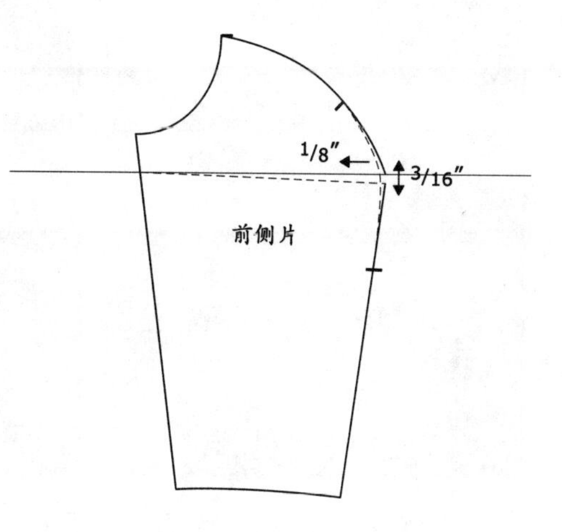

衣身原型的结构变化

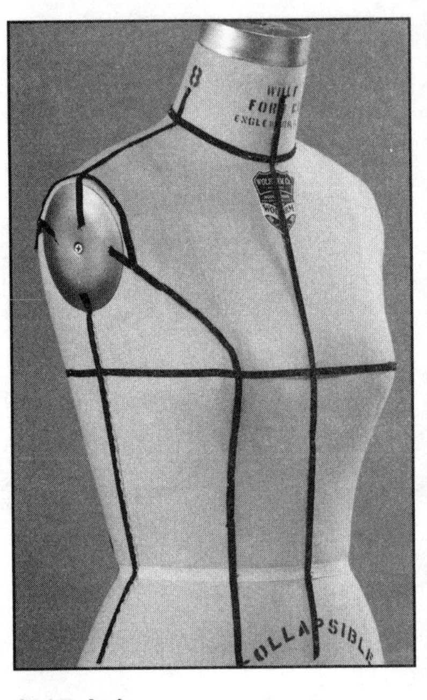

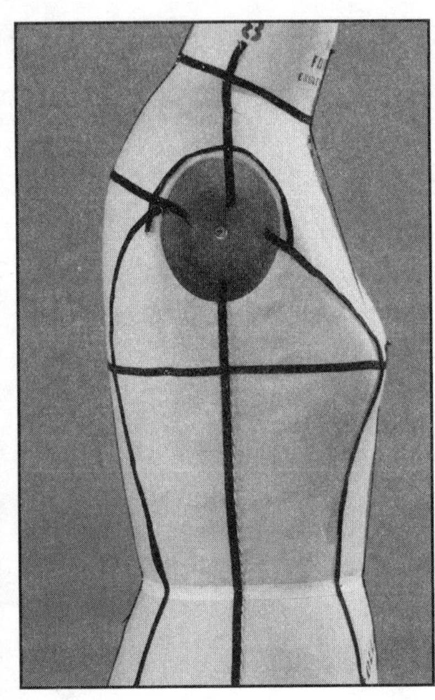

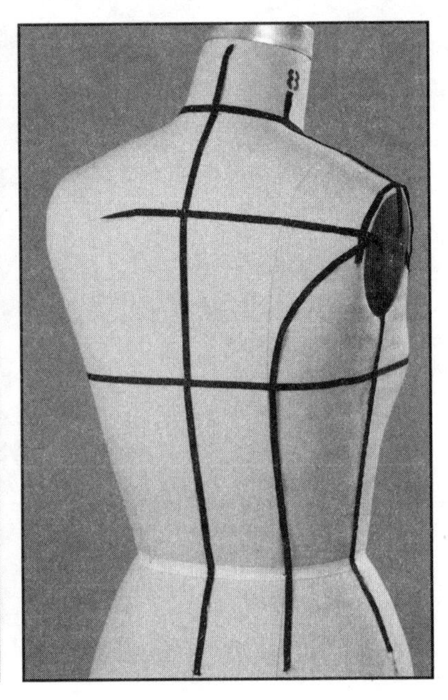

标记人台

- **前片** 从肩点沿袖窿向下取4英寸（约10.2厘米）
- **后片** 从肩点沿袖窿向下取3¼英寸（约8.3厘米）

注意: 接缝线不要用标记带来固定，要用钉针进行固定。

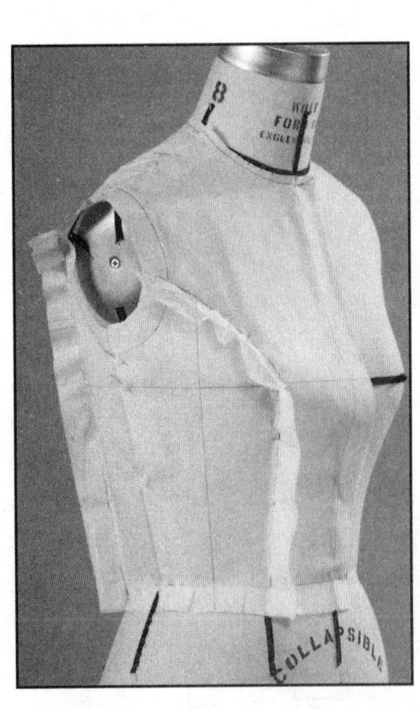

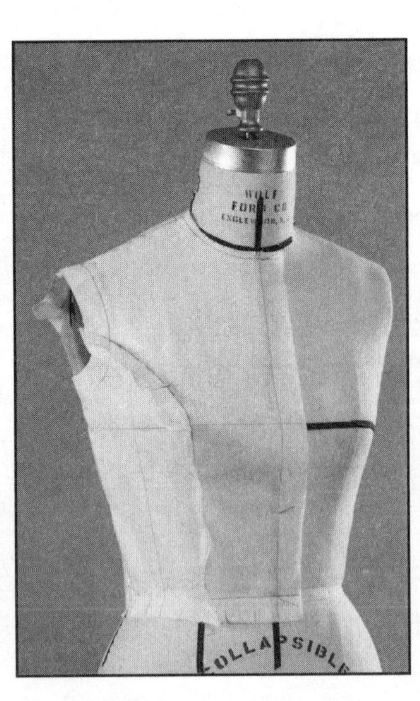

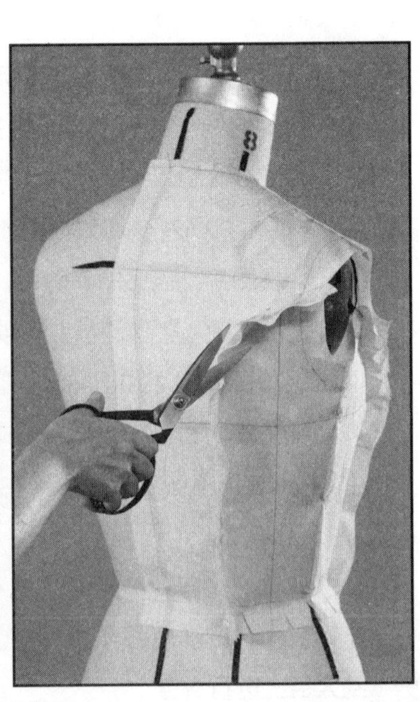

8 将刀背缝缝份向外翻出，用钉针固定。对齐对位点，用前片侧缝压住后片侧缝。

9 根据需要调整坯布。修整领口、腰围和刀背缝。

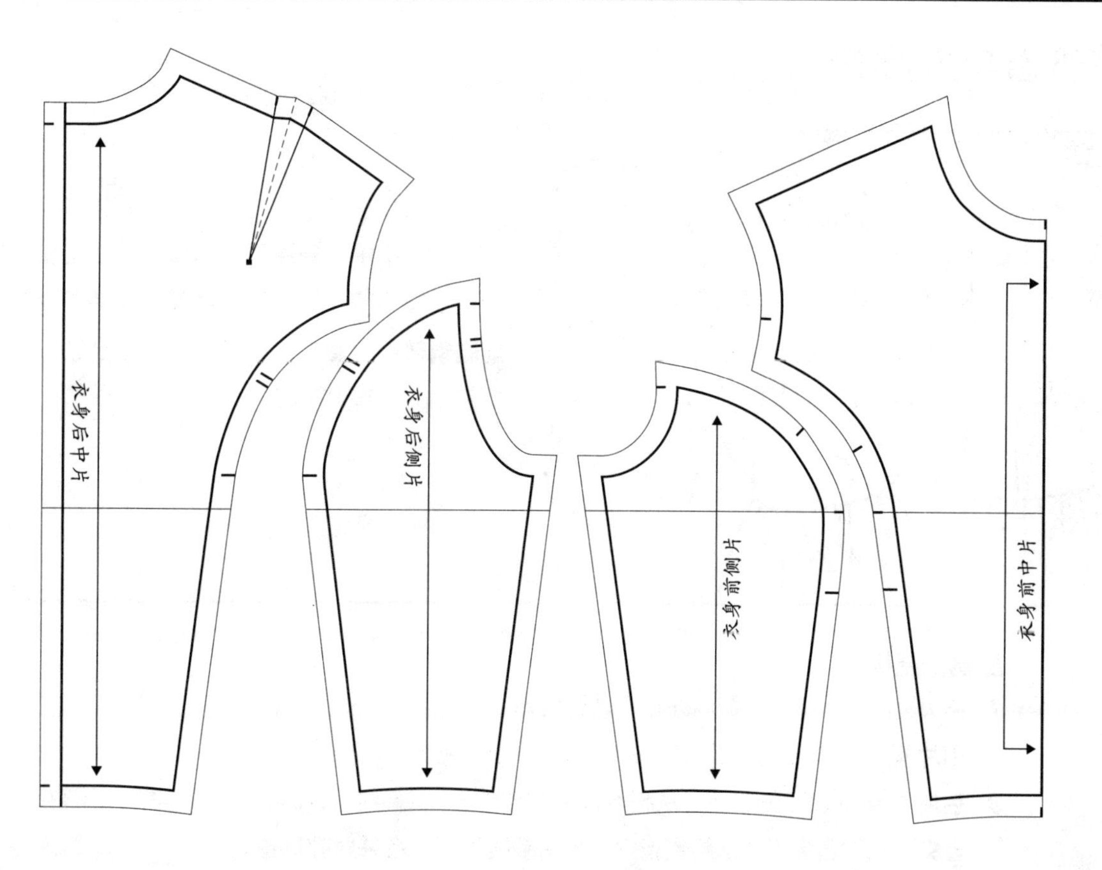

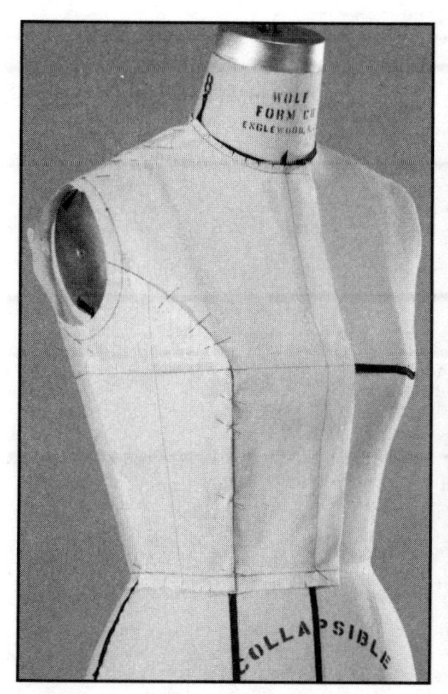

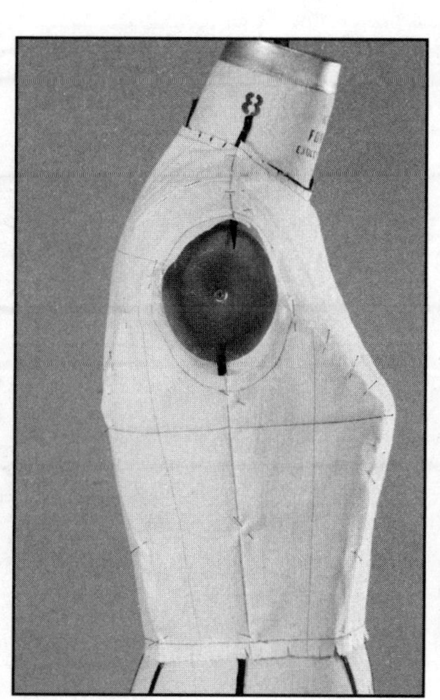

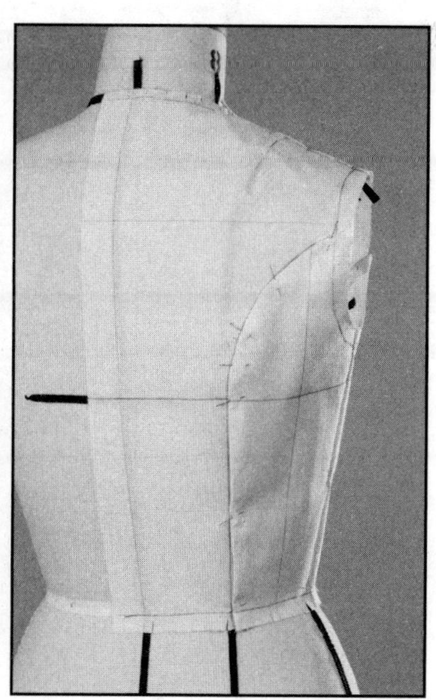

10 取下白坯布，拔下钉针及矫正标记点。在侧缝方向减去1/2英寸（约1.27厘米）缝份，前侧片在刀背缝处压住前中片，后侧片在刀背缝处压住后中片，分别用钉针固定。

11 完整地检查原型。

衣身原型的结构变化

前腰省与肩胛骨省

在原型中，省道可以转移至其他位置，虽然外观会发生变化，但是合体度是保持不变的。将前肩省转移至腰省，肩胛骨省转移至领口，本案例使用的是省尖转省法。

剪省法制板

1. 拷贝前后原型纸样。裁剪净板，剪开肩省。
2. **前片** 剪开腰省右侧省线至省尖点。合并肩省，腰省随即变大。
3. **后片** 标记后领口线中点。从腰省省尖点绘制出一条直线与领口线中点相连接。再连接肩胛骨省尖点和腰省尖点。从腰省省尖点将两条线剪开，合并肩胛骨省。

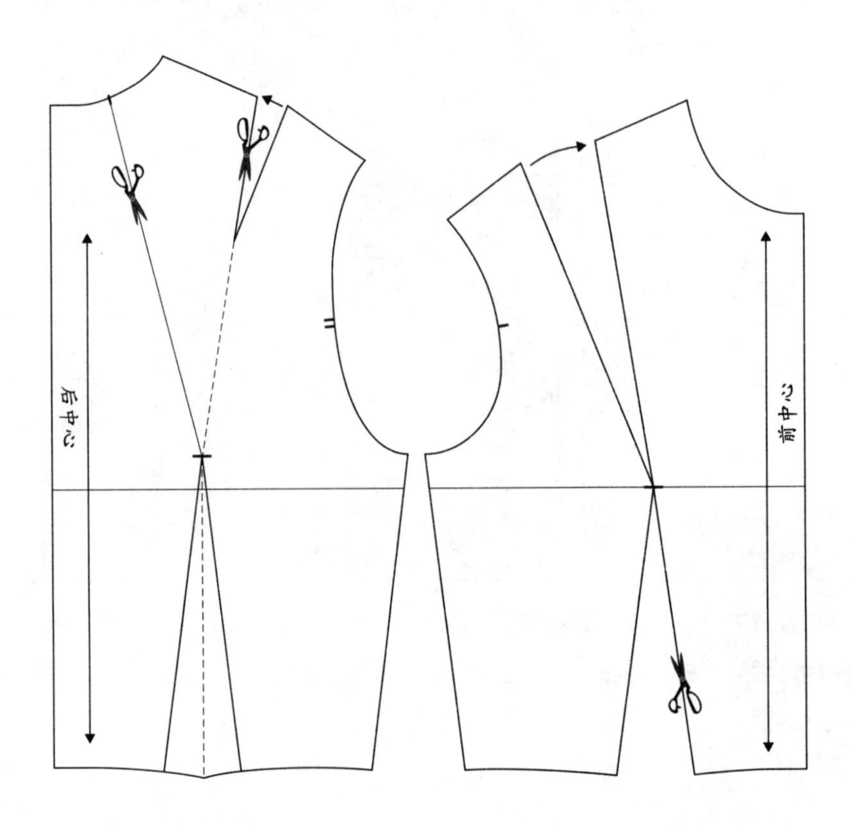

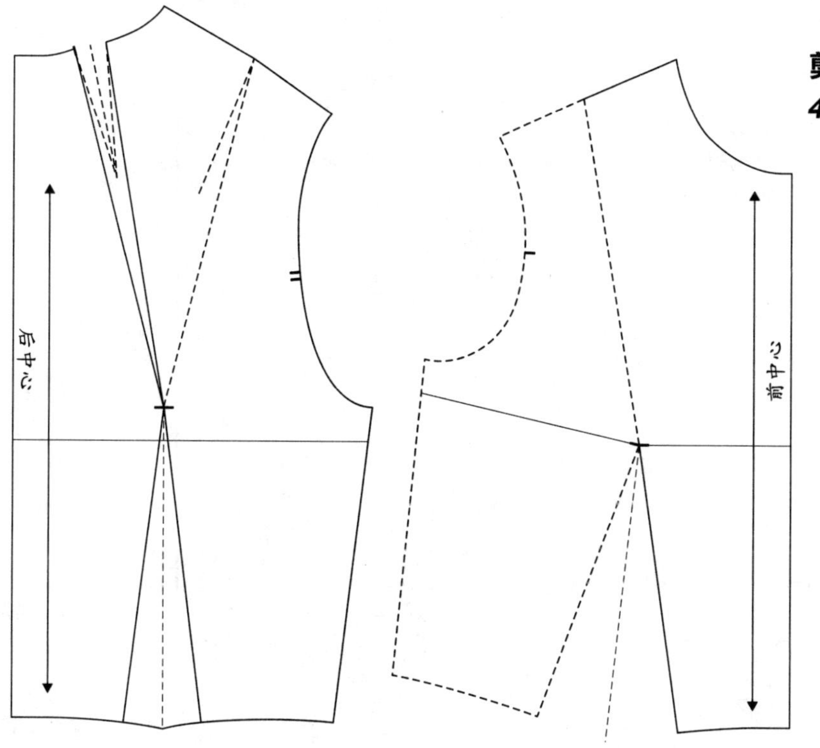

剪省法制板（承接上文）

4 用虚线绘制出新的省中心线。将领省省线变短，使其与肩省等长。绘制出新的省道。

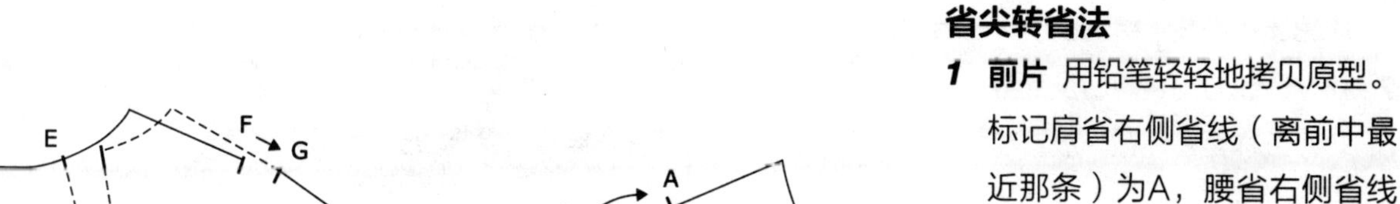

省尖转省法

1 **前片** 用铅笔轻轻地拷贝原型。标记肩省右侧省线（离前中最近那条）为A，腰省右侧省线为B。标记肩省左侧省线为C，腰省左侧省线为D。

2 从A至B顺时针方向拷贝纸样。标记出省道剪口。

3 在原型省尖点上用图钉进行固定，以C为起点顺时针转动纸样至A，合并肩省。拷贝纸样的剩余部分从A逆时针倒向D。

4 **后片** 标记后领口线中点E，标记肩胛骨省左侧省线（离后中最近那条）为F，右侧省线为G。

5 拷贝纸样从E顺时针转动至F。以F为中心，合并肩胛骨省至G。从F至E补齐轮廓线。

衣身原型的结构变化

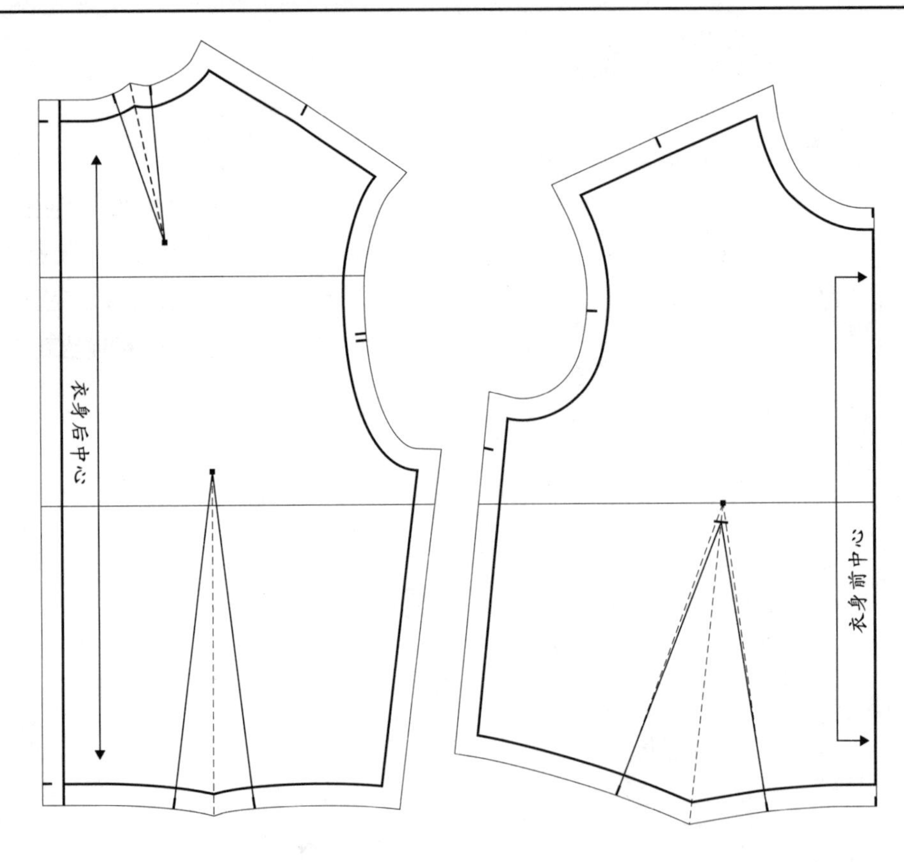

6 将省道转移后的纸样重新拷贝。前片省尖点缩短$^{1}/_{2}$英寸（约1.27厘米）。调整后肩线。合并新省，用压轮压拓省线。绘制出所有的结构线。

7 补全纱线方向、剪口及缝份。

8 转移纸样至白坯布，放置在人台上进行调整。也可以将纸样拷贝至标签纸上。

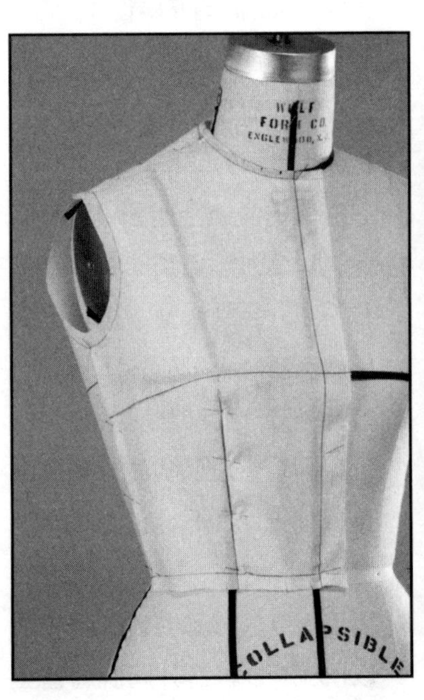

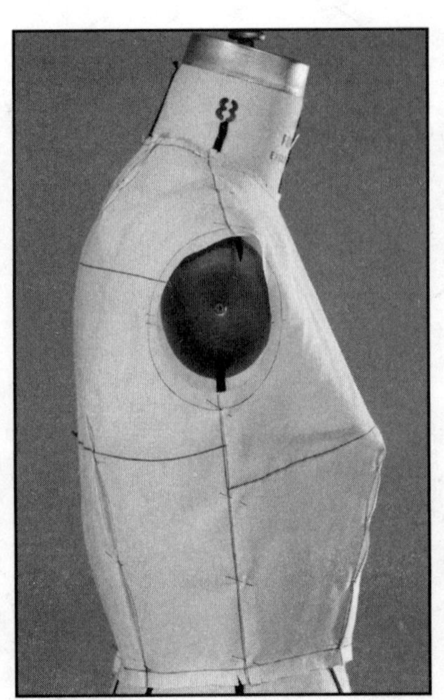

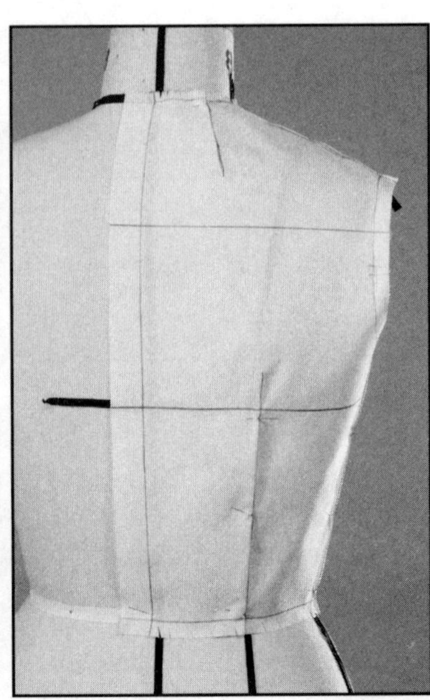

衣身原型效果图表现技巧

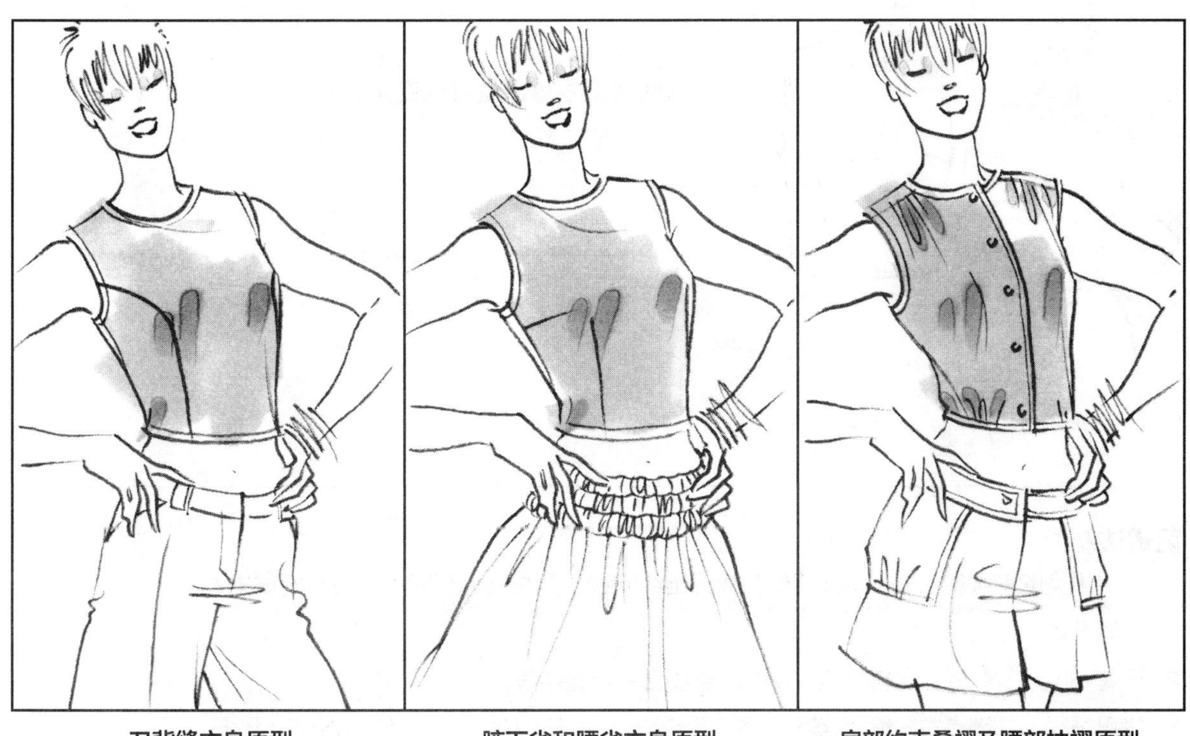

刀背缝衣身原型　　腋下省和腰省衣身原型　　肩部约克叠褶及腰部抽褶原型

效果图不仅体现了衣身原型的结构细节，还应表现出面料质感和服装的合体度等。下图四例展示了不同面料的效果。这些时装效果图的绘制技术采用了马克笔体现出休闲装和正装的面料质感。马克笔通常会和钢笔或铅笔综合使用。下面的四个例子虽然是用灰色调来表示，但也同样适用于彩色效果。

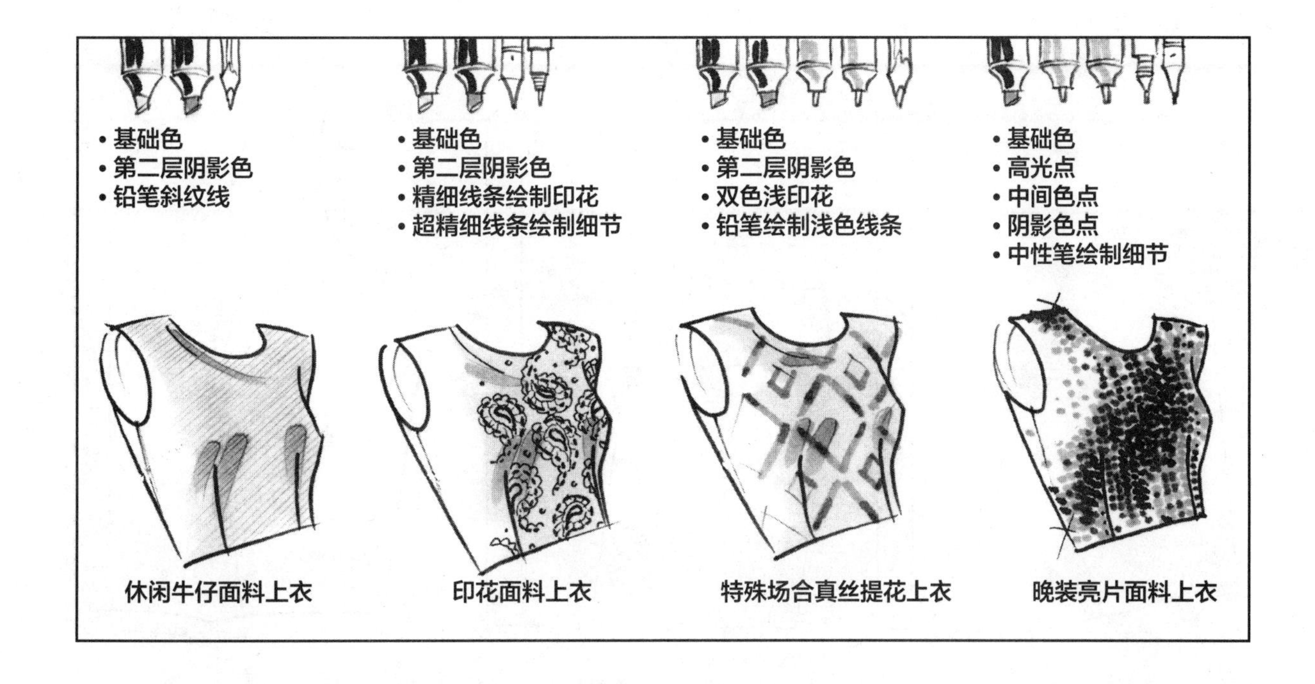

休闲牛仔面料上衣　　印花面料上衣　　特殊场合真丝提花上衣　　晚装亮片面料上衣

衣身原型的结构变化

腋下省与腰省

有腰省的衣身原型可以变化为腋下省原型。

剪省法制板

1 拷贝原型的前腰省部分，不加缝份。标记出纱向线。延长省道至胸点，绘制出省中线，然后剪开。

2 沿着胸围线从侧缝剪到省尖点。将右侧省线合并至省中线。

3 拷贝纸样。从胸点方向缩短1英寸（约2.54厘米）腋下省和³/₄英寸（约1.9厘米）腰省。

4 合并省道，用压轮拓下省道。补全纱向线、剪口和缝份。制板完成。

注意：也可以使用省尖转省法将一半腰省转至腋下。

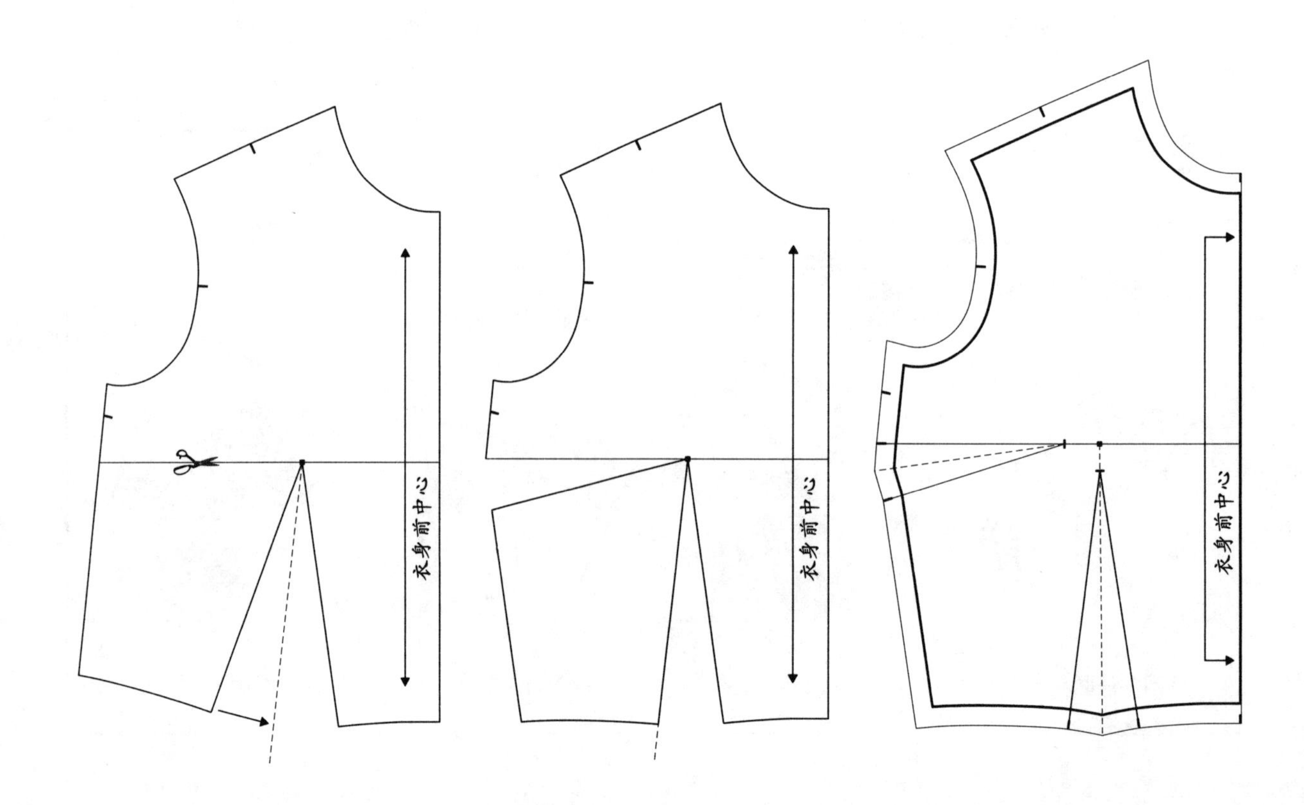

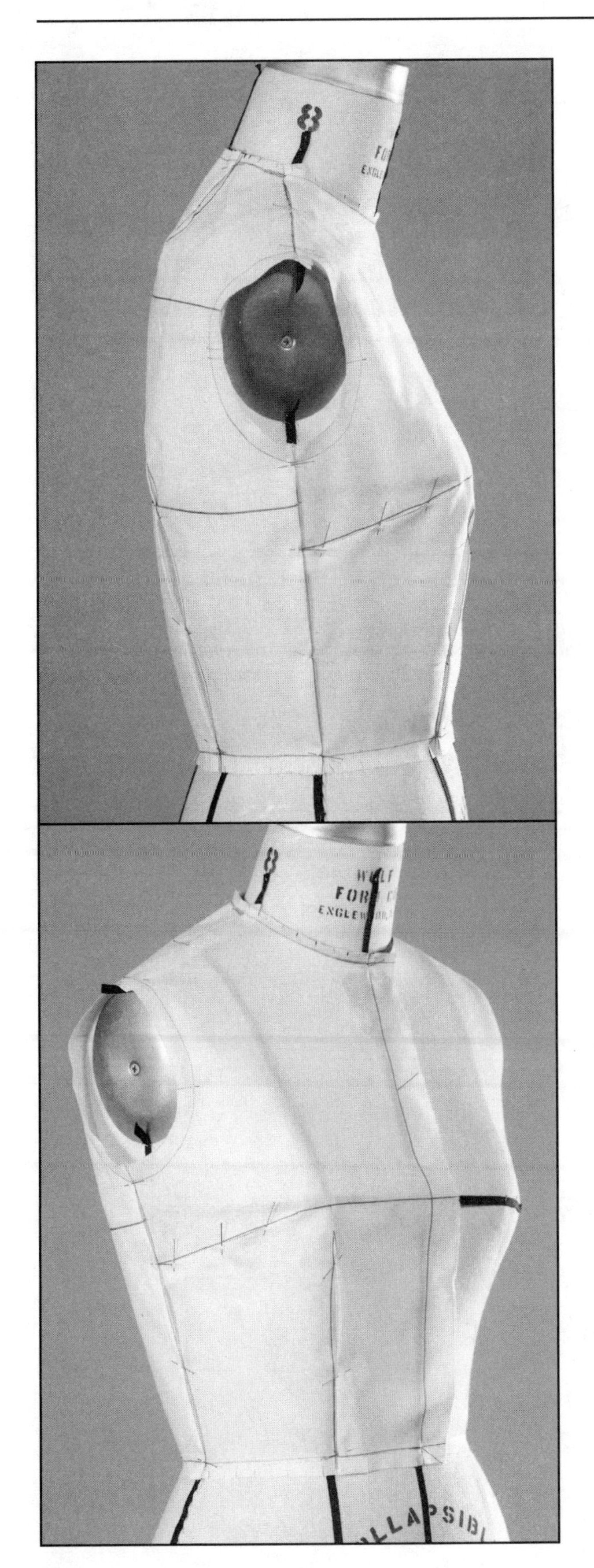

这种款式可以有多种变化——从纯棉质感的运动服到简洁的丝绸新娘婚纱。

5 在人台上检查板型。

6 修正领口及腰线，使其平顺贴服。

衣身原型的结构变化

肩部约克叠褶与腰部抽褶

肩部的约克代替了肩胛骨省，并将衣身原型的前后片连接起来。在衣身原型中将剩余省道转移到肩部叠褶和腰部抽褶中。

制板

1 拷贝衣身原型前片，包括腋下省和腰省。拷贝衣身原型后片，包括肩胛骨省。

2 **前片** 平行肩线向下2英寸（约5.1厘米）绘制出约克线。从领口和袖窿向约克线内各取1英寸（约2.54厘米）。前中心线向右延长1/2英寸（约1.27厘米）做门襟。

3 **后片** 从后中心线【后领口线向下3 1/2英寸（约8.9厘米）】过肩胛骨省绘制出约克线。在约克线上标记出肩胛骨省尖点，向后中心方向取1/4英寸（约0.6厘米）做第二标记点。

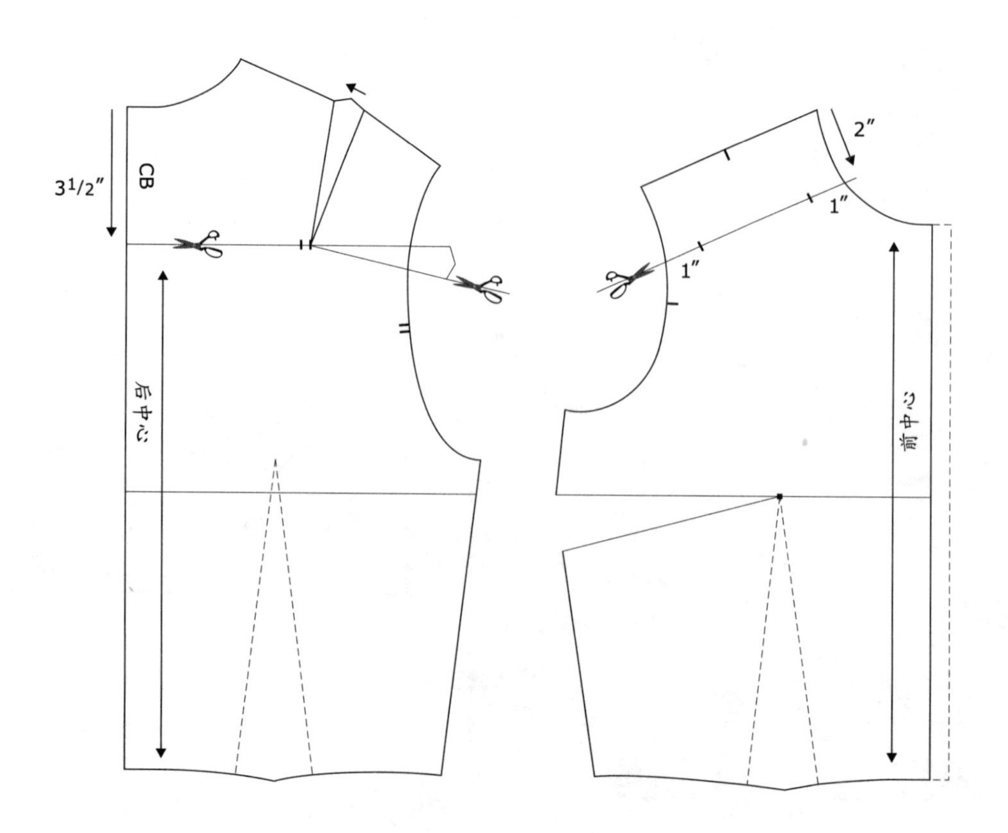

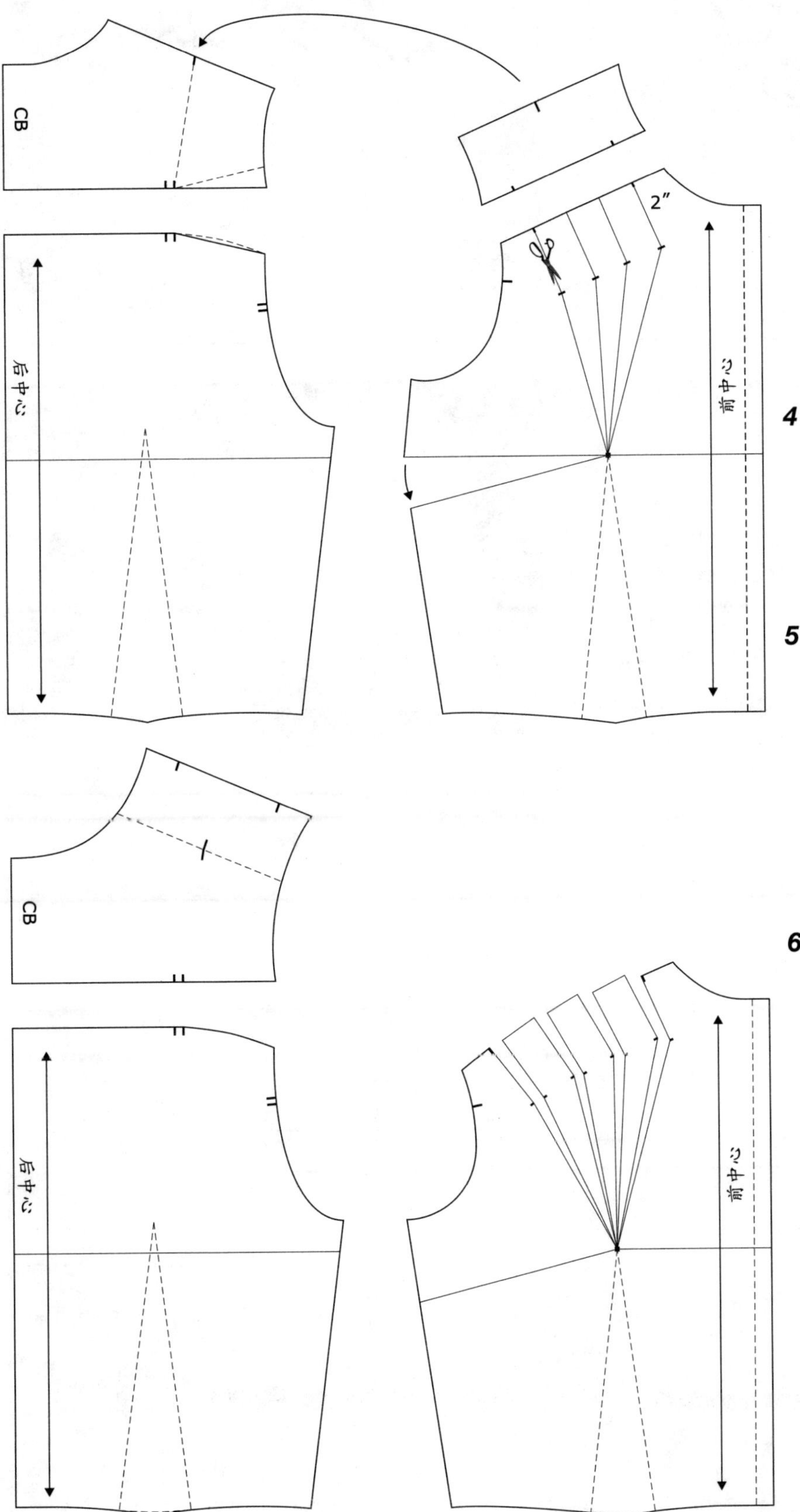

4 裁剪前后片。如图所示沿直线剪开，并把后片的约克和肩省靠近。剪开前约克，将前后约克连接，对齐剪口。将袖窿修整平顺。

5 **前片** 将距离约克线两端1英寸（约2.54厘米）的剪口之间的距离平均分为四份。在四处标记点上做2英寸（约5.1厘米）长的垂线，再连接到胸点做出叠褶线。

6 剪开叠褶线，合并腋下省。将褶量分配平均。

衣身原型的结构变化

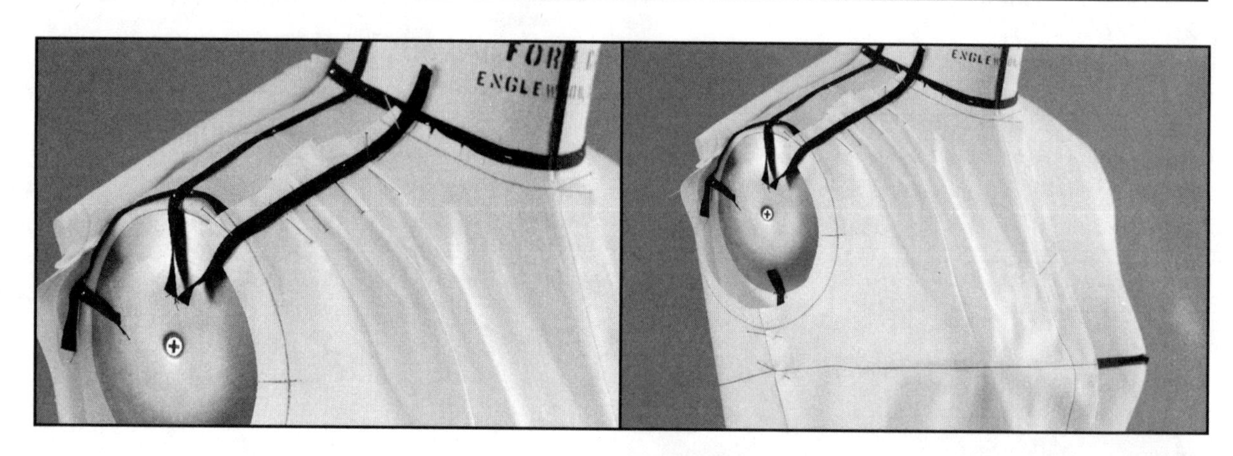

拷贝前片的叠褶线。合并褶缝，用钉针固定。拉直肩线并对齐剪口。用压轮压拓褶线。

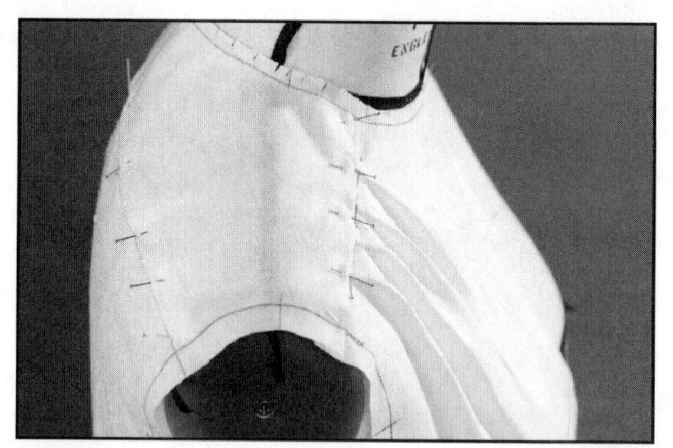

肩部约克立裁

7 拷贝约克和前后片纸样，除了腰省。

8 将纸样复制到白坯布上。加上缝份，腰部缝份为1英寸（约2.54厘米）。合并侧缝，并用钉针将其固定在人台上。调整叠褶量，用斜纹带进行固定。在肩部，约克覆盖住前后片，对齐剪口及接缝线。

9 用斜纹带紧贴腰部来分布褶量，以保证宽松度。

10 补齐腰线，在距离侧缝和前中心线1英寸（约2.54厘米）处做抽褶线起止位置的标记。腰部沿着斜纹带做腰线标记点。

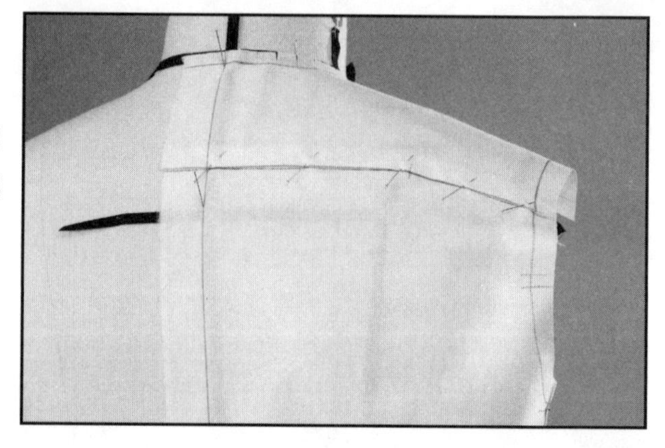

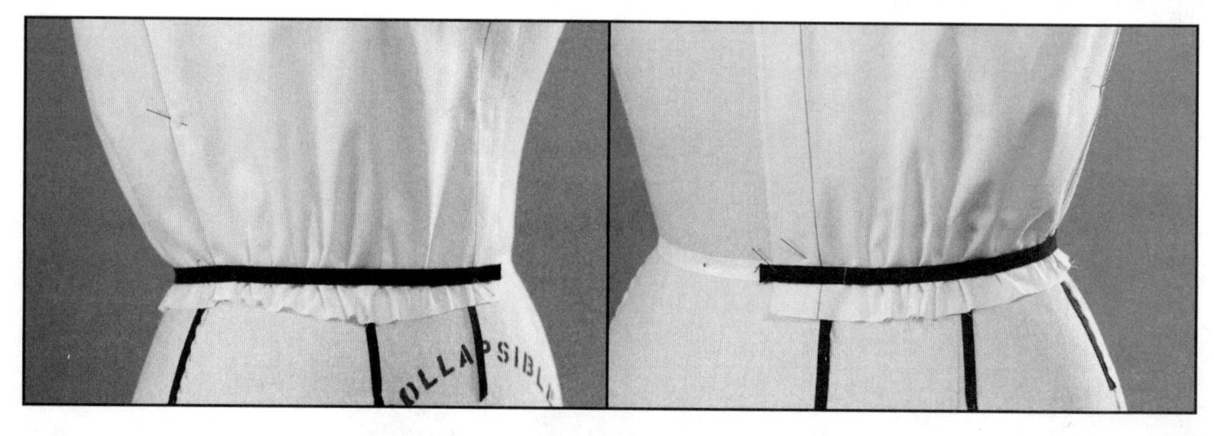

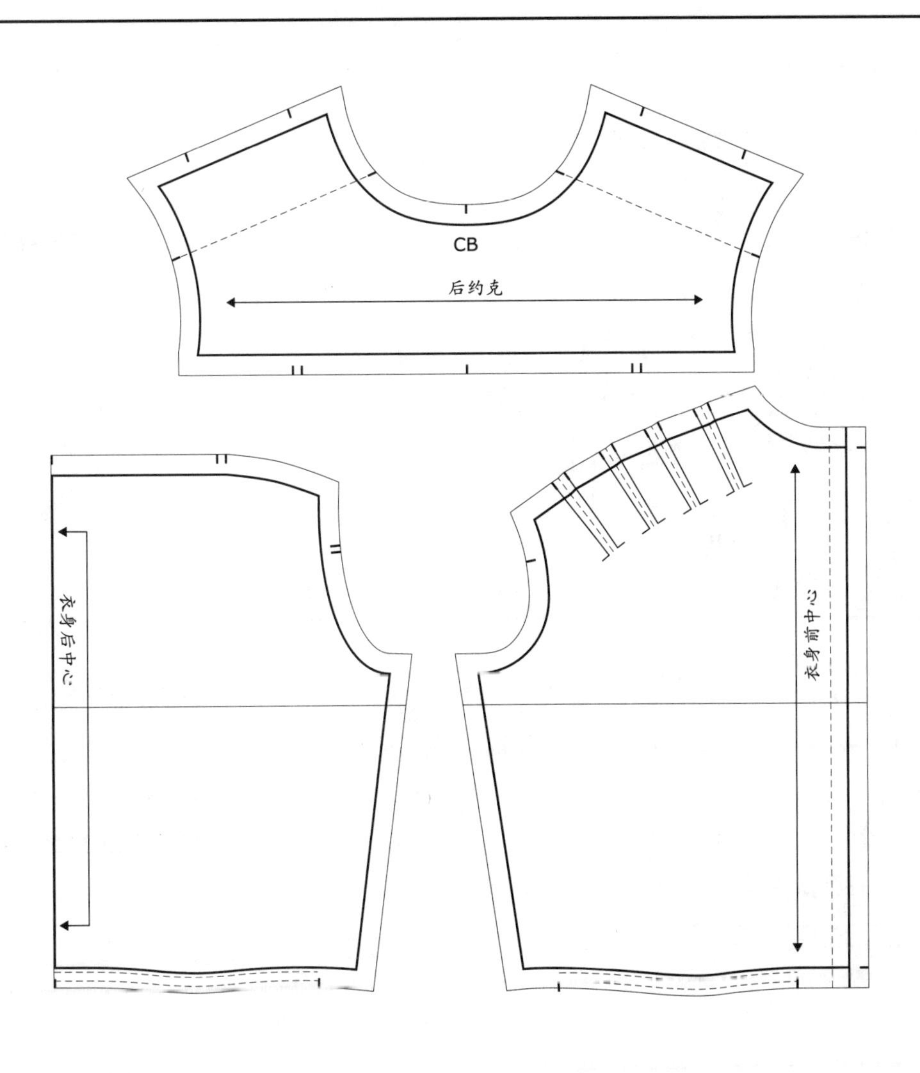

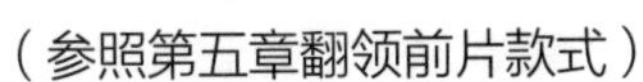

11 调整白坯布并完成纸样。
（参照第五章翻领前片款式）

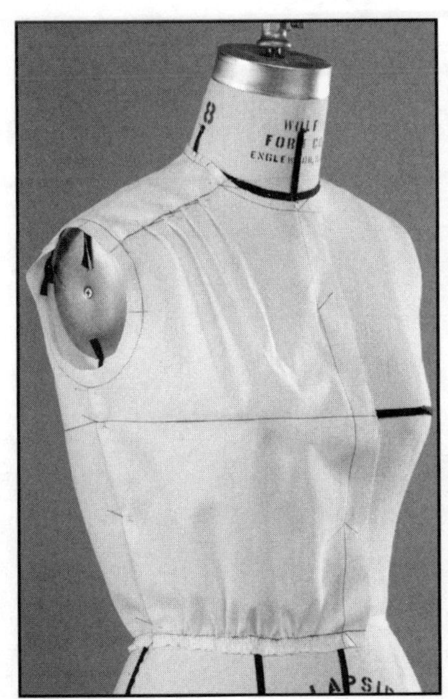

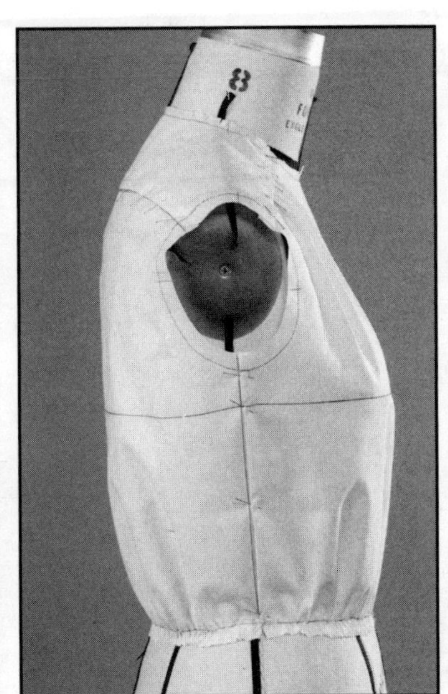

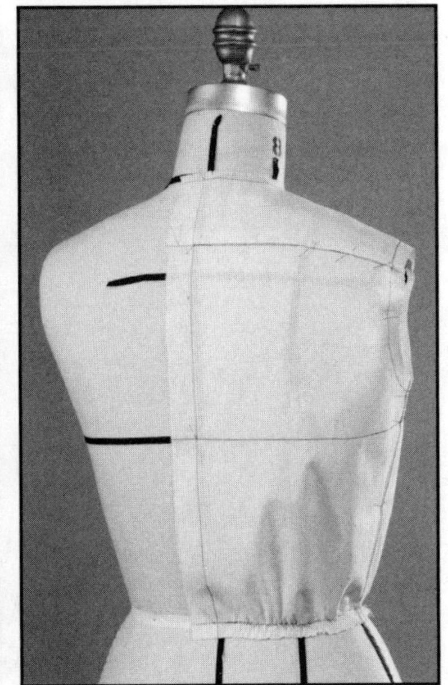

衣身原型的结构变化

领部约克抽褶

所有省道的方向都指向领口，约克环绕领口一周。这种款式没有肩部，是一种吊带式上衣。

制板

1 拷贝衣身前后片原型，包括侧缝、腰省和后片肩胛骨省。平行于前后领口线绘制出宽为1英寸（约2.54厘米）的约克（领口线可以根据设计抬高或降低）。

2 **袖窿** 前片在约克线上距离前肩线$2^1/_4$英寸（约5.7厘米）处做标记，在这个标记上做曲线至袖窿。后片在约克线上距离后肩线1英寸（约2.54厘米）处做标记，在此标记上过肩胛骨省尖点至袖窿做曲线。将原袖窿剪口移至新曲线。裁剪新原型，不加缝份。

3 在肩部约克的中点做剪口。

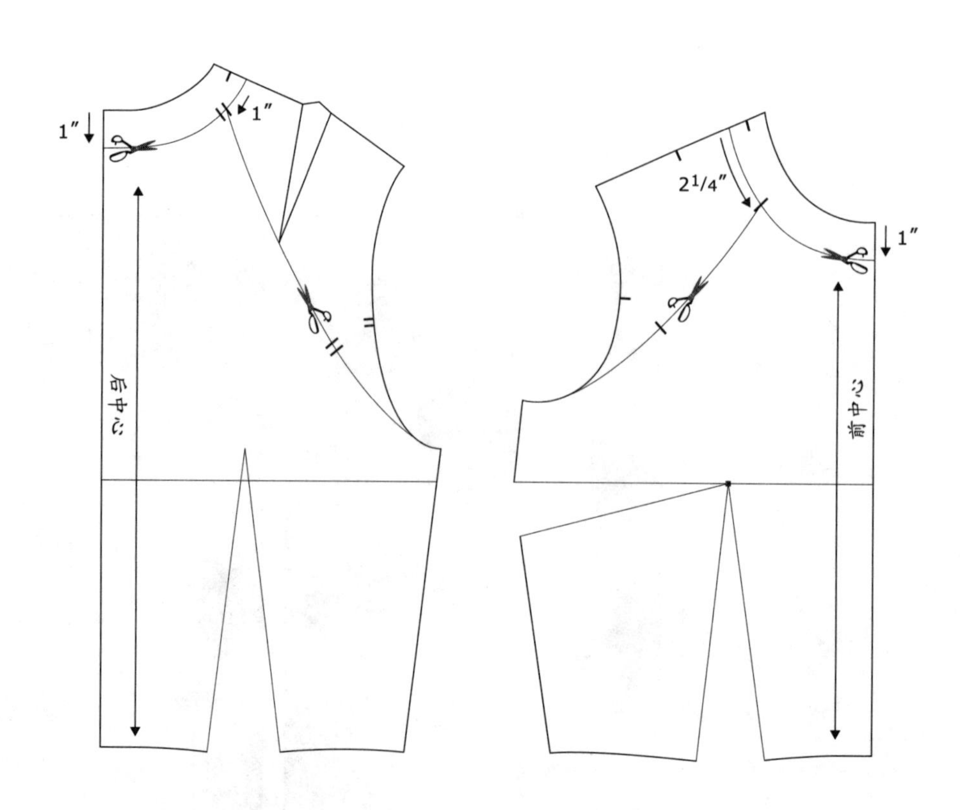

4 裁剪开前后约克和肩部裁片。将前领口线分成三份，从胸点绘制出两条分割线。后片从省尖点至后领口线中点绘制出分割线。

5 分别剪开前片和后片的分割线，合并腰部省道。将前片剪开的裁片均匀分布，绘制出一条曲线，将分散的裁片连接起来，再将中间裁片的顶部修剪平顺。

6 对齐前后肩部约克的剪口，将前后约克拼合在一起。

7 无袖款式需要在侧缝增加1/2英寸（约1.27厘米），袖窿抬高1/2英寸（约1.27厘米）。

8 拷贝完成的纸样。在衣片的上部标示出抽褶线符号。约克裁剪两片，其中一片作为贴边。

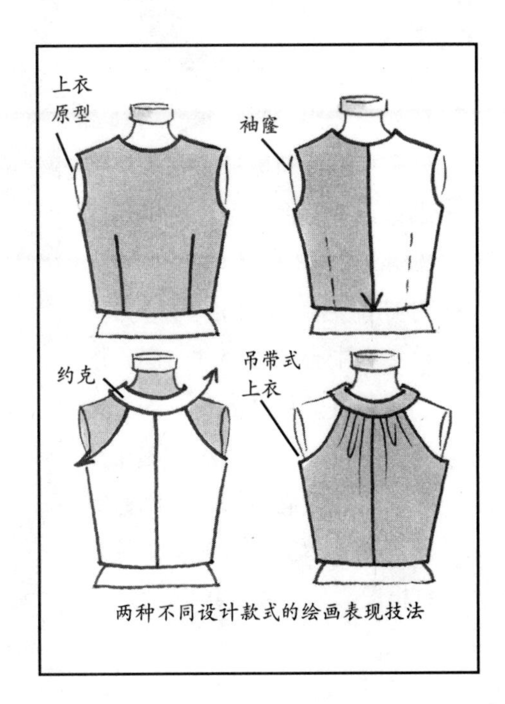

两种不同设计款式的绘画表现技法

衣身原型的结构变化

立裁领部约克抽褶

1 将侧省和腰省转移至领口的褶缝内。将纸样拷贝至白坯布。

2 将肩部和侧缝合并，用钉针固定。从肩部至中心线向下抚平多余的面料。在领口用斜纹带标记出约克的位置，在袖窿处的侧缝根据第110页制板步骤1和步骤2的方法来测量尺寸。

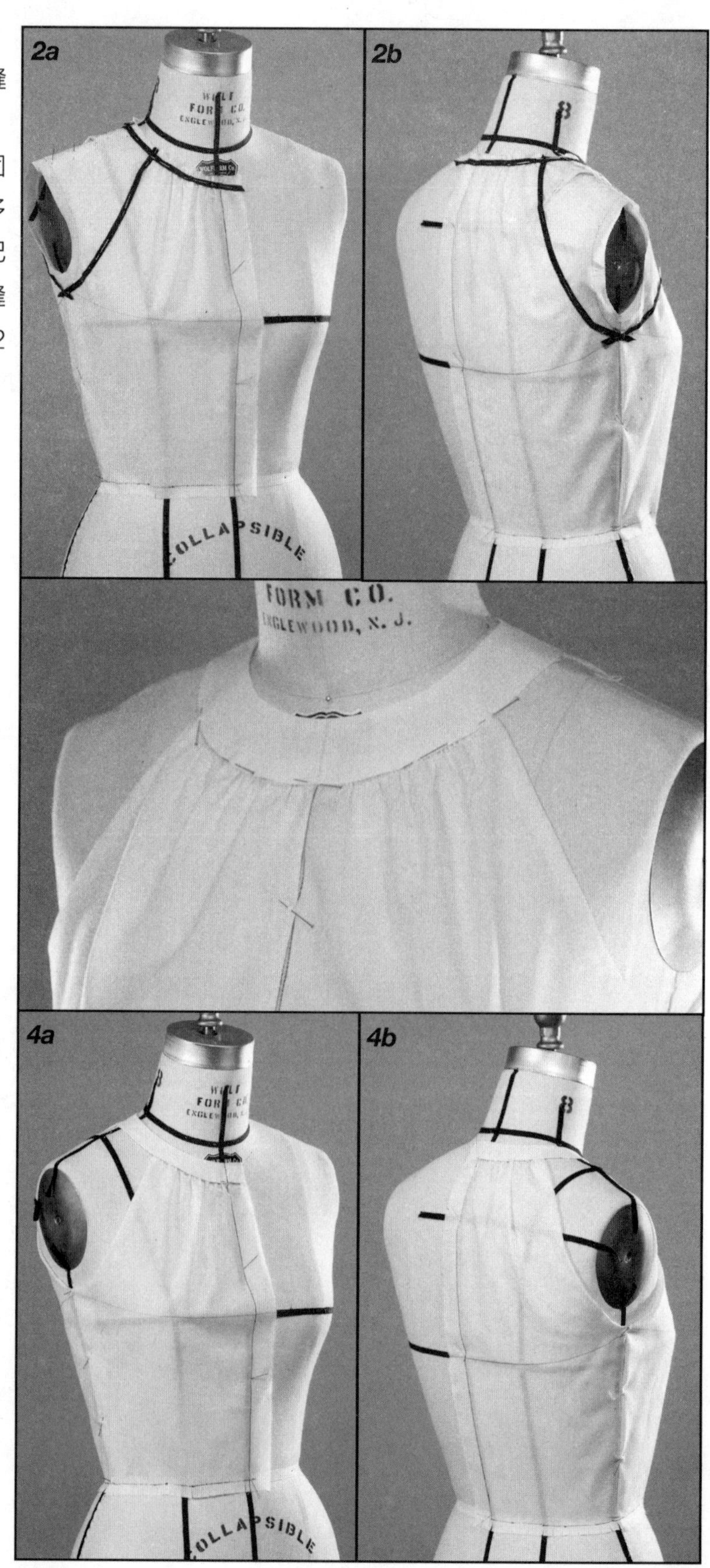

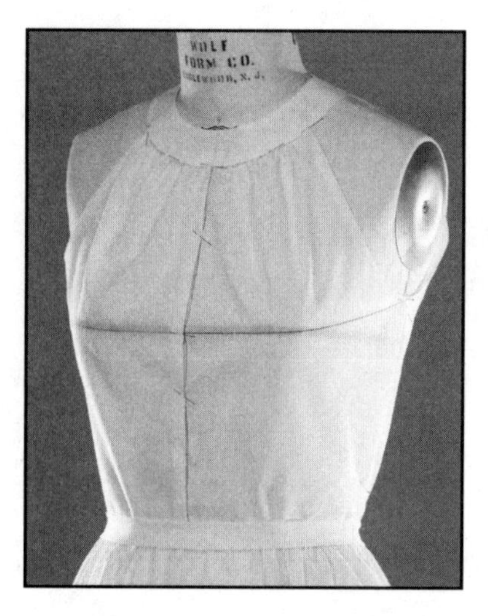

3 在约克线上分布褶量，将领口处多余的面料剪掉。在约克线上标记并缝合（手工或者借助工具）聚集的褶量。

4 对齐前后肩。前后约克为一片，前中心线为经纱方向。增加缝份并转移至坯布。约克折边后用机器缝纫固定，防止伸缩。将缝份向内翻折，用钉针固定在人台上。调整松量并进行标记。

衣身原型的结构变化

肩胛骨省的转移

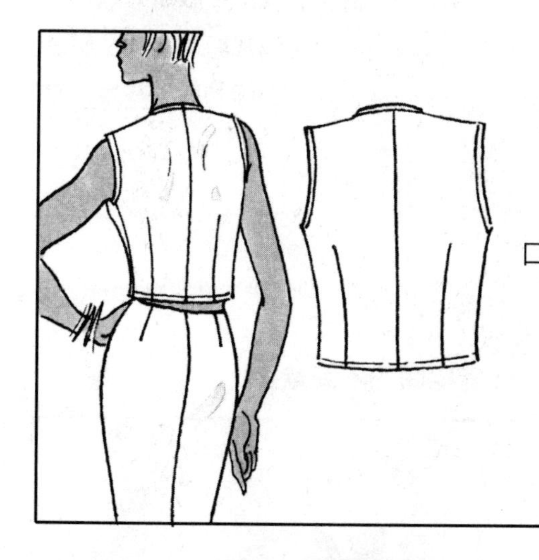

将肩胛骨省转移分布在领口、肩部和袖窿。

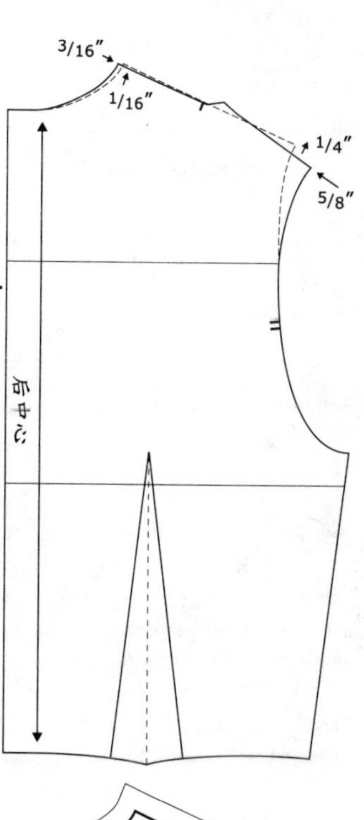

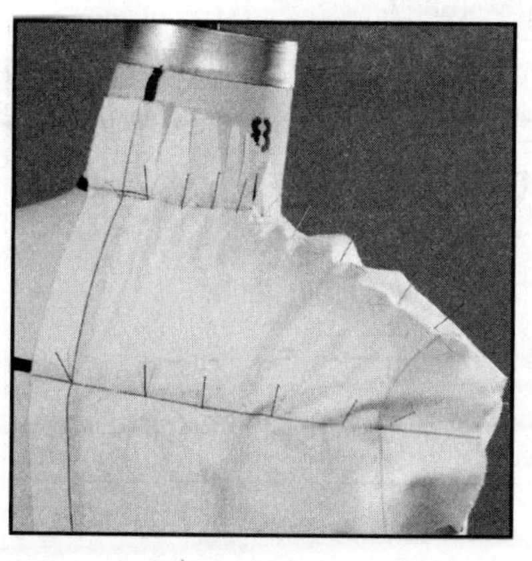

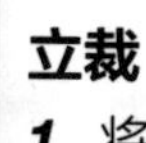

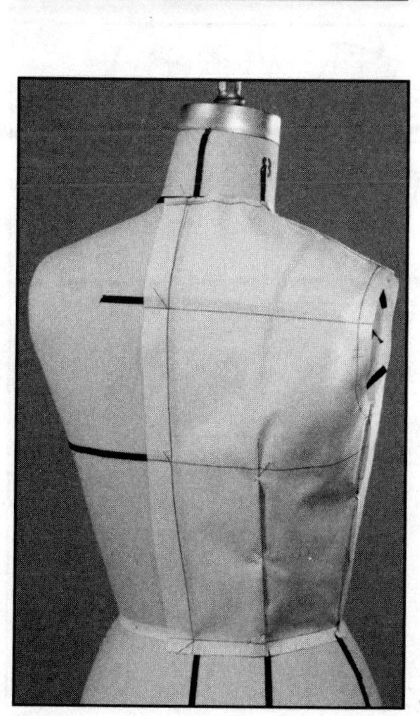

制板

1. 绘制出后片原型轮廓，不包括肩胛骨省。将颈侧点向肩侧点移动3/16英寸（约0.5厘米），再向上抬起1/16英寸（约0.2厘米），绘制出新的领口线。
2. 从袖顶点向颈侧点方向内收5/8英寸（约1.6厘米），再向上抬起1/4英寸（约0.6厘米）。修直肩线。在新肩线的中点打剪口（在与前肩线缝合时，轻微拉伸后片与前片对齐。）

立裁

1. 将纸样转移至白坯布，包括后中心领口线向下4英寸（约10.2厘米）的肩胛骨水平线。
2. 用钉针固定肩胛骨水平线，加入1/4英寸（约0.6厘米）的松量。领口加入3/16英寸（约0.5厘米）的松量，用钉针固定。在肩部加入1/4英寸（约0.6厘米）的松量。
3. 重新拷贝修改过的原型。

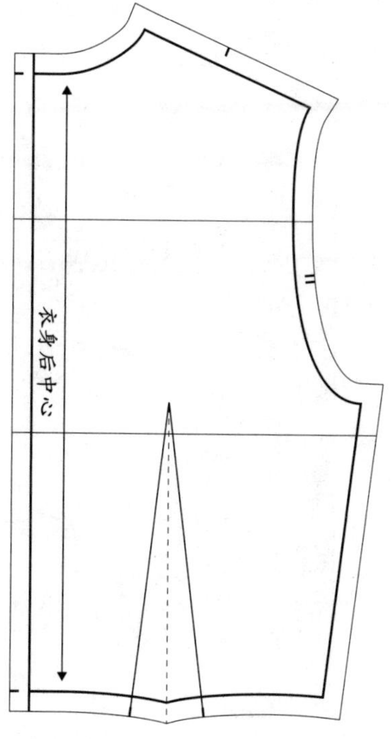

衣身效果图细节

省道、线缝、褶皱和约克是服装的结构细节，决定着服装的合体度。它们分布的位置在很大程度上改变了服装的风格。同样能起到类似效果的还有服装面料。通过裁剪、立裁及服装效果图，都能展现出上衣的多样性，从而对服装风格产生一系列的影响。

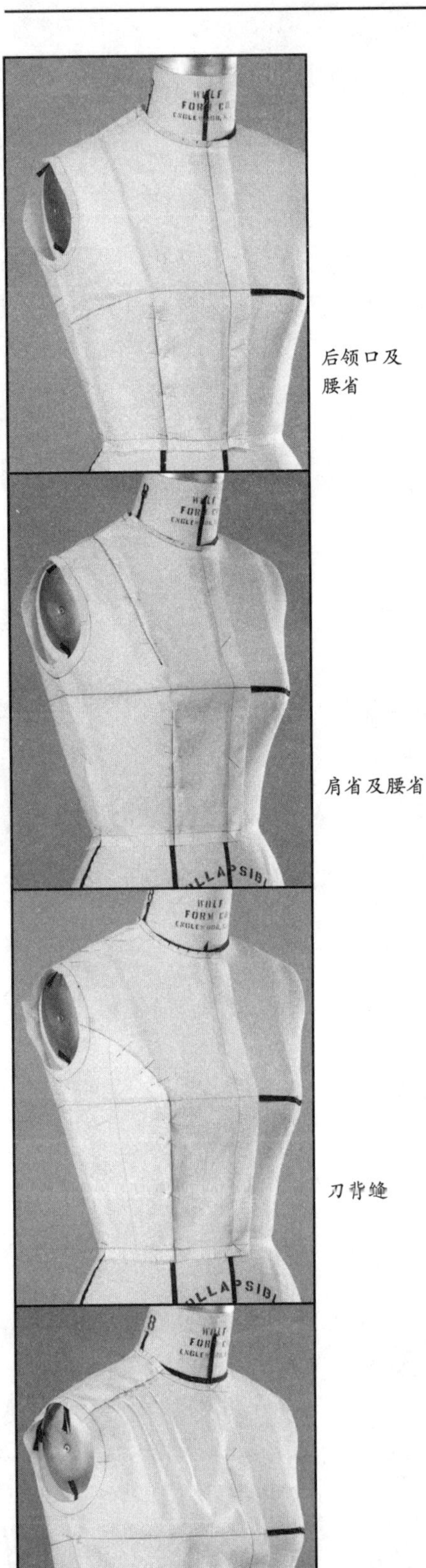

后领口及腰省

肩省及腰省

刀背缝

肩部约克立裁

合体度相同的不同款式

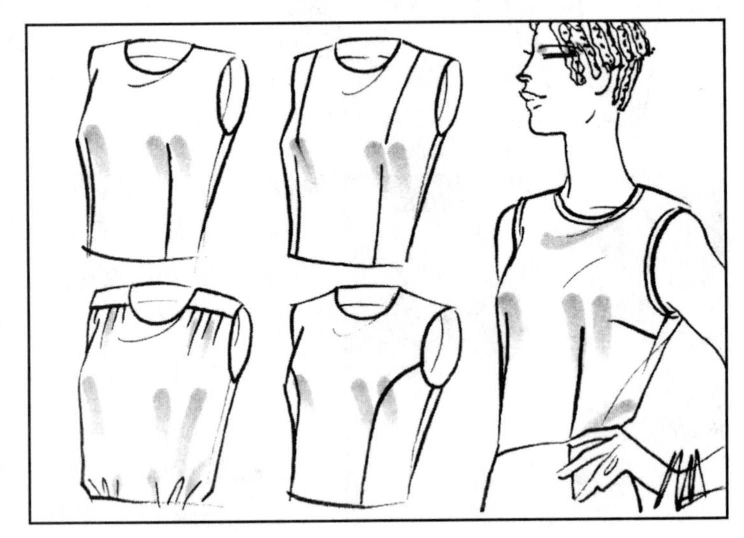

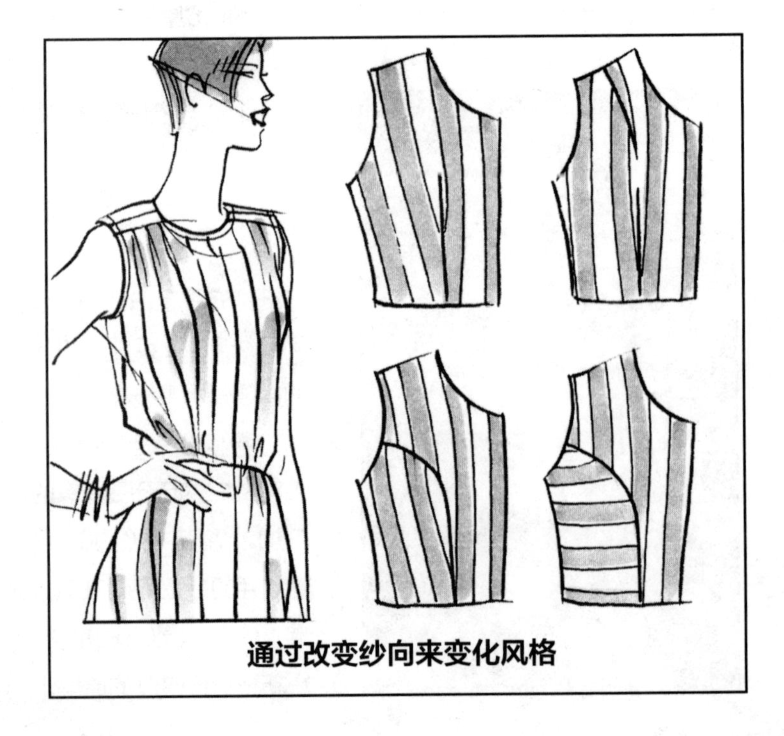

通过改变纱向来变化风格

所有设计的细微差别，都可以改变前片原型，后片也能更加多变。以下是基础原型的几种功能性变化。

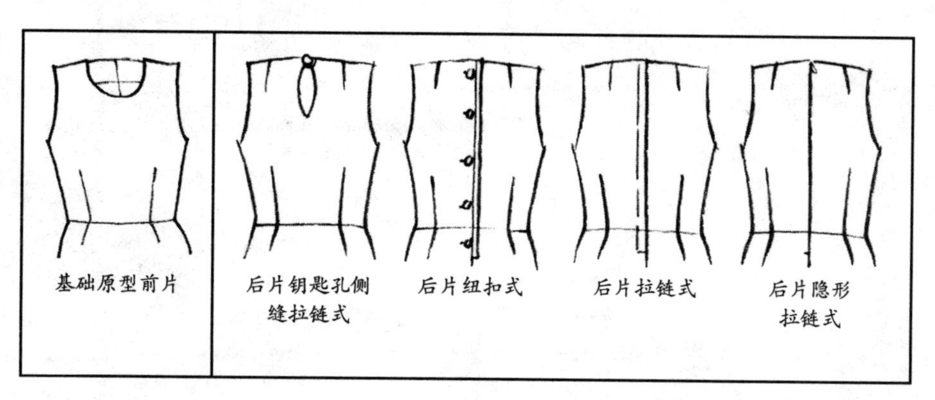

A 风格

B 造型

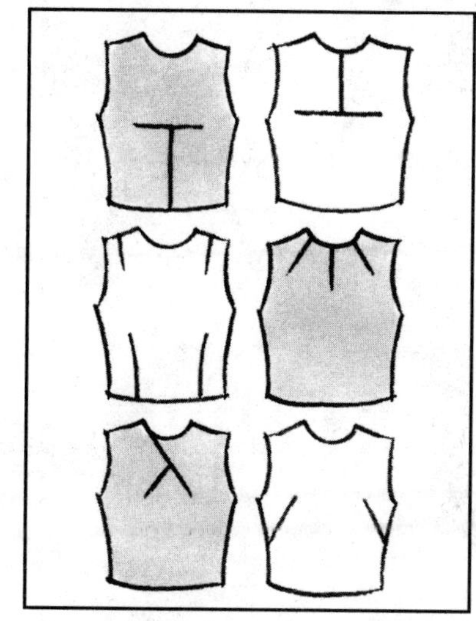

本章提出了一些针对特定原型进行造型的设计方法，这种方法可以应用于特定的消费市场，如青少年休闲上衣

A 五种在领口处有不同变化的款式。虽然每款都有独特的风格，但有着类似的廓型。

B 这是设计师借助于多变的转省技术所完成的上衣原型，虽然结构不同，但合体度相同。

C 另外五种变化，都使用相同的基本纸样。拼接的色块使上衣原型产生更多变化。

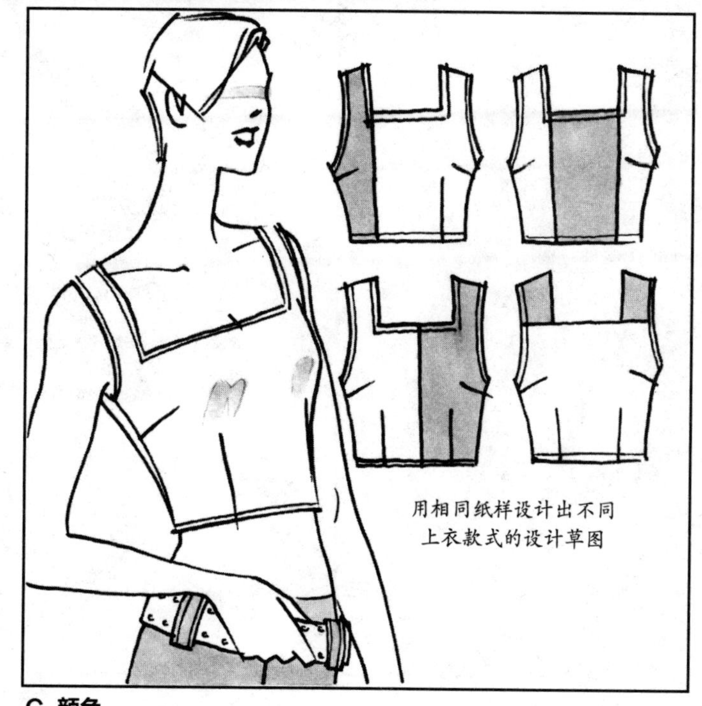

C 颜色

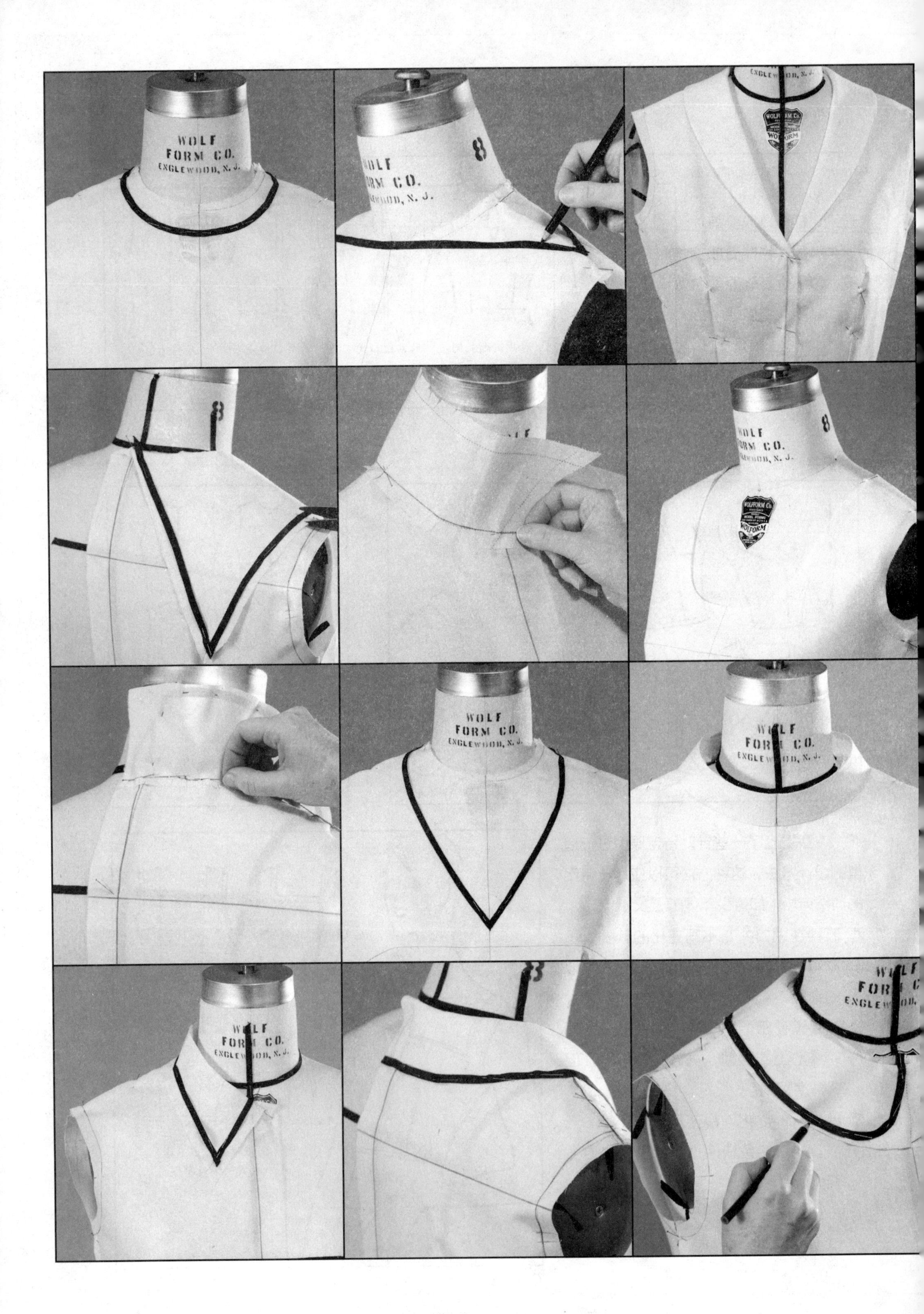

WOLF
FORM CO.
ENGLEWOOD, N. J.
8
WOLF
FORM CO.
ENGLEWOOD, N. J.

5 领口线与领子 NECKLINES AND COLLARS

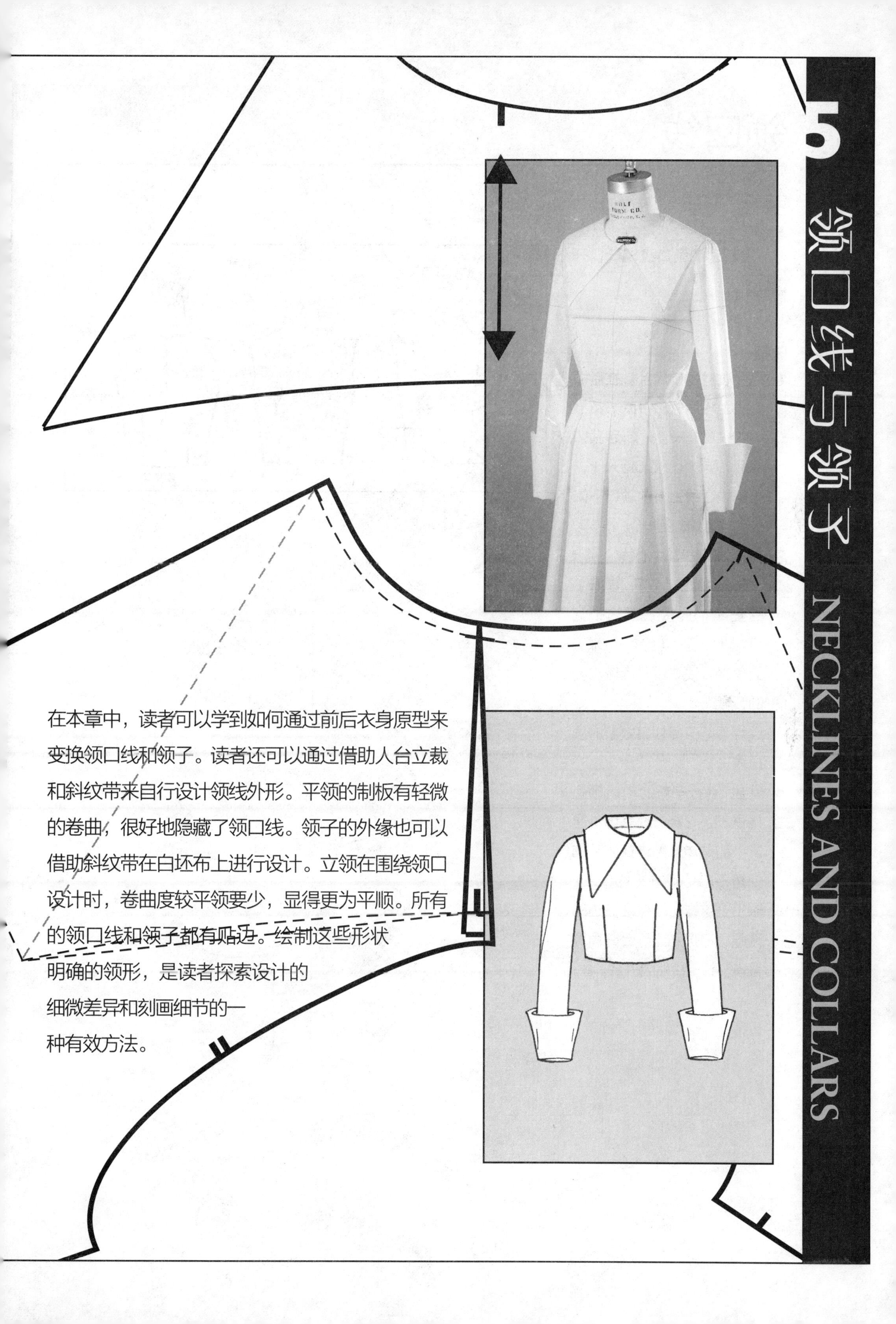

在本章中，读者可以学到如何通过前后衣身原型来变换领口线和领子。读者还可以通过借助人台立裁和斜纹带来自行设计领线外形。平领的制板有轻微的卷曲，很好地隐藏了领口线。领子的外缘也可以借助斜纹带在白坯布上进行设计。立领在围绕领口设计时，卷曲度较平领要少，显得更为平顺。所有的领口线和领子都有贴边。绘制这些形状明确的领形，是读者探索设计的细微差异和刻画细节的一种有效方法。

领口线

宝石领

宝石领的领口线较低，开口较宽。

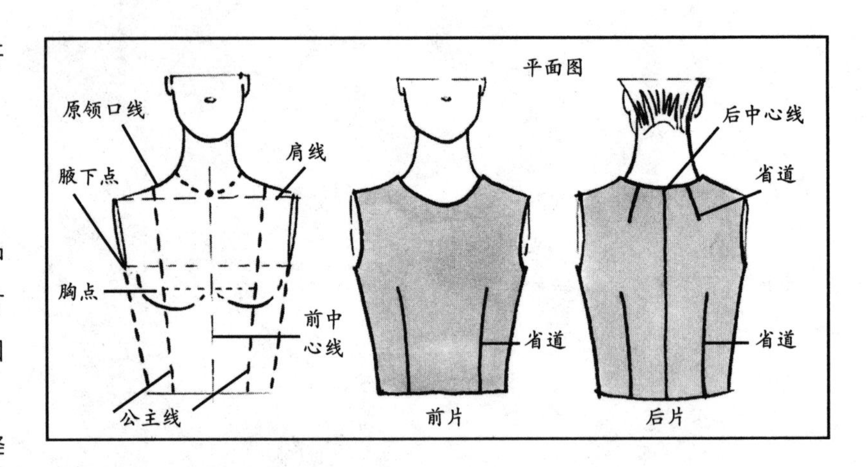

制板

1 拷贝衣身的前后片。在后中心线上将后领口下降¹/₄英寸（约0.6厘米），前后领口加宽¹/₄英寸（约0.6厘米），在前中心线上将前领口下降³/₄英寸（约1.9厘米）。

2 **前片** 垂直于前中心线绘制出一条2¹/₄英寸（约5.7厘米）的垂线，连接到新的颈侧点。做³/₄英寸（约1.9厘米）的角平分线，过此点做出新的领弧线。

3 后片平行于原领口做新的领弧线。

4 **贴边** 平行于新的前后领弧线做宽为2英寸（约5.1厘米）的贴边。贴边在肩部的外角下降¹/₈英寸（约0.3厘米），这样可以保证贴边的贴服。拷贝贴边，合并肩胛骨省，将前后贴边拼合。

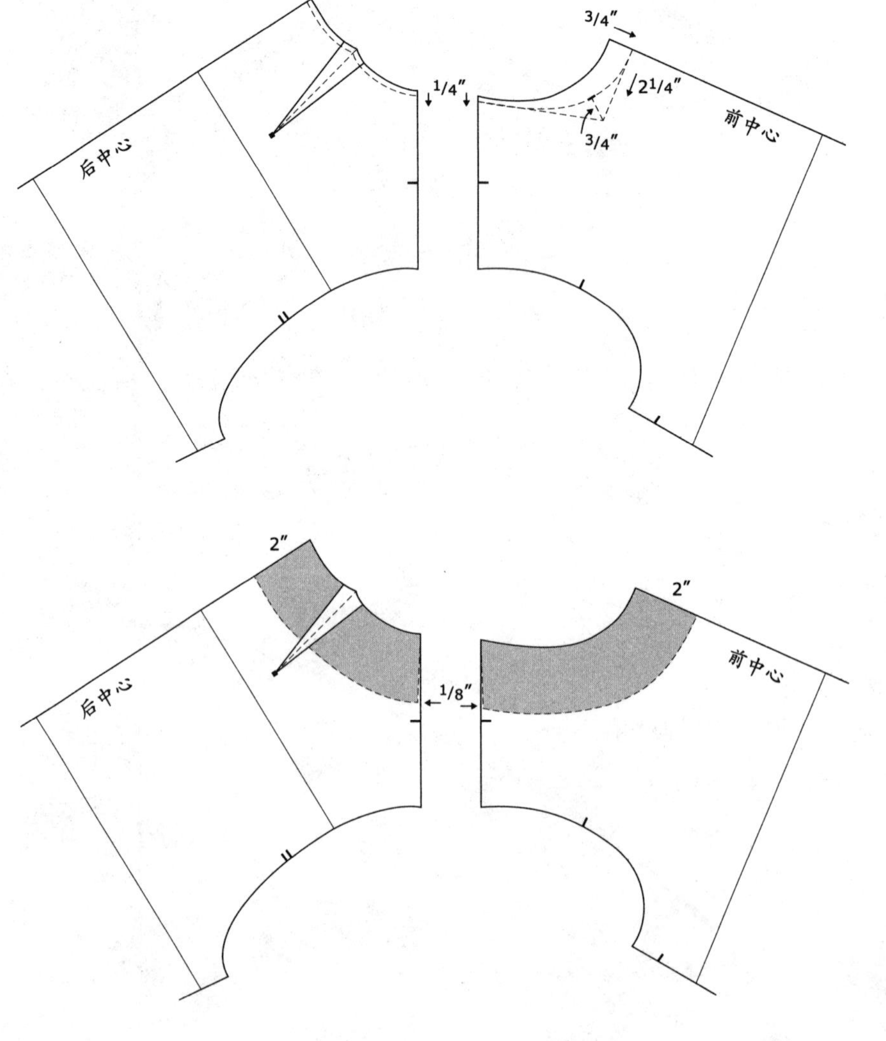

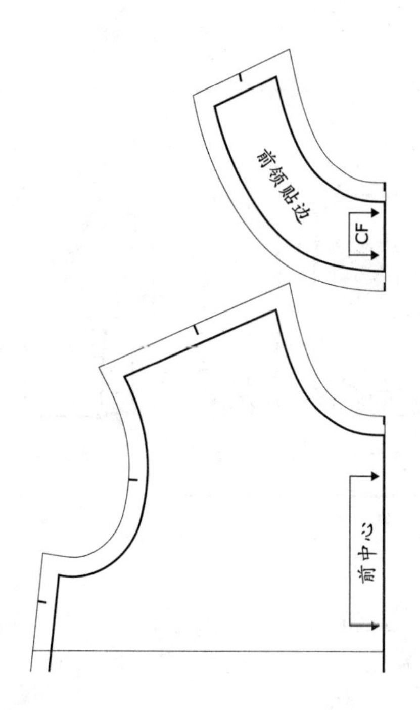

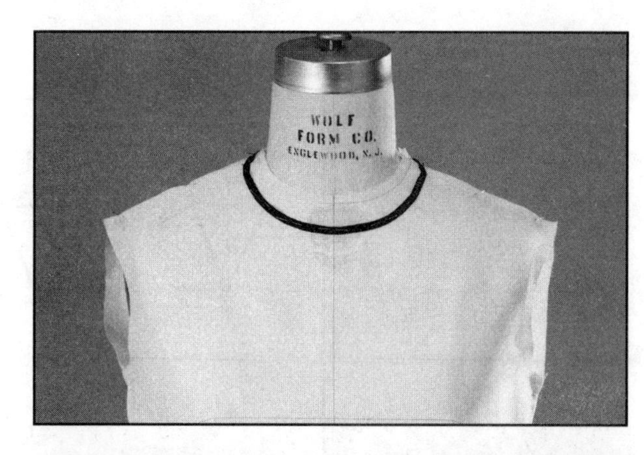

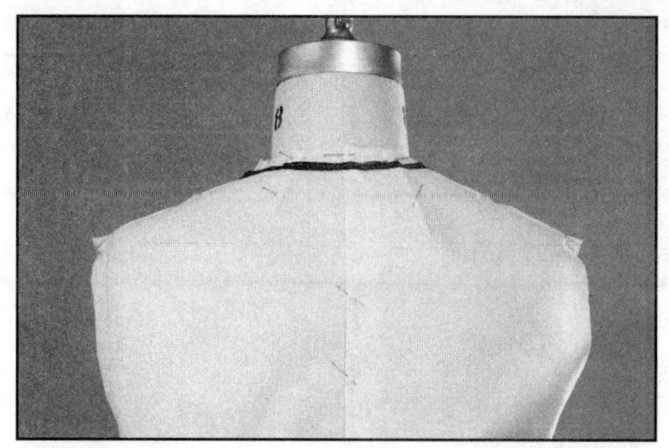

立裁

1 合并省道，用钉针固定。合并肩部缝份，前肩压住后肩，用钉针固定。

2 保证新领弧线平行于原领口，用斜纹带进行标记。

3 在斜纹带边缘用铅笔做点线进行标记，标记出新领弧线。

4 拷贝贴边，增加缝份。

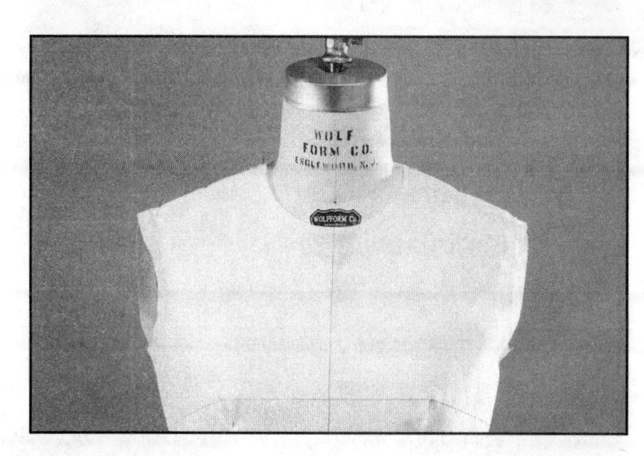

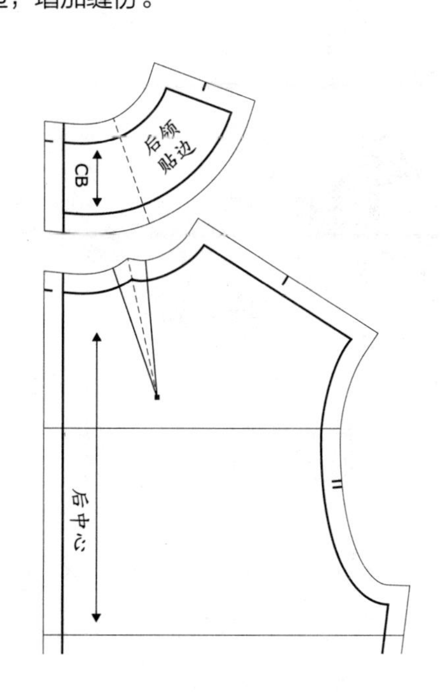

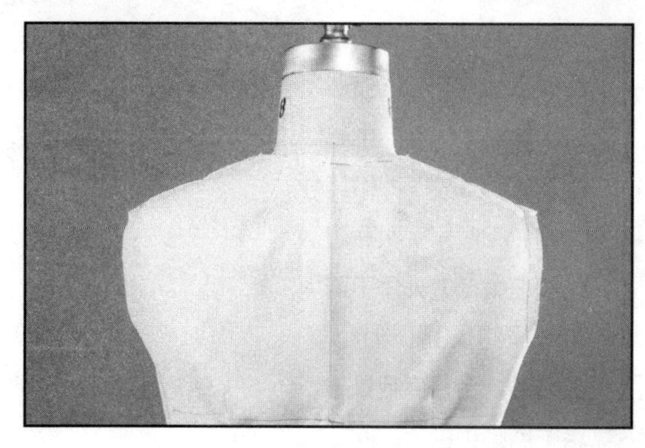

领口线

V形领

这种领形的领口线比常规领形的开口要更深，呈现V字形。由于领口变宽，因此穿着者能体验到更多的舒适性。

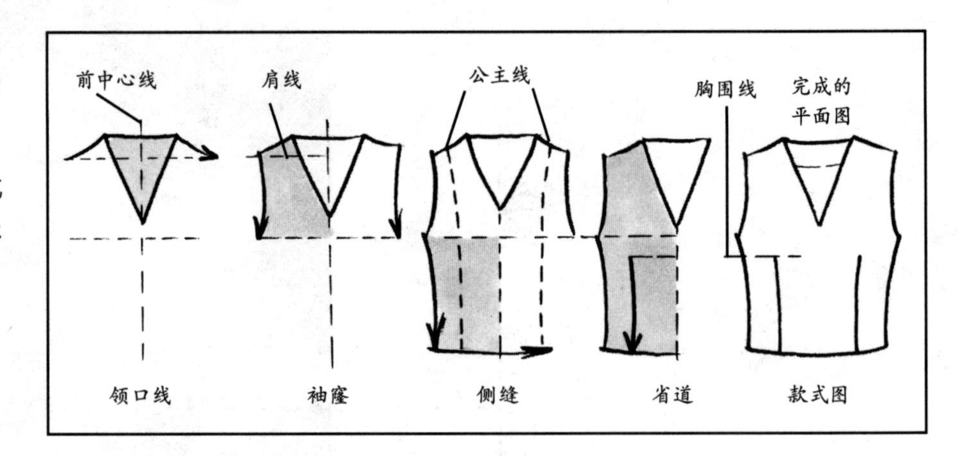

制板

1 拷贝衣身的前后片。在后中心线上将后领口下降$^{1}/_{4}$英寸（约0.6厘米）。前后领口加宽$^{5}/_{8}$英寸（约1.6厘米），在前中心线上将前领口下降6英寸（约15.2厘米）。

2 从后中心线绘制出新的领弧线，前片从颈侧点向前中心线绘制出新的领弧线。V形的边缘可以稍微有些弧度。

3 为了使款式更加合体，前后新领弧线需要内收$^{1}/_{16}$英寸（约0.2厘米）。

4 **贴边** 平行于新的前领弧线做宽为2英寸（约5.1厘米）的贴边。在后中心线由新领弧线向下取6英寸（约15.2厘米）做贴边。贴边在肩部的外角下降$^{1}/_{8}$英寸（约0.3厘米）。拷贝贴边。合并肩胛骨省，将前后贴边拼合。

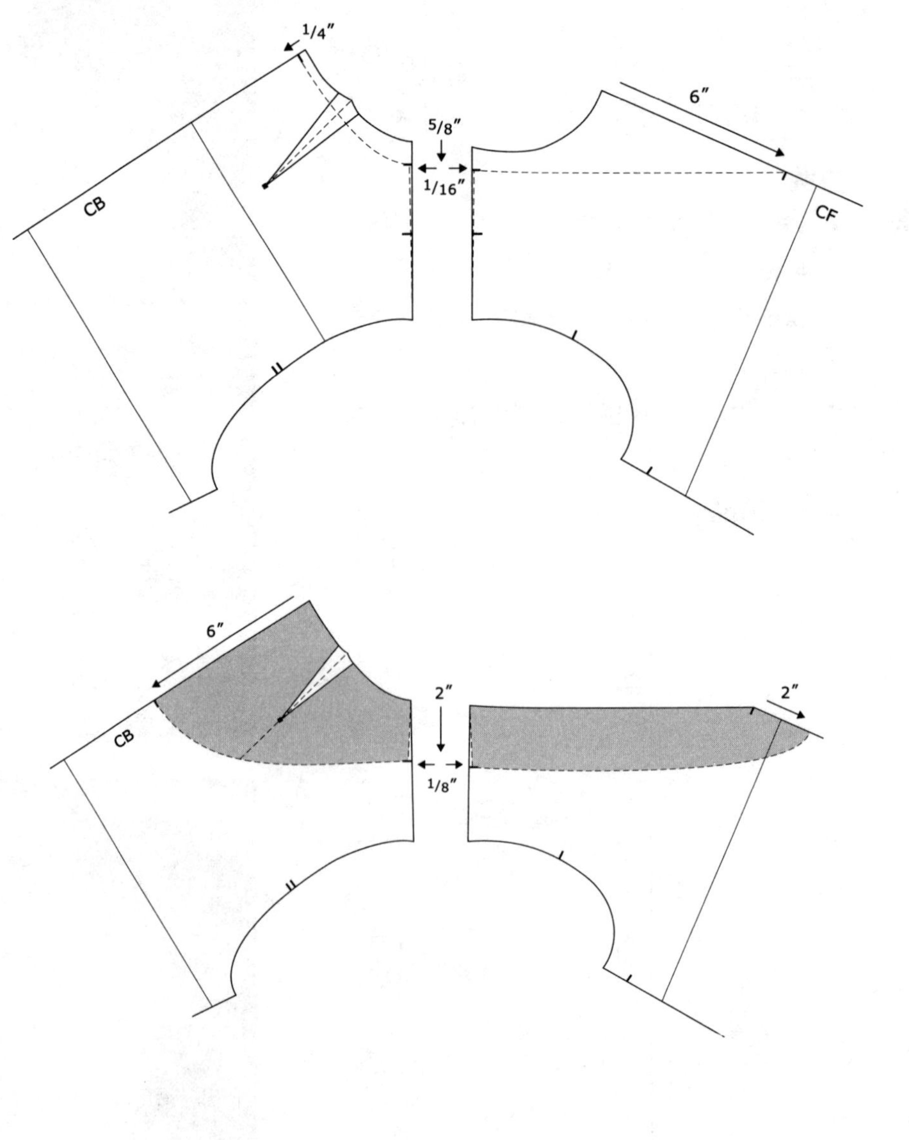

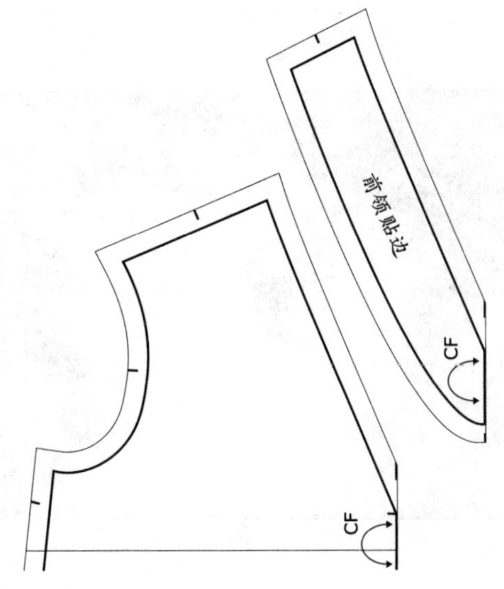

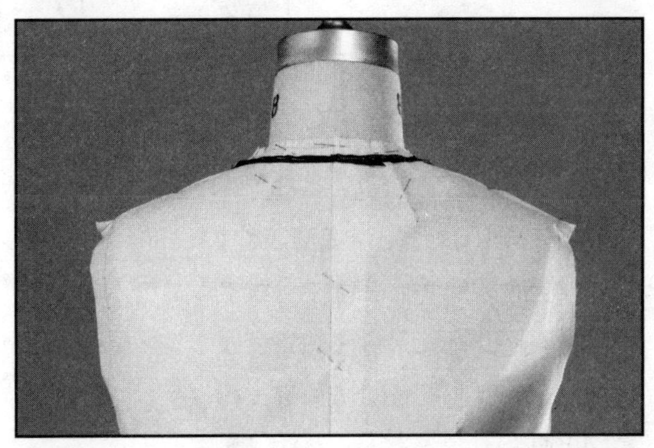

立裁

1. 用钉针合并后肩胛骨省。前肩缝份压住后肩缝份，用钉针固定。
2. 后片在领线周围用钉针固定斜纹带，且平行于原后领口线。前片根据需要的尺寸用斜纹带标记出领形，用钉针固定。
3. 在斜纹带边缘用铅笔做点线进行标记，标记出新的领弧线。
4. 修剪领口并进行调整。

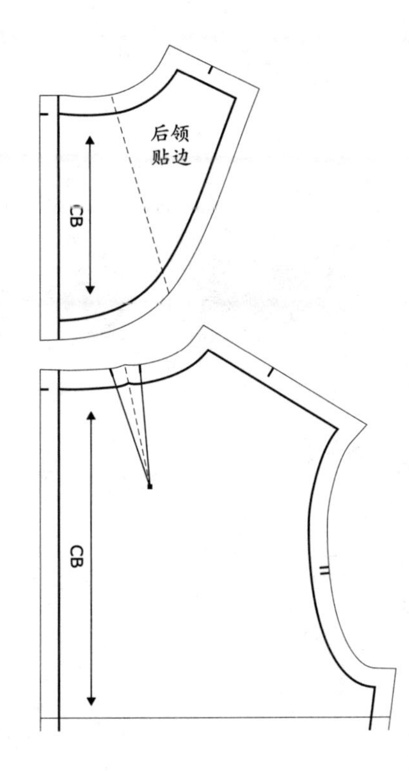

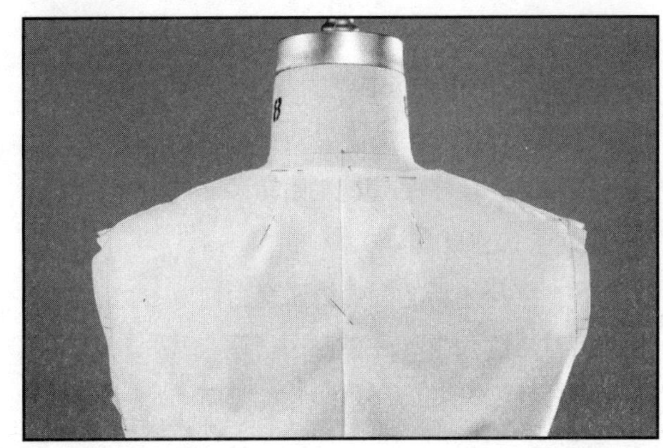

领口线

匙形领

这种领型的领口线在前中心开口比后中心更宽更深。调窄肩部缝份和后肩胛骨省，防止领口与胸部距离过近。

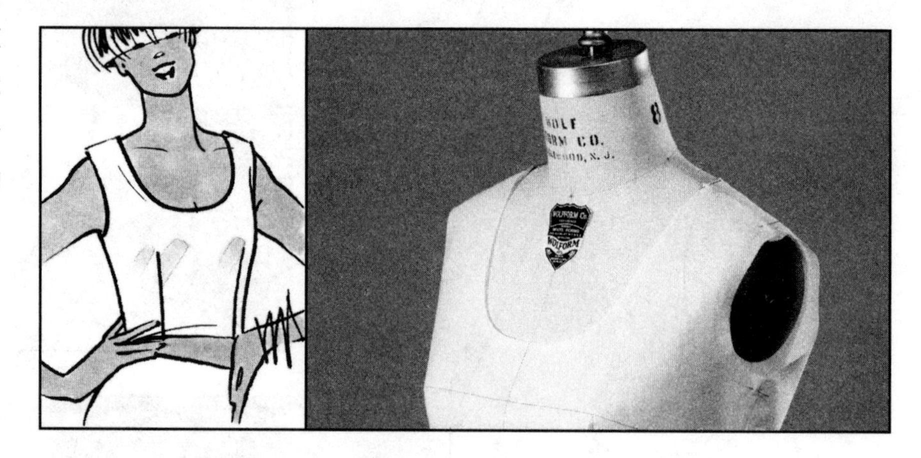

制板

1. 拷贝衣身的前后片。在后中心线上将后领口降低$1\frac{1}{4}$英寸（约3.2厘米），颈侧点变宽2英寸（约5.1厘米）。在前中心线上将前领口降低5英寸（约12.7厘米），颈侧点变宽$1\frac{7}{8}$英寸（约4.8厘米）。
2. 垂直于前中心线绘制出一条$2\frac{3}{4}$英寸（约7厘米）的垂直线。垂直于后中心线绘制出一条$4\frac{1}{2}$英寸（约11.4厘米）的垂直线。将这两点分别连接到新的颈侧点。在垂线段内绘制出领弧线。
3. 为了使领子更加贴体，前后肩线向内收$\frac{1}{8}$英寸（约0.3厘米）。调整前后肩线的长度，前后肩线应等长对齐。
4. **后片** 后中心线向内收$\frac{1}{8}$英寸（约0.3厘米），肩胛骨省不做任何改动，只有省道向袖窿转移$\frac{1}{4}$英寸（约0.6厘米）。
5. **贴边** 平行于新的领弧线做宽为2英寸（约5.1厘米）的贴边。贴边在肩线处下降$\frac{1}{8}$英寸（约0.3厘米）。拷贝贴边并合并肩胛骨省。

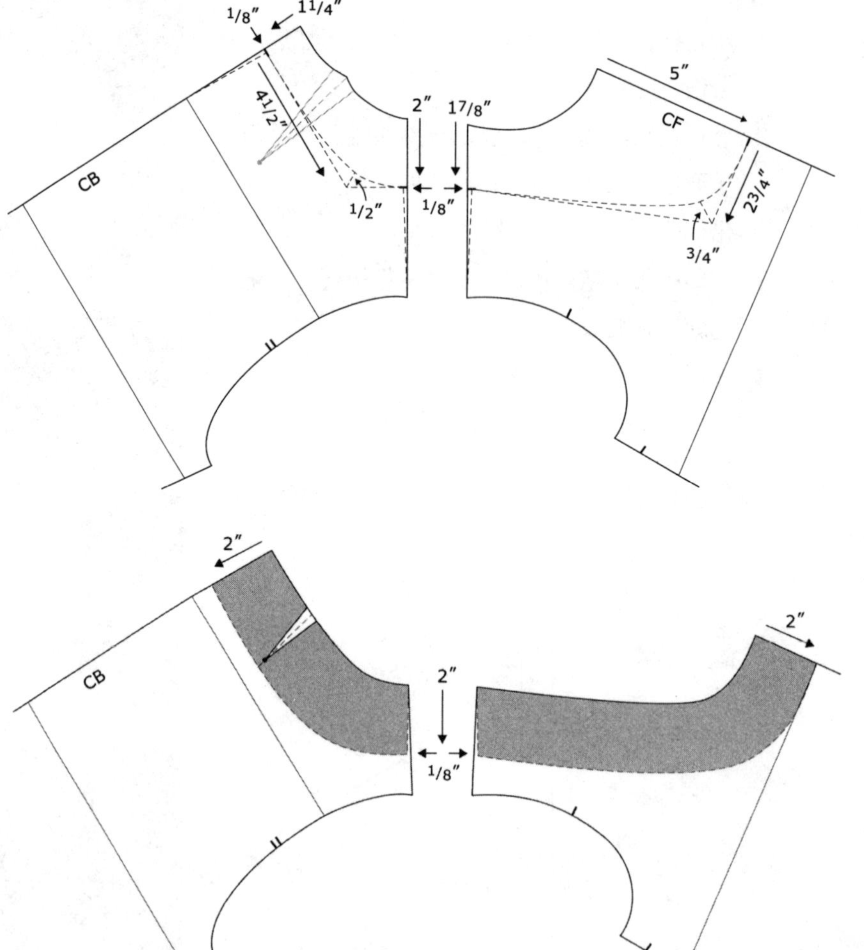

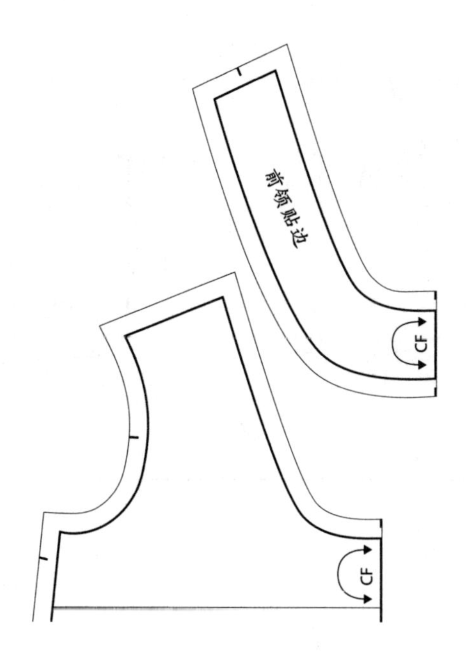

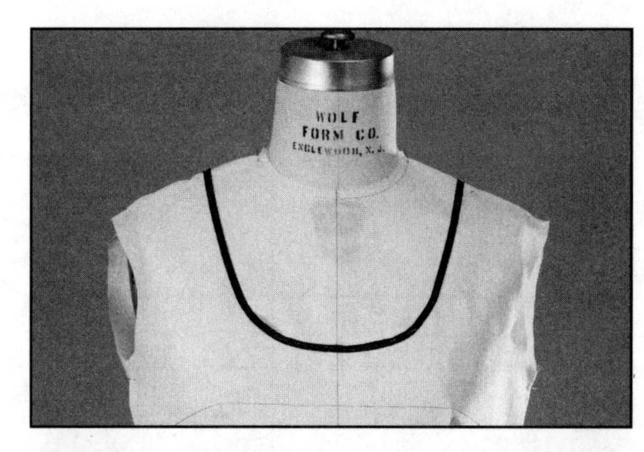

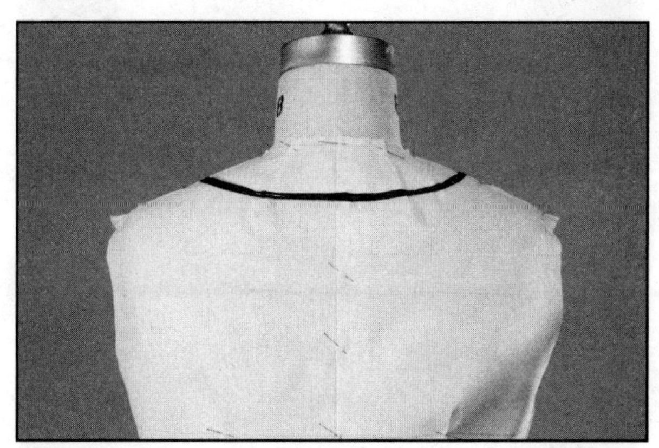

立裁

1 合并省道并用钉针固定，前肩压住后肩。
2 在领口一圈用钉针固定斜纹带。
3 在斜纹带边缘用铅笔做点线进行标记，标记出新的领弧线。
4 修剪领口线并进行调整。

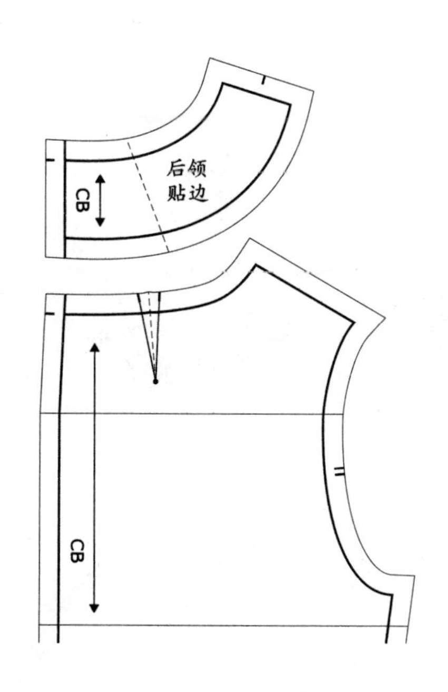

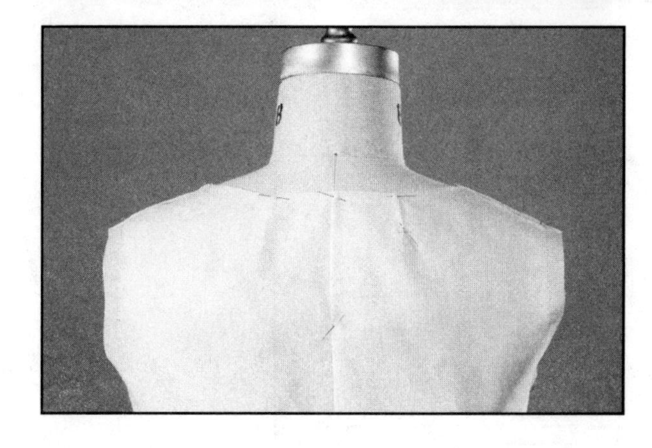

领口线

方形领

这种领型的前领口线比后领口线更宽更低，以便于对方形领进行塑造。

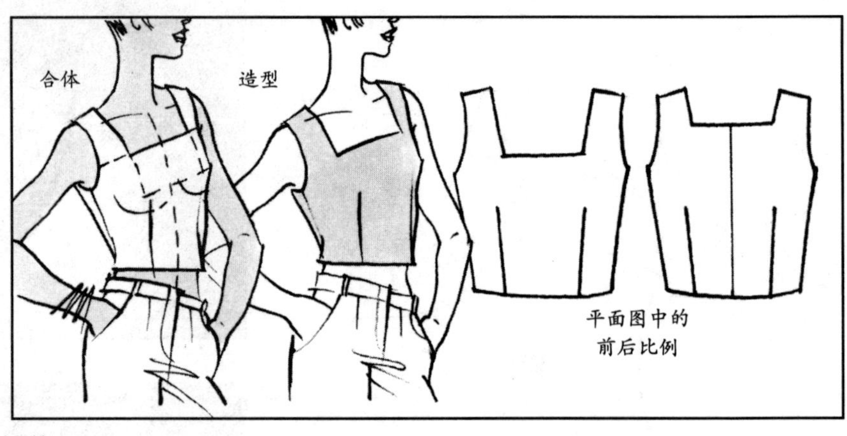

制板

1 拷贝衣身的前后片。后领中心下降2英寸（约5.1厘米），前领中心下降4英寸（约10.2厘米）。将前后颈侧点加宽$2^1/_4$英寸（约5.7厘米）。

2 垂直于前中心线绘制出一条$3^1/_2$英寸（约8.9厘米）的垂直线。垂直于后中心线绘制出一条$4^1/_2$英寸（约11.4厘米）的垂直线。将这两点连接到新的颈侧点。

3 **后片** 去掉多余的后领口省。后中心线向内收$^1/_8$英寸（约0.3厘米），肩胛骨省不做任何改动。调整前后肩线的长度，等长对齐。

4 **贴边** 平行于新的领弧线做宽为2英寸（约5.1厘米）的贴边，外棱角抹圆顺。贴边在肩线处下降$^1/_8$英寸（约0.3厘米）。

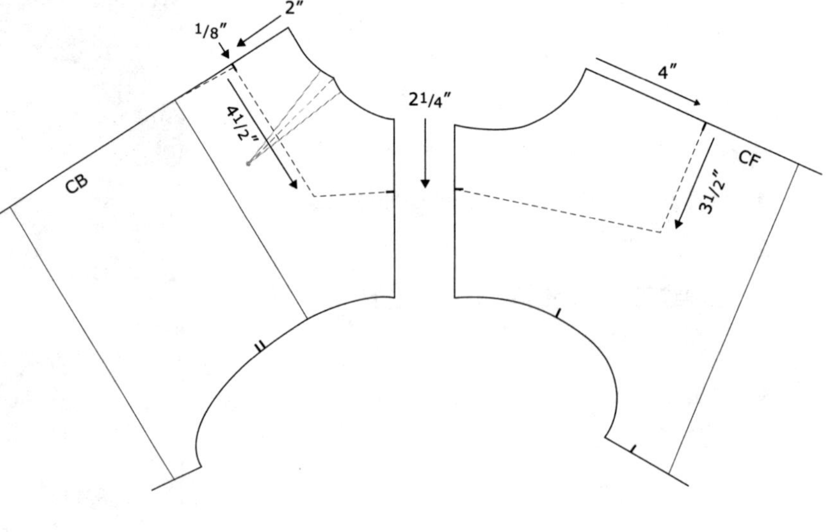

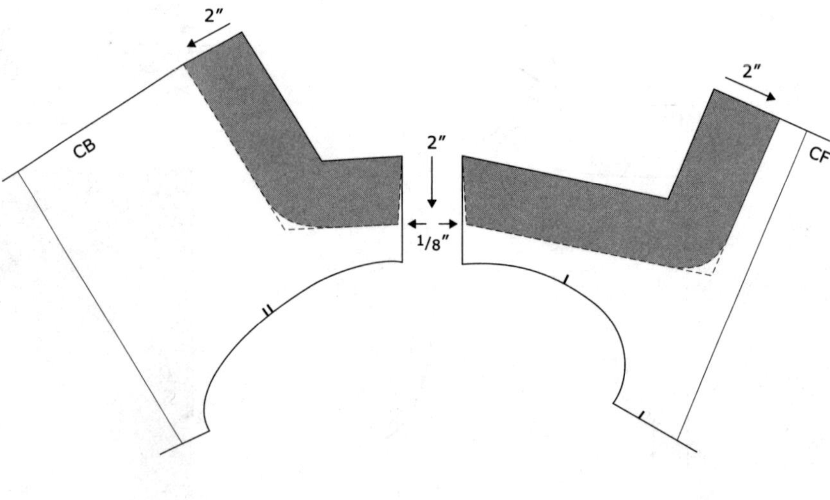

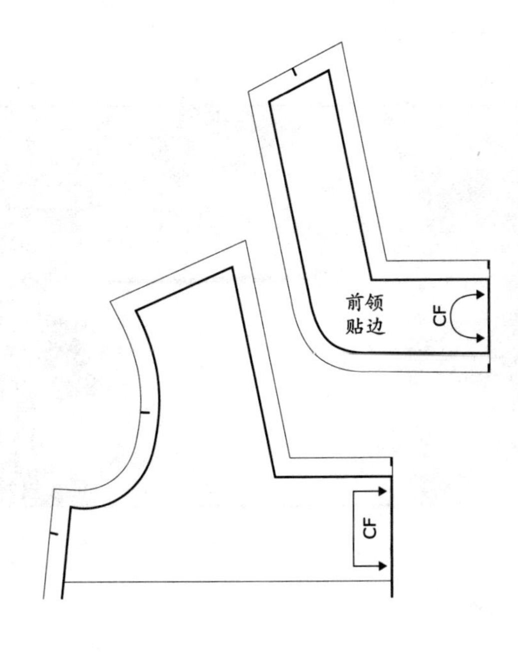

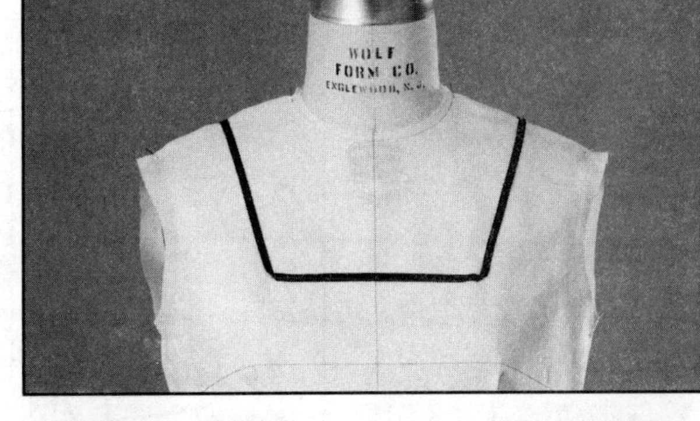

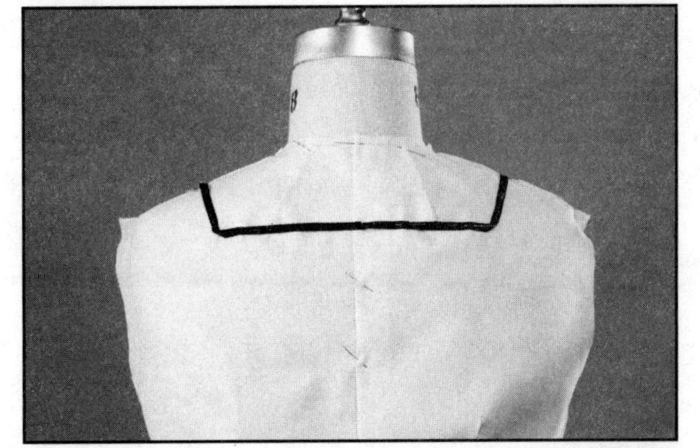

立裁

1. 用钉针合并后肩胛骨省。前肩缝份压住后肩缝份，用钉针固定。
2. 在领口线周围用钉针固定斜纹带，且平行于原领口线。
3. 在斜纹带边缘用铅笔做点线进行标记，标记出新的领弧线。
4. 拷贝贴边。增加缝份。

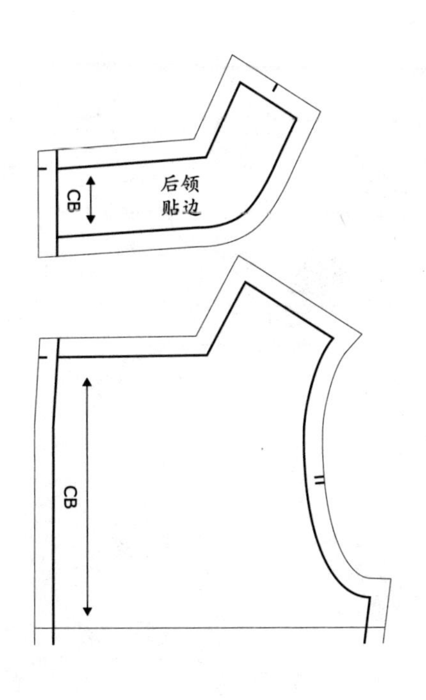

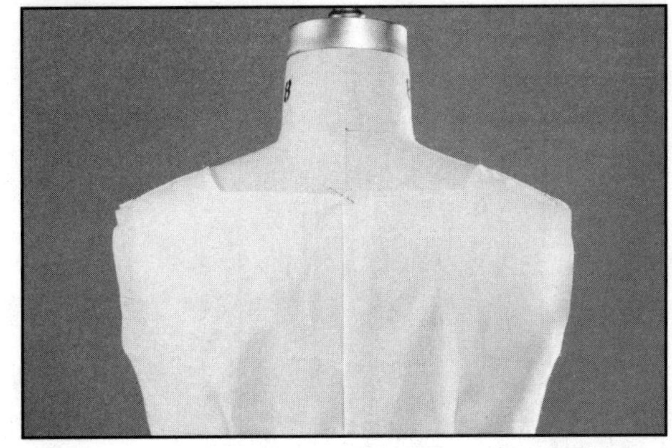

领口线

一字领

这种领型的领口线平行通过基础领口线，敞开直到肩部。

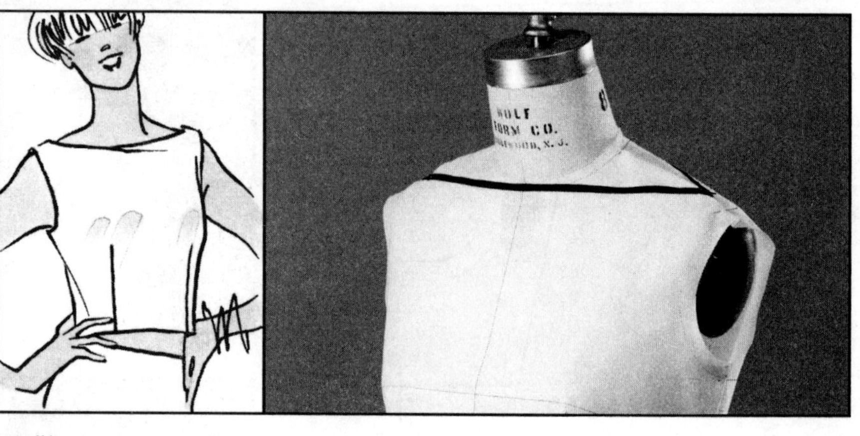

制板

1 拷贝前后衣身原型。从前后肩侧点向内量取$1\frac{1}{2}$英寸（约3.8厘米），在此点下降$\frac{1}{16}$英寸（约0.2厘米）。袖窿不做任何变化。

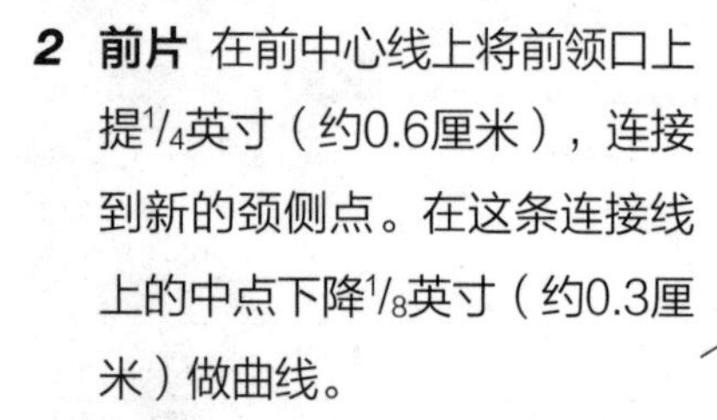

2 **前片** 在前中心线上将前领口上提$\frac{1}{4}$英寸（约0.6厘米），连接到新的颈侧点。在这条连接线上的中点下降$\frac{1}{8}$英寸（约0.3厘米）做曲线。

3 **后片** 在后中心线上将后领口下降$\frac{3}{4}$英寸（约1.9厘米），连接到新的颈侧点。后领中线向内收$\frac{1}{8}$英寸（约0.3厘米），肩胛骨省不做任何改动。

4 调整前后肩线长度，等长对齐。省道向袖窿转移$\frac{1}{4}$英寸（约0.6厘米）。合并肩胛骨省，用压轮压拓出新的领弧线。

5 **贴边** 平行于新的领弧线做宽为$1\frac{1}{2}$英寸（约3.8厘米）的贴边。合并后肩胛骨省。

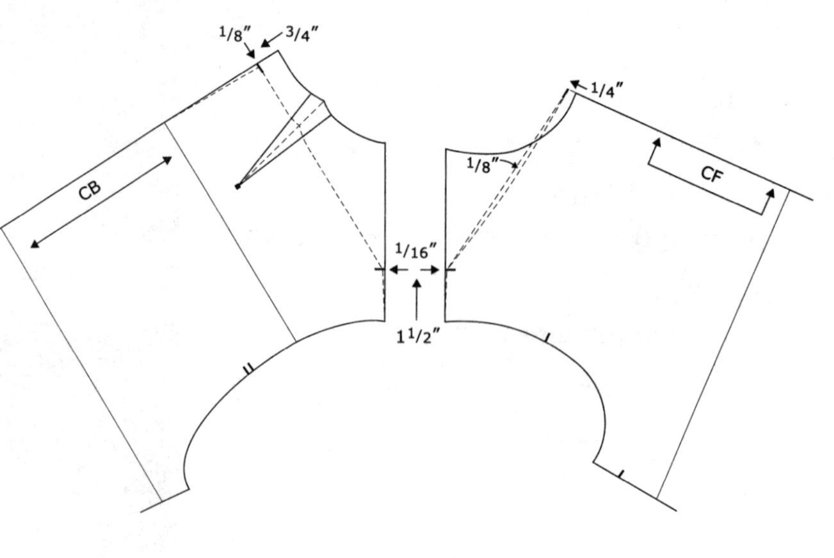

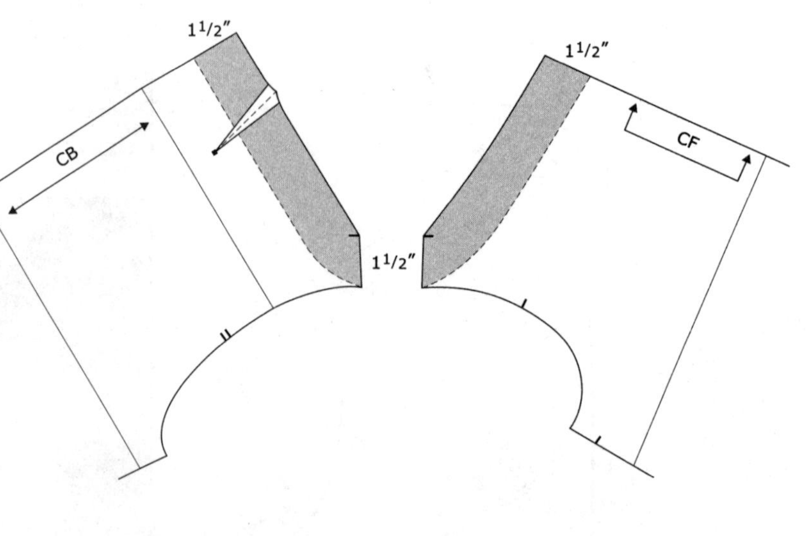

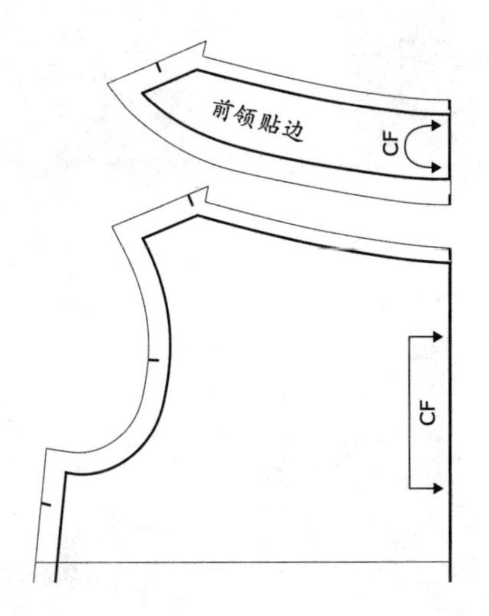

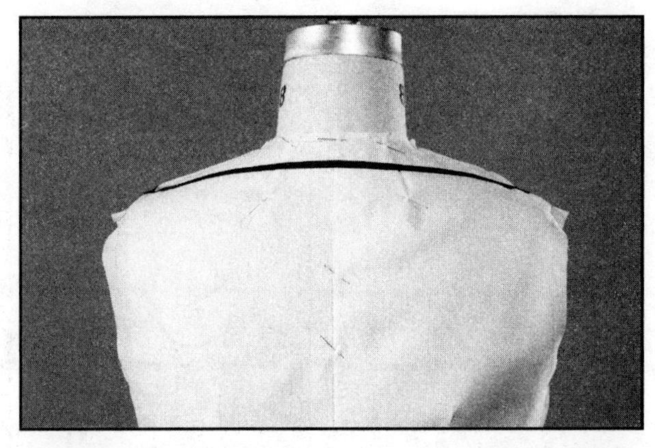

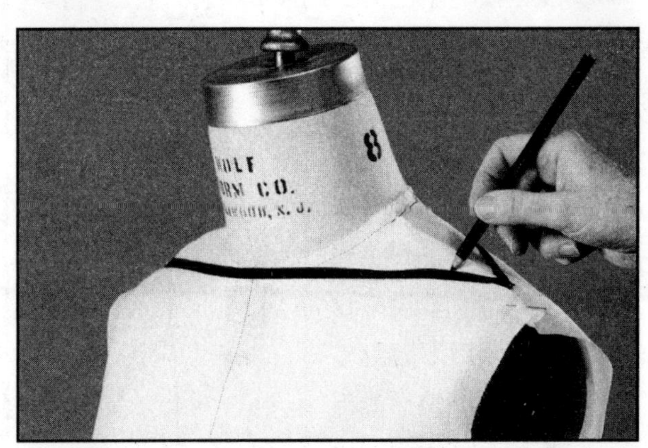

立裁

1 在距离两侧肩侧点$1\frac{1}{2}$英寸（约3.8厘米）处做标记，用斜纹带在两点之间通过前后领口做两条直线。调整领弧线。

2 在斜纹带边缘用铅笔做点线进行标记，标记出新的领弧线。

3 修剪新的领弧线，增加出缝份。调整服装的款式。

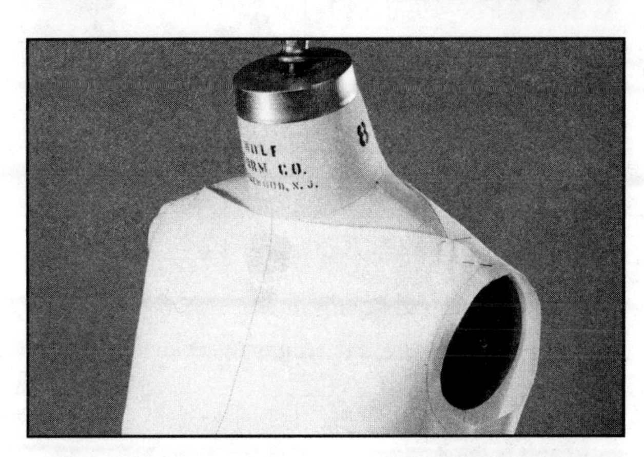

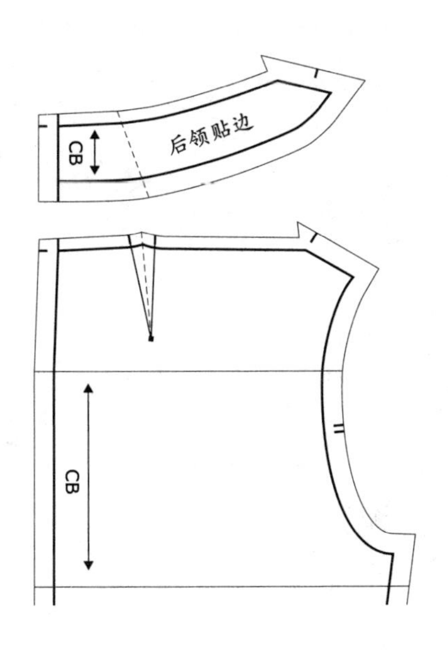

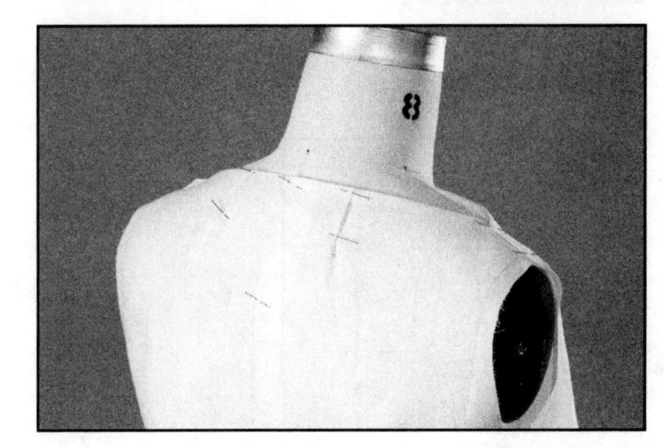

领子

彼得潘领

这种领型的领面较为平顺，在领口与衣身衔接的地方会有少许起翘。

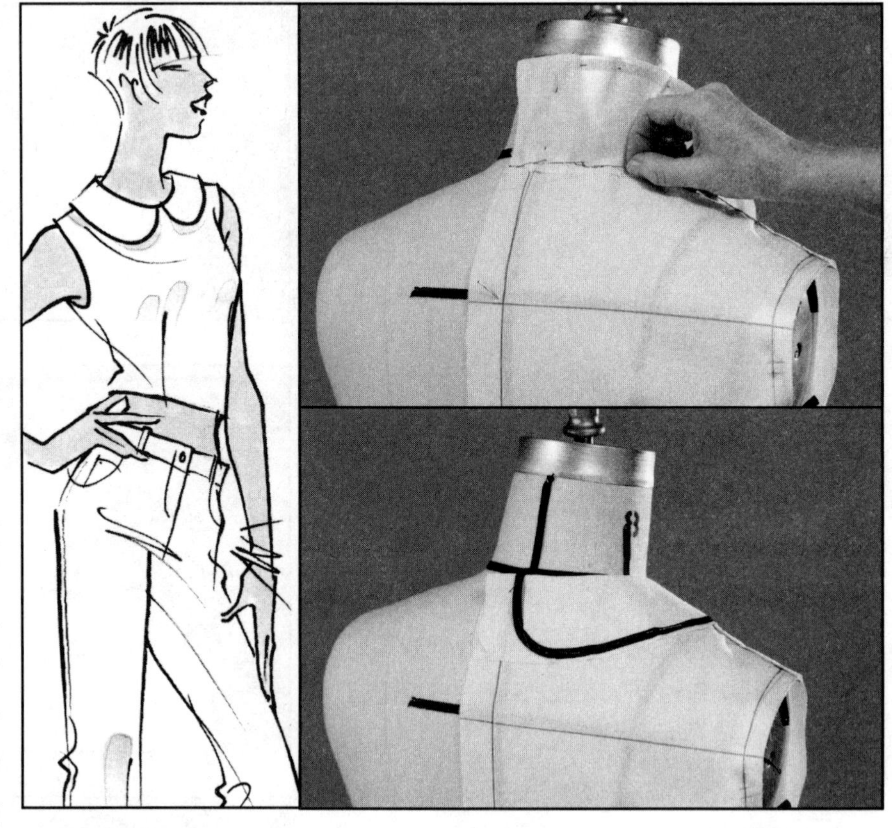

制板

1 对齐衣身原型的前后肩线（省道不包括在内）。肩侧点重叠$^1/_2$英寸（约1.27厘米）并进行拷贝。

2 **领口** 在后中心线将后领口线下降$^1/_4$英寸（约0.6厘米），在前中心线将前领口下$^1/_2$英寸（约1.26厘米），前后颈侧点扩宽$^1/_4$英寸（约0.6厘米）。保证新领口线平行于原领口线。

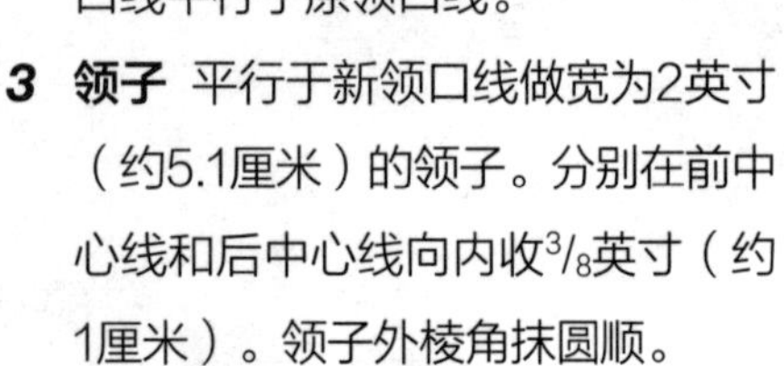

3 **领子** 平行于新领口线做宽为2英寸（约5.1厘米）的领子。分别在前中心线和后中心线向内收$^3/_8$英寸（约1厘米）。领子外棱角抹圆顺。

4 拷贝领子，包括剪口。从剪口至领底的中心线方向为经纱方向。

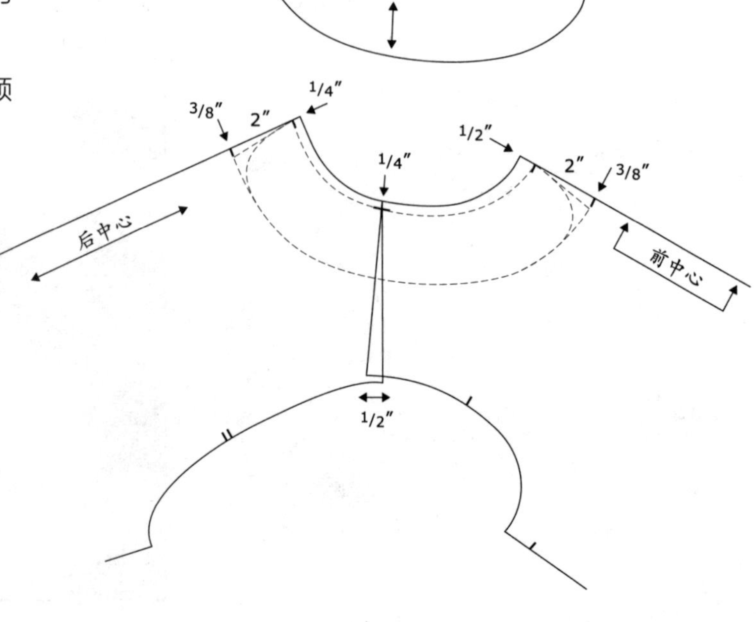

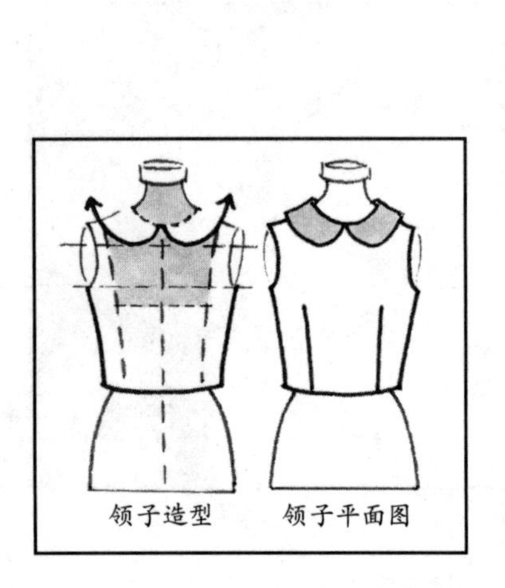

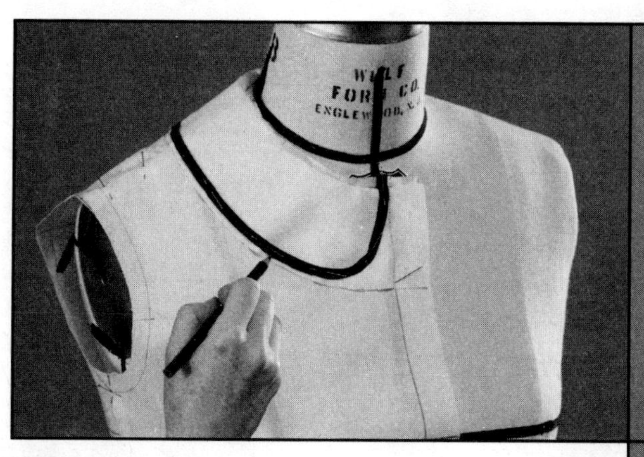

立裁

5 在制板完成的领子上增加缝份，转移至白坯布然后裁剪。用拓蓝纸拷贝，修剪缝份。

6 调整领口线。将领子的领底线对齐衣身的领口线，缝份向外侧，用钉针固定。

7 把领子放下来到肩上。通过在领子外侧用钉针固定斜纹带来确定领型。

8 标记、修整领型。一块斜纱方向的贴边可以用在领口内侧。

注意：隐藏领口上下边缘的缝迹线的方法，详见翻领（第134页）。

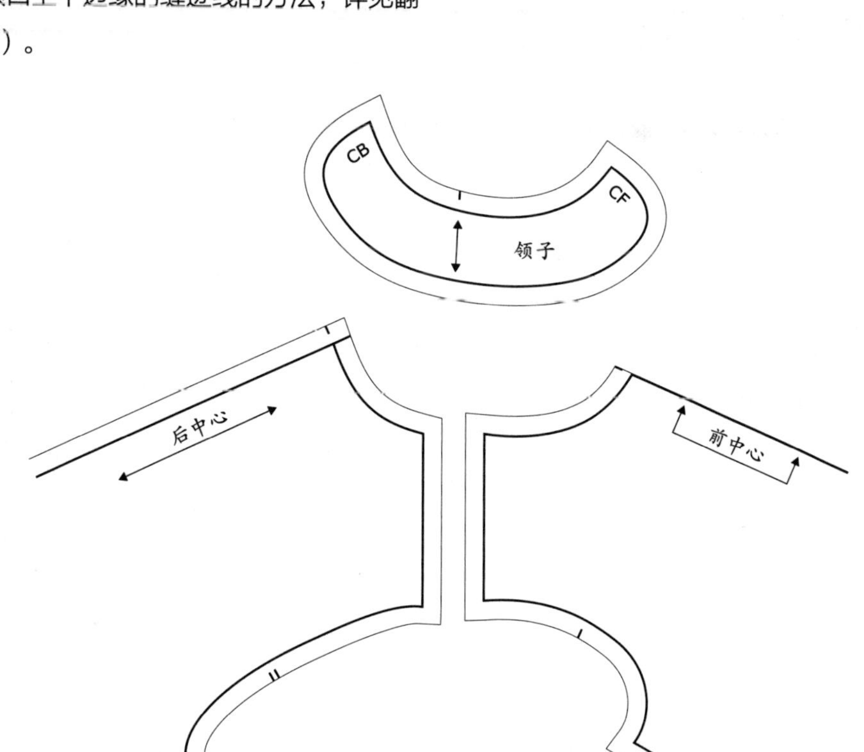

领子

朝圣领

这是一种又宽又平的连衣裙领。

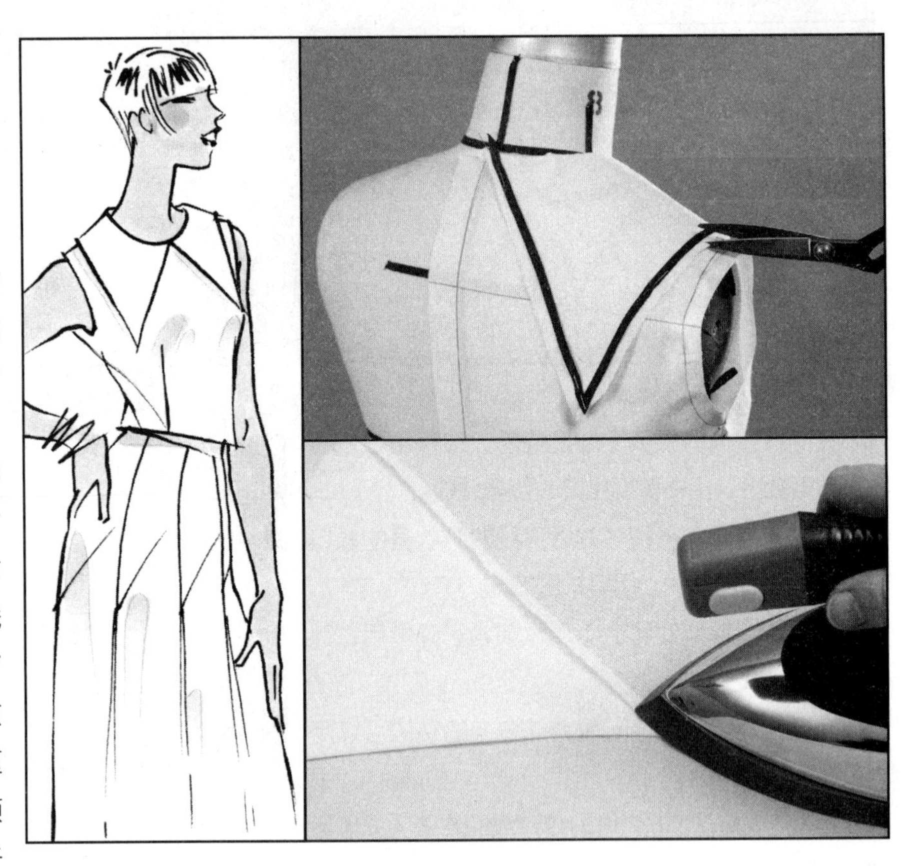

制板

1 对合肩线（不包括肩胛骨省），在肩侧点重叠$^1/_2$英寸（约1.27厘米）。

2 领口 在后中心线上将后领口线降低$^1/_4$英寸（约0.6厘米），在前中心线上将前领口线降低$^1/_2$英寸（约1.27厘米）。前后颈侧点扩宽$^1/_4$英寸（约0.6厘米）。绘制出新的领口线并保证其平行于原领口线。

3 前片 从新的前中心领线向下量取5$^1/_2$英寸（约14厘米），再量取4$^3/_4$英寸（约12.1厘米）到领尖点。在肩部取领宽为4$^1/_2$英寸（约11.4厘米）。

4 后片 从新的后中心领线向下量取7$^3/_4$英寸（约19.7厘米），再量取4$^1/_4$英寸（约10.8厘米）到领尖点。

5 领子 连接前后领尖点。沿着袖窿绘制出领面边缘的弧度。

6 拷贝领子，包括肩部和领口的剪口。在前中心线和后中心线将领底线内收$^1/_4$英寸（约0.6厘米），修顺曲线。从剪口至领底的中心线方向为经纱方向。

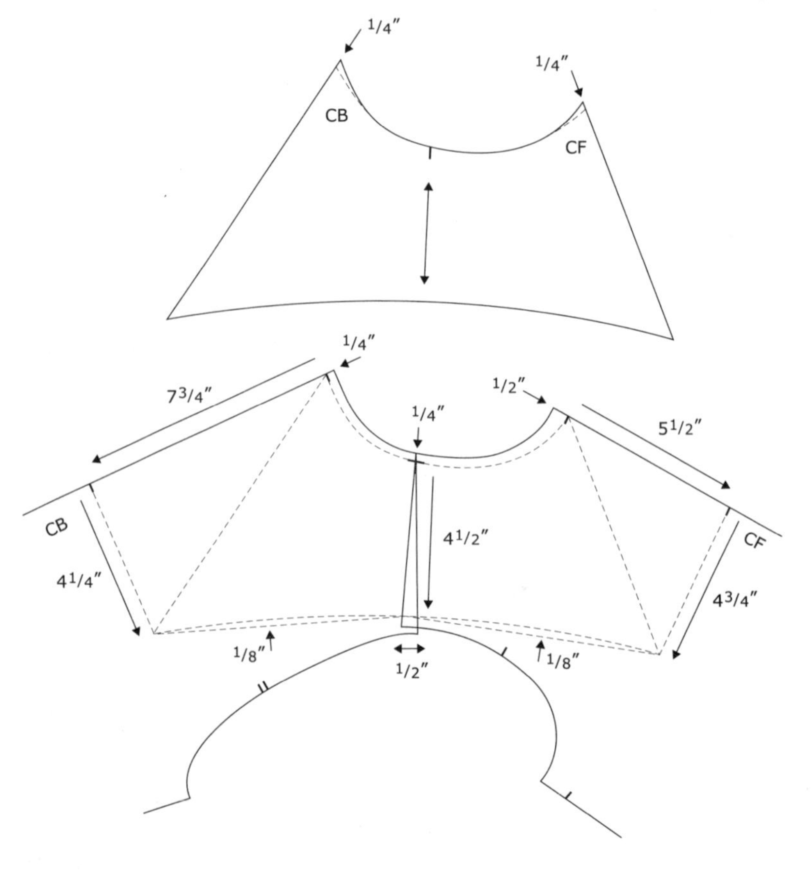

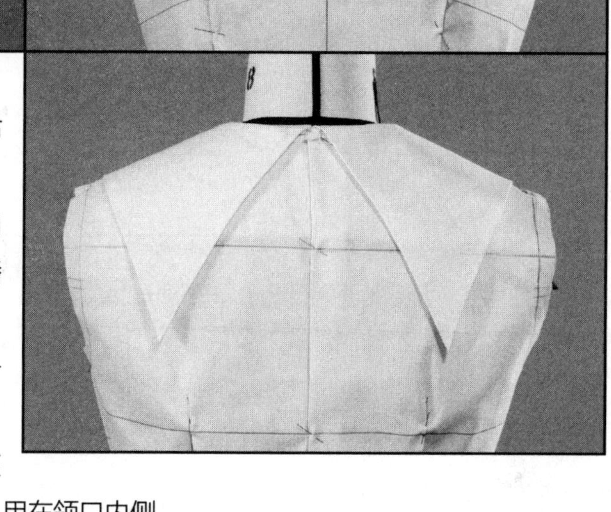

立裁

7 在制板完成的领子上增加缝份，转移至白坯布然后裁剪。用拓蓝纸拷贝，修剪缝份。

8 调整领口线。将领子的领底线对齐衣身的领口线，缝份向外侧，用钉针固定（参照彼得潘领，第128页）。

9 把领子放下来到肩上。通过在领子外侧用钉针固定斜纹带来确定领型。

10 标记、修整领型。可以使用较轻薄的粘合衬压在衣领内侧的边缘。贴边、粘合衬或者里子可以用在领口内侧。

注意：隐藏领口上下边缘的缝迹线的方法，详见翻领（第134页）。

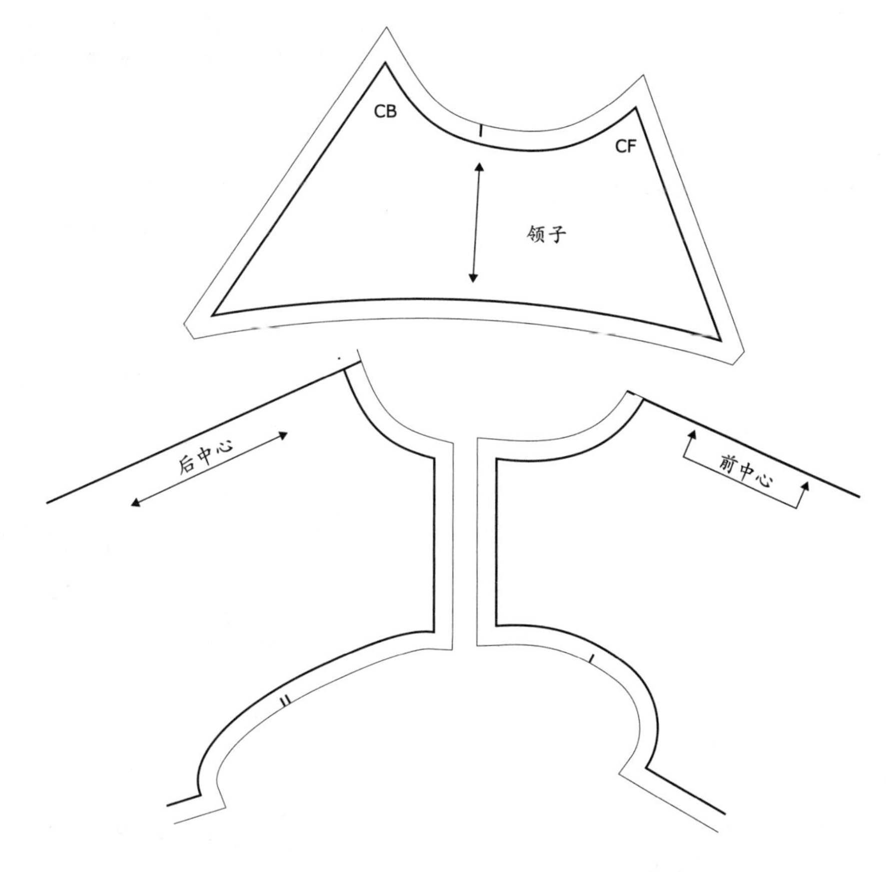

领子

披肩领

这种平领看上去很像一体化的青果领，通常用在女性的开门襟外衣上。

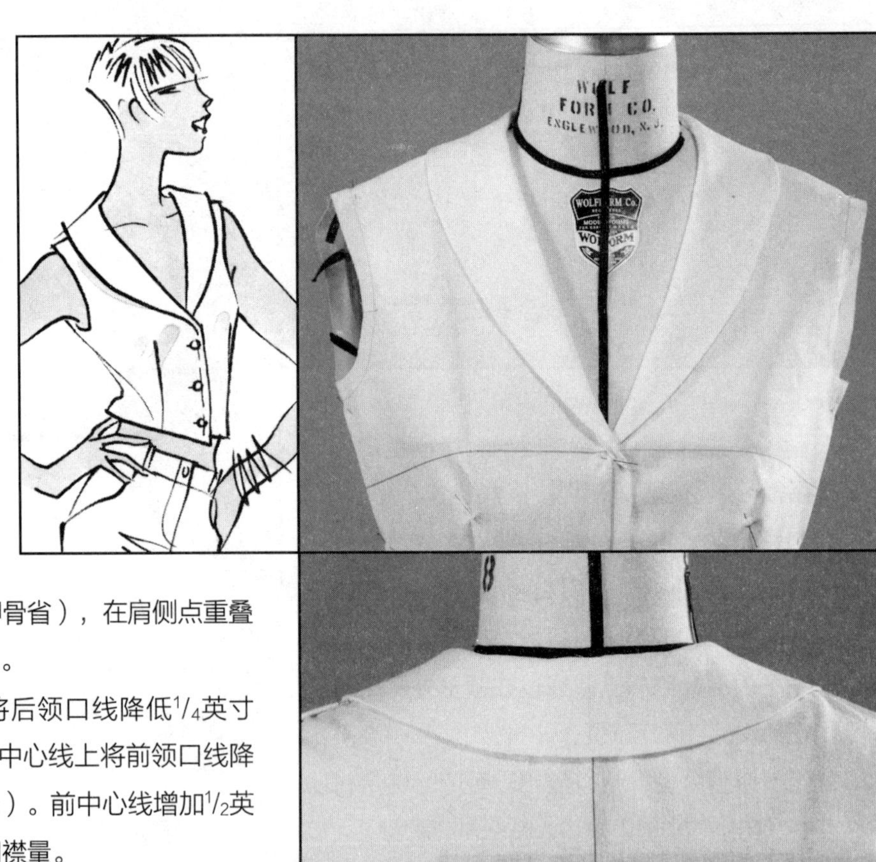

制板

1. 对合肩线（不包括肩胛骨省），在肩侧点重叠1/2英寸（约1.27厘米）。
2. **领口** 在后中心线上将后领口线降低1/4英寸（约0.6厘米），在前中心线上将前领口线降低7英寸（约17.8厘米）。前中心线增加1/2英寸（约1.27厘米）的门襟量。
3. **领子** 在后中心线和肩线上量取2 1/2英寸（约6.35厘米）做领宽，保持与后领口线平行。
4. 从颈侧点绘制出一条直线到前中门襟的延长线上。连接肩部的领宽点和前中门襟的延长线，增加轻微的弧度作为领面的外轮廓。

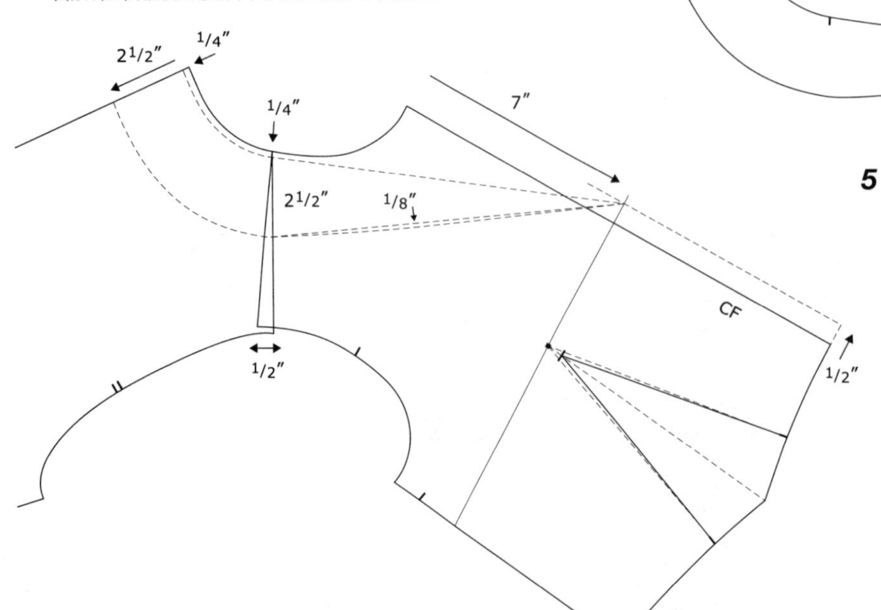

5. 拷贝领子，包括肩部和领口的剪口。后中心线为经纱方向，后中心线连裁不破缝（详见领口贴边的制板方法）。

立裁

6 在制板完成的领子上增加缝份，转移至白坯布然后裁剪。用拓蓝纸拷贝，修剪缝份。

7 调整领口线。将领子的领底线对齐衣身的领口线，缝份向外侧，用钉针固定（参照彼得潘领，第128页）。

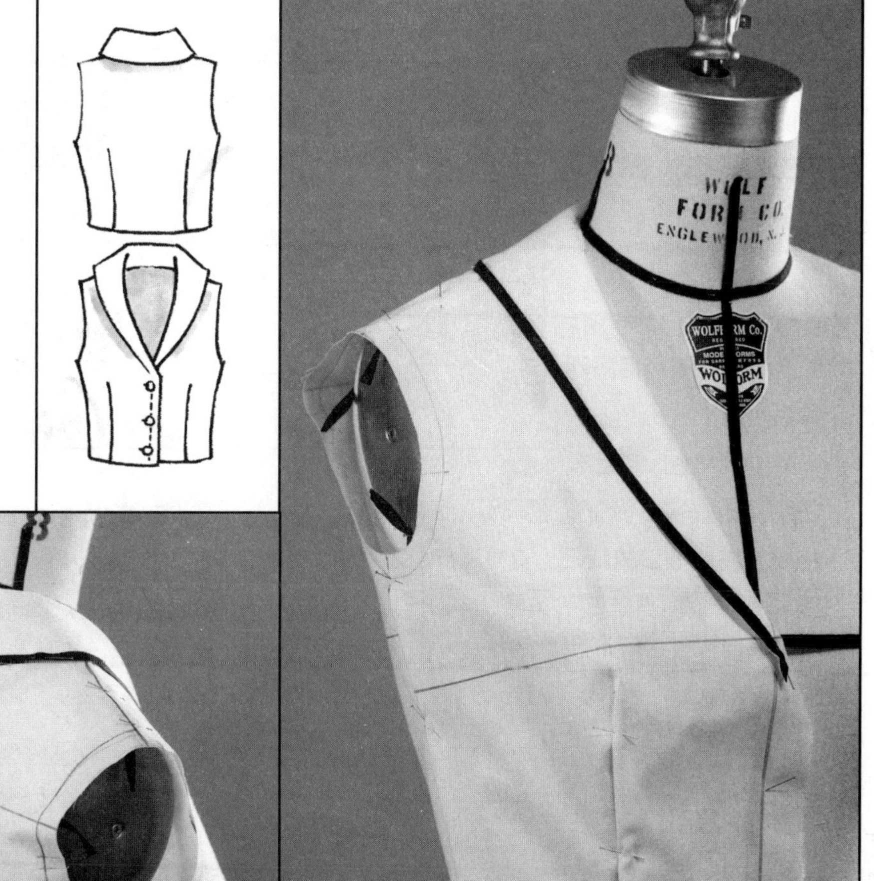

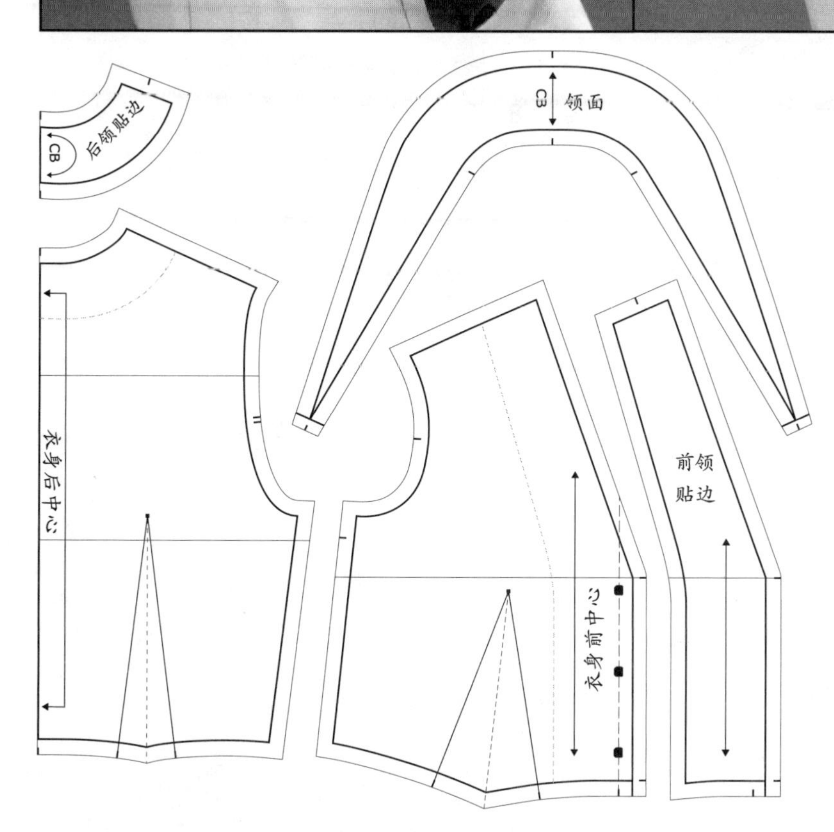

8 把领子放下来到肩上。通过在领子外侧用钉针固定斜纹带来确定领型。

9 标记、修整领型，完成领子的立裁。

注意：隐藏领口上下边缘的缝迹线的方法，详见翻领。

领子

翻领

这种领型在颈部周围形成抱合、直立的样式。当门襟扣解开时，翻领平摊在前衣片上。

制板

1 对合肩线（不包括肩胛骨省）。

2 在后中心线上将后领口线降低$^{1}/_{4}$英寸（约0.6厘米），在前中心线上将前领口线降低$^{1}/_{2}$英寸（约1.27厘米）。颈侧点扩宽$^{1}/_{4}$英寸（约0.6厘米）。保证新领口线平行于原领口线。

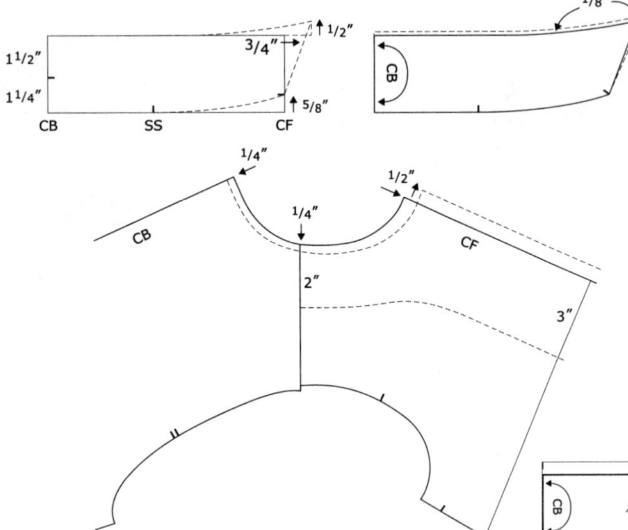

3 **领子** 绘制出一条直线，长度是新的前后领口线长度的总和（领围的一半），在肩缝处打剪口。

4 垂直于这条直线做长为2$^{3}/_{4}$英寸（约7厘米）长的后领中线。取1$^{1}/_{4}$英寸（约3.2厘米）做领座剪口。根据长宽做出一个长方形。

5 前领中线向上$^{5}/_{8}$英寸（约1.6厘米）取一点，从肩缝的剪口至这一点做曲线。从前领尖点向外延伸$^{3}/_{4}$英寸（约1.9厘米）再向上$^{1}/_{2}$英寸（约1.27厘米）取一点，根据这一点绘制出领面的外缘曲线。

6 后中心线为经纱方向，后中连裁不破缝。将这片纸样标注为“领底”。

7 “领面”从前领口中线至外领边缘再增加$^{1}/_{8}$英寸（约0.3厘米）。领底缝迹线不能超过领面的边缘线。

8 前中心线增加$^{1}/_{2}$英寸（约1.27厘米）的门襟量，绘制出门襟的贴边。

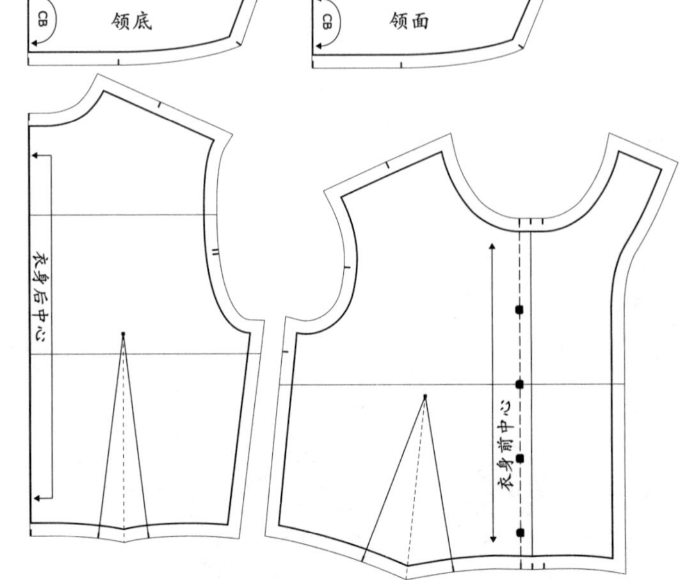

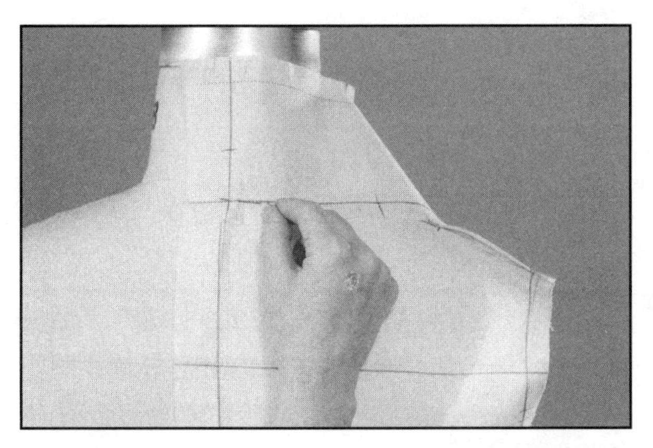

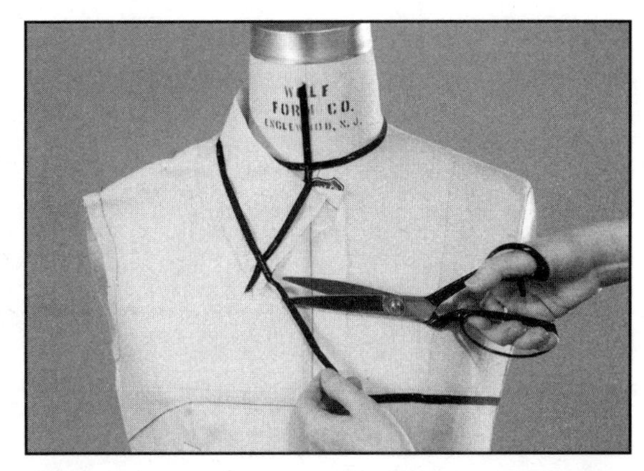

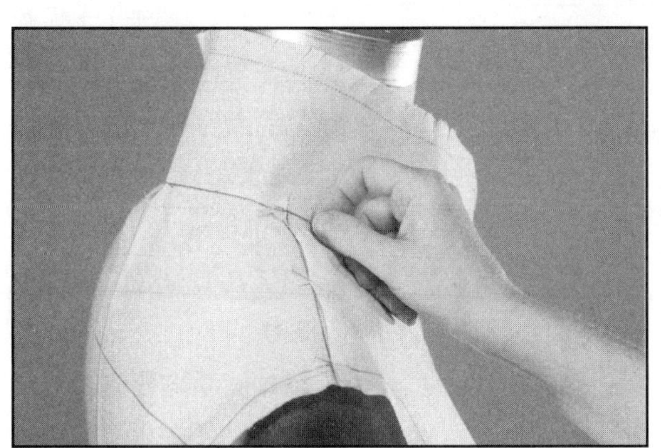

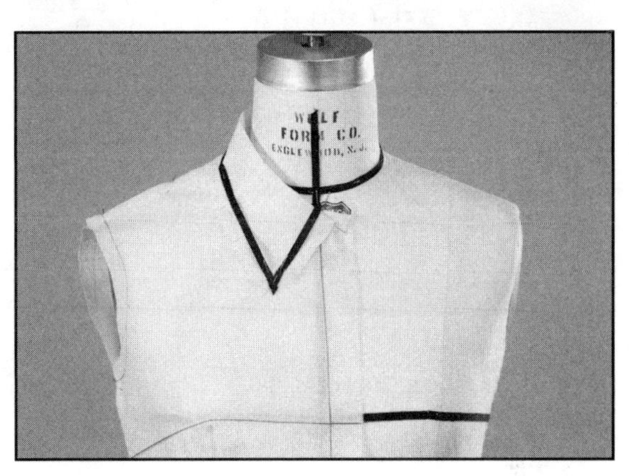

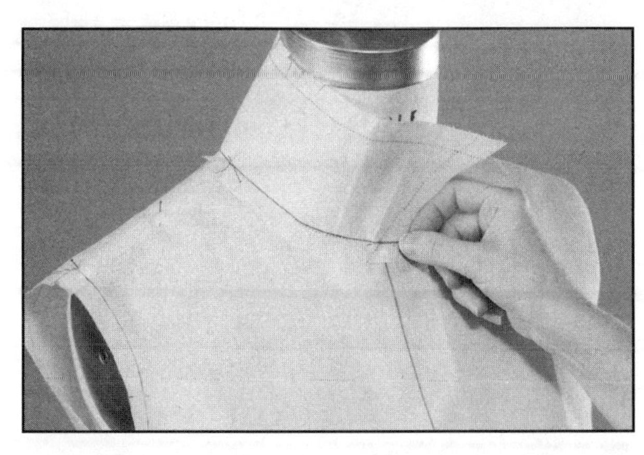

立裁

9 在制板完成的领子上增加缝份，转移至白坯布然后裁剪。用拓蓝纸拷贝，修剪缝份。

10 调整领口线。将领子的领底线对齐衣身的领口线，缝份向外侧，用钉针固定（参照彼得潘领，第128页）。

11 把领子放下来到肩上。通过在领子外侧用钉针固定斜纹带来确定领型。

12 标记、修整领型，完成立裁。

领子

两片式衬衫领

这种领型由领面和领底两部分组成。

制板

1 对合衣身的肩线（不包括肩胛骨省）。

2 在后中心线上将后领口线降低$^{1}/_{4}$英寸（约0.6厘米），在前中心线上将前领口线降低$^{1}/_{2}$英寸（约1.27厘米）。颈侧点扩宽$^{1}/_{4}$英寸（约0.6厘米）。保证新领口线平行于原领口线。

3 **领座** 绘制一条直线，长度是新的前后领口线长度的总和，在肩缝处打剪口。垂直于这条直线做长为$1^{1}/_{4}$英寸（约3.2厘米）的后领中线，根据长宽做出一个长方形。

4 在前领中线向上$^{5}/_{8}$英寸（约1.6厘米）处取一点，从后领中线至这点做曲线。曲线延长$^{1}/_{2}$英寸（约1.27厘米）作为门襟。领座外角抹圆顺。垂直于领口弧线重新绘制出前领中心线。

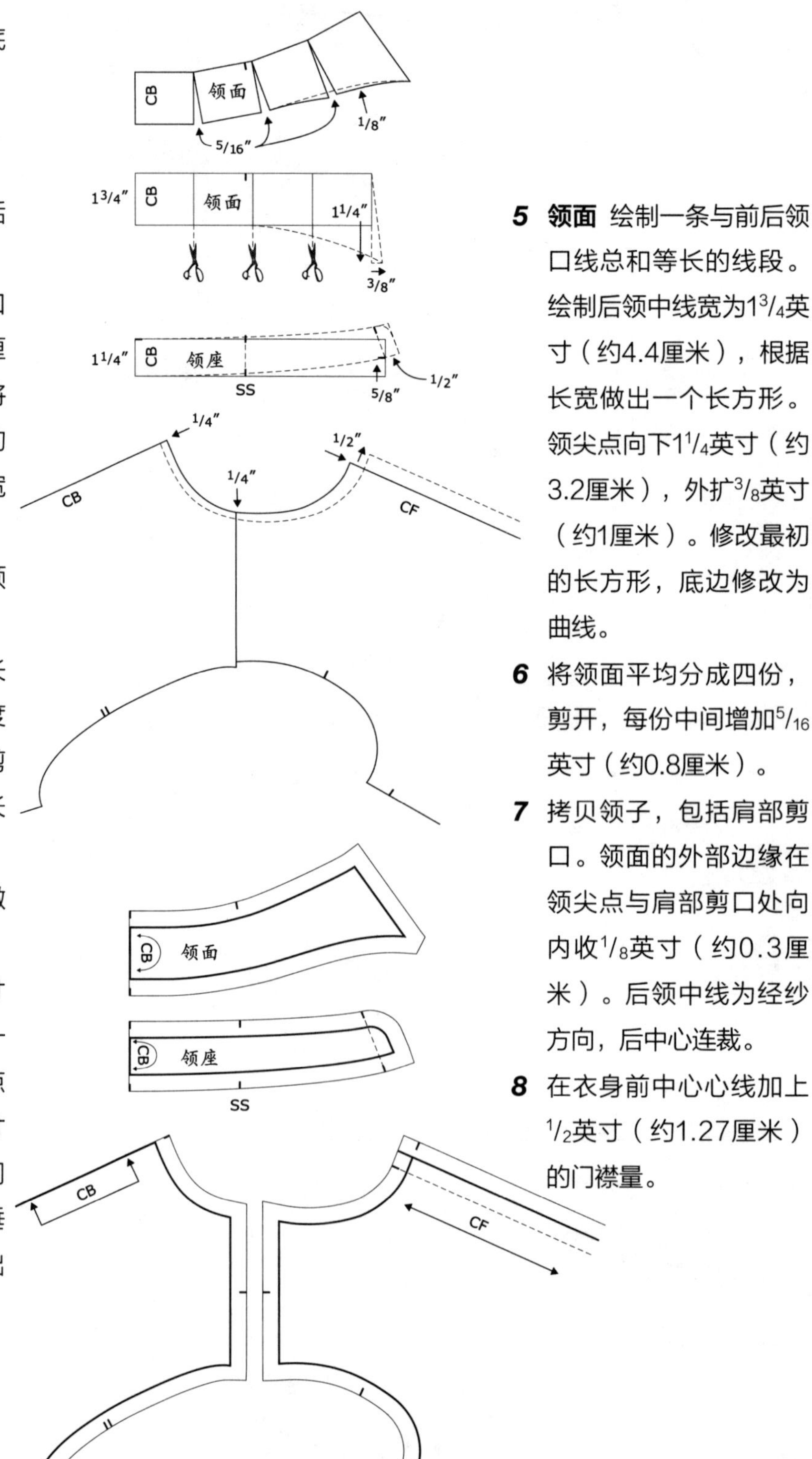

5 **领面** 绘制一条与前后领口线总和等长的线段。绘制后领中线宽为$1^{3}/_{4}$英寸（约4.4厘米），根据长宽做出一个长方形。领尖点向下$1^{1}/_{4}$英寸（约3.2厘米），外扩$^{3}/_{8}$英寸（约1厘米）。修改最初的长方形，底边修改为曲线。

6 将领面平均分成四份，剪开，每份中间增加$^{5}/_{16}$英寸（约0.8厘米）。

7 拷贝领子，包括肩部剪口。领面的外部边缘在领尖点与肩部剪口处向内收$^{1}/_{8}$英寸（约0.3厘米）。后领中线为经纱方向，后中心连裁。

8 在衣身前中心心线加上$^{1}/_{2}$英寸（约1.27厘米）的门襟量。

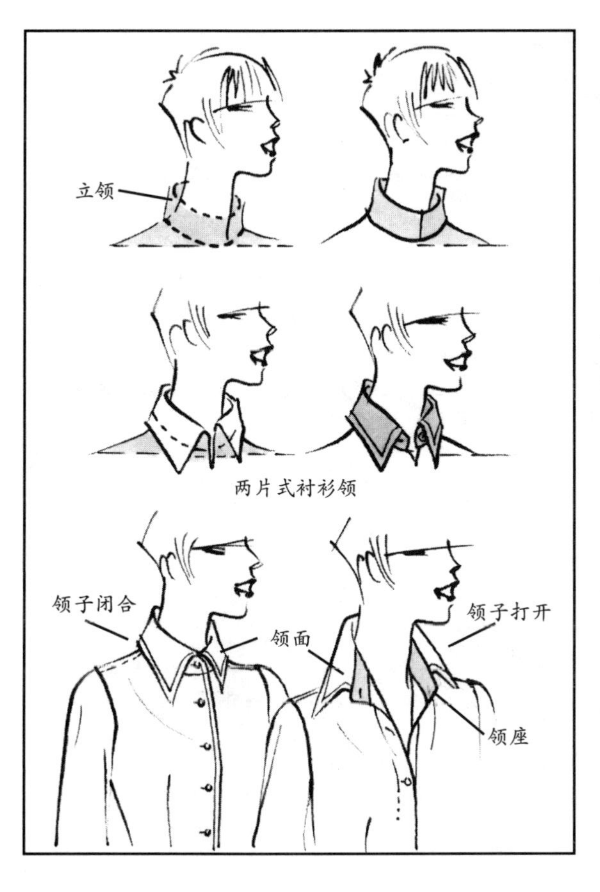

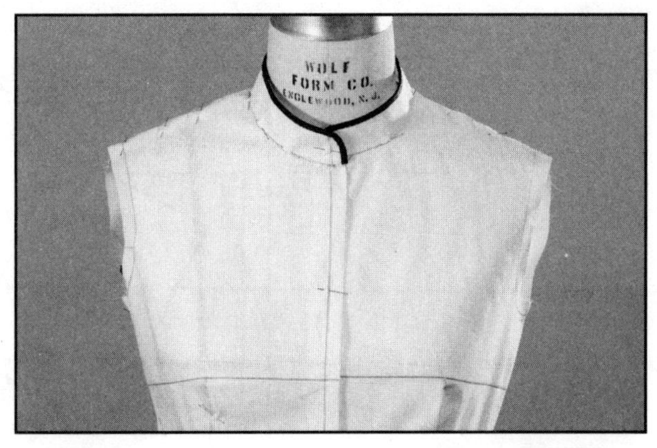

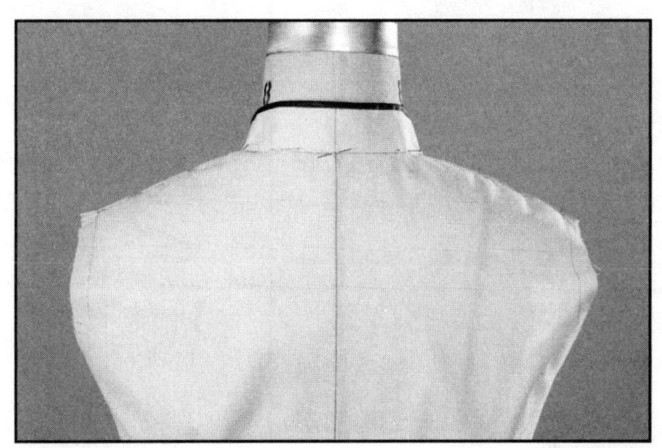

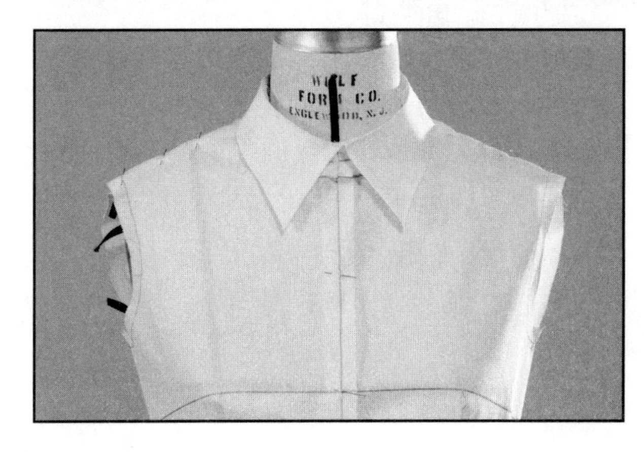

立裁

9 增加领座的缝份。裁剪白坯布，修剪缝份。

10 为了强调领子的造型，将缝份向内扣。对齐领座的领底线和衣身上的领口线，将钉针垂直插在缝份的折叠边上。在领座上缘用钉针固定斜纹带来确定领型。

11 对于两片式衬衫领，领面与领座对齐，缝份向外侧，用钉针固定。

12 把领子放下来到肩上。

13 标记、修整领型，完成立裁。在前中心处可以加入贴边或门襟。领座部分要直立与颈部相贴合。

领子

立领

这种领型像“漏斗”一样围绕在颈部周围。它在后背开口。

制板

1 对合衣身的前后肩线（不包括肩胛骨省）。

2 在后中心线上将后领口线降低1英寸（约2.54厘米），在前中心线上将前领口线降低$1^1/_4$英寸（约3.2厘米）。颈侧点扩宽1英寸（约2.54厘米）。保证新领口线平行于原领口线。

3 绘制一条直线，长度是新的前后领口线长度的总和，在肩缝处打剪口。垂直于这条直线做长为$1^1/_2$英寸（约3.8厘米）的后领中线，根据长宽做出一个长方形。

4 将领子平均分成四份，剪开。每一份中间增加$^5/_{16}$英寸（约0.8厘米）。

5 拷贝领子，包括肩部和领口的剪口。用曲线尺将领底线和领子的上缘线绘制圆顺。在前领中心标记出经纱方向。

6 在后中心线加上$^1/_2$英寸（约1.27厘米）的缝份。

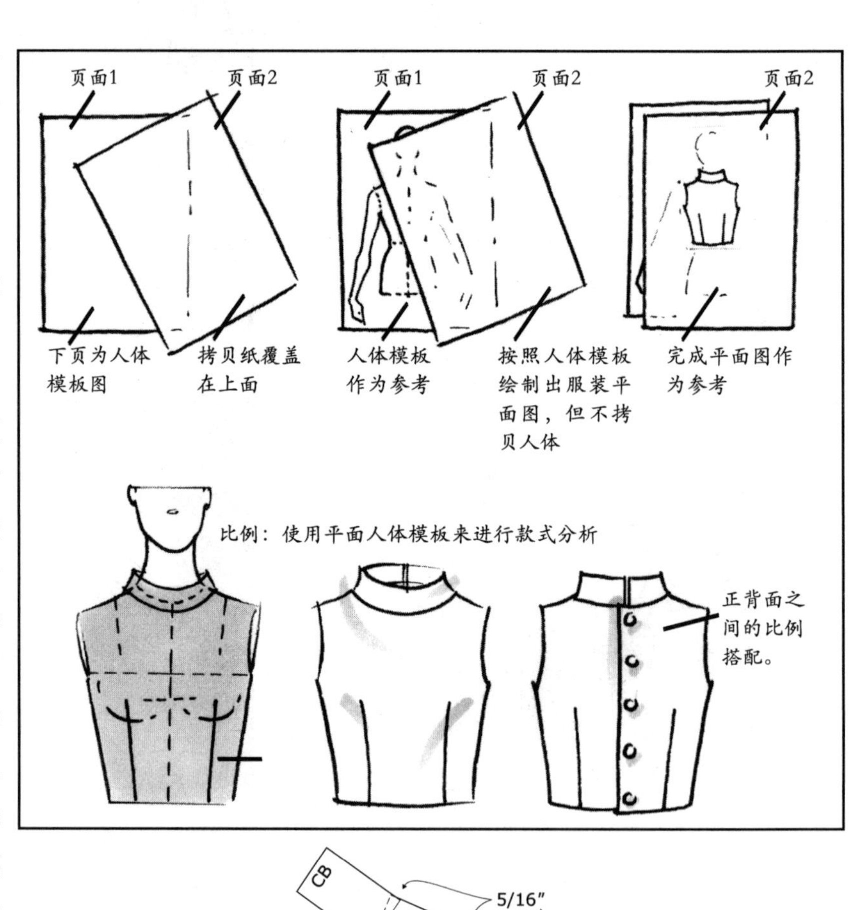

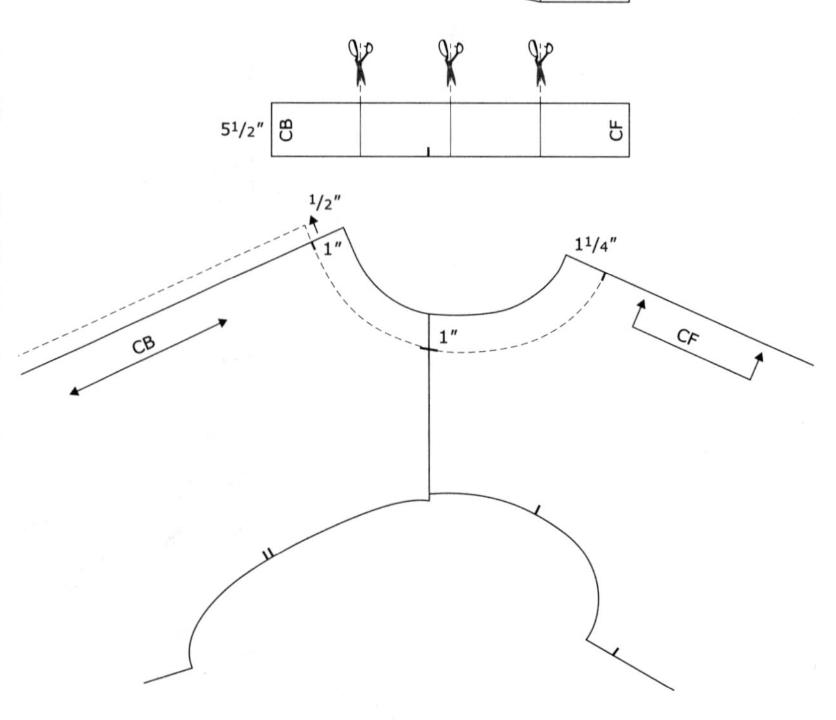

立裁

7 在制板完成的领子上增加缝份，转移至白坯布然后裁剪。用拓蓝纸拷贝，修剪缝份。

8 将领子的领底线和衣身上的领口线对齐。调整白坯布。将领子裁剪两片，在前中心连裁。领底隐藏在领面和领口内侧。裁剪一片衣身的领口贴边。

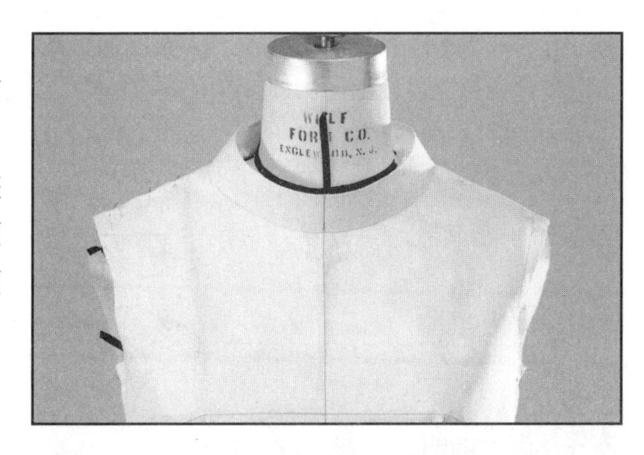

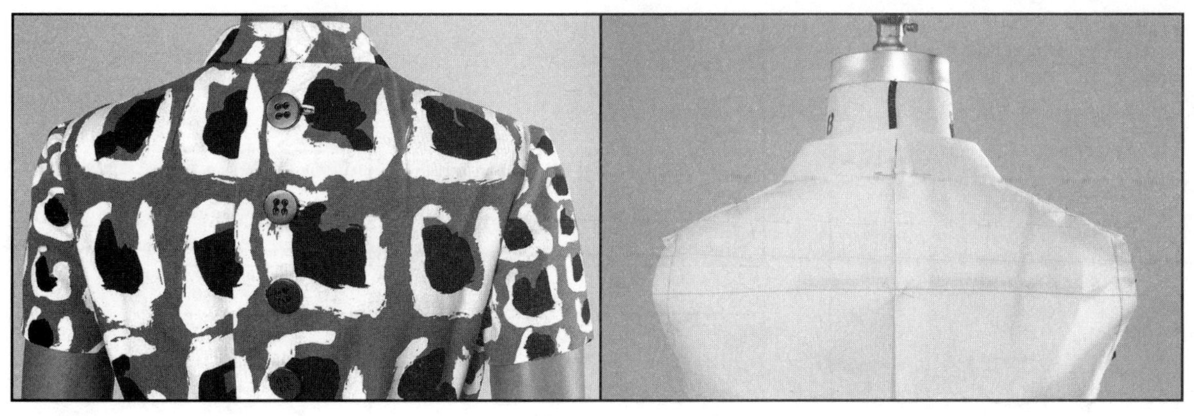

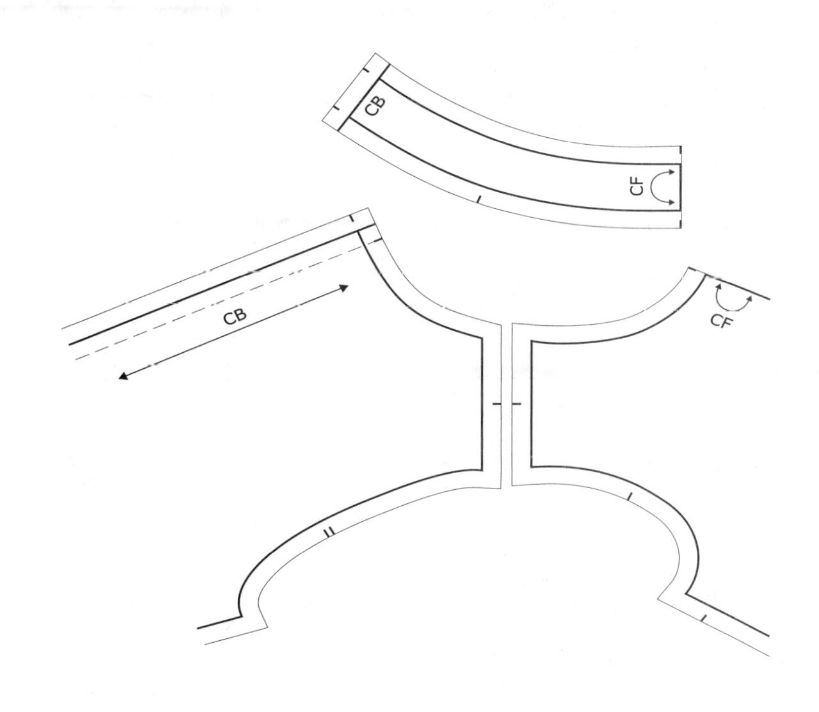

领口和领子的效果图表现

服装中很多经典的设计和结构变化，是通过领口线和领子的细微差别来塑造不同风格的。本页展示的是如何绘制不同领子的一些案例。

领口的处理

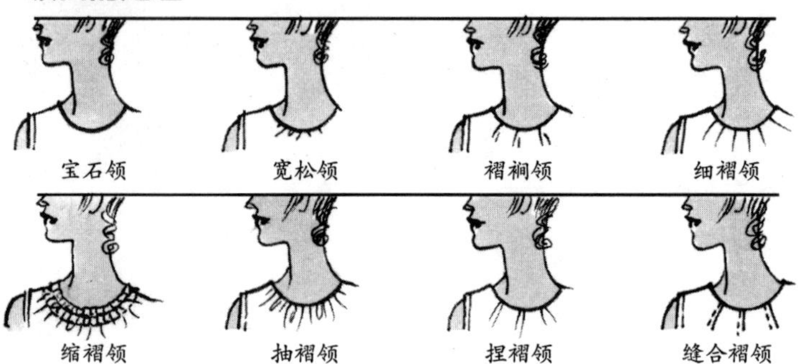

人体颈部平面图

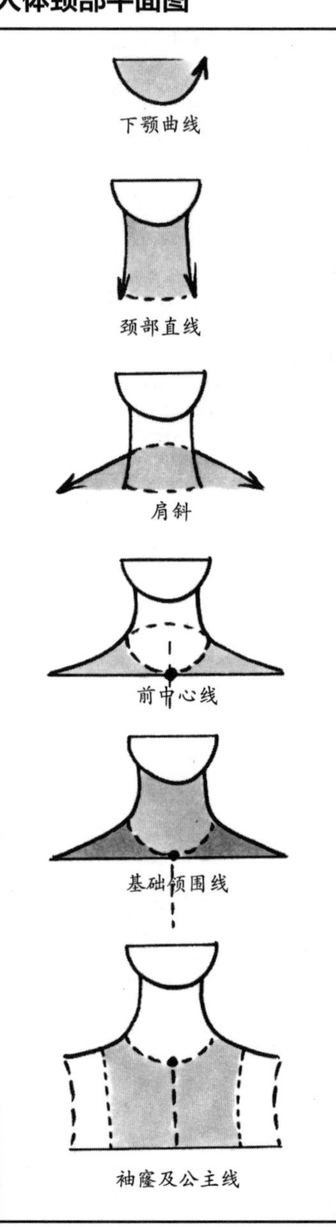

宝石领——低于基础领围线

一字领——低于肩线

V形领——V形尖点位于前中心线上

不对称领口——领口的角度在前中心线处不均匀

匙形领——围绕着前胸，领口线位于胸上

U形领——前领口较深较长，低胸的领型

方形领——以前中心线为基准左右平分

心形领——利用前中心线和公主线的形状组合而成领型

在人体平面图上，领口线和领子呈曲线环绕在脖子上或倾斜在肩上。绘制这些形状的轮廓线，可以在基本原型上练习和临摹线条。

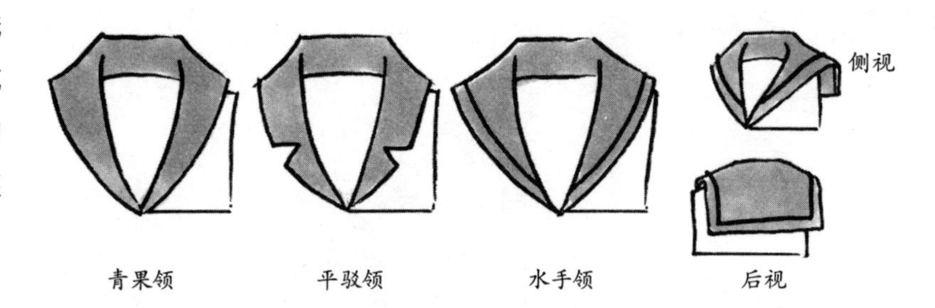

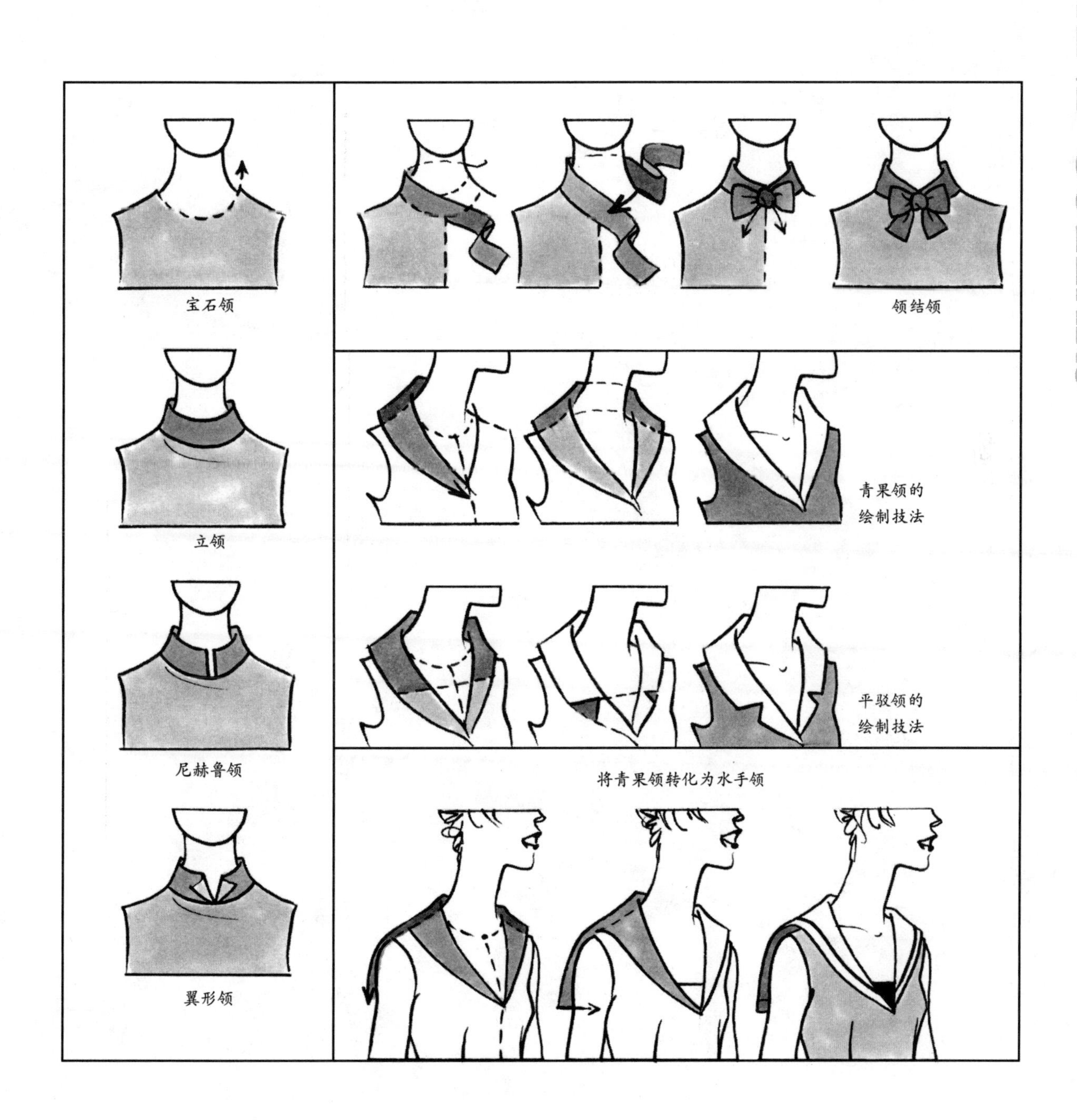

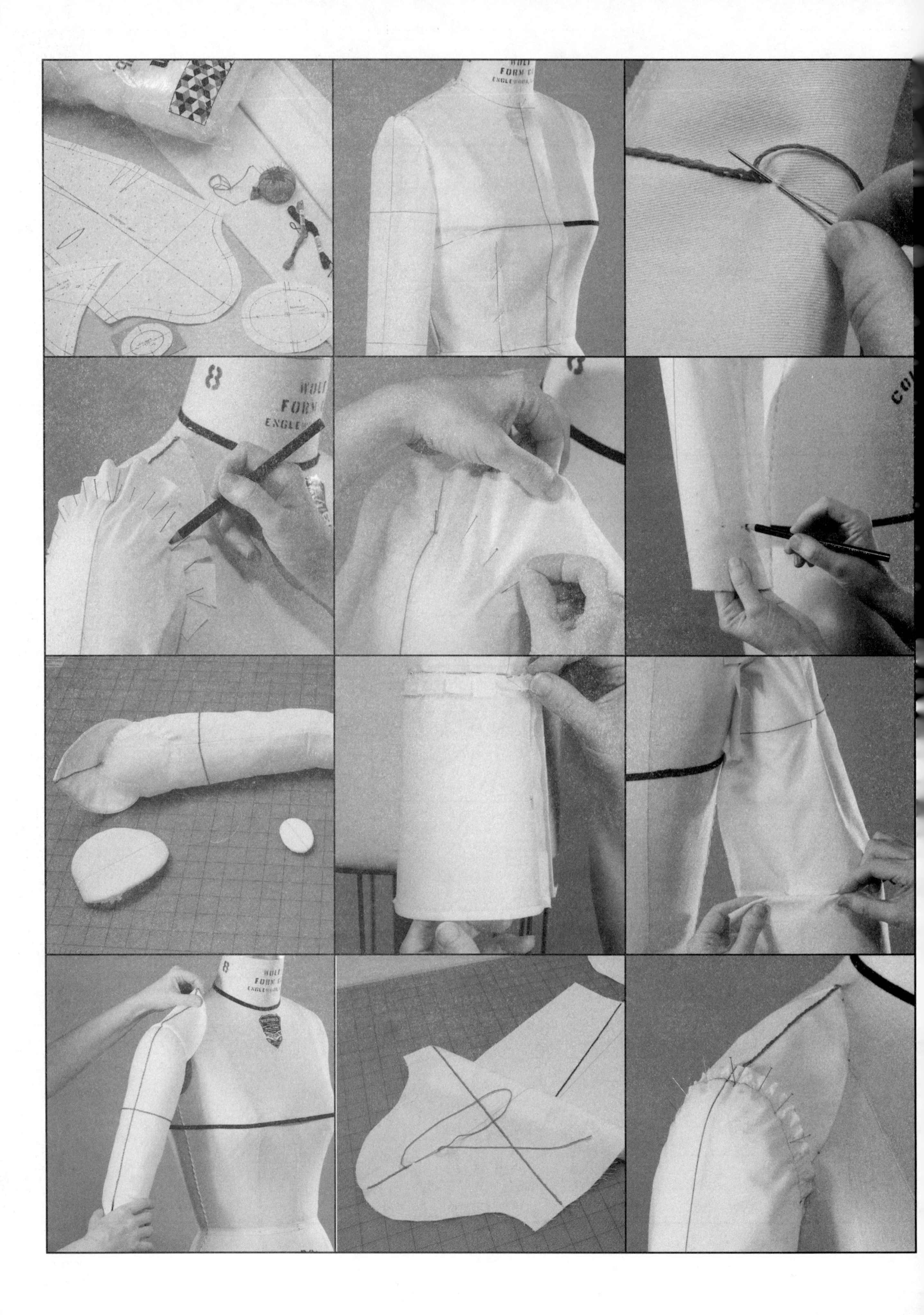

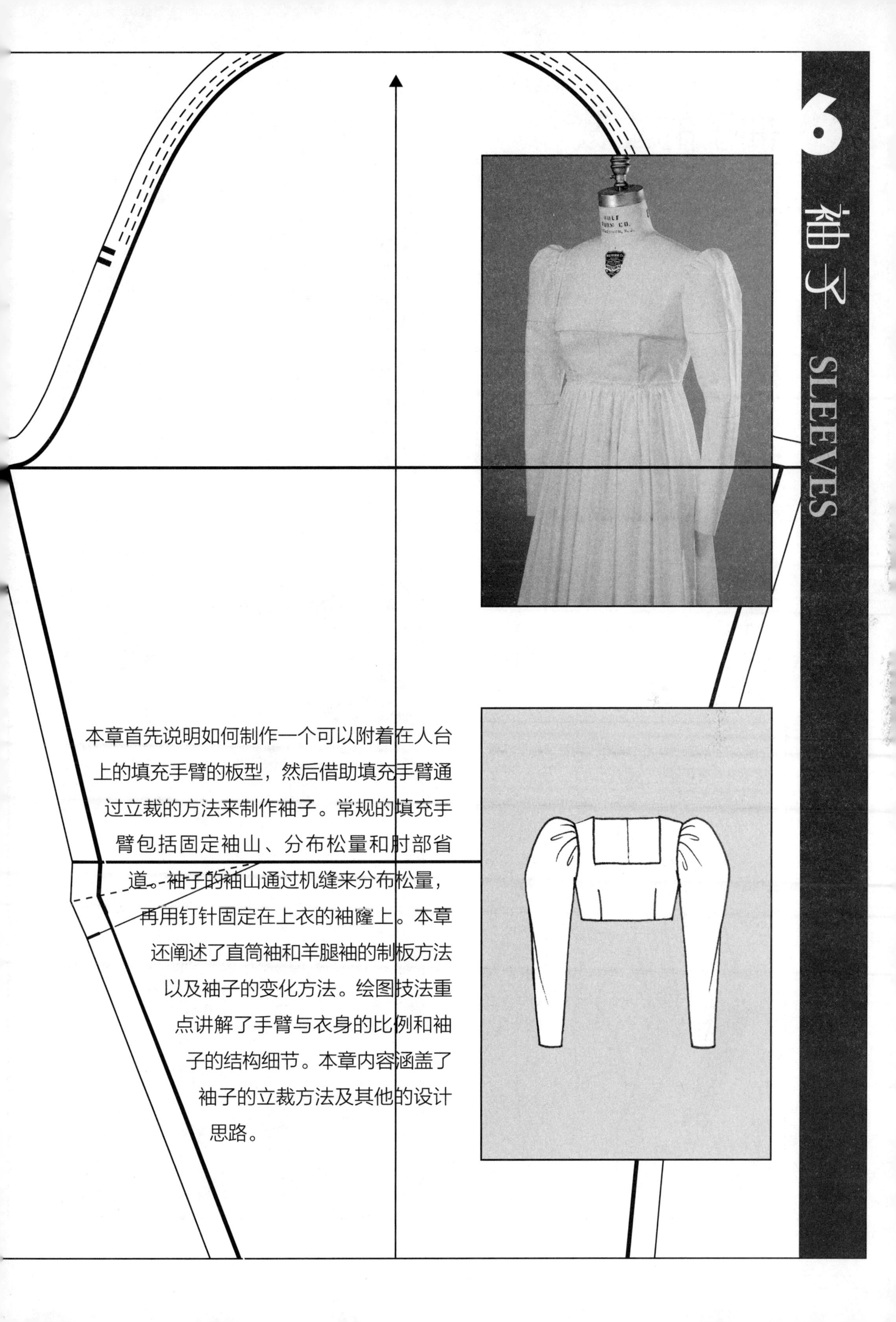

6 袖子 SLEEVES

本章首先说明如何制作一个可以附着在人台上的填充手臂的板型，然后借助填充手臂通过立裁的方法来制作袖子。常规的填充手臂包括固定袖山、分布松量和肘部省道。袖子的袖山通过机缝来分布松量，再用钉针固定在上衣的袖窿上。本章还阐述了直筒袖和羊腿袖的制板方法以及袖子的变化方法。绘图技法重点讲解了手臂与衣身的比例和袖子的结构细节。本章内容涵盖了袖子的立裁方法及其他的设计思路。

袖子的立裁

填充手臂

填充手臂可以使用完成的纸样和下列材料来制作。填充手臂要用钉针固定在人台肩部，用来立裁各种类型的袖子。

材料

- 棉布1码
- 绣花线（红色和蓝色）
- 绣花针
- 一袋聚酯纤维
- 一块2英寸（约5.1厘米）×3英寸（约7.6厘米）的纸板

工具

- 码尺
- 钉针
- 铅笔
- 尺子
- 缝纫机
- 缝纫线
- 压轮
- 拓蓝纸
- 熨斗

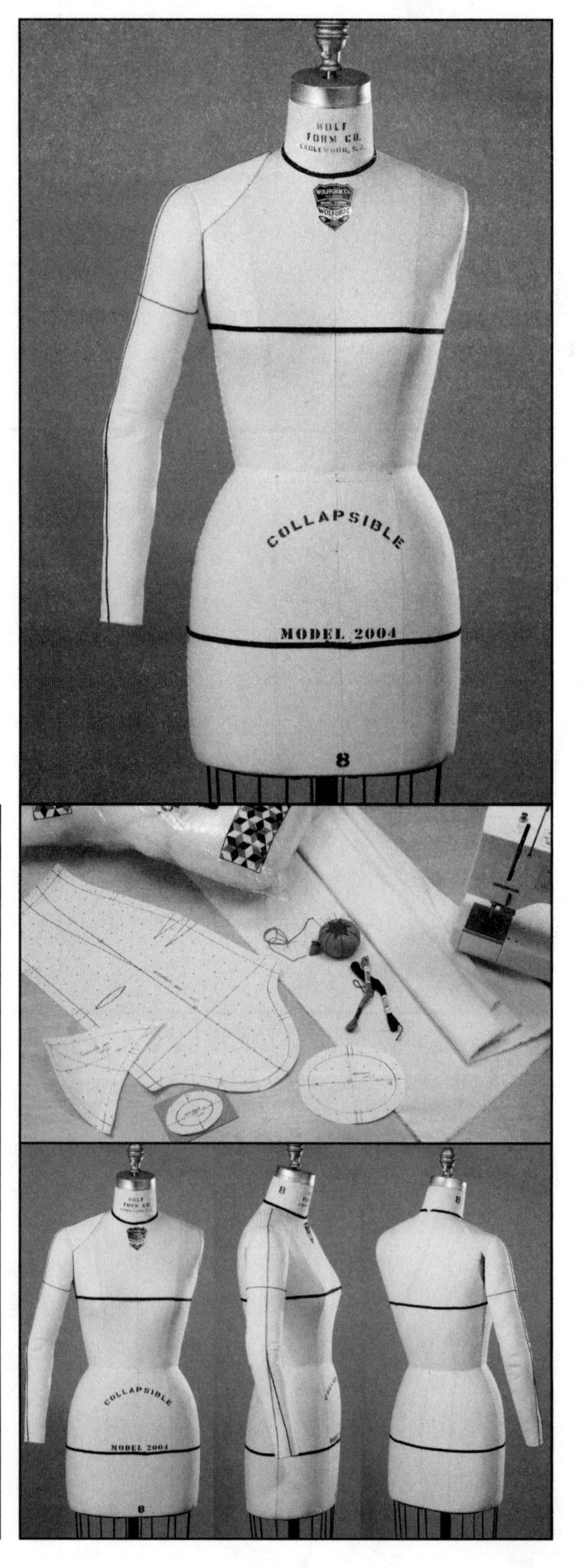

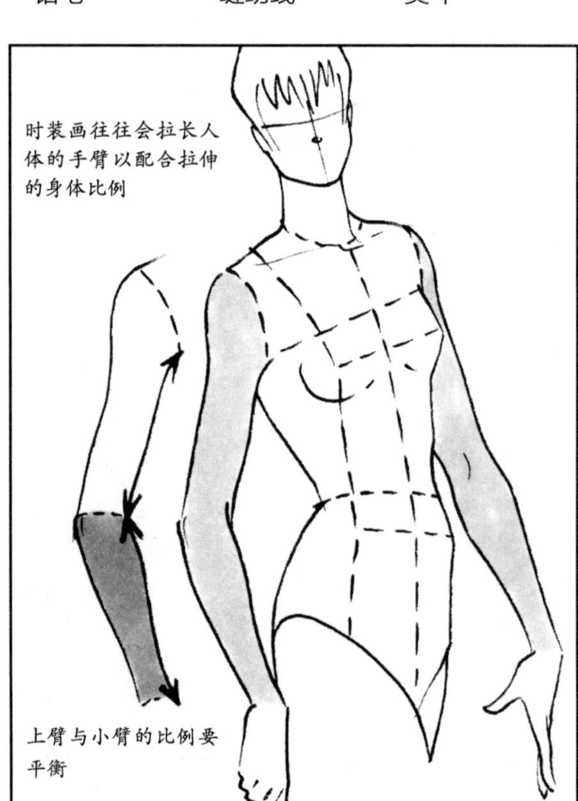

在草图纸上绘制出纸样。

1 手臂

2 上垫肩

3 下垫肩

4 臂板

5 腕板

注意：草图纸的每个格子为1英寸（约2.54厘米）平方。纸样上$^1/_2$英寸（约1.27厘米）的缝份也要表示出来。

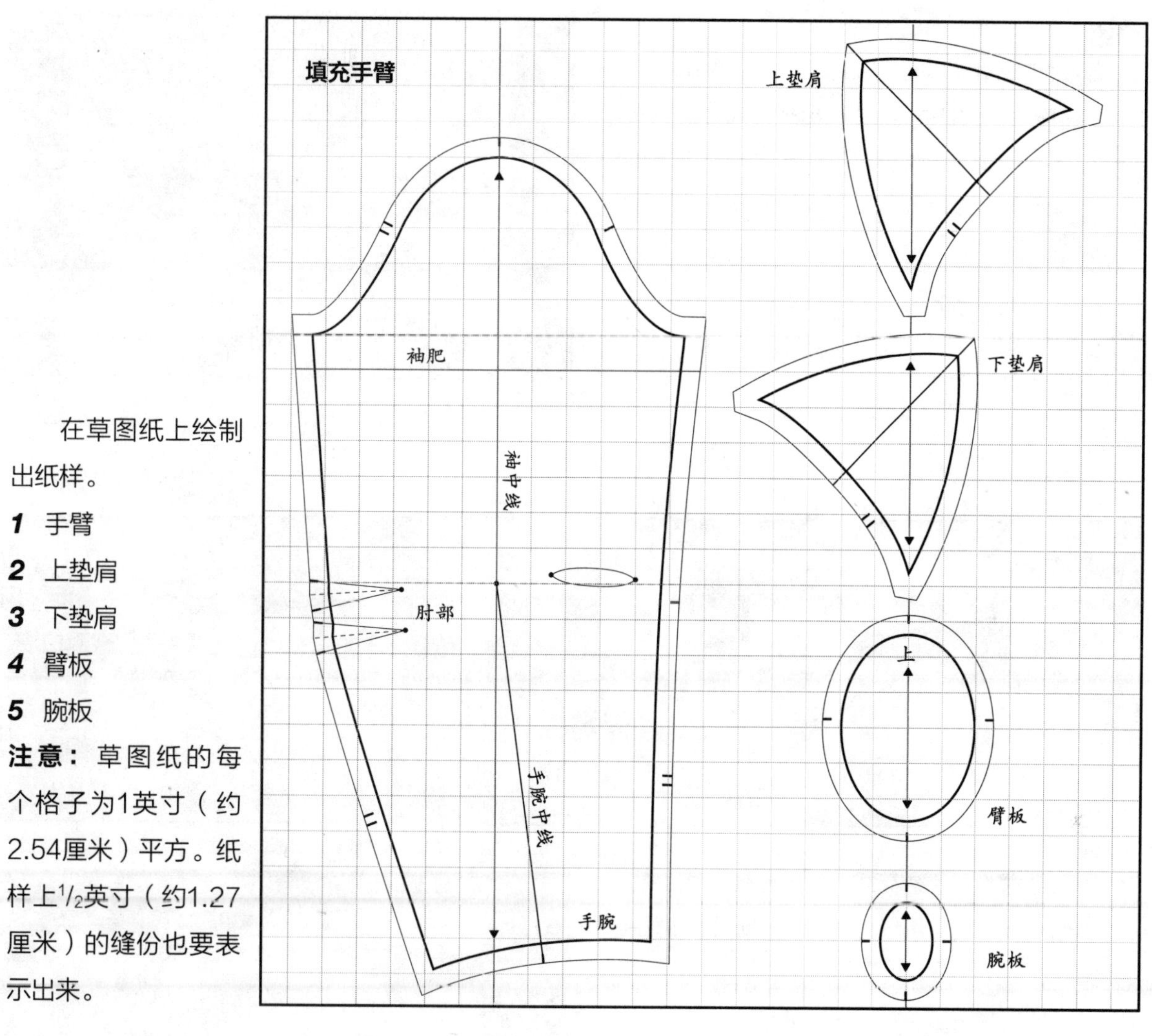

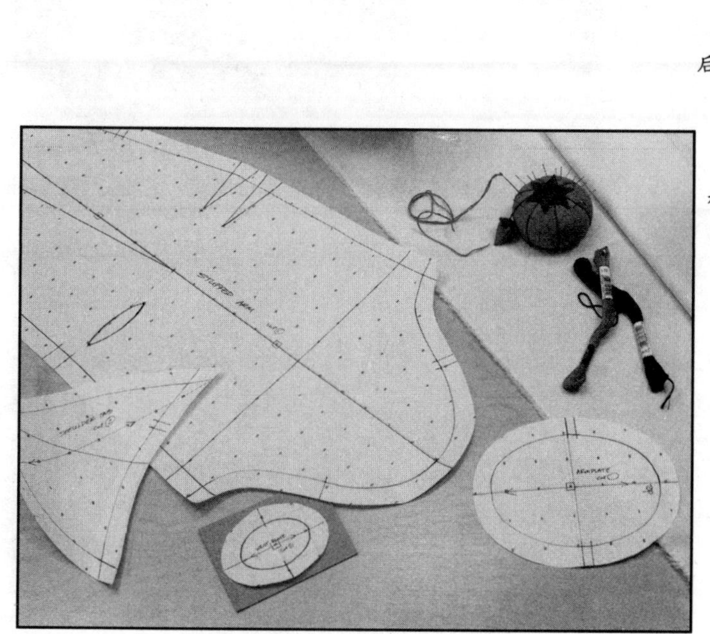

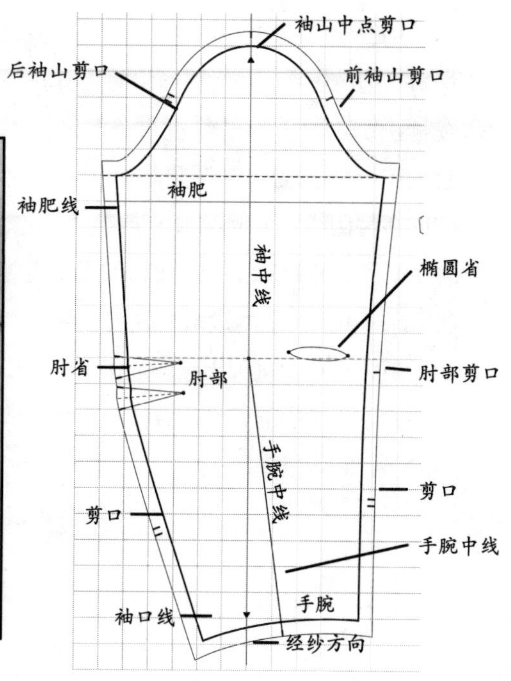

袖子的立裁

介绍

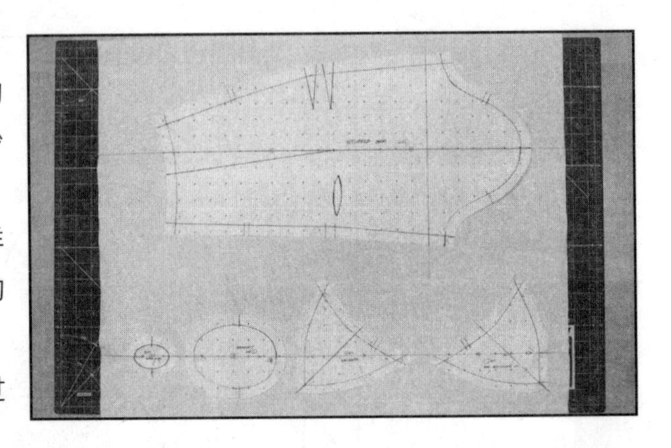

1 裁剪25英寸（约63.5厘米）宽，28英寸（约71.1厘米）长的白坯布（28英寸的长边为经纱方向）。平行于布边标记出袖子的经纱方向，绘制纸样。用直角尺标记出纬纱方向。将纸样放在面料右侧，与纱向线对齐。转移所有结构线至拓蓝纸背面。

2 袖山、手腕线、臂板、垫肩等的接缝线要通过缝纫机来缝合，防止变形。

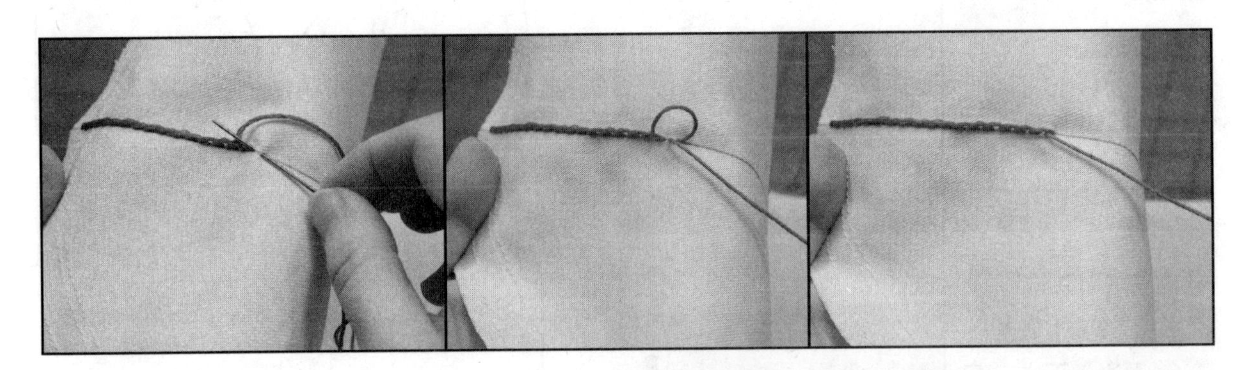

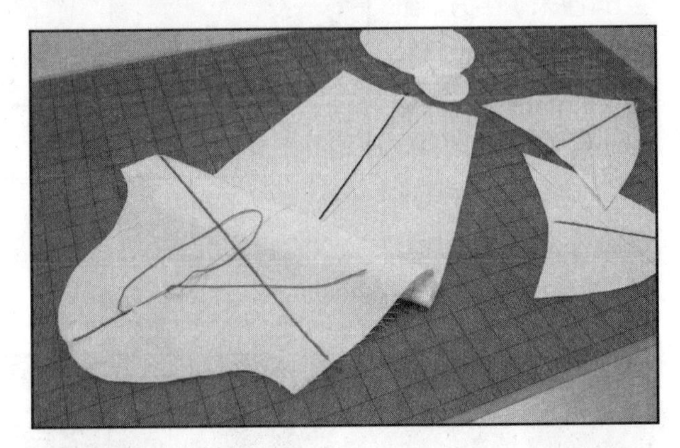

3 用三至六股蓝色绣花线，标记出袖肥线、袖中线和手腕中线。用红色绣花线标记出垫肩和经纬纱。

4 轻微地拉伸上垫肩和下垫肩的反面，用钉针拼合。用缝纫机缝合，再用V形夹子修剪缝份。垫肩的边线压平。缝合肘省和椭圆省。

5 在袖山剪口之间用缝纫机车缝两排针脚（用较长的针迹长度）来调整吃量。第一排针脚应该在袖山线上（缝份内）$^{1}/_{16}$英寸（约0.2厘米）。第二排针脚在第一排针脚上$^{1}/_{4}$英寸（约0.6厘米）。袖山两边留出底线，用来调节袖山松量，使袖山呈现出球型。将垫肩剪口与袖山对齐。沿袖山缝迹线用缝纫机车缝。缝合腋下缝份，缝份劈缝打开。

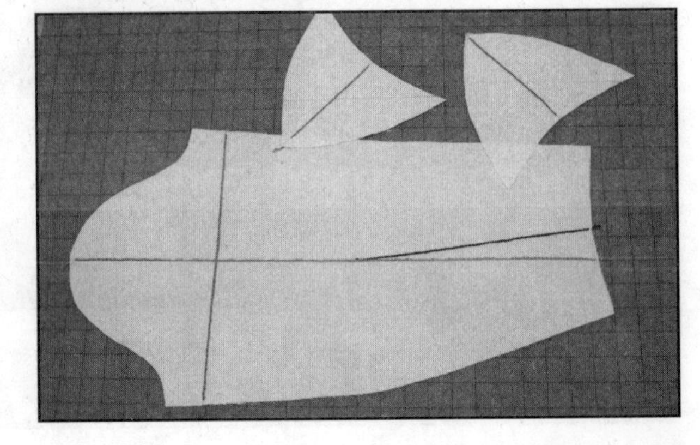

6 用聚酯纤维填充手臂。保持手臂舒展的灵活性，使肘部可以弯曲。填上垫肩，把手臂板上的填充物压扁。

7 在臂板上用缝纫机车缝两排针脚。通过这两排缝迹线在缝份处留出一定松量。折叠缝迹线。对合剪口拼合臂板。在椭圆褶上用手绣锁缝。

8 在腕板上用缝纫机车缝两排针脚。复制和标记出纸样上腕板的剪口（不加缝份）。聚拢缝份，直到椭圆褶变平顺。将腕板剪口对齐腋下和手臂中线，可用钉针或手针进行固定。

9 在人台上将垫肩固定在肩线上。手臂固定在人台臂板上。将手臂固定好后，保证钉针沿垫肩一周插入人台。手臂长度应与人台侧缝等长。

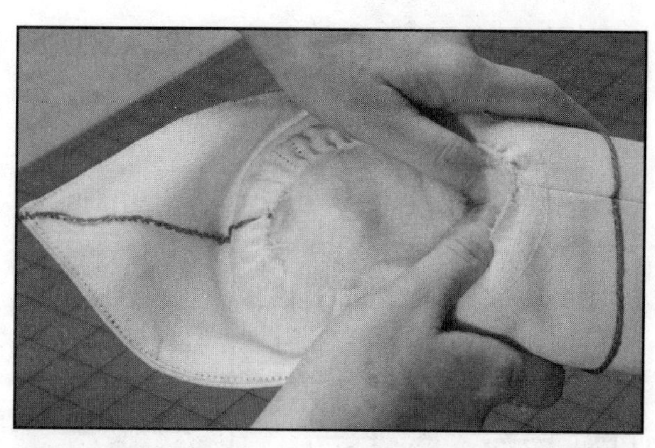

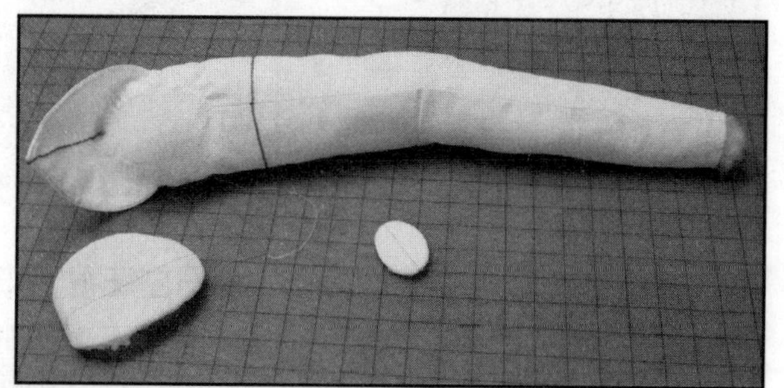

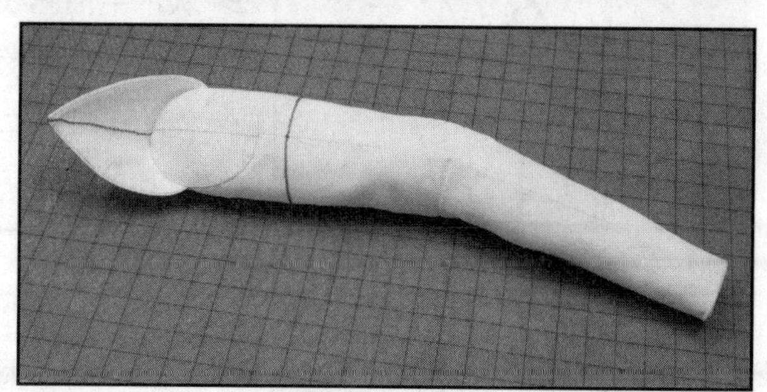

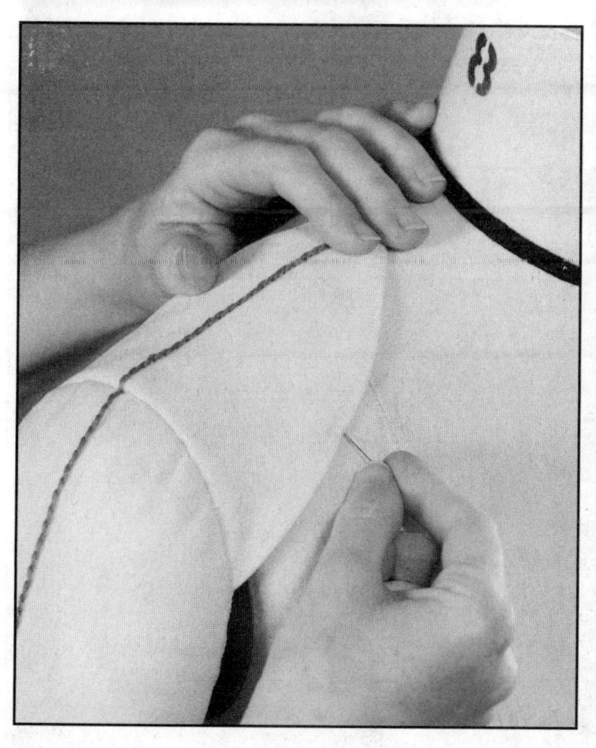

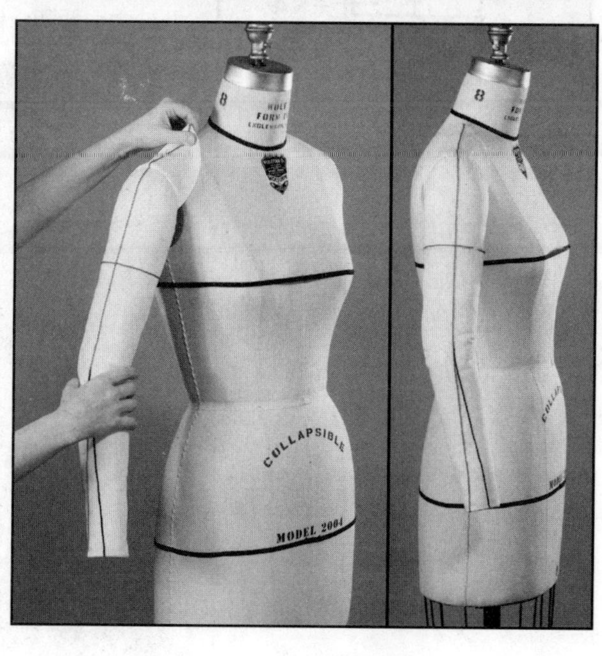

袖子的立裁

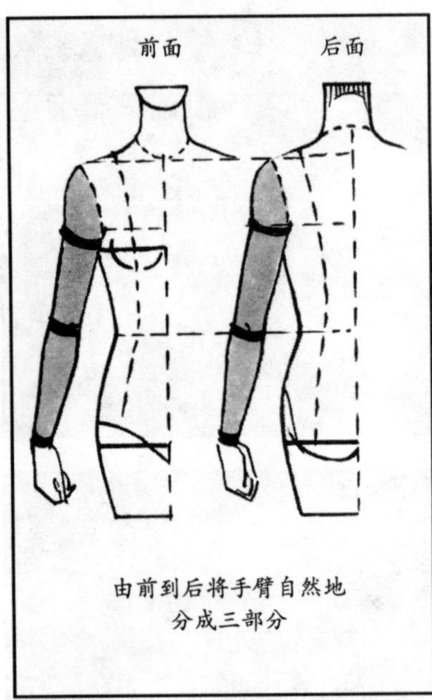

由前到后将手臂自然地分成三部分

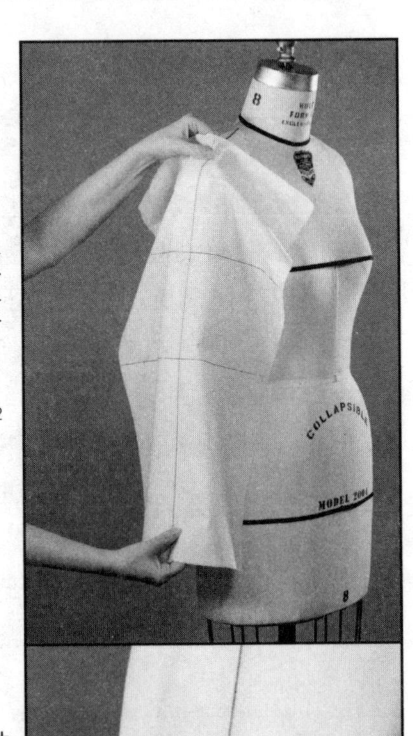

准备白坯布

- **长度** 测量手腕至手臂垫肩的距离，再增加$1^1/_2$英寸（约3.8厘米）。
- **宽度** 测量手臂周长，再增加$3^1/_2$英寸（约8.9厘米）。

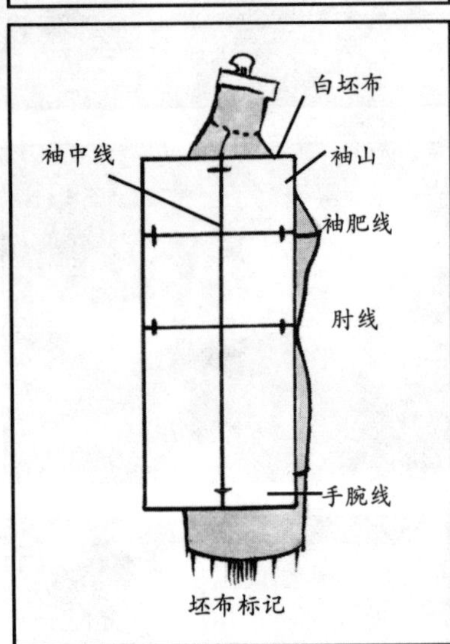

坯布标记

标记白坯布

1. 绘制出一条袖中线。
2. 从水平袖肥线向下量取7英寸（约17.8厘米）并标记出十字标。在肘线上做十字标（在肘省之间）。
3. 在袖肥线上取$6^1/_4$英寸（约15.9厘米），在肘线上取$5^3/_4$英寸（约14.6厘米），平均分布在袖中线两侧，做标记。

立裁

1. 将白坯布的纱向线与人台手臂线对齐，沿袖中线在袖肥线和肘线处用钉针固定。在袖子的四分之一平分线的两边捏合固定$^1/_4$英寸（约0.6厘米）的松量。
2. 将坯布向袖山抚平，拼合缝纫线，分布松量。

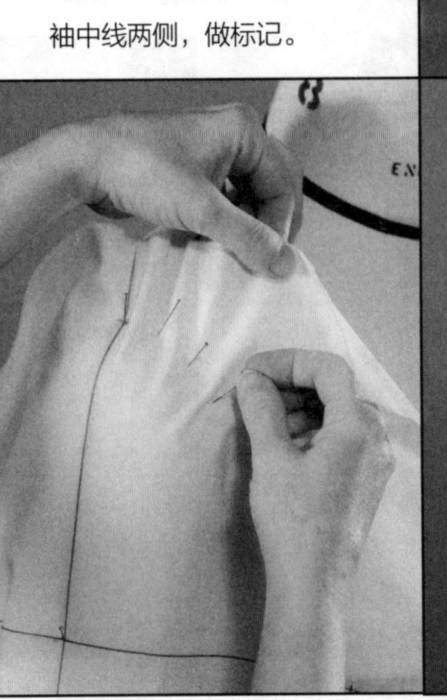

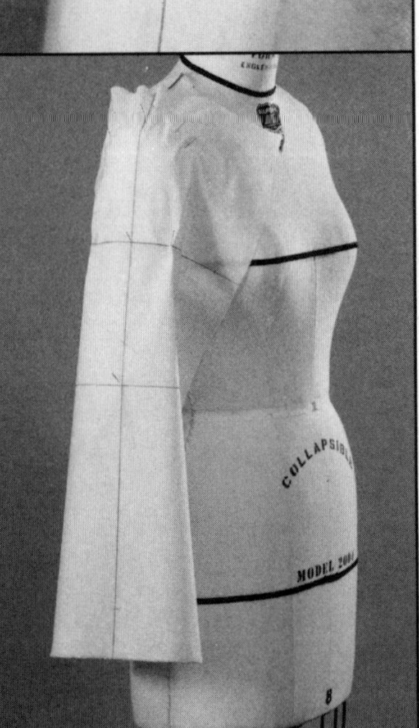

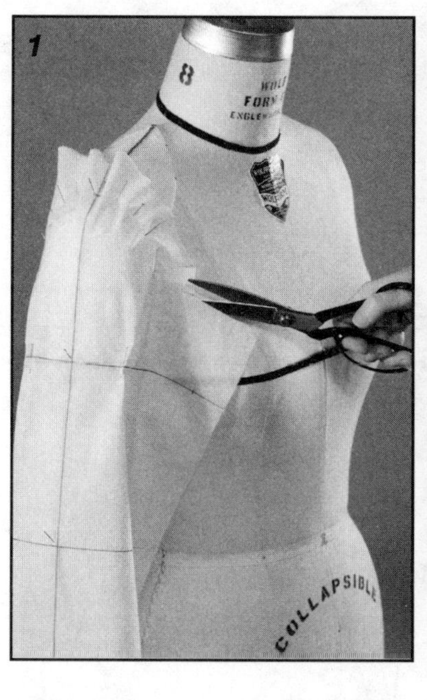

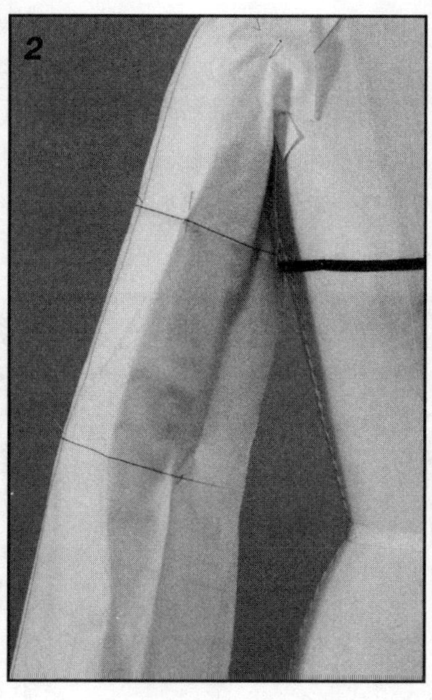

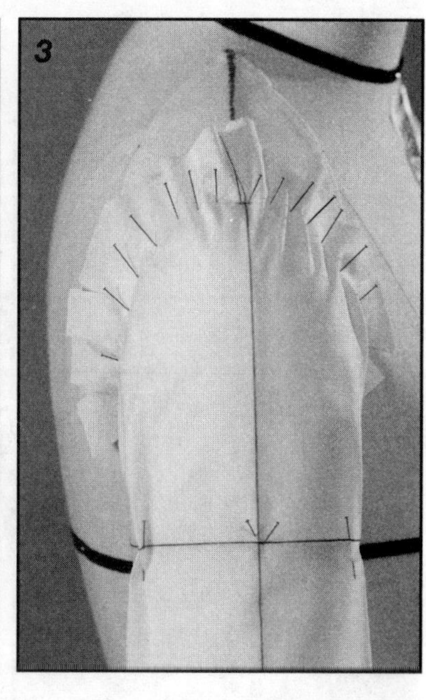

袖山塑形

1 从袖山中点向下，在手臂上斜剪白坯布来释放缝份以便于在手臂下进行立裁。剪掉多余坯布。注意剪开的地方不要离垫肩缝纫线太近。

2 在袖肥线和肘线标记出对合十字标。在腋下用钉针将缝份合并。

3 在袖山周围分布松量，完成固定。

肘省的制作

4 在袖子的后侧，于肘线以下捏出5/8英寸（约1.6厘米）的省量。

5 量取3英寸（约7.6厘米）长的省道，然后用钉针固定。

6 从袖肥线至手腕线拼合袖下缝。在手腕线至少预留出1英寸（约2.54厘米）的松量。

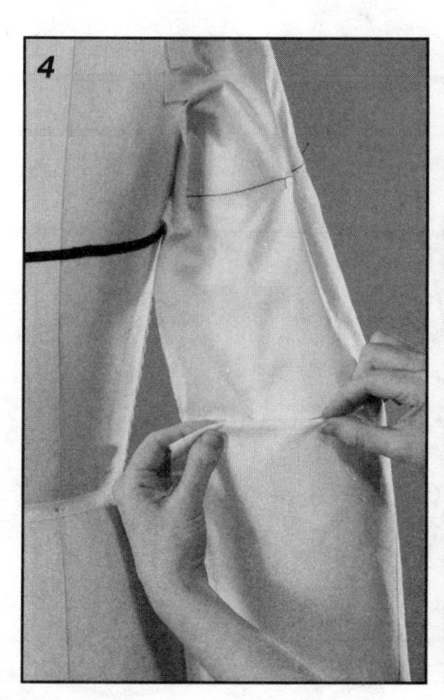

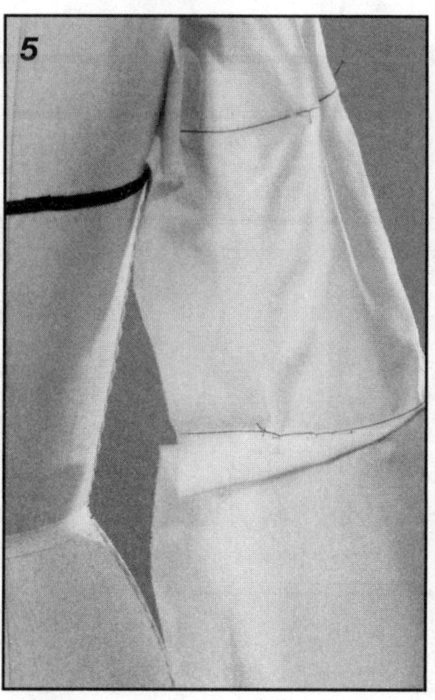

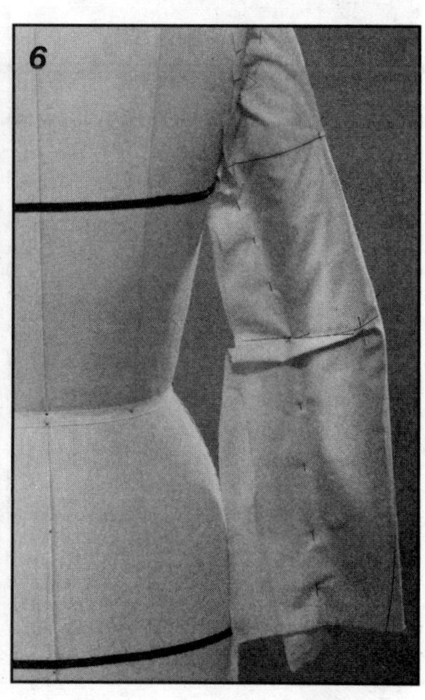

袖子的立裁

标记坯布

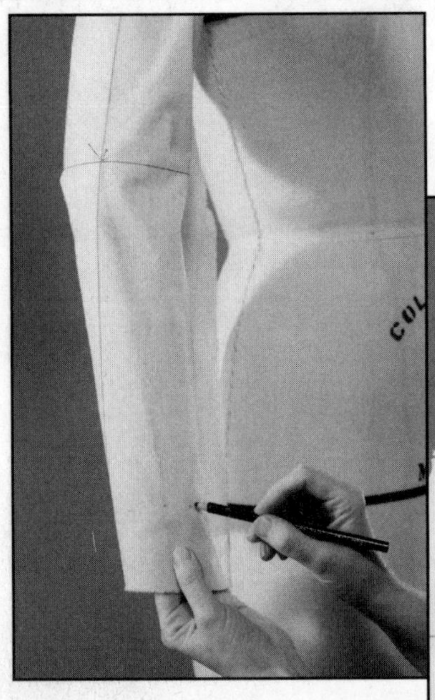

1 用铅笔绘制点线，在手腕线、袖下缝两侧和肘省上进行标记。在袖山上半圈用点线进行标记。

2 将手臂从人台上摘下。调整松量，沿着臂板缝纫线将袖山的下半圈用点线进行标记。

3 在腋下的袖下缝和臂板底部的交叉点做十字标记。

合体袖的绘制

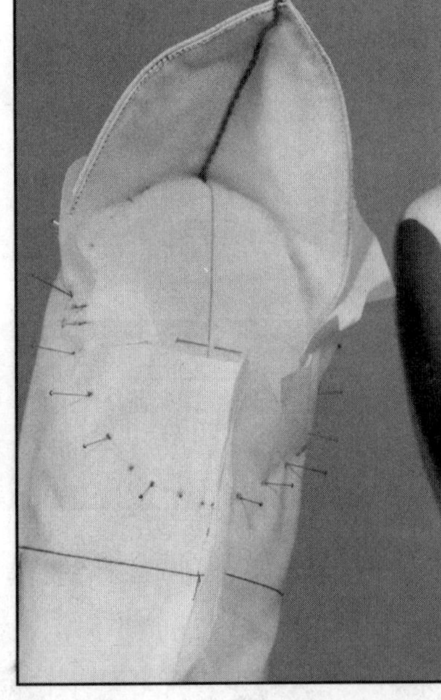

4 在臂板中点放置钉针，通过钉针做水平线与袖窿相交，在前袖山交点上做剪口，在后袖山上做两个剪口。

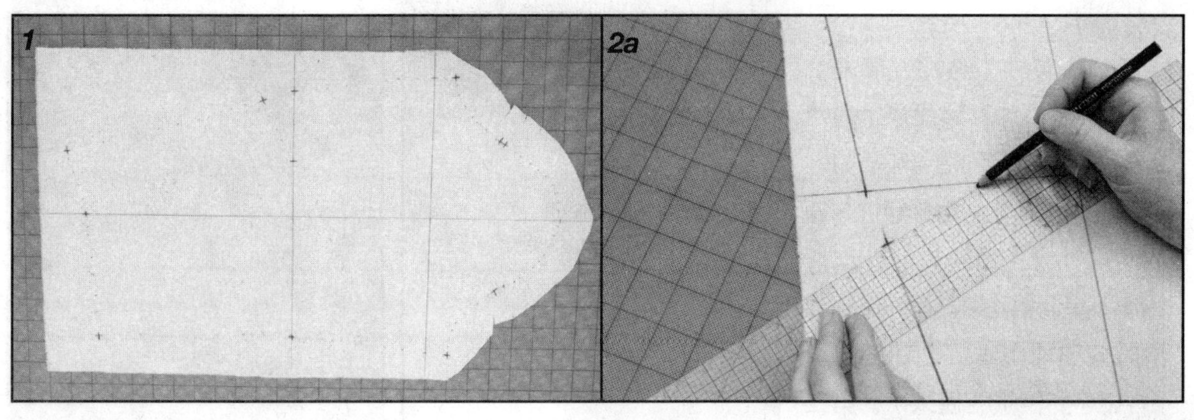

校正坯布

1 沿袖中线在臂板、肘线、肘省和手腕线上做十字标，腋下的袖下缝也要做标记。
2 用直尺绘制出肘省和袖下缝。用曲线尺绘制出手腕线和袖山。
3 在腋下两侧将袖山各降低1英寸（约2.54厘米），以便适合人体袖窿尺寸。绘制出新的袖山线，与原袖山虚线保持平行。保持袖肥线的平衡。

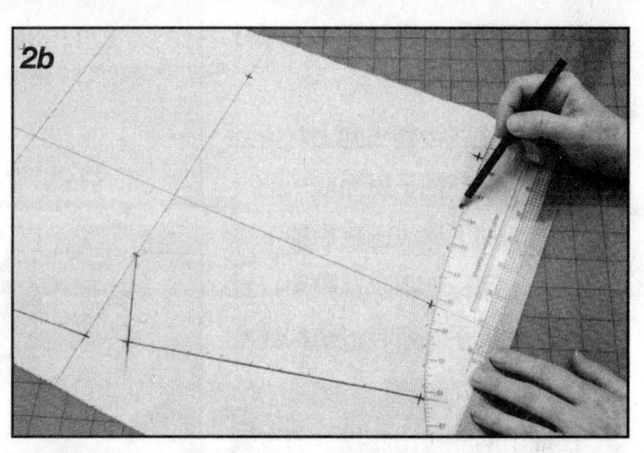

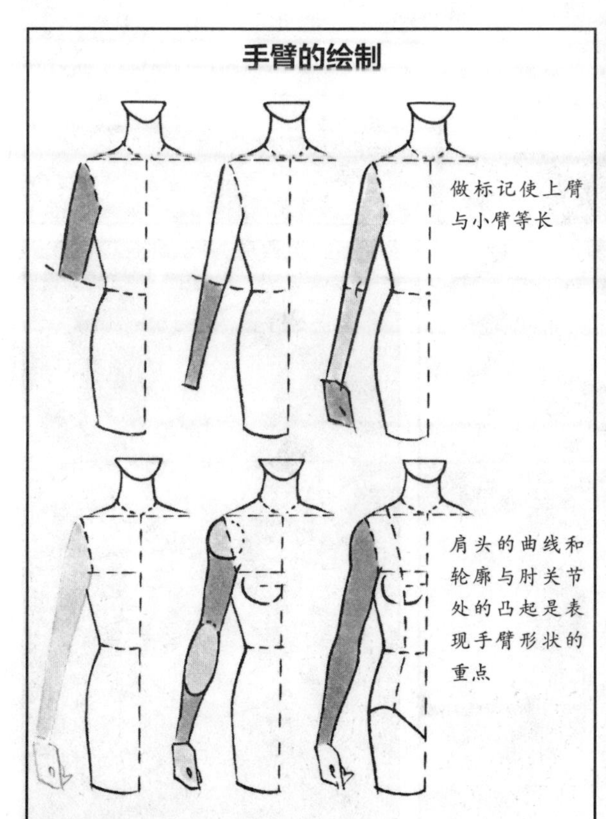

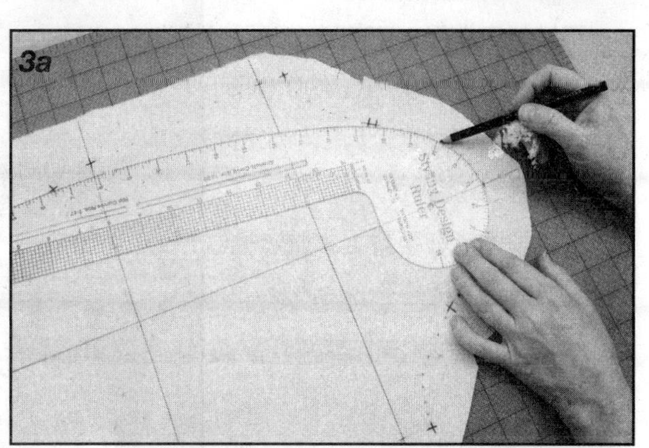

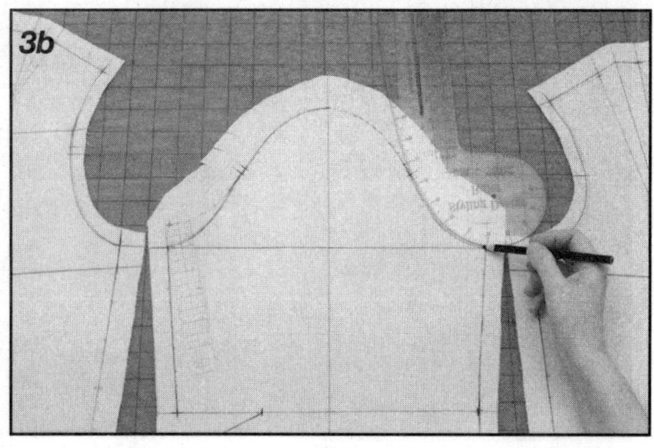

袖子的立裁

安装袖子

1 增加1/2英寸（约1.27厘米）至1英寸（约2.54厘米）的缝份，完成袖子的褶缝和修剪。在袖山剪口之间用缝纫机车缝两排针脚（用较长的针迹长度）来调整吃量。第一排针脚应该在袖山线上（缝份内）1/16英寸（约0.2厘米）。第二排针脚在第一排针脚上1/4英寸（约0.6厘米）。

2 将肘省的底边省线向上对折到肘线上。在袖子里面放一把尺子，前袖下缝线压在后袖下缝线上，用钉针固定，并用钉针固定住尺子。所有的结构线应该在袖子外面。

3 在袖山两侧拉出底线，通过调整松量来塑形。在前袖山，距离中线右侧1/4英寸（约0.6厘米）打剪口。这个剪口与人台的肩缝相对合。

4 将袖子固定在手臂上，调节袖山，检查立裁袖子的合体度。

5 袖中线应该与人台侧缝对齐。

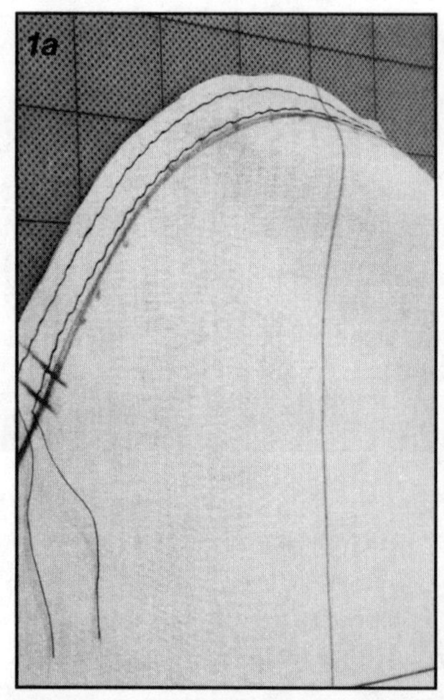
1a

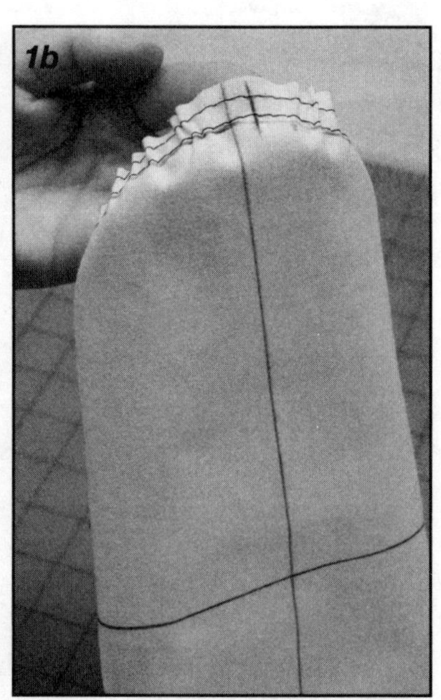
1b

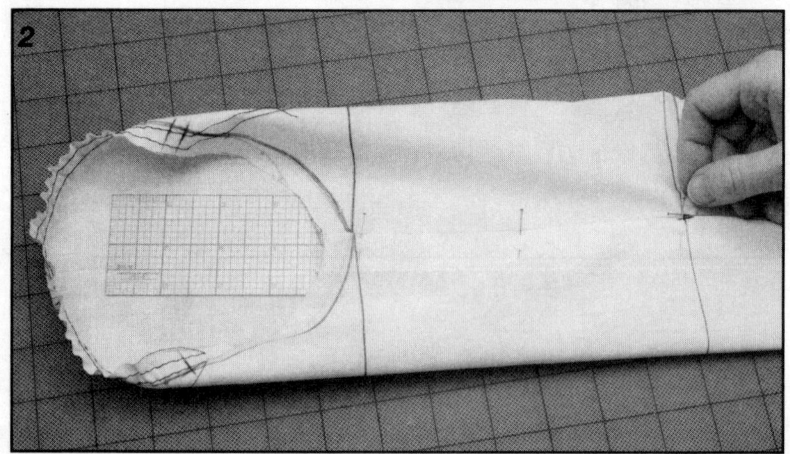
2

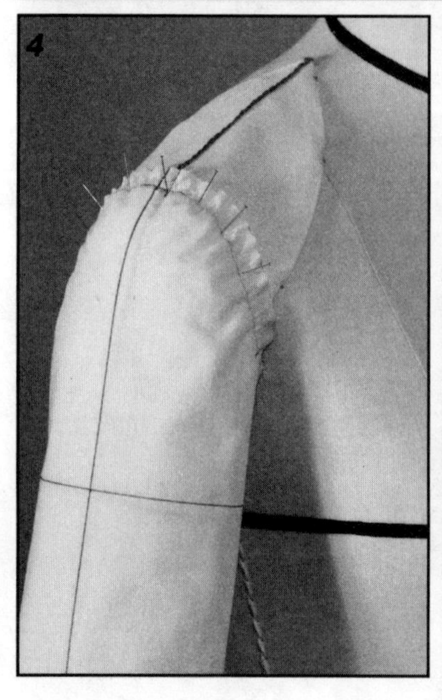
4

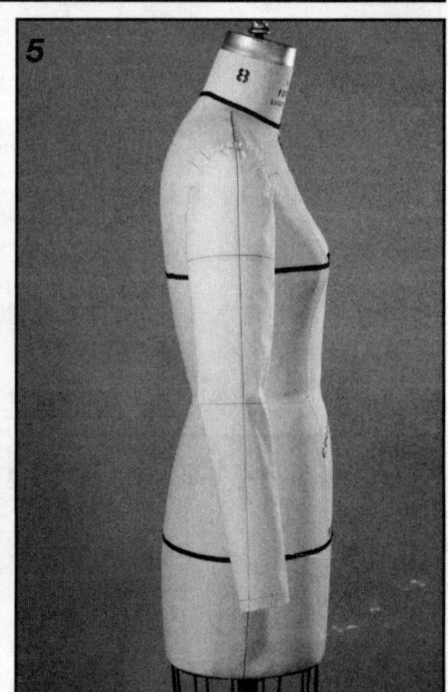

5

2

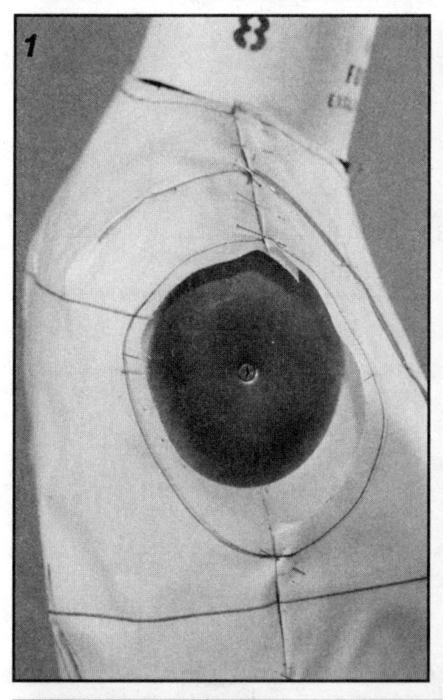

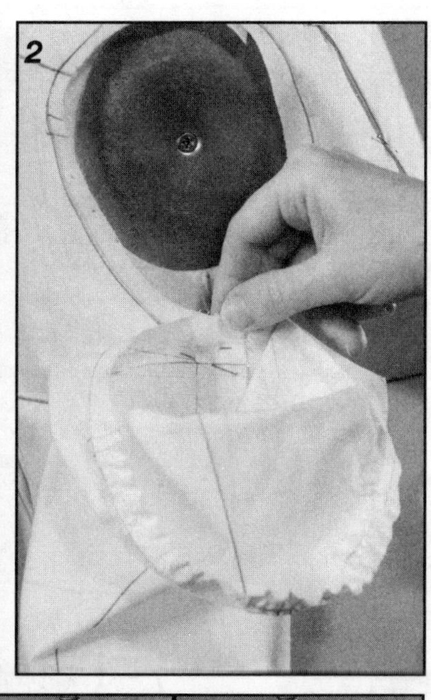

袖窿的绘制

在人体平面图上，袖窿呈现出向前倾的椭圆形。

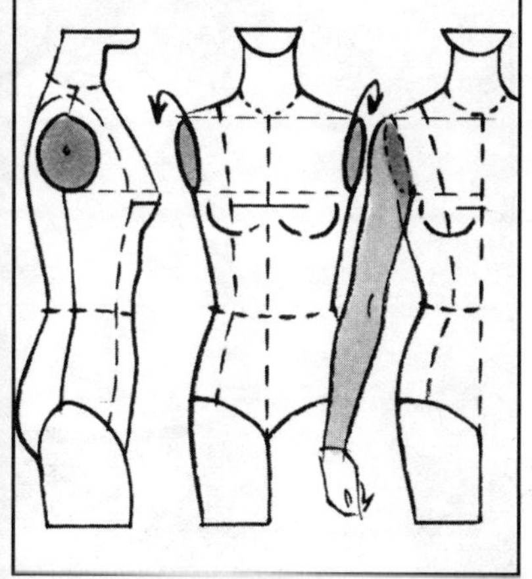

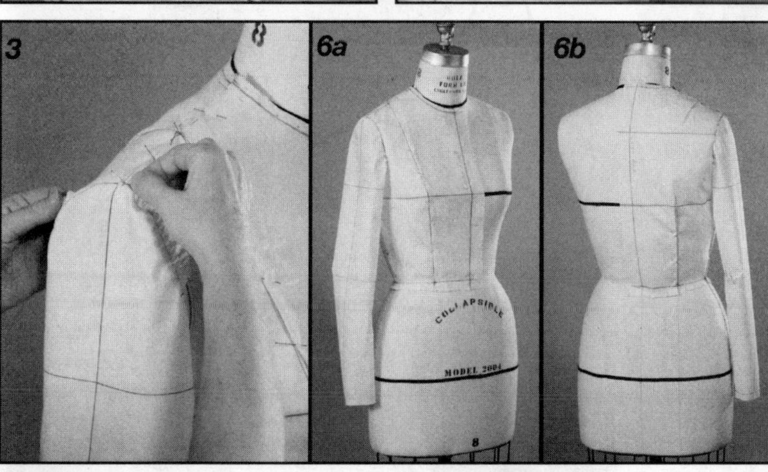

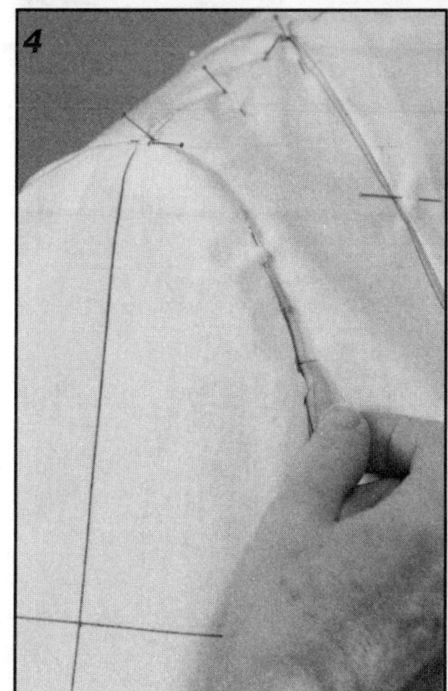

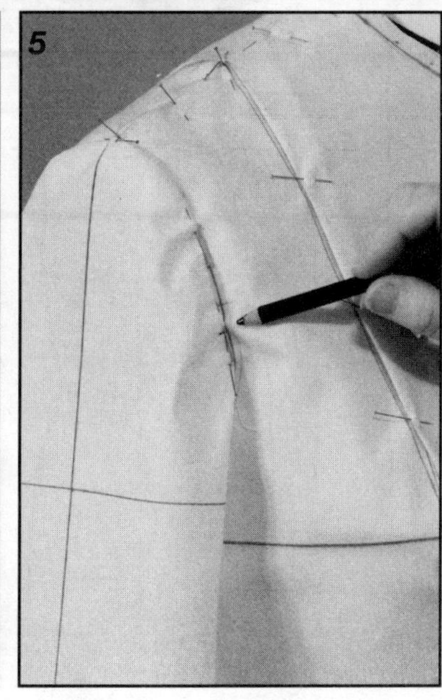

在袖窿处插入袖子

1 用钉针固定白坯布原型。

2 将袖下缝和衣身的侧缝对合，用钉针从袖子内侧将袖子和衣身的袖窿固定在一起。

3 将袖山的缝份下折，袖山的剪口与衣身的肩线对齐。

4 在固定袖山时，钉针应平行于缝迹线下针，与肩头扣合。

5 调整袖山以适合袖窿。调整袖山剪口，使其与衣身剪口对合。

6 袖子应该轻微地向前倾斜。肩线处的经纱向后身倾斜¼英寸（约0.6厘米）。标记出袖山的剪口。

直筒袖制板

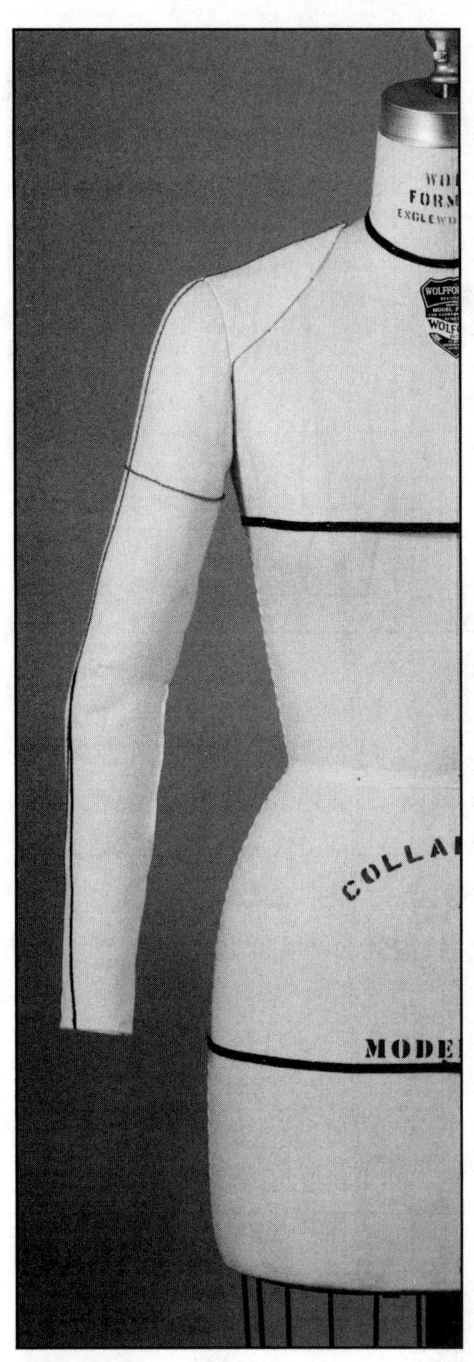

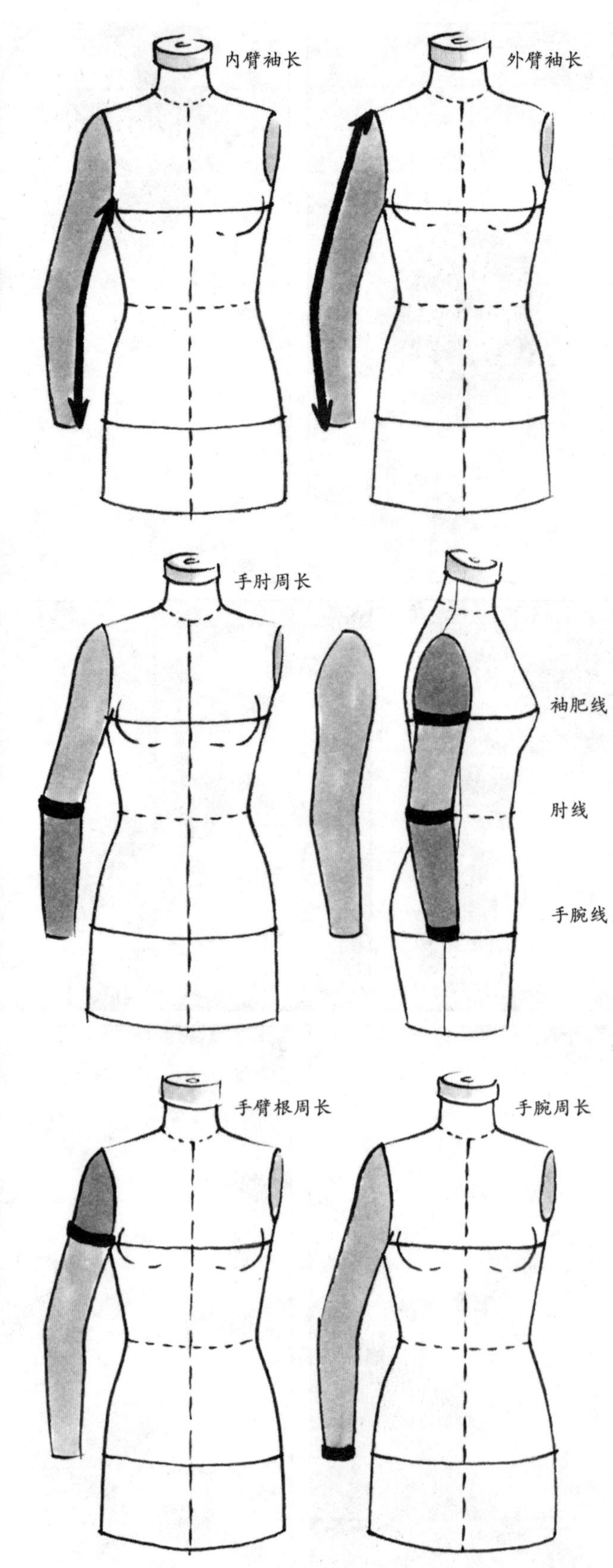

手臂测量

- 从垫肩至手腕的外臂袖长
- 从腋窝至手腕的内臂袖长
- 手肘周长
- 手臂根周长
- 手腕周长

基础框架

准备一张16英寸（约40.6厘米）×26英寸（约66厘米）的制板纸。绘制出一条直线，作为中心线。

A–B=袖长

B–C=内臂长，$^1/_2$**B–C**减去$^3/_4$英寸（约1.9厘米）=**肘线**

E–F=袖肥加上松量【$12^1/_2$英寸（约31.8厘米）】

G–H=肘线加上松量【$11^1/_2$英寸（约29.2厘米）】

I–J=手腕线加上松量【$8^1/_2$英寸（约21.6厘米）】

参考线的绘制

1 通过袖顶点**A**点绘制出一条直线。

2 将袖肥线和肘线平均分成四份。将从肘线绘制出的辅助线延长通过袖顶。

3 将袖山高平分，绘制出一条水平线。

4 分别连接**F–H–J**和**E–G–I**，向上做延长线。

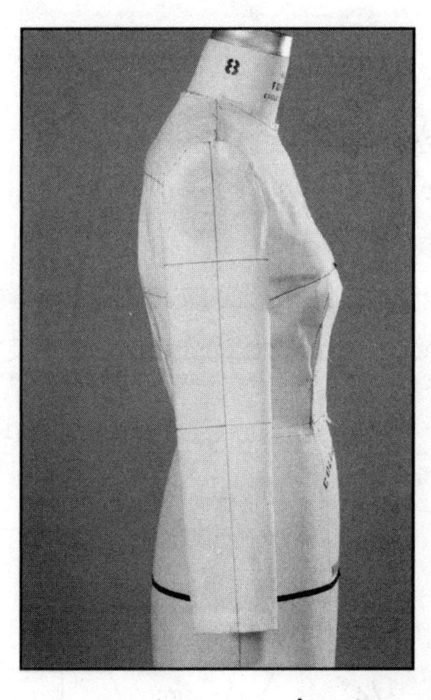

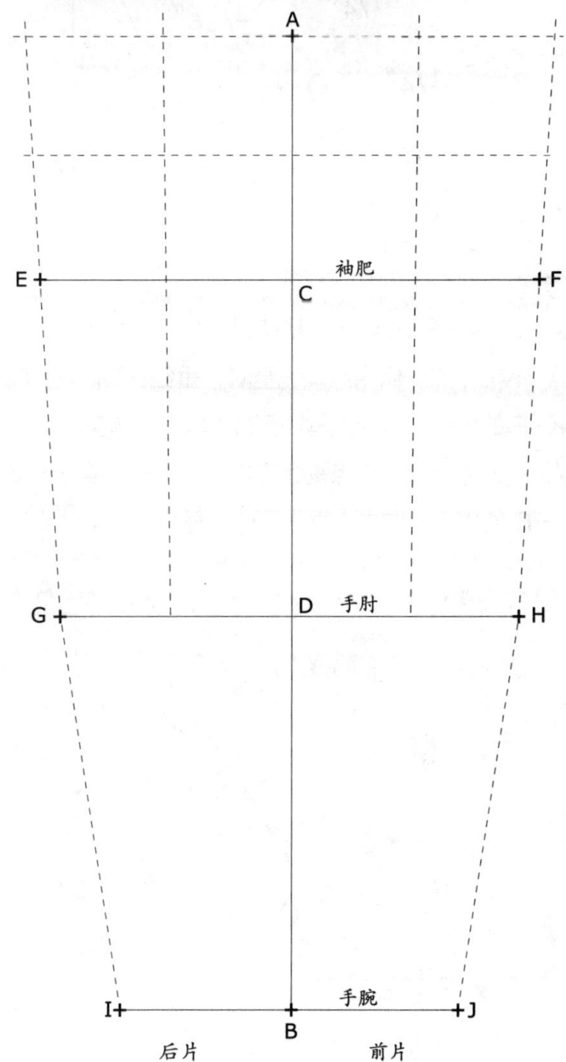

直筒袖制板

袖山的制板

1 A_1和A_2=A向左右各取1/4英寸（约0.6厘米）

2 F_1=F左侧取1/4英寸（约0.6厘米）

3 E_1=E右侧取1/4英寸（约0.6厘米）

4 K=前四分之一平分线和袖山平分线的交点向左取1/8英寸（约0.3厘米）

5 L=后四分之一平分线和袖山平分线的交点向左取3/16英寸（约0.5厘米）

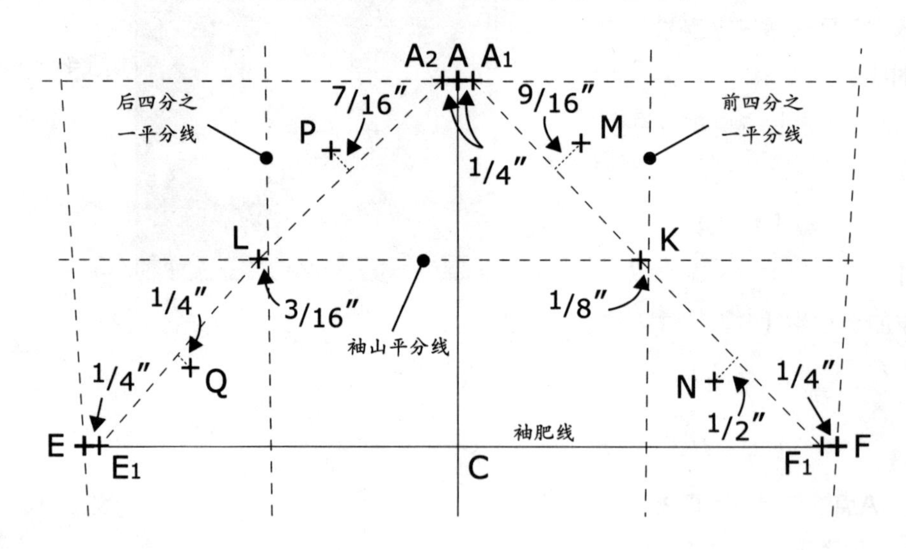

连接参考线

6 连接A_1–K，K–F_1，A_2–L，L–E_1。

7 找到A_1–K的中点。做中点垂线至M，垂线长9/16英寸（约1.4厘米）。

8 找到K–F_1的中点。做中点垂线至N，垂线长1/2英寸（约1.27厘米）。

9 找到A_2–L的中点。做中点垂线至P，垂线长7/16英寸（约1.1厘米）。

10 找到L–E_1的中点。做中点垂线至Q，垂线长1/2英寸（约1.27厘米）。

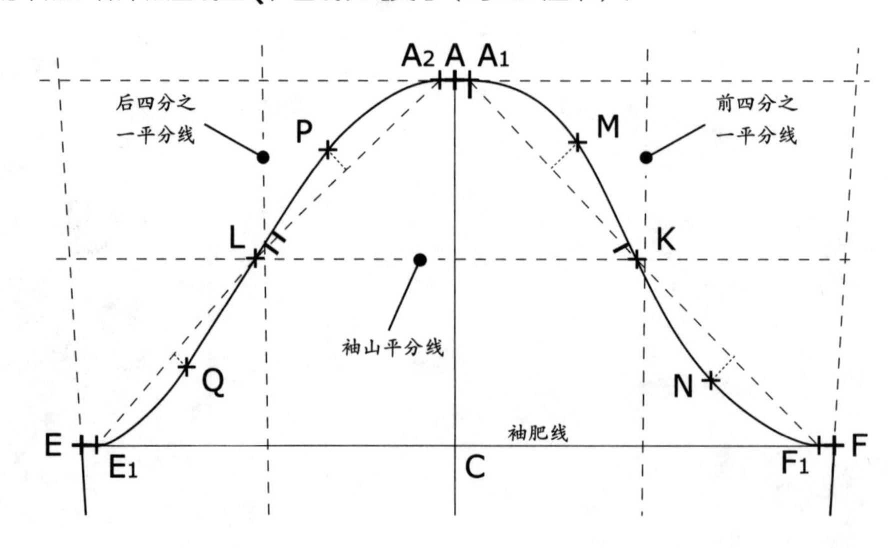

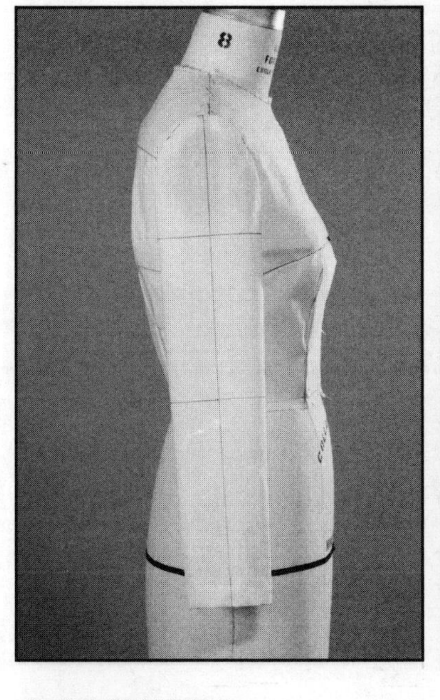

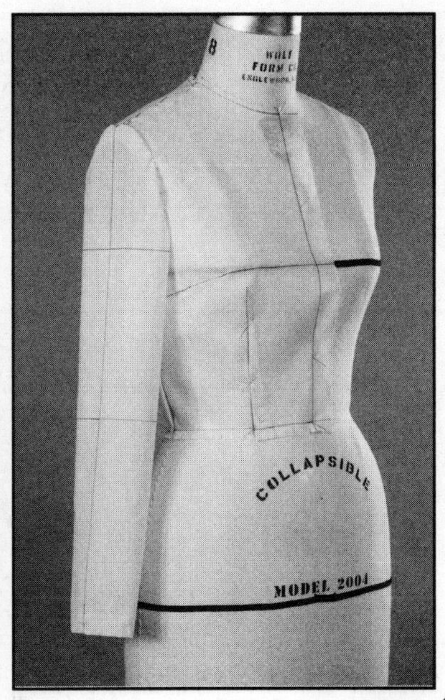

完成直筒袖制板

1. 在A_1和K做剪口，在L做两个剪口。
2. 用曲线尺连接这几个点。
3. 绘制出袖下缝线、袖肥线和肘线。
4. 在袖中线标识出经纱方向。
5. 在肘线和手腕中线做剪口。
6. 通过折叠并对齐袖下缝线来检查纸样。
7. 按照纸样裁剪白坯布，做最后的调整。
8. 将纸样转移至标签纸用于制作服装尺寸样板。

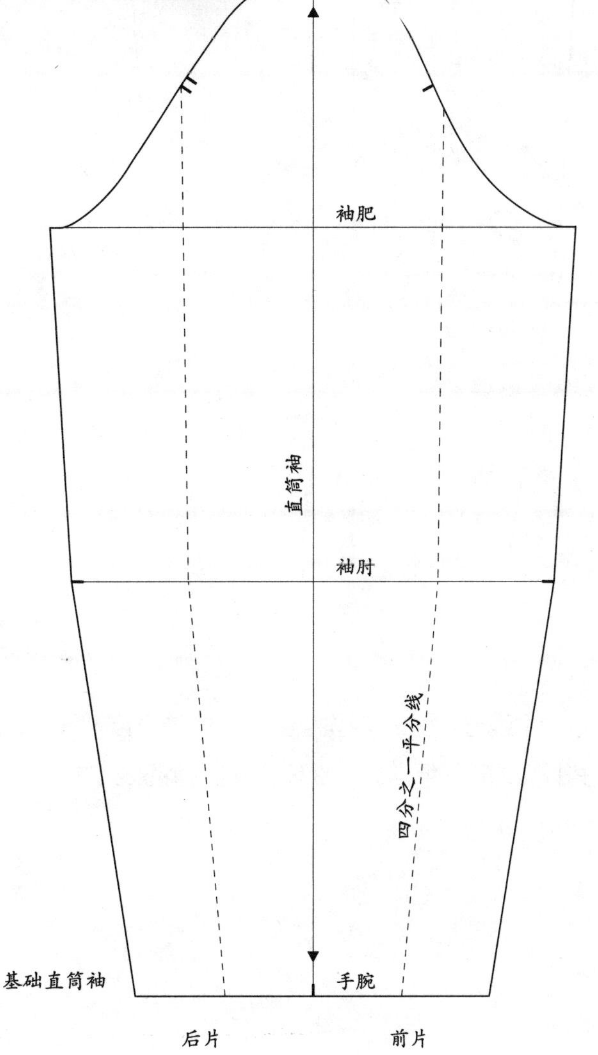

合体袖制板

制板

1 拷贝直筒袖纸样。

2 沿着肘线，从袖下缝线裁剪到袖中线。
沿着袖中线，从手腕线裁剪到袖肘线。

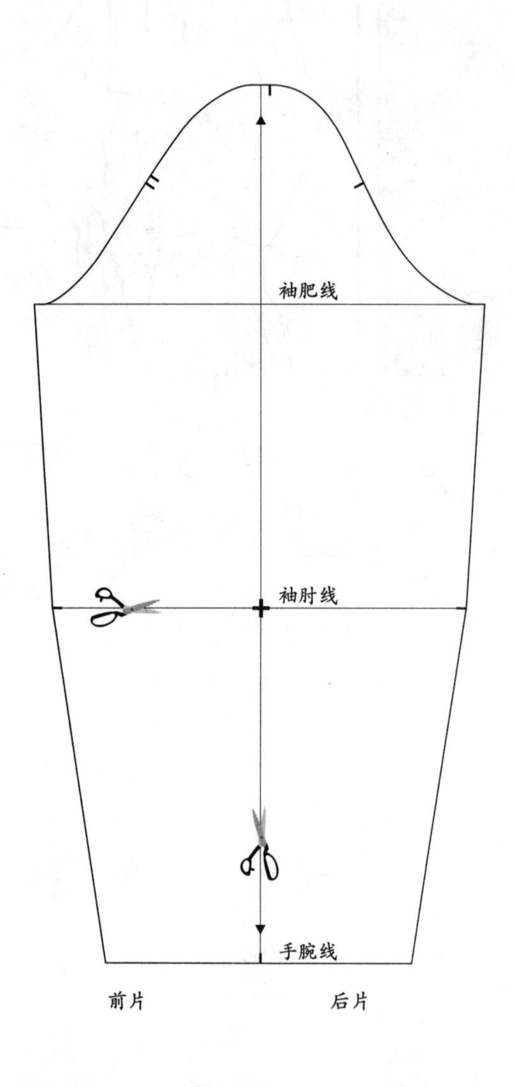

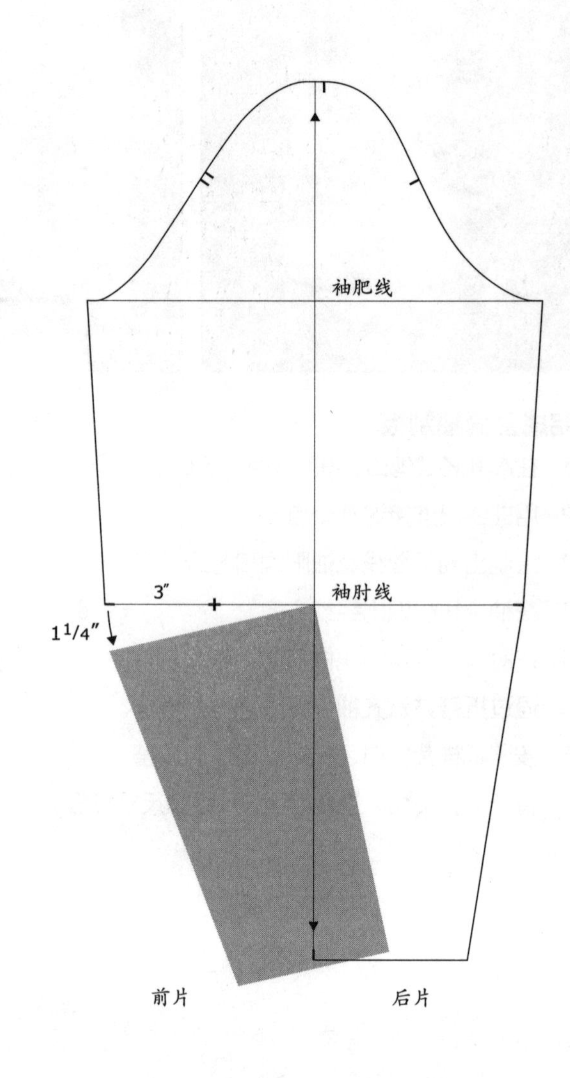

3 以袖中线与肘线交点为轴点，向下旋转$1^1/_4$英寸（约3.2厘米）做肘省。纸样在手腕处有重叠。

4 拷贝新的袖子纸样。从袖下缝线向内量取3英寸（约7.6厘米），在肘线处绘制出肘省。

5 调节肘省：

袖下缝 在肘线的后袖线增加1/4英寸（约0.6厘米）。省道的下省线增加1/8英寸（约0.3厘米）。在肘线的前袖线减去1/4英寸（约0.6厘米）。

手腕 在手腕线上将袖长减短1/4英寸（约0.6厘米）。后手腕线外延1/8英寸（约0.3厘米），前手腕线外延3/8英寸（约1厘米）。

6 将新的手腕线平均分成四份。在前面的四分之一点，从原来的手腕线上量取3/8英寸（约1厘米）。

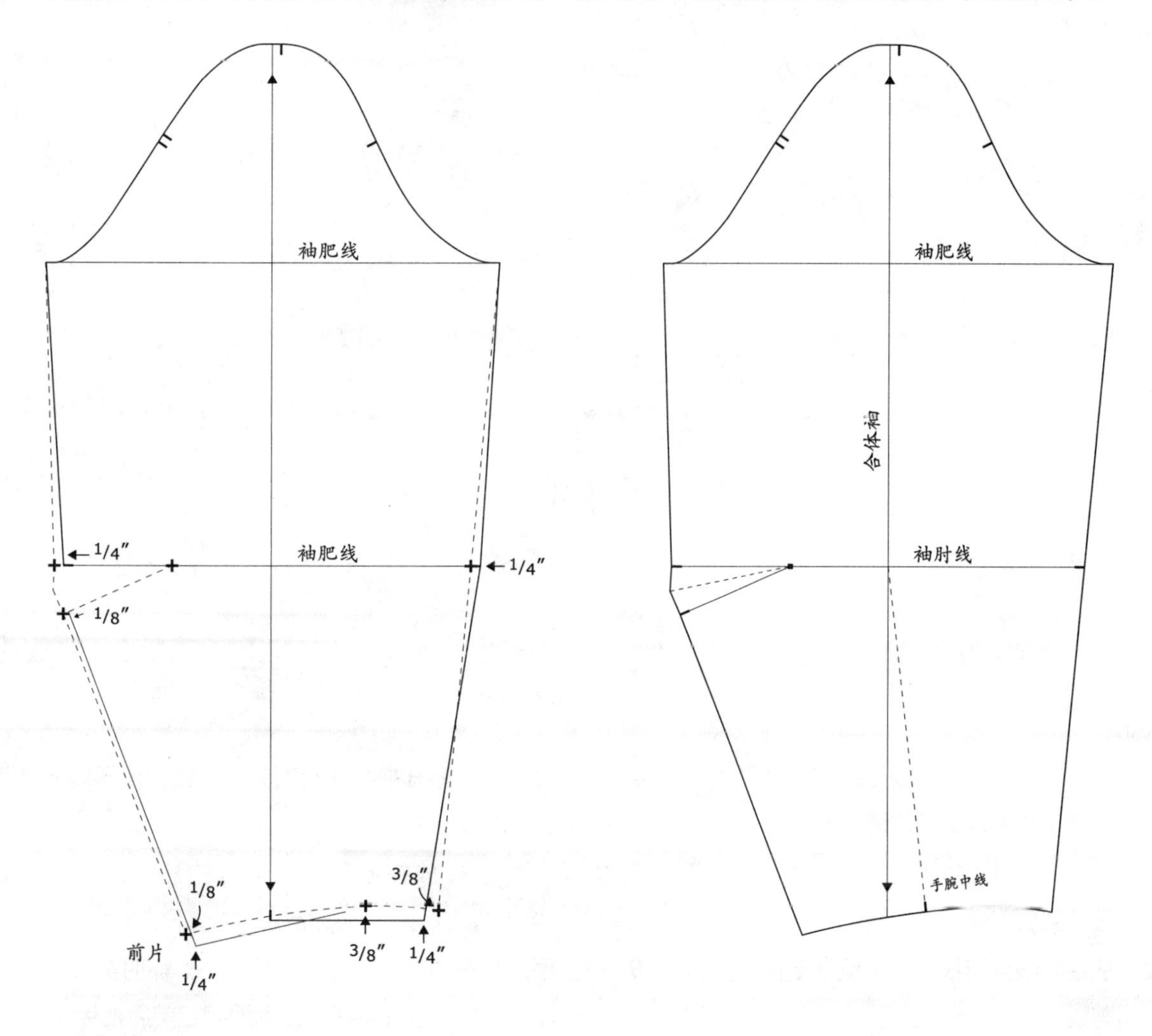

完成合体袖制板

7 绘制出一条新的袖下缝线。用曲线尺绘制出新的手腕线。

8 裁剪袖子。合并肘省。

9 通过折叠并对齐袖下缝线来检查纸样。

10 在袖山、肘线、省道和手腕中线处做剪口。

11 按照纸样裁剪白坯布。将纸样转移至标签纸，用于制作服装尺寸样板。

袖型变化

羊腿袖

袖山收褶可以让袖子的顶部看起来很丰满，在肘部以下袖子依然合体。

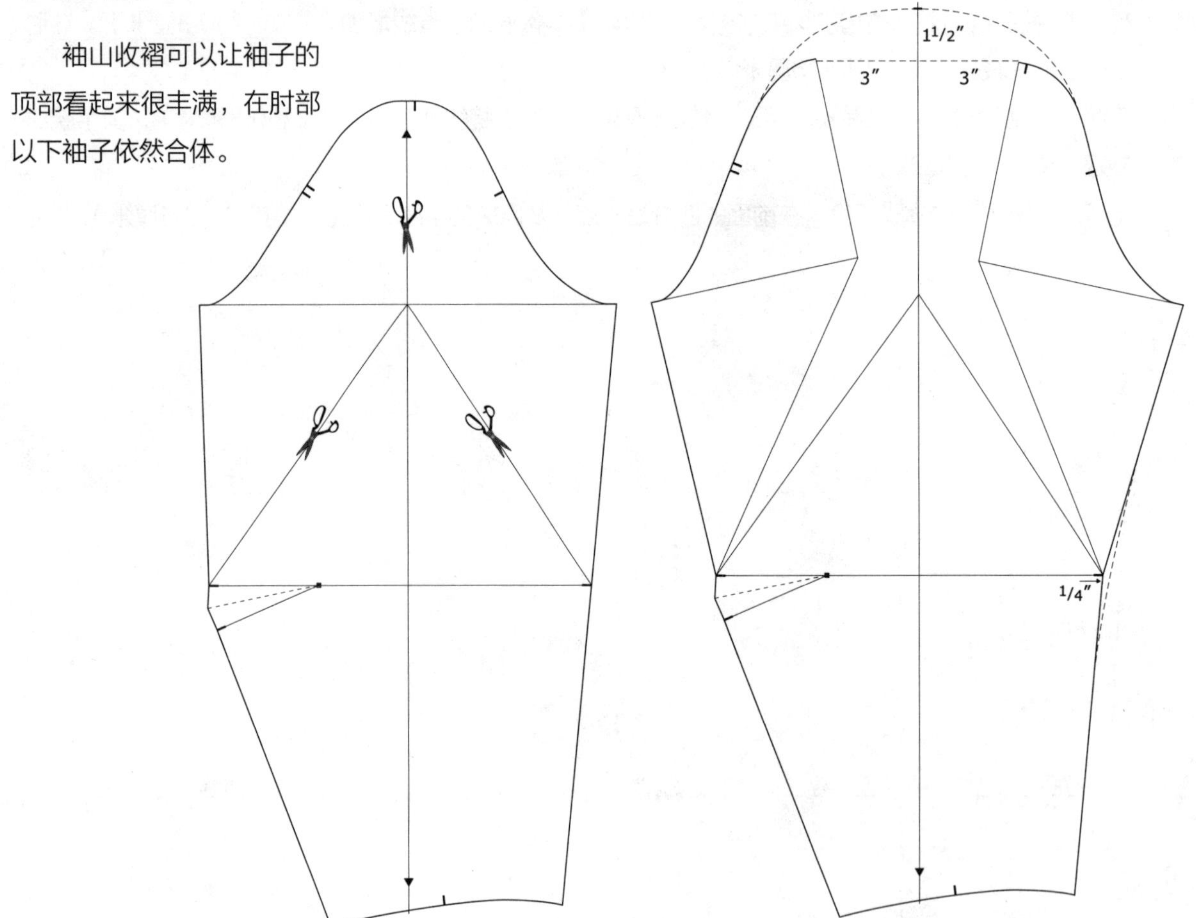

制板

1 在一张纸的中心绘制出28英寸（约71.1厘米）长的袖中线，留出两边。

2 在另一张纸上拷贝合体袖纸样，不加缝份并裁剪下来。

3 从袖肥线到肘线的袖下缝绘制出两条裁剪线。

4 从袖山开始，剪开袖中线及两条裁剪线，但不要把裁片从主板中分离出来。

5 把剪下的纸样放在准备好的纸张的袖中线上（步骤1）。将中心线对齐，用胶带固定肘省下的半个袖子。

6 袖山顶部打开6英寸（约15.2厘米）。在肘关节点处保证纸样的平顺。从袖中线等距离地固定前后袖片。

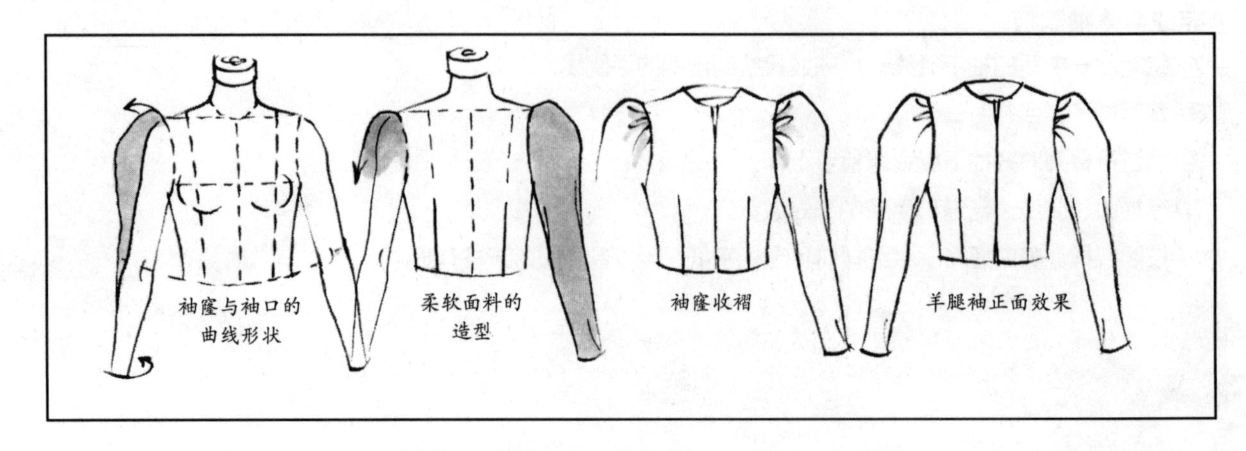

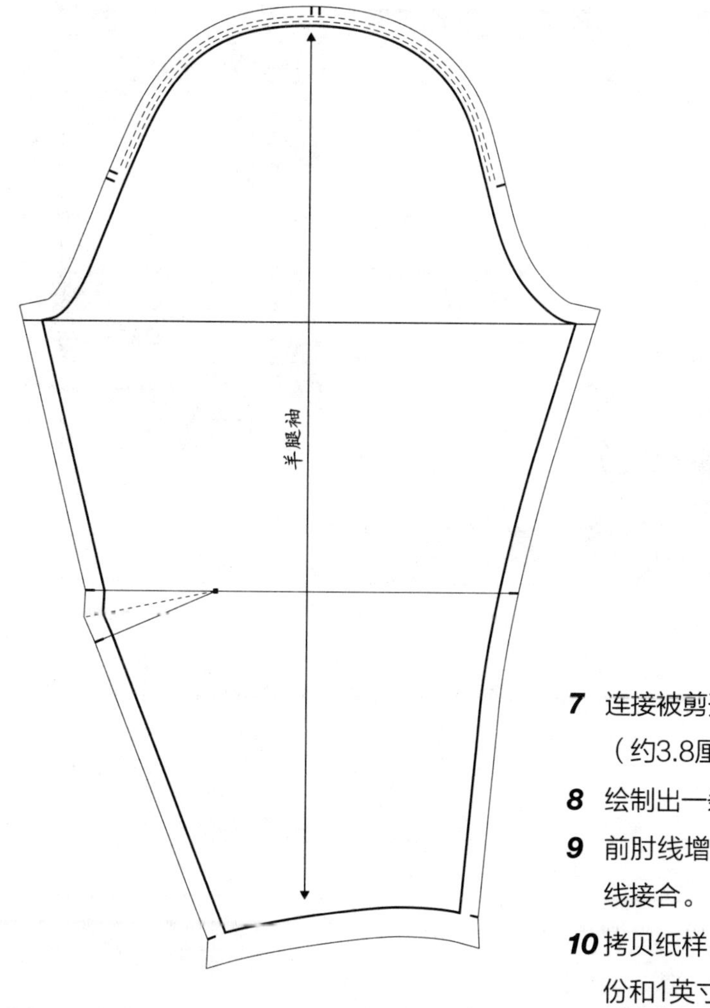

7 连接被剪开的袖山顶点，沿袖中线向上$1\frac{1}{2}$英寸（约3.8厘米）。

8 绘制出一条新的袖山线，与前后袖山线接合。

9 前肘线增加$\frac{1}{4}$英寸（约0.6厘米），与袖下缝线接合。

10 拷贝纸样。在袖肥线上平衡新的袖山。增加缝份和1英寸（约2.54厘米）折边。在前后袖山剪口之间标记出抽褶符号。

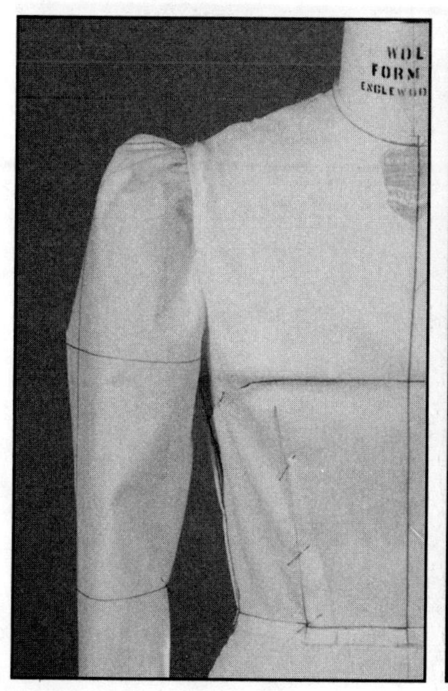

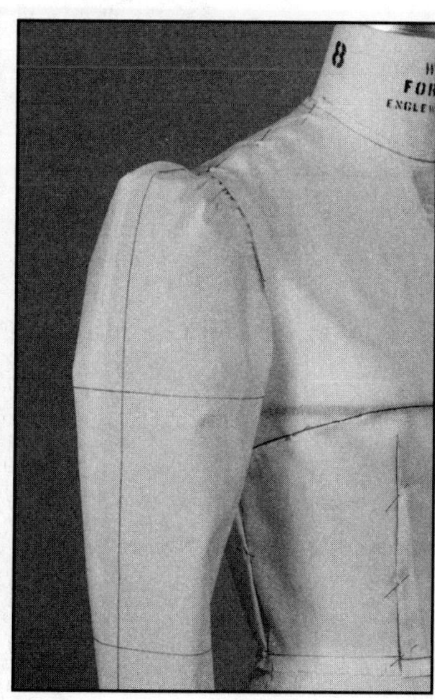

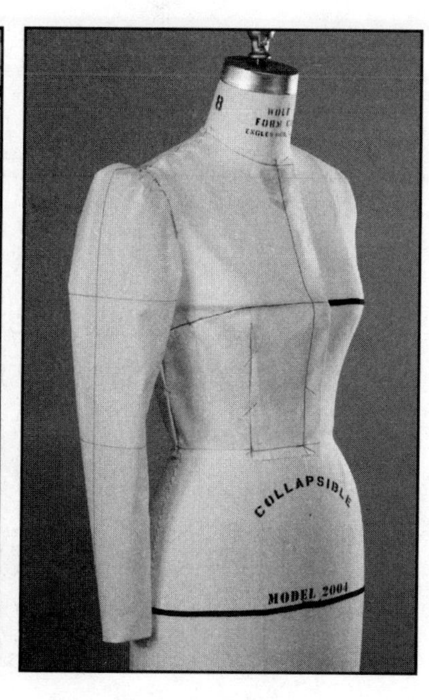

袖型变化

喇叭袖

与钟罩袖相比，这种袖型的上部分更为合体。

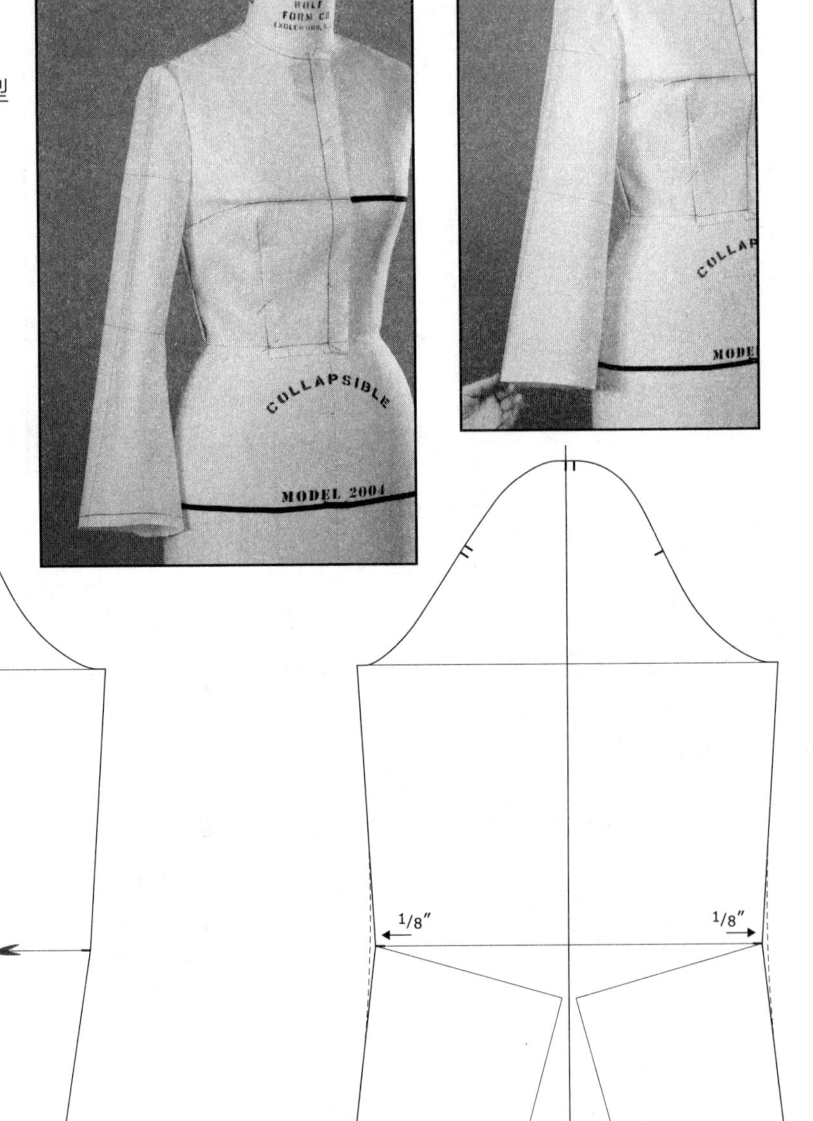

制板

1. 在一张制板纸的中心绘制出28英寸（约71.1厘米）长的袖中线，留出两边。
2. 在另一张纸上拷贝直筒袖的纸样，不加缝份并裁剪下来。
3. 标明裁剪线。
4. 从手腕中线开始，沿肘线剪开，但不要把裁片从主板中分离出来。
5. 把剪好的纸样放在准备好的纸张的袖中线上（步骤1）。将袖中线对齐，用胶带固定上半个袖子。
6. 将手腕线打开$5\frac{1}{2}$英寸（约14厘米），在肘关节点处保证纸样的平顺。从袖中线等距离地固定前后袖片。

绘制袖口线

7 连接前后袖下缝线的底端做一条辅助线。将这条线平均分成四份。将后四分之一点下降1/2英寸（约1.27厘米），前四分之一点上升1/2英寸（约1.27厘米），再取手腕中线与这条辅助线的交点，这几个点做标记。

8 从后袖下缝线开始，用曲线板通过这几个点绘制出新的袖口曲线。

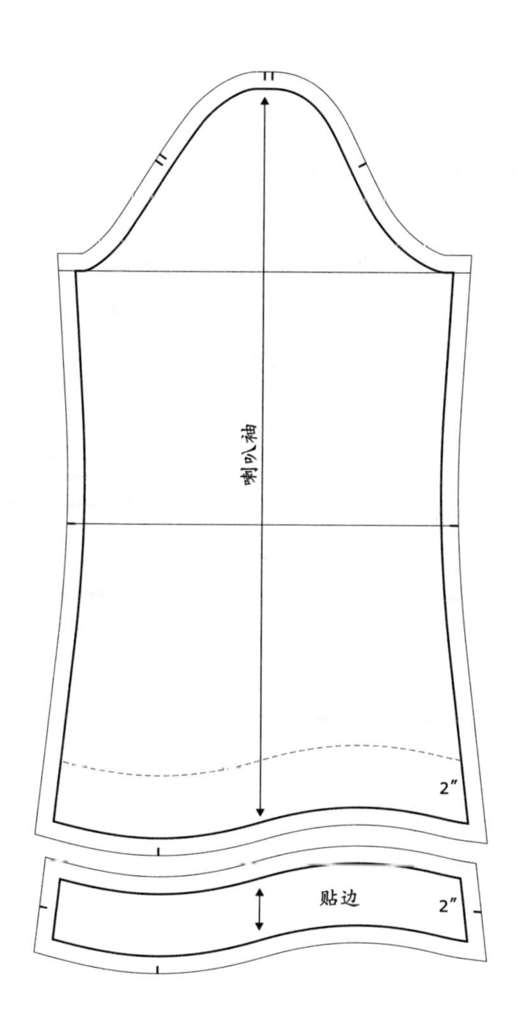

9 在肘线两端分别增加1/8英寸（约0.3厘米），与原袖下缝线连接平顺。

10 增加缝份。

11 在袖口增加1/4英寸（约0.6厘米）的卷边，或者制作2英寸（约5.1厘米）宽的贴边。

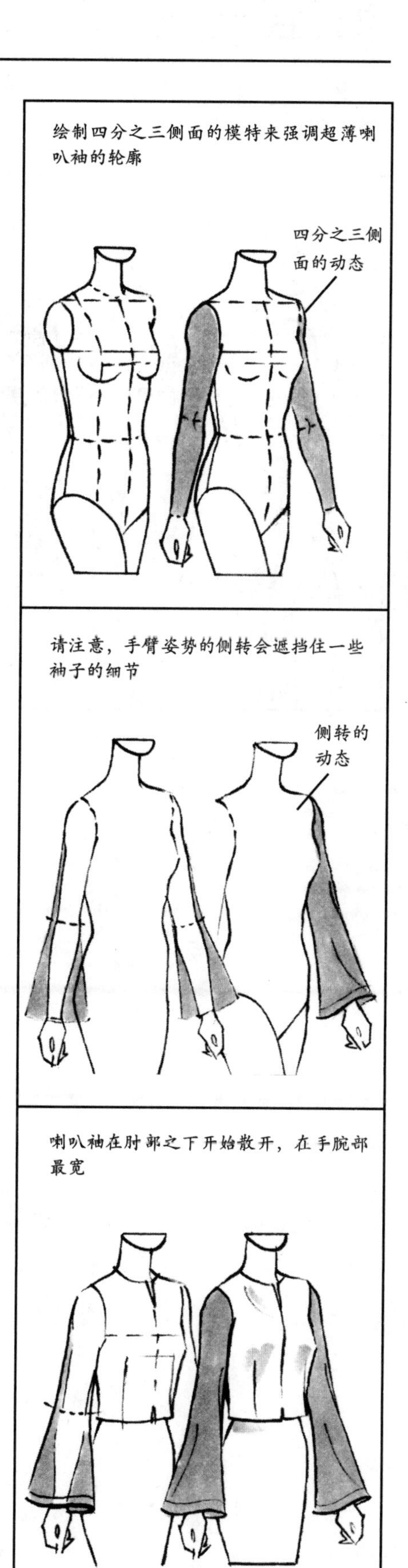

袖型变化

女式衬衫袖

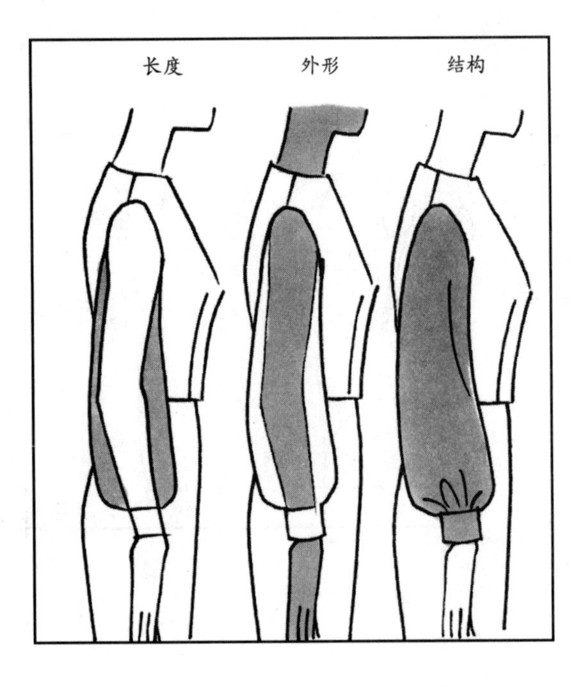

这种基础袖型的袖山平顺，造型丰满的褶皱聚集在手腕袖口处。

制板

1. 拷贝直筒袖的纸样。手腕线向上取$1\frac{1}{2}$英寸（约3.8厘米），绘制一条直线作为袖克夫，直线长度为$8\frac{1}{2}$英寸（约21.6厘米），包括扣子的量。将袖克夫的两端校直，然后拷贝到另一张纸上。
2. 用直角尺，绘制出新的袖下缝线垂直于袖肥线，调整袖口。袖长增加$\frac{1}{2}$英寸（约1.27厘米）。
3. 将袖肘线平均分成四份，并向下延伸到手腕线。将后四分之一点下降$\frac{1}{2}$英寸（约1.27厘米），前四分之一点上升$\frac{1}{2}$英寸（约1.27厘米）。袖下缝线和袖中线向下$\frac{1}{4}$英寸（约0.6厘米）。标记这些点。用曲线板通过这几个点绘制出新的手腕曲线。

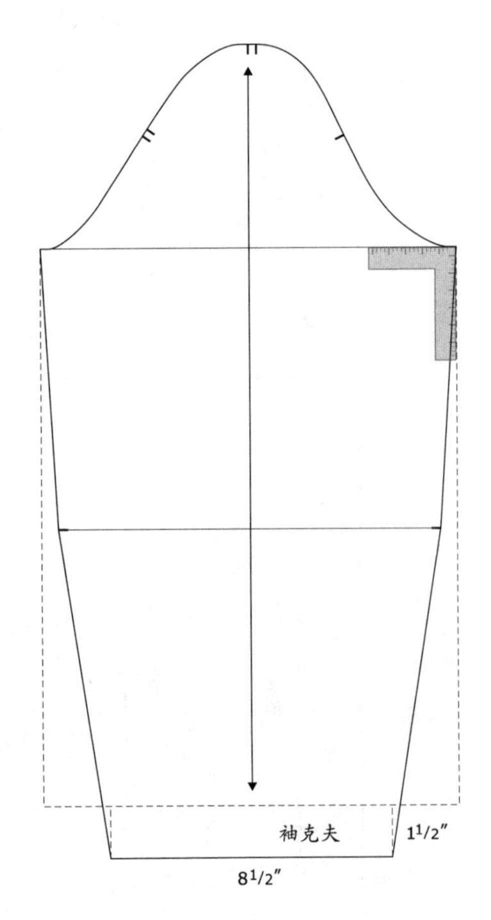

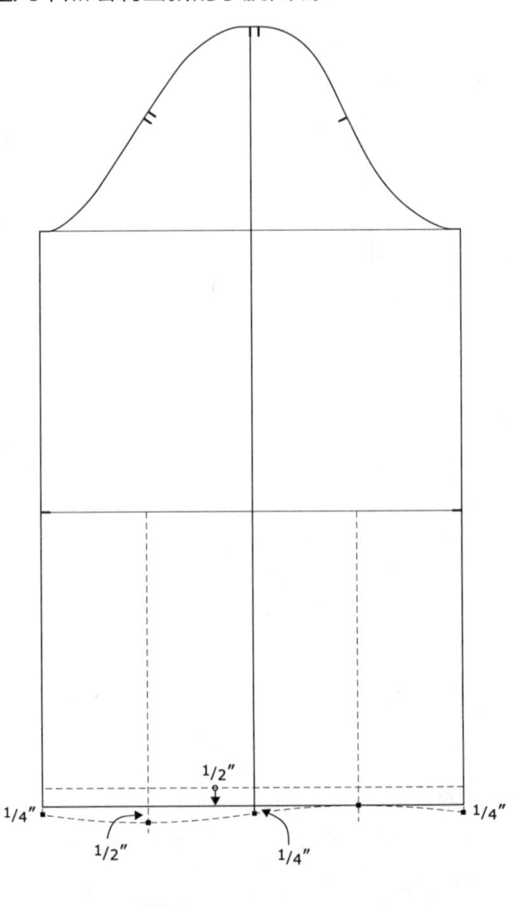

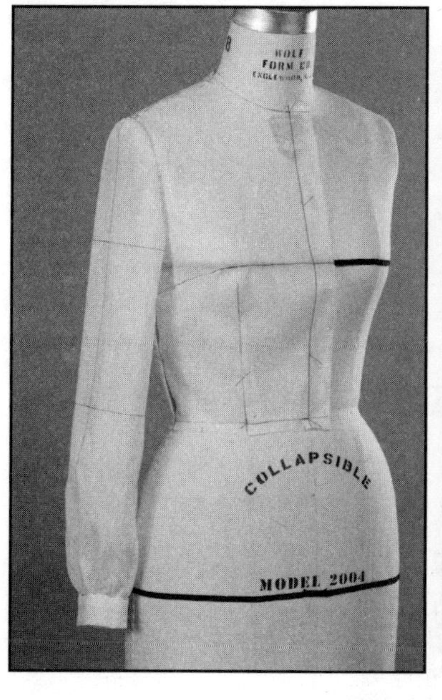

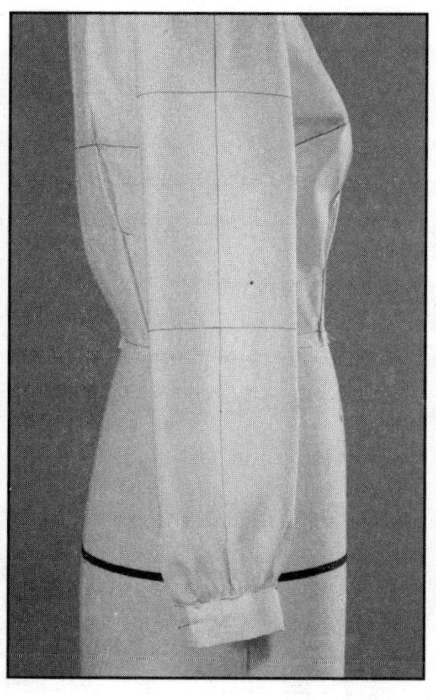

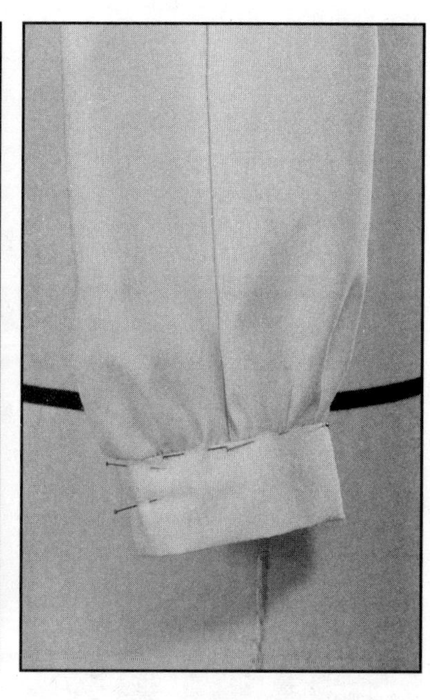

4 在手腕线后四分之一处向上量取$3^1/_2$英寸（约8.9厘米），用十字标标记出袖开衩。

5 **袖克夫** 平行于袖克夫的长边标记出中线。把袖克夫折叠置于袖口内侧。袖开衩可以用1英寸（约2.54厘米）×8英寸（约20.3厘米）的滚边条来制作。完成后的袖开衩宽为$^1/_4$英寸（约0.6厘米）。

6 增加缝份，将纸样转移至白坯布，修正调整。

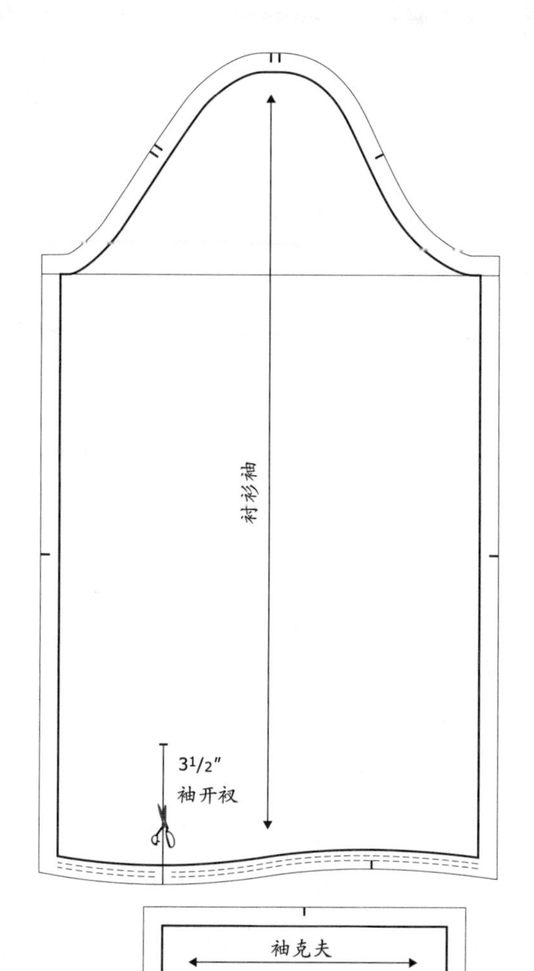

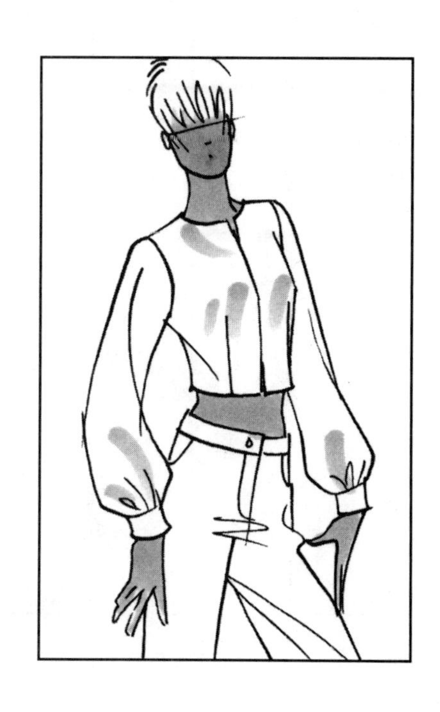

袖型变化

钟罩袖

这种袖型从袖山就开始变化，在手腕处平均分布松量。

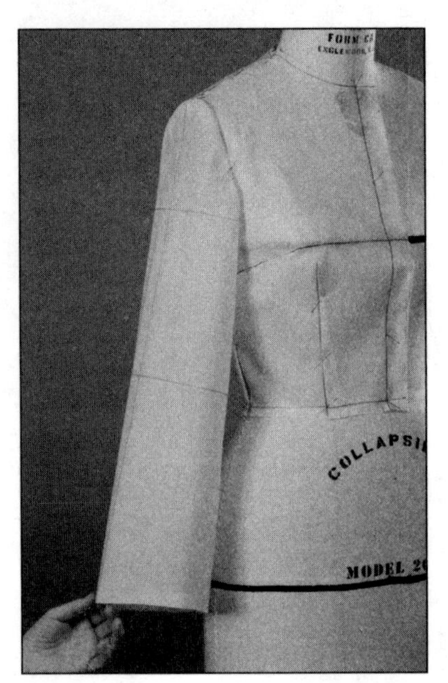

立裁

当袖子拼合在袖窿时，袖子应该距离人台几英寸远。袖中线应该对齐人台侧缝，或者稍微向前倾斜。

制板

1 在一张纸的中心绘制出28英寸（约71.1厘米）长的袖中线。留出两边。

2 在另一张纸上拷贝直筒袖的纸样，不加缝份并裁剪下来。垂直于袖肥线用直角尺重新绘制出袖下缝线。

3 将袖肥线平均分成四份，绘制出平分线并延长到袖山和手腕。从手腕至袖山剪开平分线和袖中线。

4 把剪下的纸样放在准备好的纸张的中心线上（步骤2）。将袖中线对齐纸张中心线，用钉针固定。每一片裁片打开$2^1/_2$英寸（约6.35厘米），保持袖山平顺。保证袖中线两边的裁片等量分布。用胶带固定。

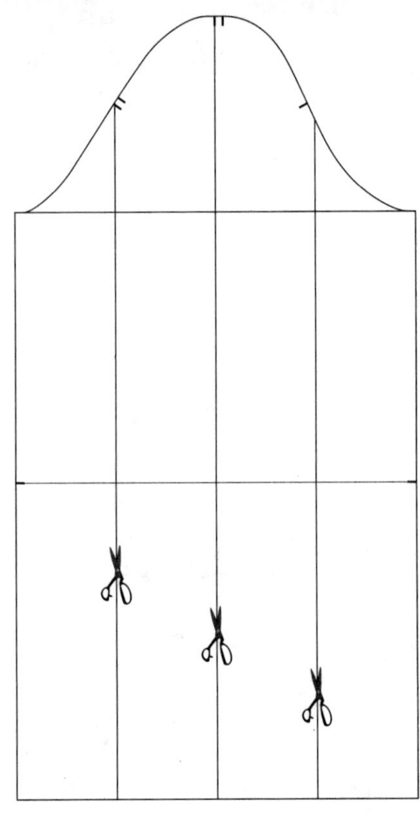

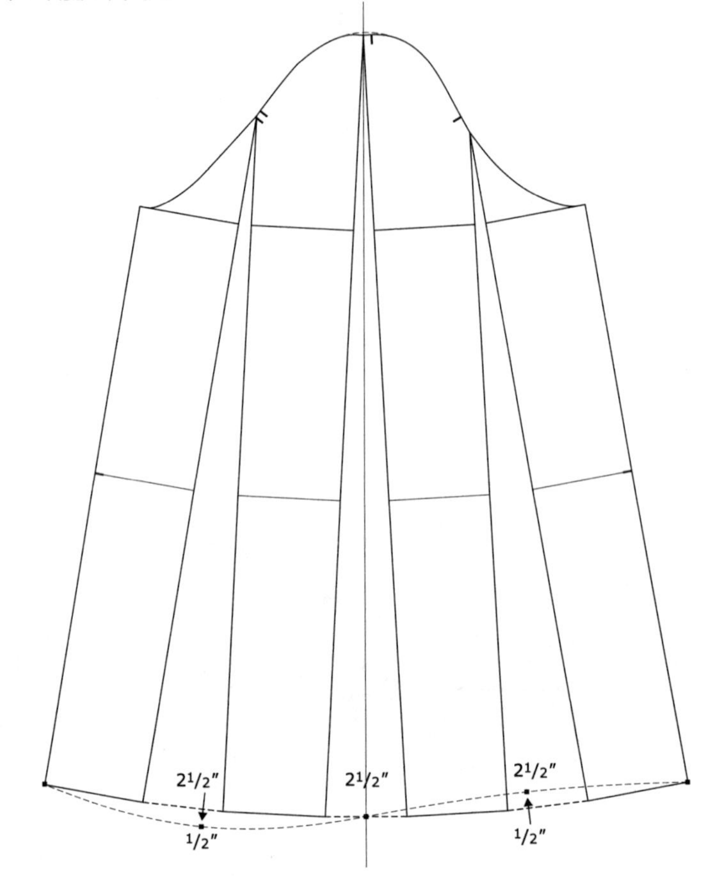

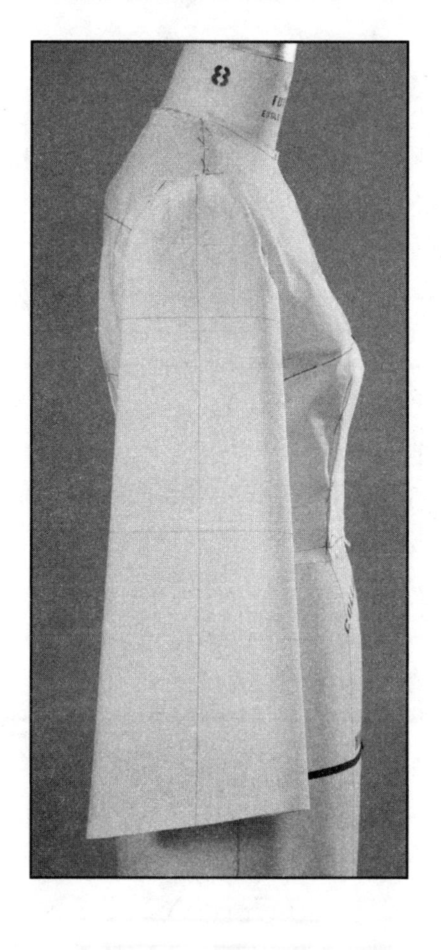

钟罩袖的形状和褶皱的绘制

袖子的构造决定了它的形状。袖子的面料会呈现出独特的褶皱。对于袖长更长或造型更丰满的袖子，人们会更加注意其褶皱的造型。不同软硬度的面料的折叠状态和褶皱可以通过绘画技法展现出来。面料越软，越要表现出褶皱的效果。

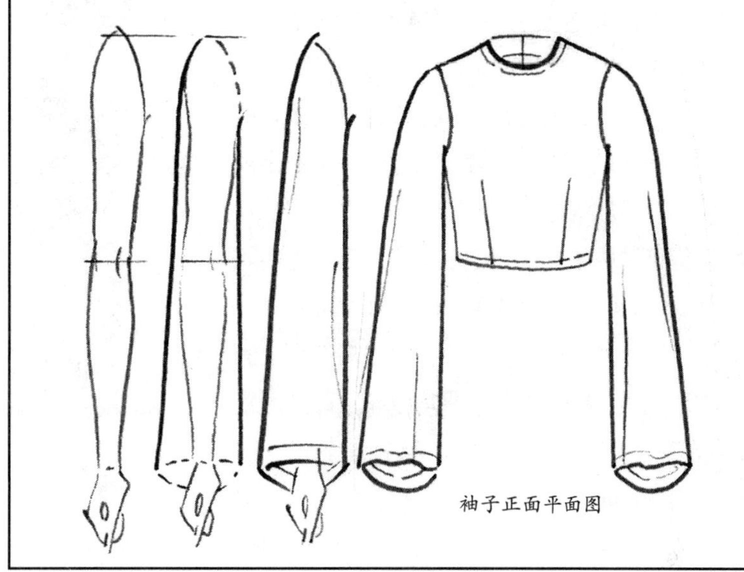
袖子正面平面图

5 用辅助线连接各个部分。将新的手腕线平均分成四份并进行标记。将后四分之一点下降1/2英寸（约1.27厘米），前四分之一点上升1/2英寸（约1.27厘米）。用曲线板通过这几个点绘制出手腕曲线。

6 连接袖山，增加缝份。袖口卷边可以是两面的（详见本章喇叭袖小节，第162页），还可以有内衬或窄边。

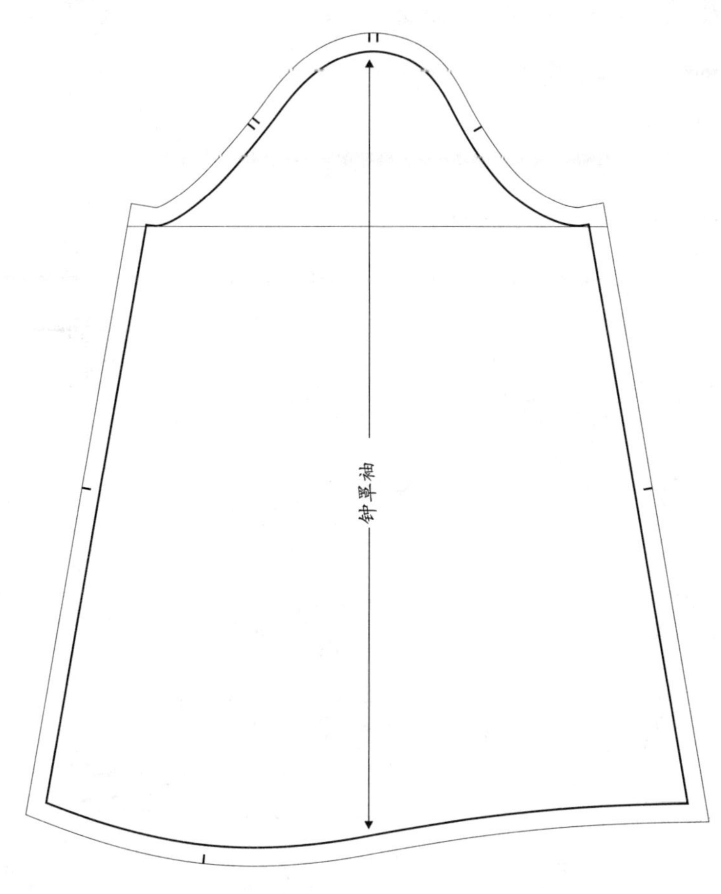

袖型变化

泡泡袖

这种袖型在袖山和袖肥处会收褶。在袖口上可以加上松紧带做褶边装饰。

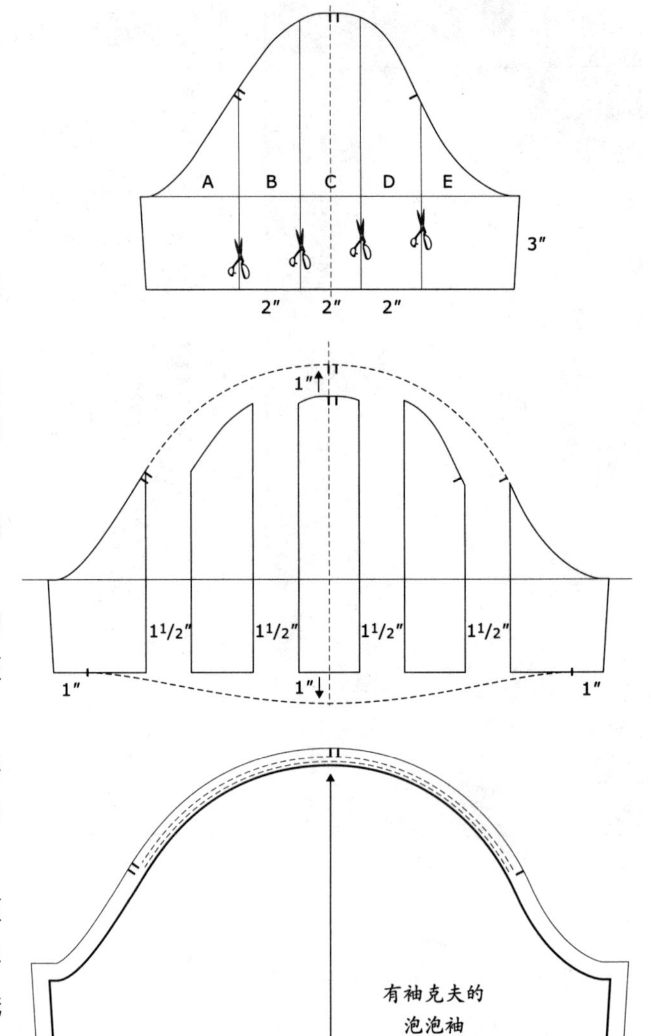

制板

1. 在一张纸的中心绘制出24英寸（约61厘米）长的中心线，留出两边。
2. 拷贝直筒袖的袖山线、袖肥线和袖中线。袖肥线向下量取3英寸（约7.6厘米）绘制出袖摆线，不加缝份裁剪纸样。
3. 平行于袖中线绘制出四条垂线，每条垂线间距2英寸（约5.1厘米）。标记每片裁片。
4. 袖子被分成了五部分。将袖中线与纸张上的中线匹配。将五片裁片平均分布，每片间距$1^1/_2$英寸（约3.8厘米），用胶带固定。
5. **袖山** 在袖中线上将袖山上升1英寸（约2.54厘米）。从A片到E片，绘制出新的袖山线。将原袖山剪口移至到新袖山线上。
6. **袖摆** 从袖下缝线向内取1英寸（约2.54厘米）打剪口。在袖中线下降1英寸（约2.54厘米），在剪口处与原袖摆线相连。用曲线尺将新的袖摆线绘制圆顺。

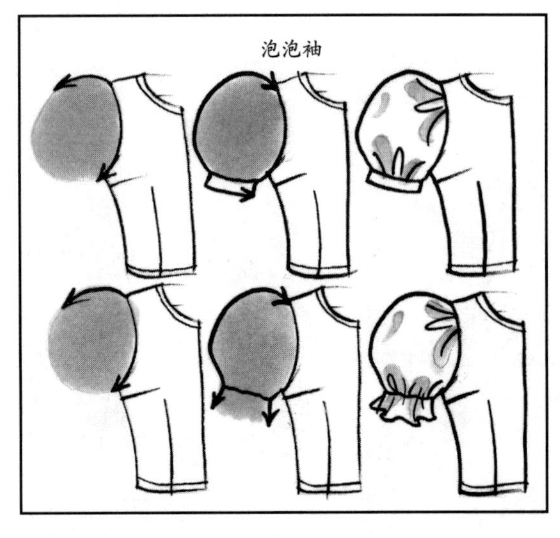

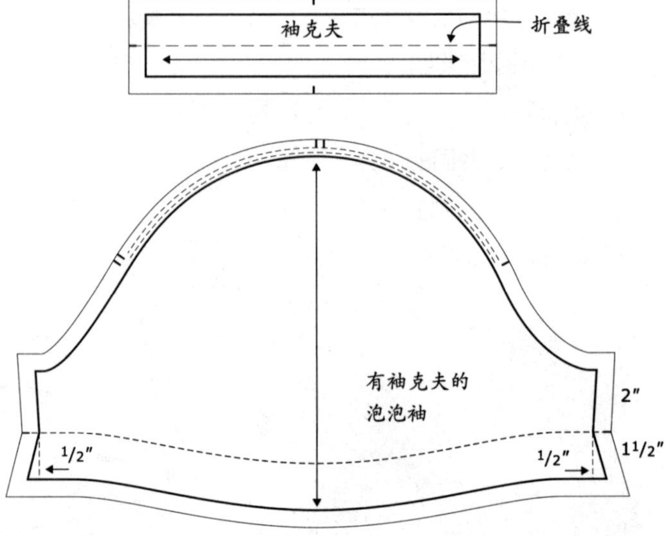

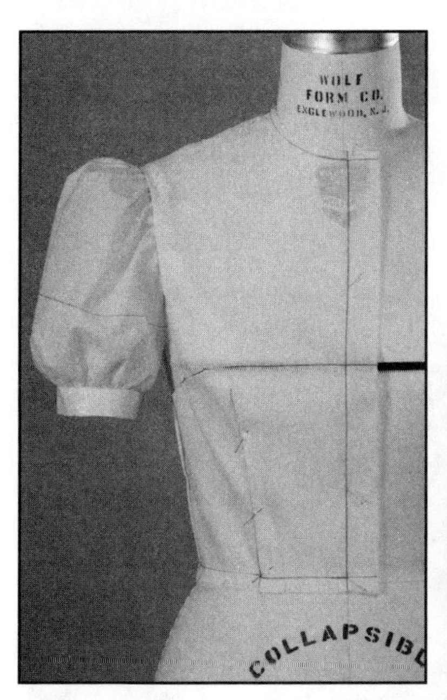

8 荷叶边 从袖肥线向下2英寸（约5.1厘米），在袖下缝线上标记松紧带和剪口。长度增加$1^1/_2$英寸（约3.8厘米），平行于新袖摆线绘制出松紧带线。从2英寸（约5.1厘米）的剪口处，将袖下缝线拉开$^1/_2$英寸（约1.27厘米）。完成制板，将纸样转移至白坯布进行调整修正。

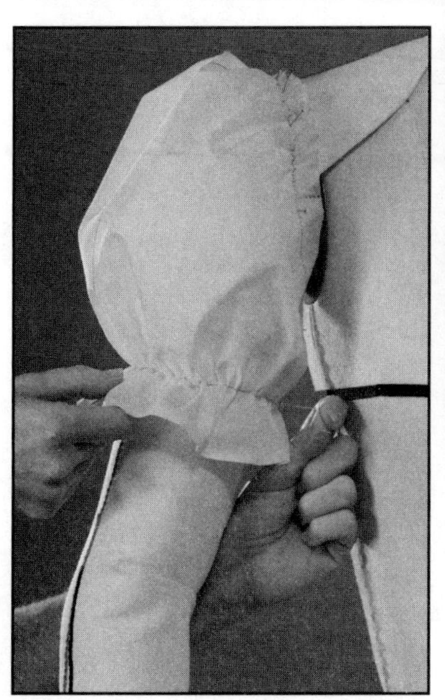

完成袖摆

7 袖克夫 绘制一个1英寸（约2.54厘米）×11英寸（约27.9厘米）的长方形。平行于长边做中线，并沿此线折叠。标记出纱向线。

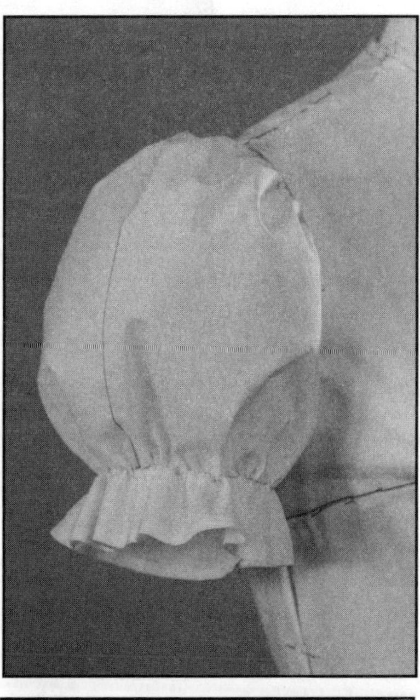

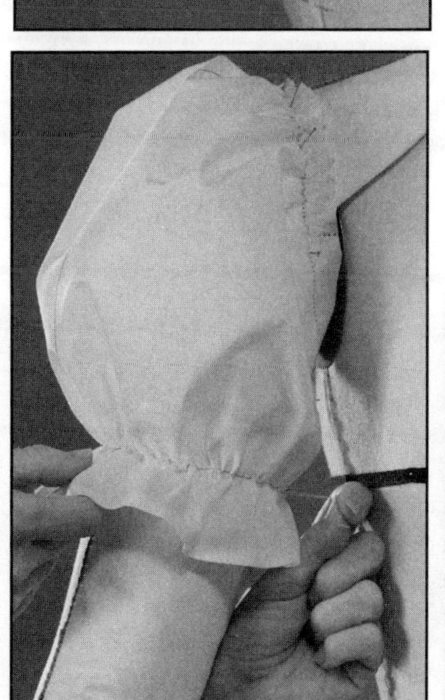

注意：在坯布立裁中，用机缝来进行收褶。

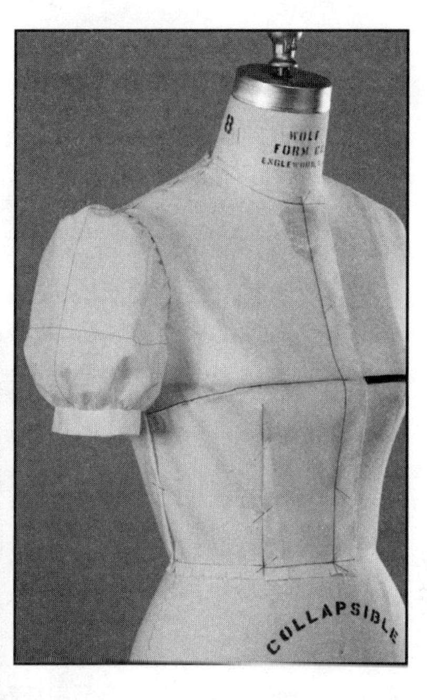

立裁

通过机缝或手缝绱松紧带。拉紧底线的另一端，调整袖肥上的褶量。

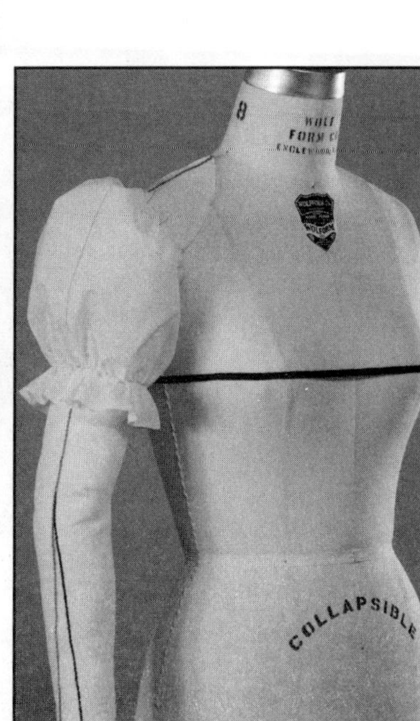

袖型变化

翻边袖

这种袖型的手腕处合体，袖克夫翻折过来。

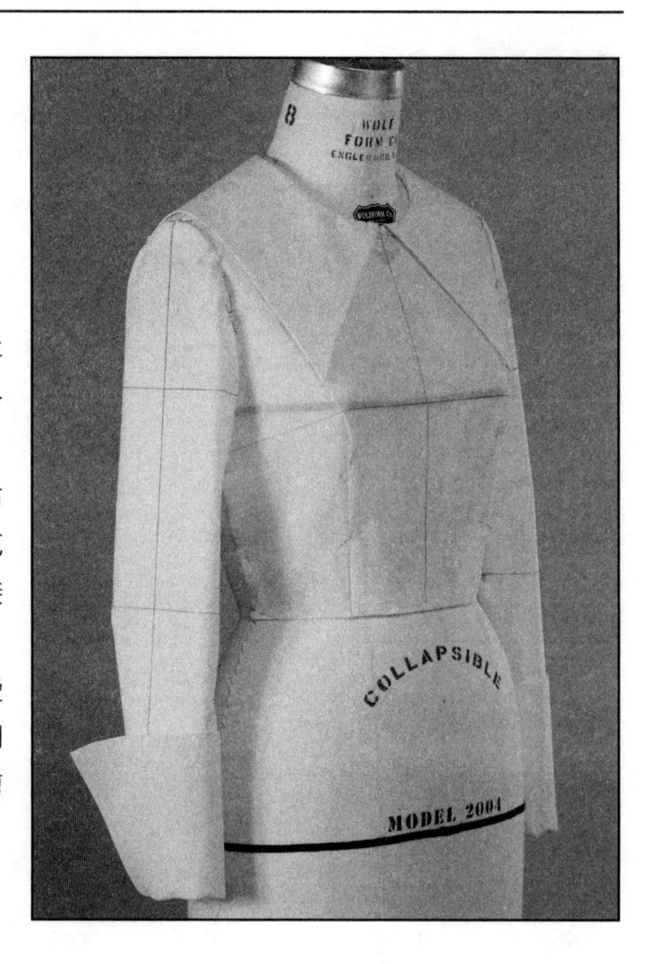

制板

1. 拷贝合体袖的纸样。
2. 从手腕线向上量取5½英寸（约14厘米），平行于手腕线绘制出袖克夫线。将袖克夫平均分为四份，每片标记并裁剪。
3. 袖克夫四片裁片的底线不分离，上部平均分布并且每片裁片打开⅜英寸（约1厘米），袖克夫的两个角外扩¼英寸（约0.6厘米），连接到手腕线。
4. 增加缝份。将纸样转移至白坯布，将衬布熨烫在袖克夫上。将袖克夫与袖子拼合，修正调整。一件衣服需要四片袖克夫，所以需要裁剪四份。

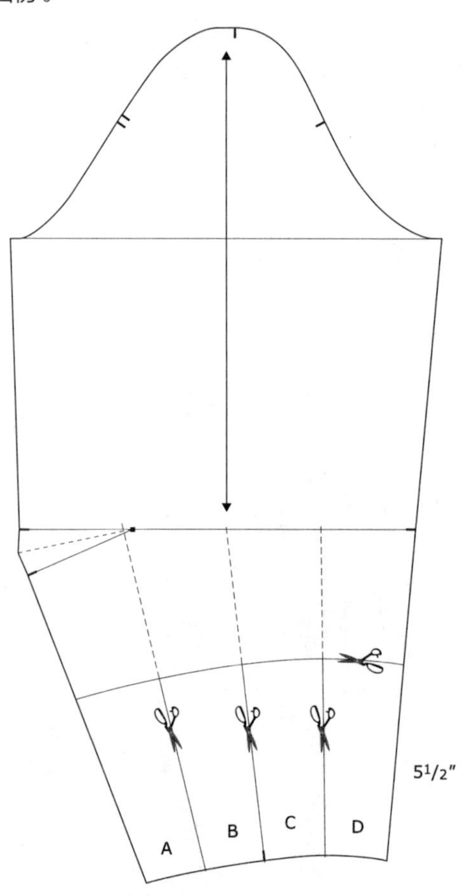

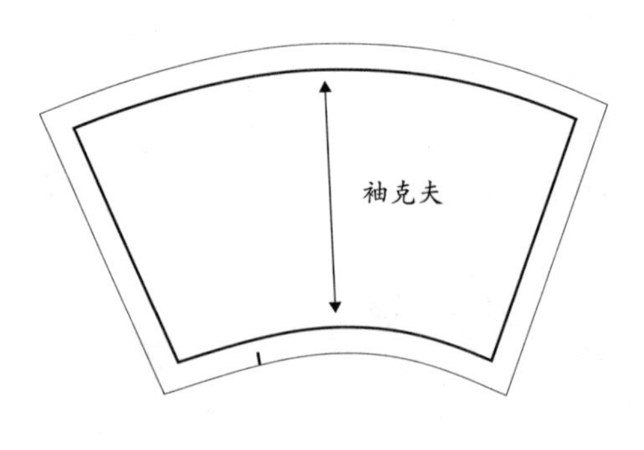

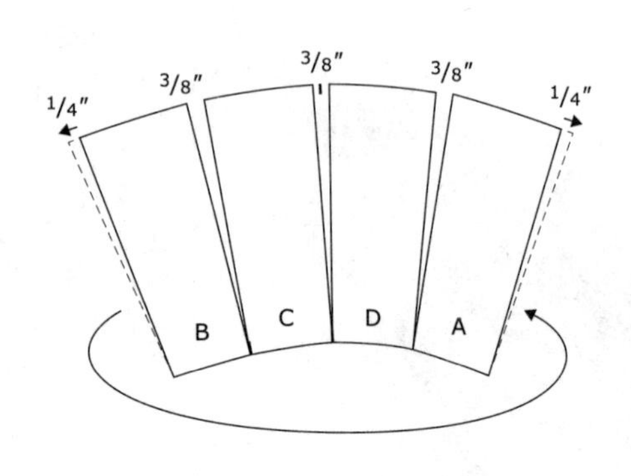

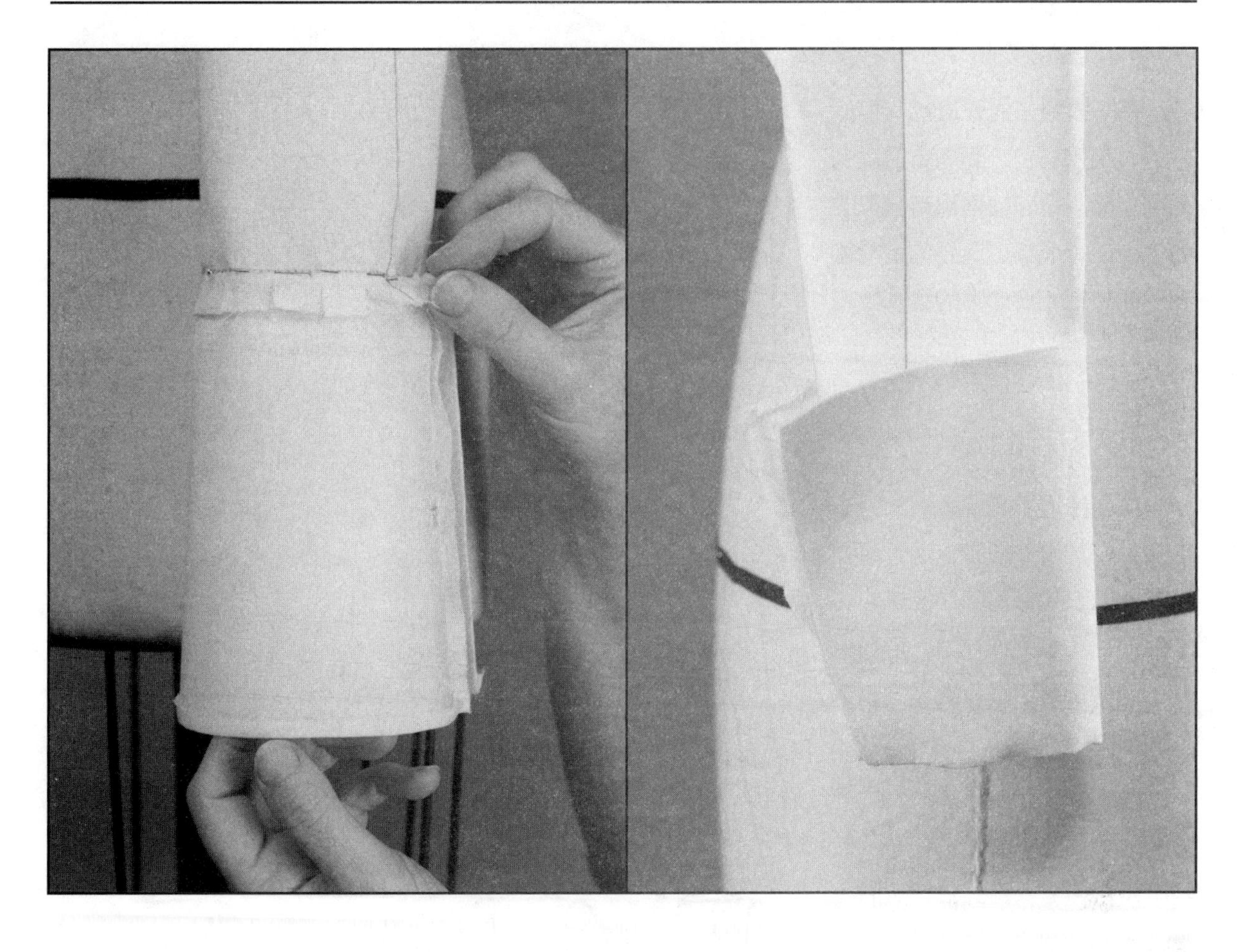

袖子和袖克夫的处理

这是一种朝圣式的风格，对袖子进行设计可以选择从超大尺寸的袖克夫开始。以下几幅设计图介绍了袖克夫的几种处理方法。袖克夫不受袖子长度的影响，可以出现在手臂的任何位置。设计师可随意进行设计。

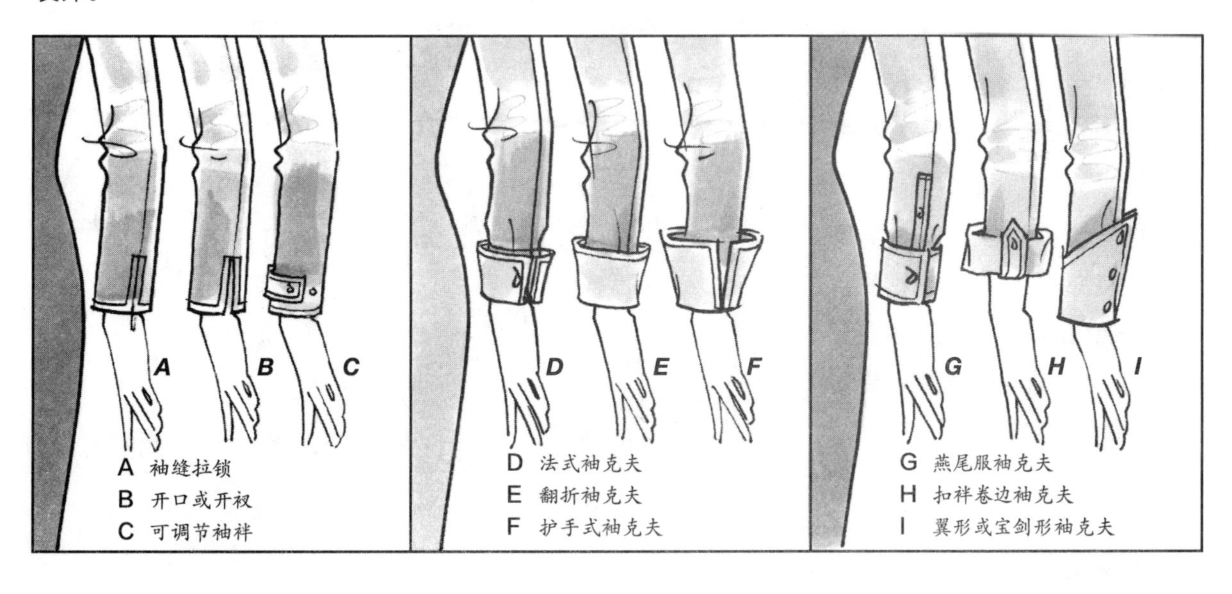

A 袖缝拉锁
B 开口或开衩
C 可调节袖袢
D 法式袖克夫
E 翻折袖克夫
F 护手式袖克夫
G 燕尾服袖克夫
H 扣袢卷边袖克夫
I 翼形或宝剑形袖克夫

袖子的效果图表现

外形

每一款袖子的外形都有相似之处，但是它们之间仍有细微的差别，所以每种袖型都有自己的名字或设计风格。重要的是能够把款式特征和设计师的绘画技巧相契合。

结构

绘画技巧所需要表现的另一个重点在于设计细节。通过绘图来展示服装是如何制作完成的，并强调出服装的结构、外形和比例。这些都是绘图需要准确表达的部分。

比例

比例也是在绘制袖子的时候需要重视的部分。设计师必须在手臂上表达出袖子的长度和合体度。在短袖的设计中，比例显得更为明显。每一款袖子都有与肘部相对应的比例分配。

袖容量

除了袖子的合体度，袖容量也很重要，它包括：袖肥度、紧窄以及袖子的长短。这是另外四种风格的袖子，面料增加的空间量和结构的细节必须要表现出来。这些细微的差别在绘制款式图时非常重要。

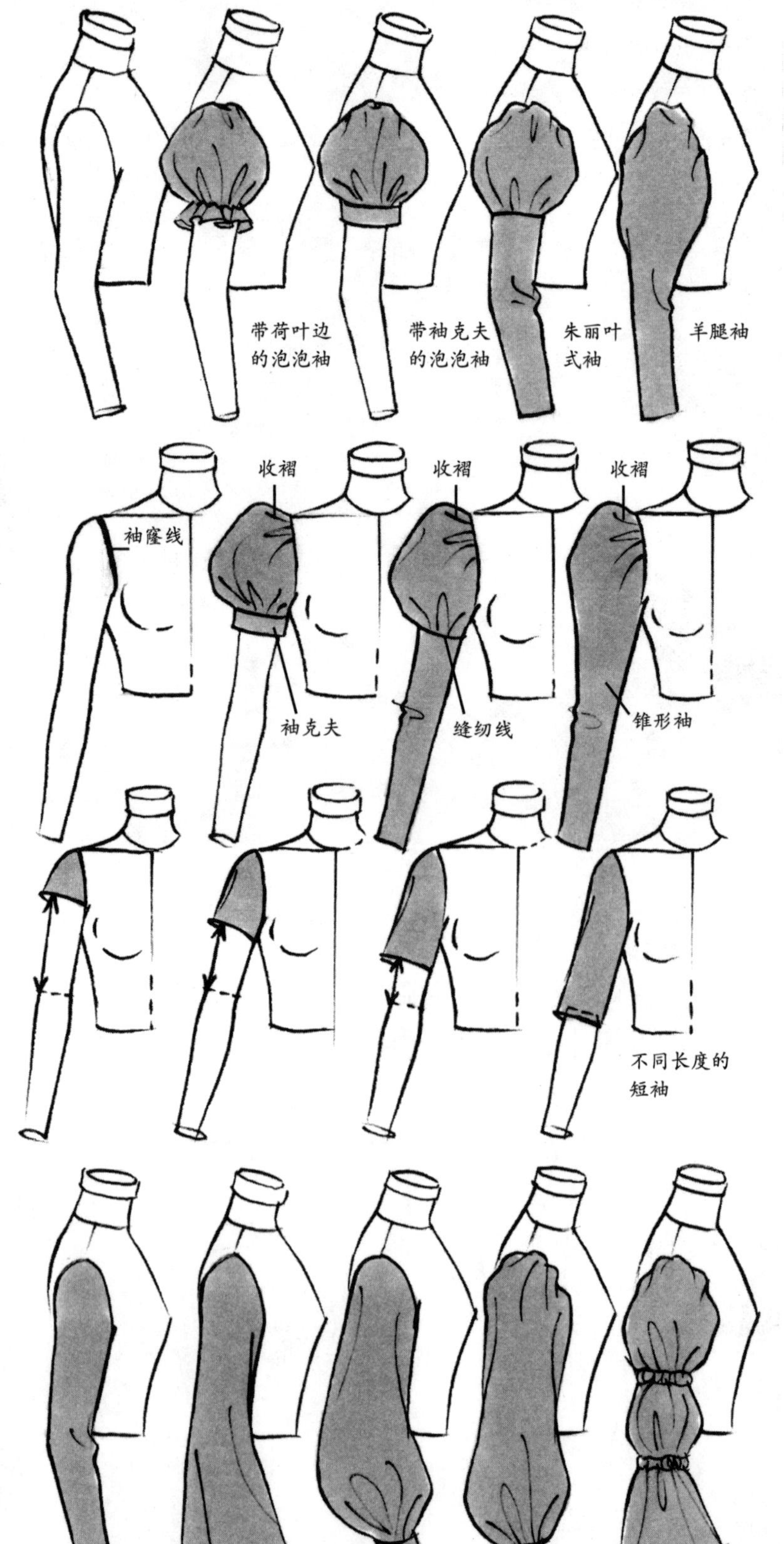

袖窿是袖子的重要部位。在决定造型或者裁剪袖窿之前，需要计算袖窿深或袖子与腋窝之间的空间关系。右图的这些例子展示了袖窿（腋下）处理的一些设计方案。

袖窿的处理方法

在袖子的设计中，袖窿结构是很有特色的部件结构。这里有四个设计细节的例子可供参考。记住如何准确地进行绘制，来刻画袖窿的结构细节。

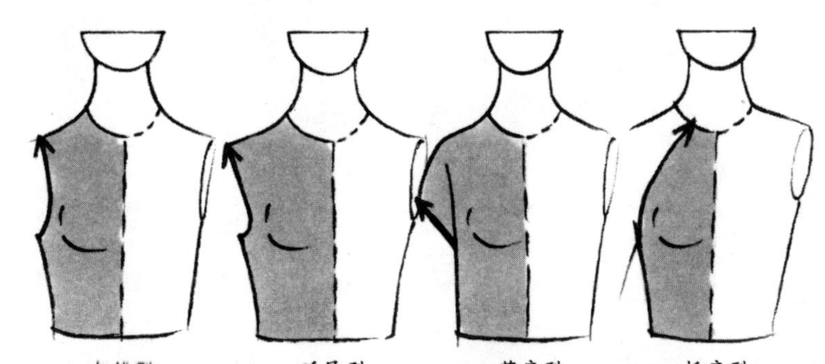

自然型　延展型　落肩型　插肩型

袖子的长度是另一个在服装设计中需要考虑的比例关系。这些图例描绘了不同长度的袖子。任何袖子都可以根据长度来命名，以展现出不同的风格，比如五分袖或七分袖。

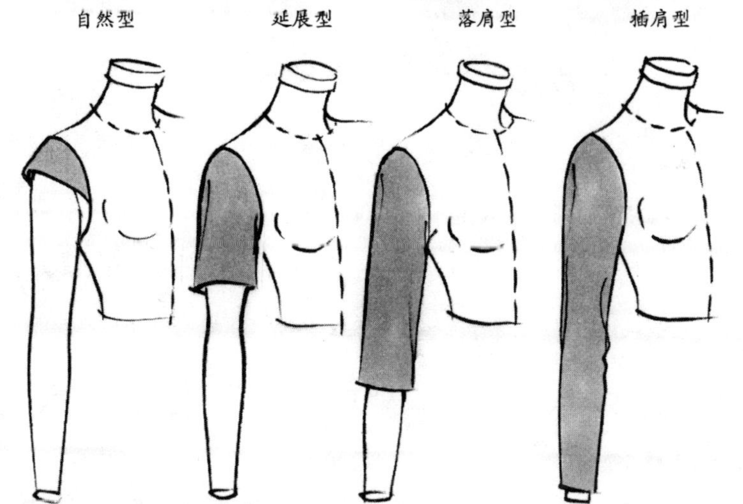

不同的袖子样式在袖口处同样具有创造性。这里例举了一些袖克夫的形似，在长度和合体度上有不同表现。

袖克夫的处理方法

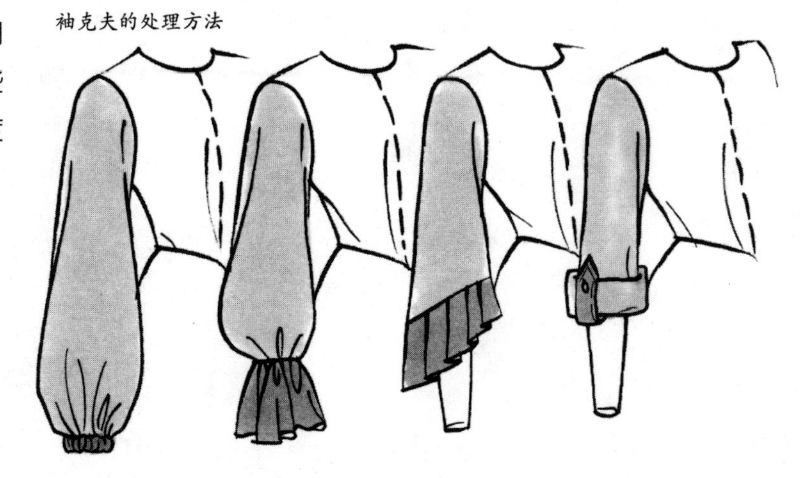

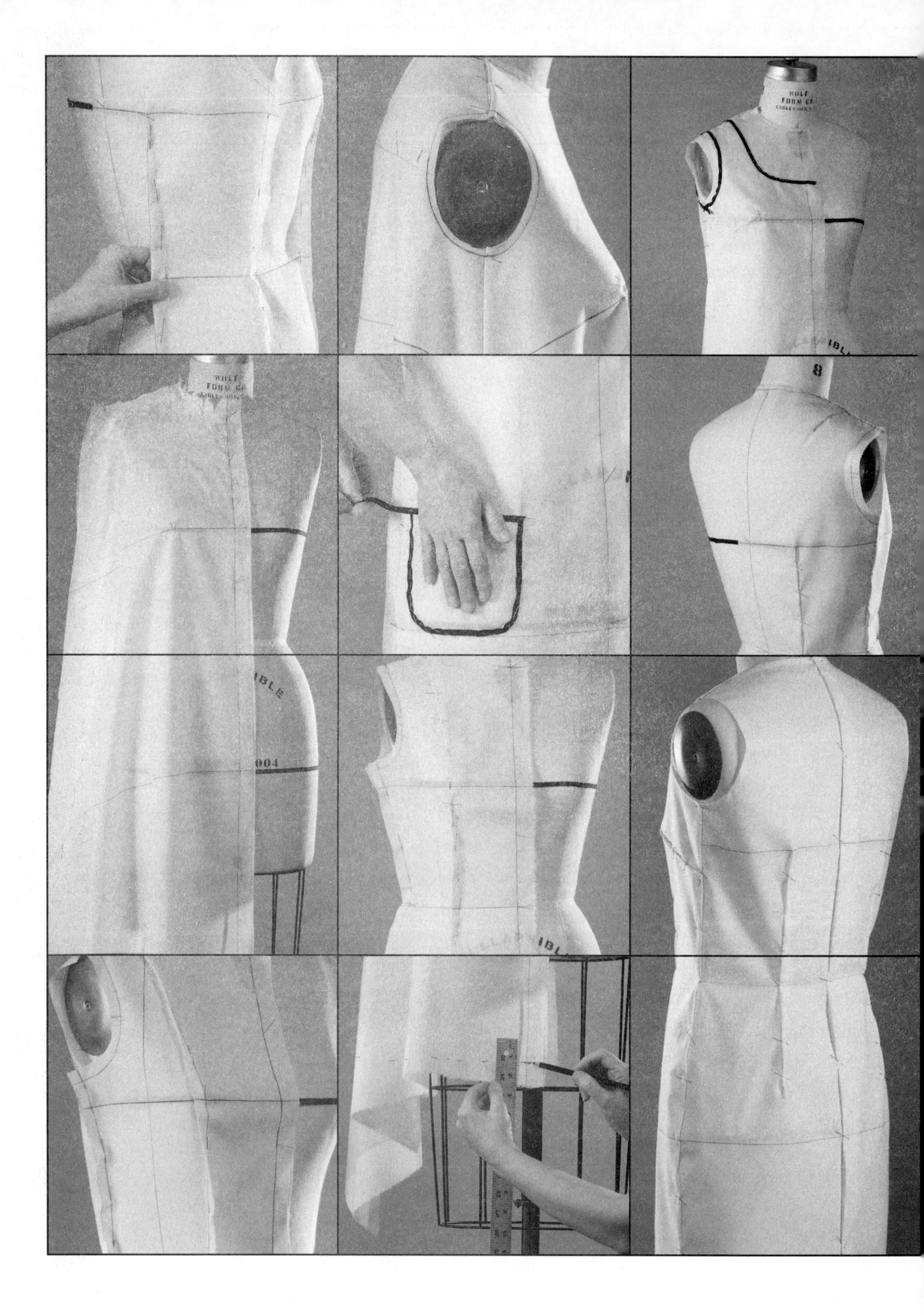

WOLF
FORM CO.
8

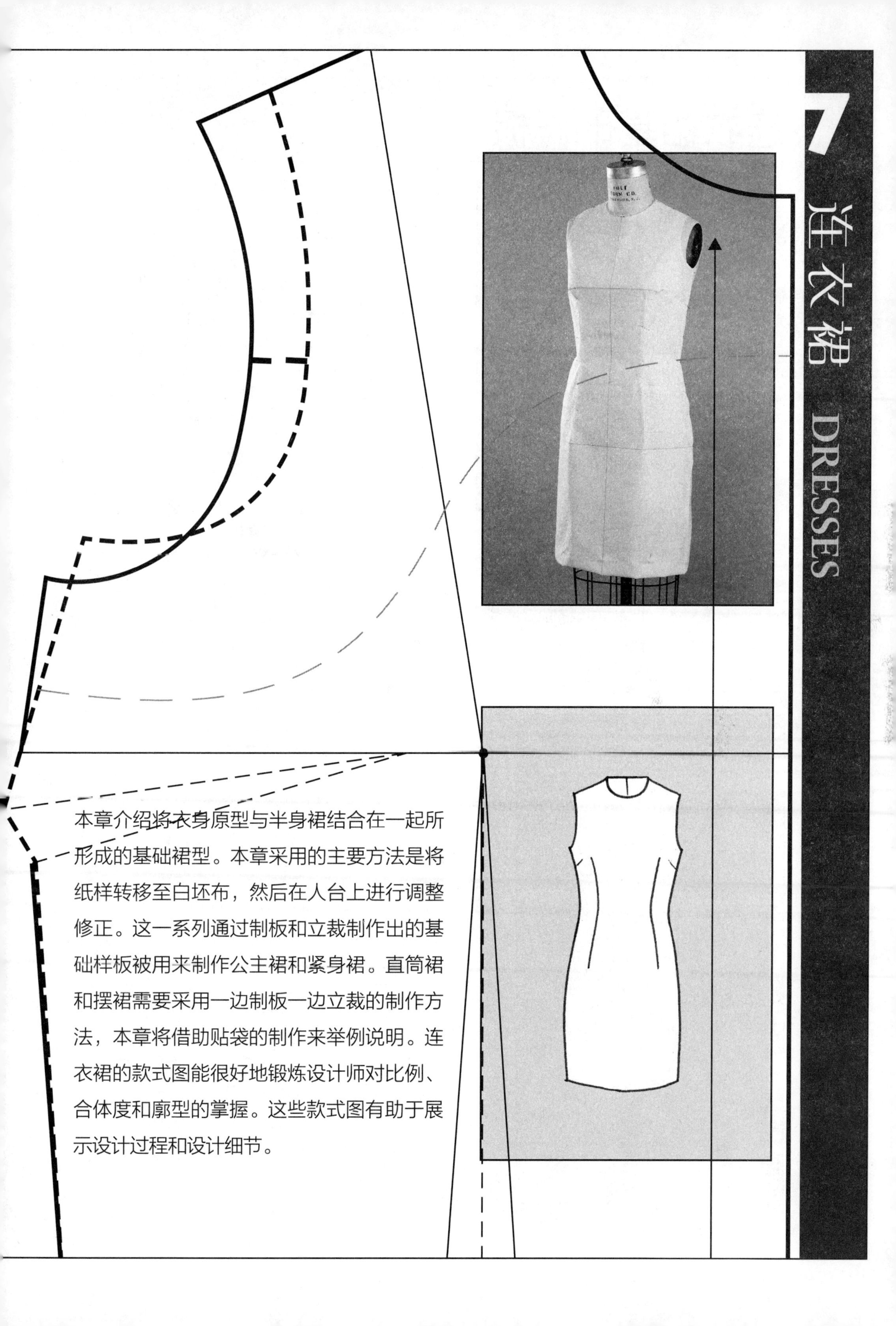

7 连衣裙 DRESSES

本章介绍将衣身原型与半身裙结合在一起所形成的基础裙型。本章采用的主要方法是将纸样转移至白坯布，然后在人台上进行调整修正。这一系列通过制板和立裁制作出的基础样板被用来制作公主裙和紧身裙。直筒裙和摆裙需要采用一边制板一边立裁的制作方法，本章将借助贴袋的制作来举例说明。连衣裙的款式图能很好地锻炼设计师对比例、合体度和廓型的掌握。这些款式图有助于展示设计过程和设计细节。

连衣裙基础样板

这种将衣身原型与半身裙结合的样式可以用于女衬衫、短裙或连衣裙的制板。

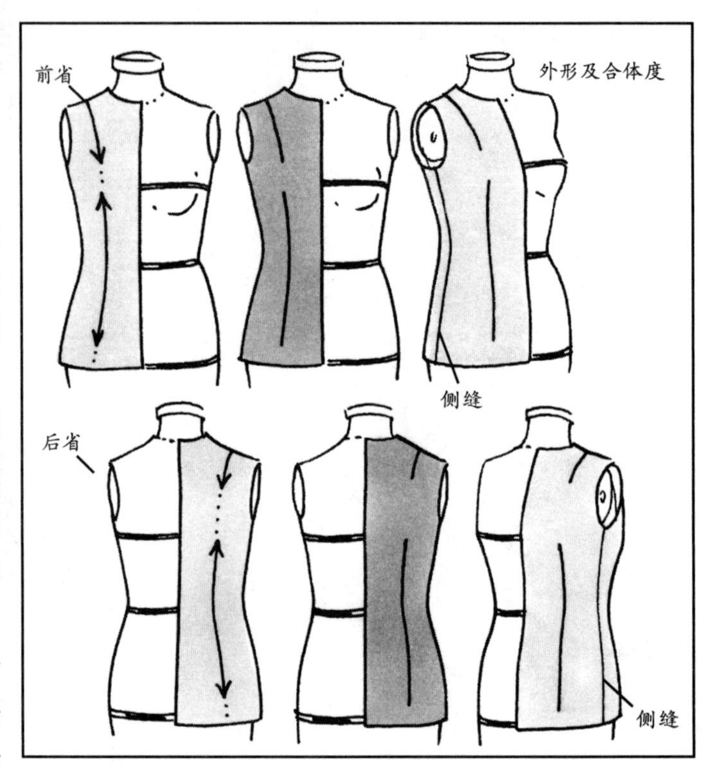

制板

1 在25英寸（约63.5厘米）×30英寸（约76.2厘米）的纸上，距离30英寸（约76.2厘米）长边右侧2英寸（约5.1厘米）绘制出前中心线。

2 **前片** 拷贝衣身原型的轮廓。将半身裙原型的前中心线，在腰围线处与衣身原型的前中心线对齐。侧缝重叠，前中心剪口对齐。绘制出半身裙顶部至臀围线的轮廓线。在胸部和臀部标记出纱向线。

3 **后片** 根据纱向线将衣身原型的前后片沿胸围线对齐。半身裙原型的前后片沿臀围线对齐。腰围线侧缝处的开口与重叠，不需要像前片一样等长对齐。

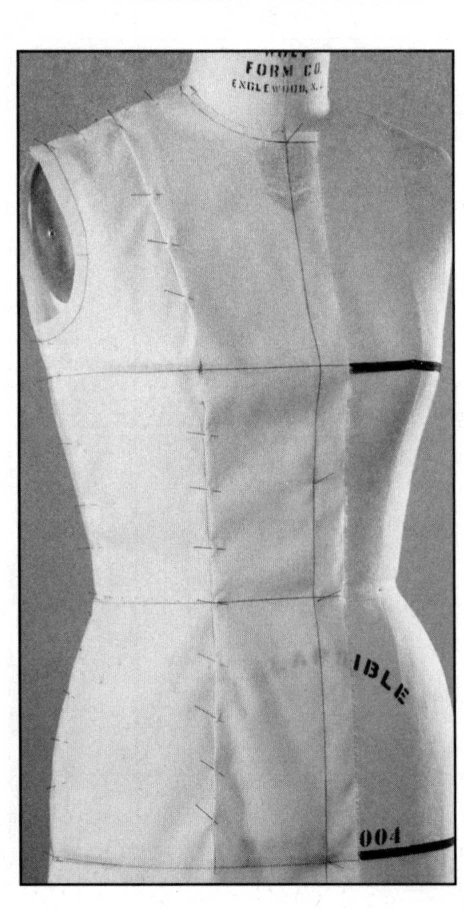

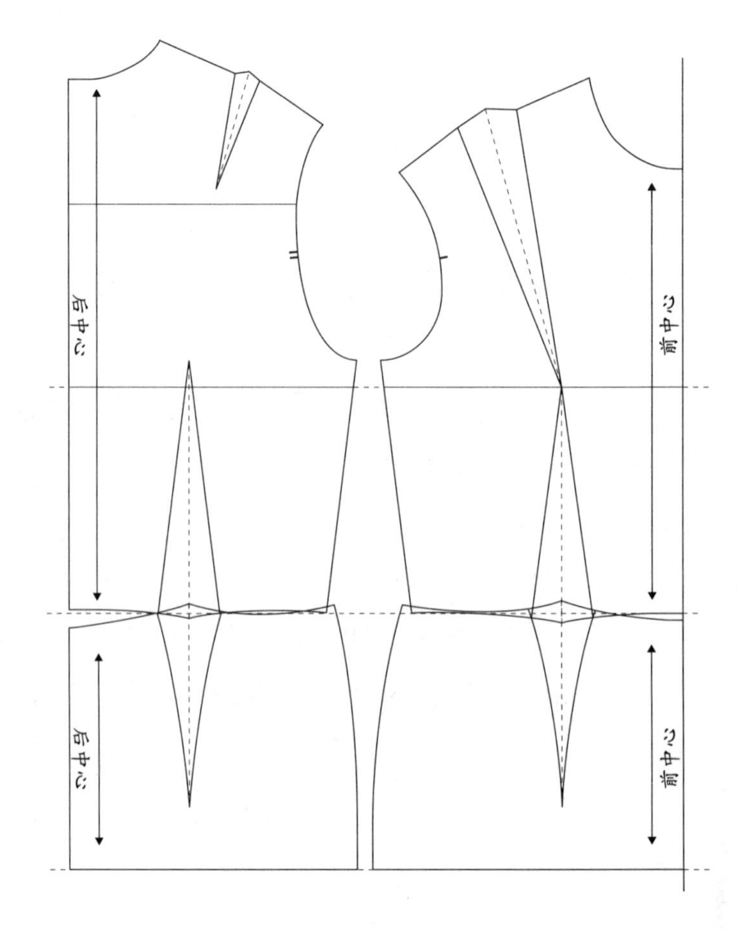

侧缝和省道

4 在纸上从衣身原型的腰围线绘制出一条直线。将前后侧缝线与半身裙原型侧缝线在腰围处修正对齐。省道中心线两边各减少$^1/_2$英寸（约1.27厘米）到$^5/_8$英寸（约1.6厘米）的宽度。新省线与原省线保持平行。

5 拷贝新省道。在省道与腰围线交接的地方，做十字标或者做点标记。去掉原板型的腰围线。在侧缝的腰围处打剪口。

6 将纸样转移至白坯布上，包括胸围线、腰围线和臀围线。增加缝份和1英寸（约2.54厘米）底摆。在人台上调整修正。

7 在纸样的修正处做出标记，将纸样转移至标签纸为服装尺寸样板做准备。

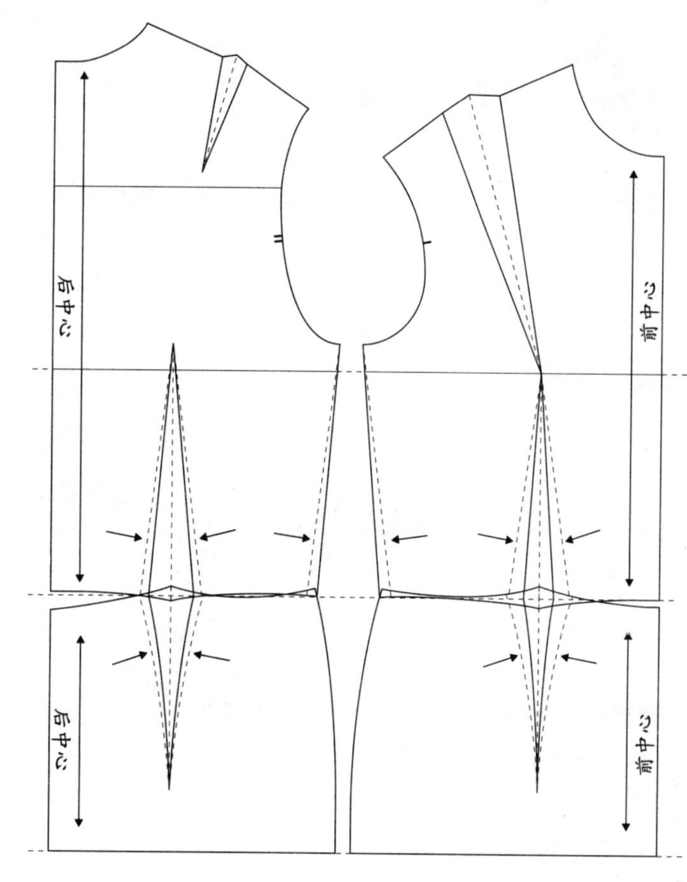

衣身原型和半身裙原型相结合创造出新的连衣裙样式

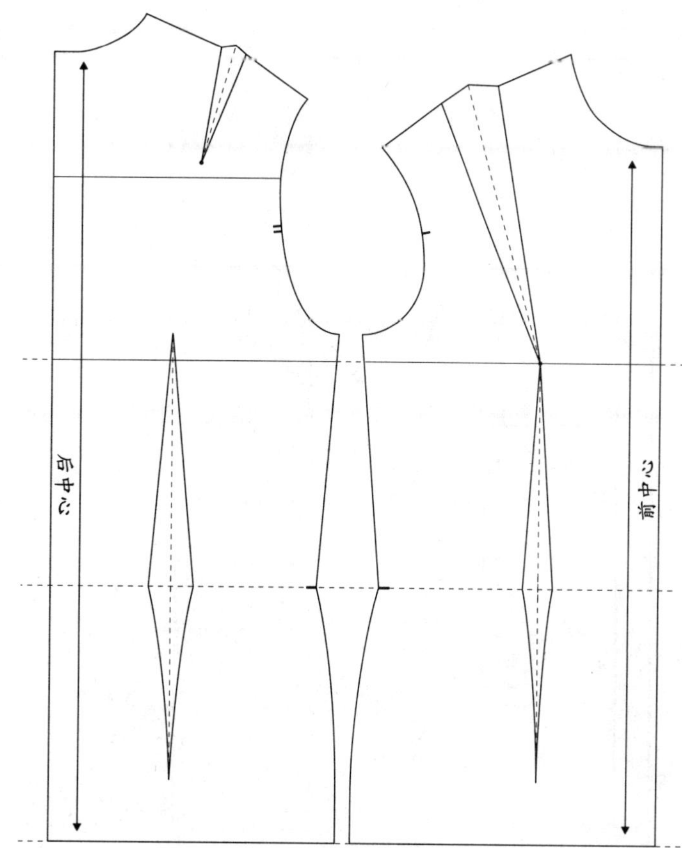

连衣裙基础样板的立裁

坯布准备

• **长度** 测量人台前中心线从领围板到臀围线的长度，再加3英寸（约7.6厘米）。

• **宽度** 在胸围水平线上，测量从前中心线到侧缝的距离，再加3英寸（约7.6厘米）。如果臀部宽度较大，则在臀围线上进行测量。

标记坯布

1 在距离白坯布长边边缘1英寸（约2.54厘米）处，绘制出前中心线。

2 量取领围板到胸围线的距离，绘制出一条直线。通过腰围线和臀围线做直线。

3 前后片坯布在侧缝处对齐。

立裁

1 回顾第3章领口、肩胛骨省和袖窿的立裁技法。根据连衣裙的结构拼合侧缝。剪掉多余坯布，标记板型。这种半合体式可用于衬衫款式（见第4章，衣身原型结构变化）。

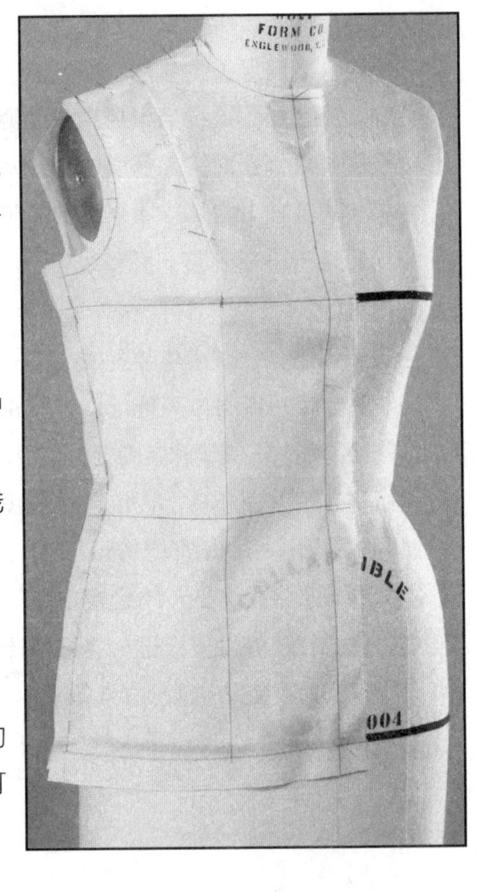

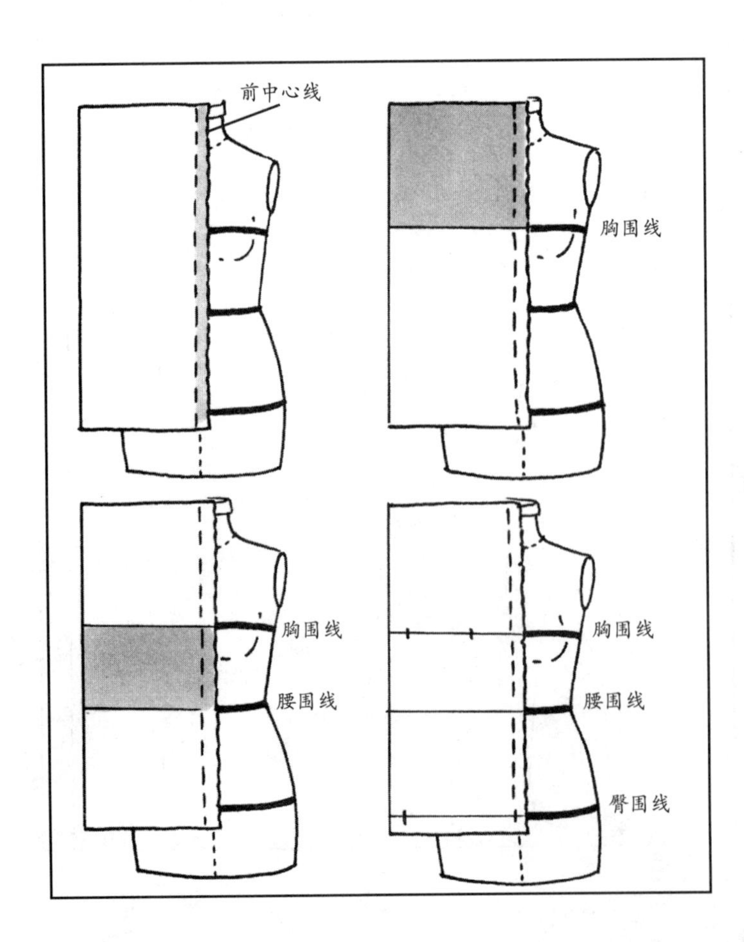

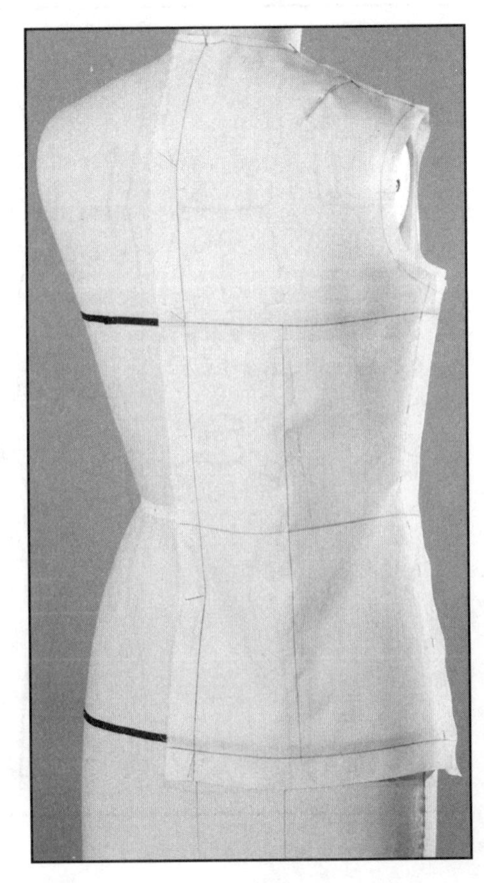

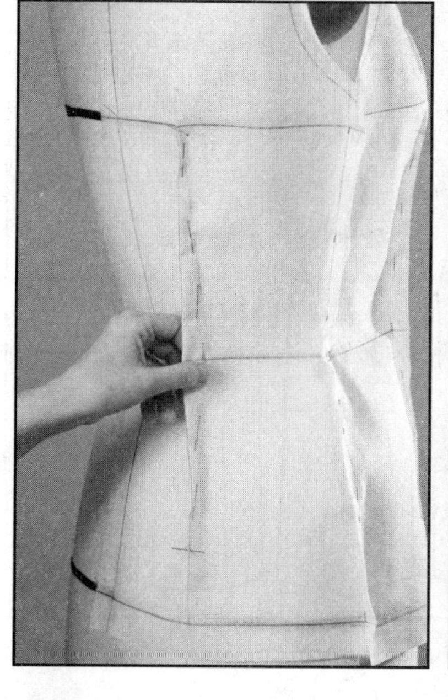

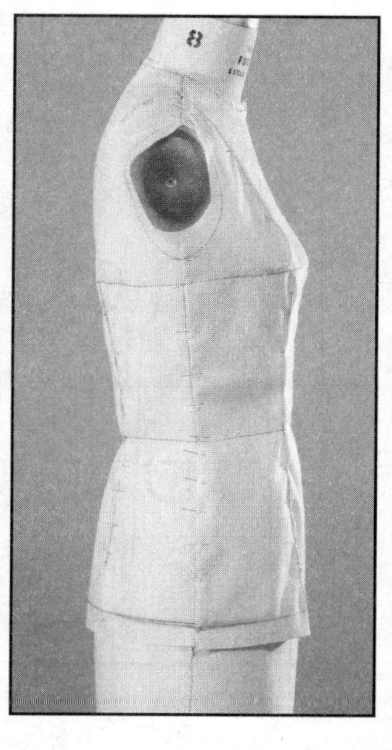

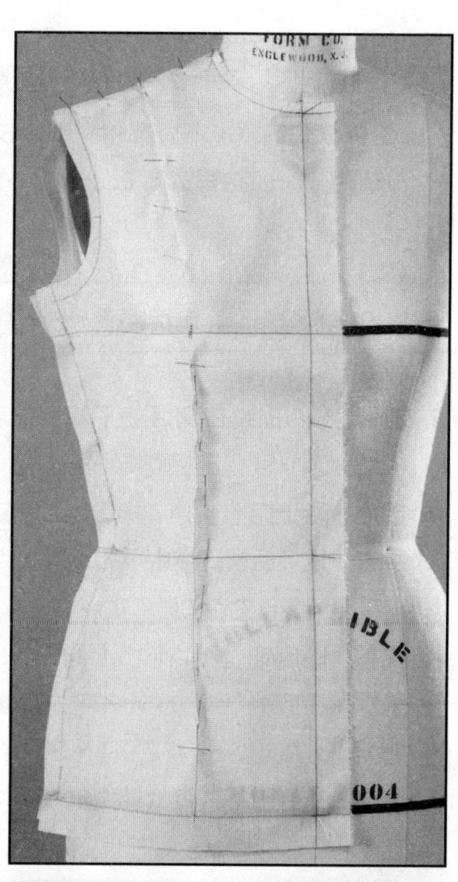

省道

2 闭合肩胛骨省，在侧缝处对齐纱向线。在人台上用钉针将松量合并在公主线里。公主线从胸围上的省尖点向下1英寸（约2.54厘米）开始，一直延生到半身裙省道的消失点（见半身裙样板）。

3 在省道的每条省线上用钉针进行标记。在腰围线上省道的顶部和底部，对每条省线做标记。合并省道，转移到纸样上进行调整修正。在纸样的修正上做出标记，再将纸样转移至标签纸为服装尺寸样板做准备。

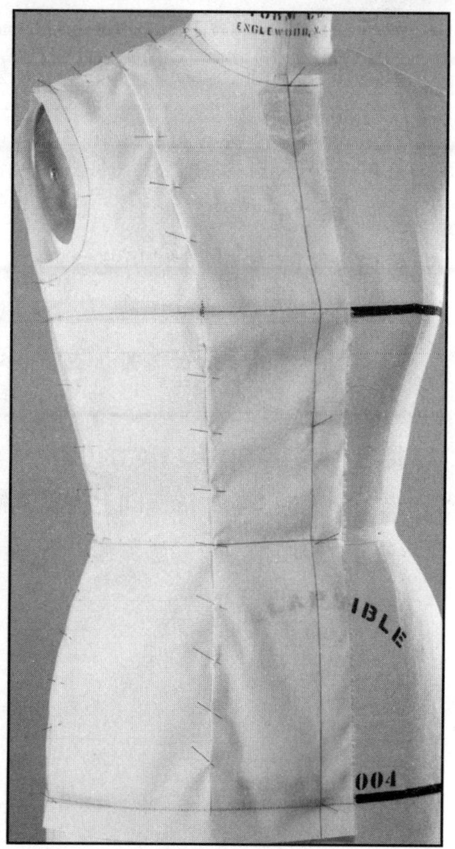

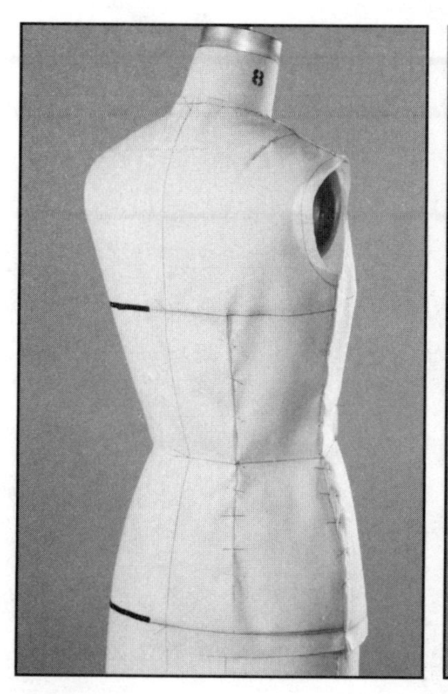

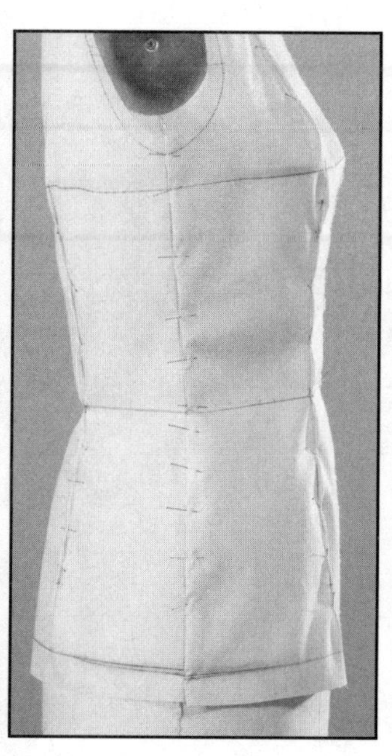

连衣裙款式变化

直筒连衣裙

这种款式的裙子在肩部和胸部比较合体，从臀围到裙底边垂直向下。

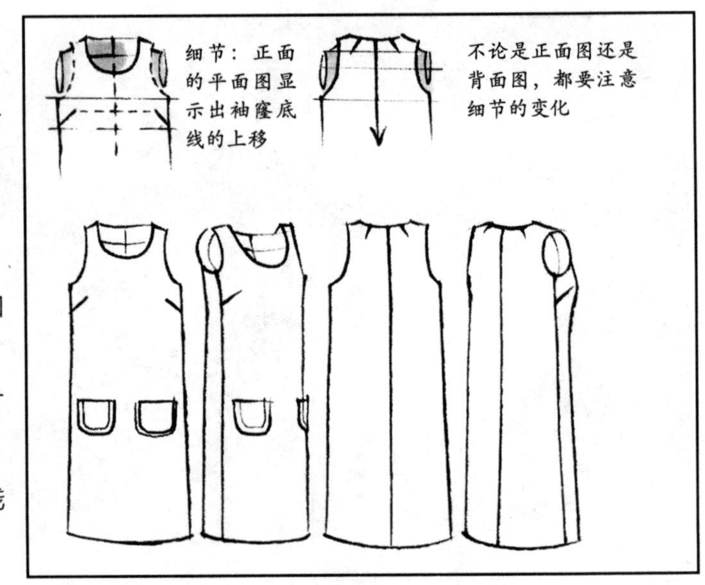

制板

1 拷贝连衣裙原型，包括省道、纱向线和前后中心线。

2 **前片** 将胸围线在侧缝处下降$1^3/_8$英寸（约3.5厘米），连接到胸点。

3 **后片** 标记出腰省尖点。标记出后领口线中点，连接后领口线中点和腰省尖点。连接肩胛骨省尖点和腰省尖点。

4 **长度** 长度增加14英寸（约35.6厘米）。在后中心线外扩出2英寸（约5.1厘米）×9英寸（约22.9厘米）的包边量作为裙开衩。开衩顶部做斜角延伸到后中心线。

5 **前片** 剪开步骤2所做的连线，打开腋下省，合并肩省。新省道减短1英寸（约2.54厘米）。

后片 合并肩胛骨省，打开领口省，省道长$3^1/_4$英寸（约8.3厘米）。

6 **领口** 后领口中线下降$2^1/_2$英寸（约6.35厘米），前领口中线下降$4^1/_2$英寸（约11.4厘米）。领口在肩部加宽$2^1/_2$英寸（约6.35厘米）。

7 **袖窿** 肩侧点向内收1英寸（约2.54厘米）。无袖连衣裙袖窿向上抬高$^1/_2$英寸（约1.27厘米），袖窿侧缝向内$^1/_2$英寸（约1.27厘米）。

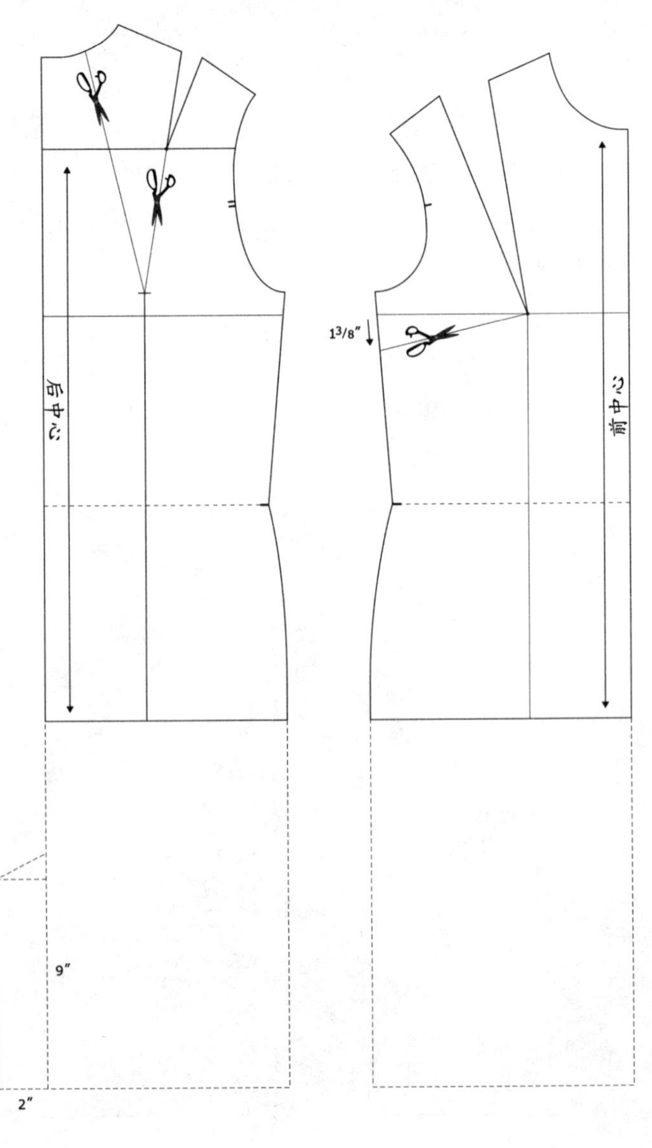

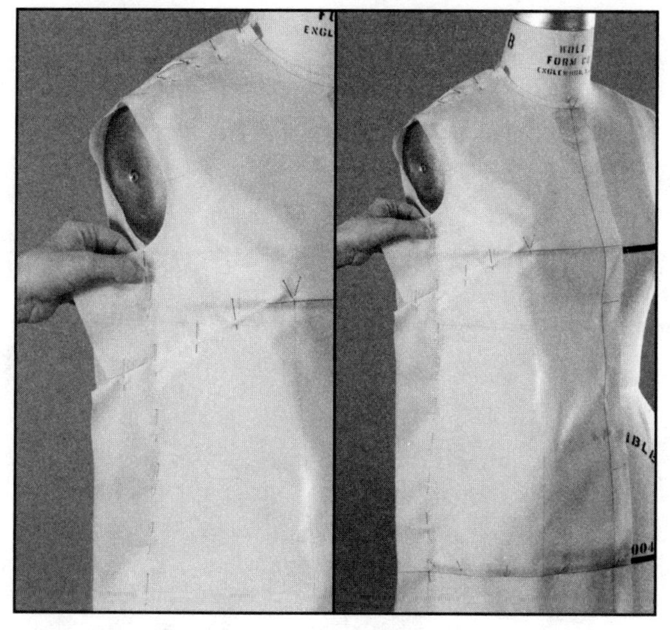

侧缝 腰围外扩$^1/_2$英寸（约1.27厘米）。合并前腋下省，重新绘制出新的侧缝线。连接新袖窿，增加缝份，并在下摆增加2英寸（约5.1厘米）的折边。

注意： 裁剪省尖点，在拷贝最终板型前，将省道重叠合并$^1/_8$英寸（约0.3厘米）至$^1/_4$英寸（约0.6厘米），这样可以使领口线变紧。

8 **口袋** 绘制出一个5英寸（约12.7厘米）见方的正方形，将下面两个角抹圆顺，袋口增加1英寸（约2.54厘米）的贴边。

立裁

1 在人台胸围和臀围处用钉针固定斜纹带。

坯布准备

2 **长度** 测量从领围板到所需裙子长度的距离。侧缝处和下摆折边处增加4英寸（约10.2厘米）。

宽度 分别测量胸围线和臀围线从侧缝到前后中心线的距离。最宽增加到2$^1/_2$英寸（约6.35厘米）。在后中心线底摆处增加2英寸（约5.1厘米）做开衩。

3 绘制出所有的中心线和纱向线，包括省道的省尖点。

4 前后片白坯布在侧缝处对齐。

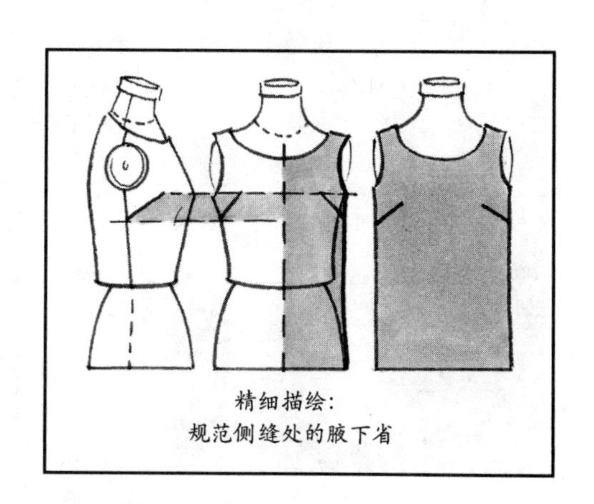

精细描绘：
规范侧缝处的腋下省

连衣裙款式变化

立裁（接上页）

5 **前片** 将纱向线对齐人台的标记线。将领口抚平，腰部在前中心线用钉针固定。

6 胸点和侧缝用钉针固定，在胸围线上分布松量。臀围线重复此步骤，保证纱向线平行于标记线。立裁领口、肩部和袖窿，在人台臂板上固定。捏出腋下省，通过横向纱向来校准省道位置。省道的消失点应距离胸点1英寸（约2.54厘米）。

后片 将后中心的纱向线对齐人台标记线，在肩胛骨周围和臀围线上分布松量。塑造出肩胛骨省。将前后片在侧缝对齐，并利用胸围线校准，用钉针固定。

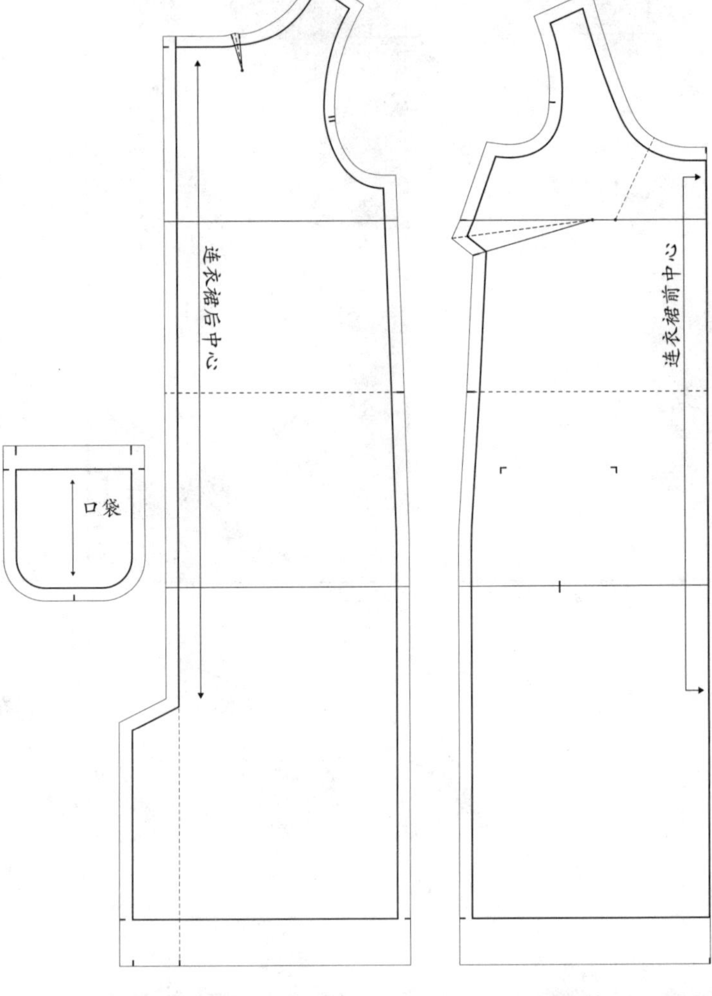

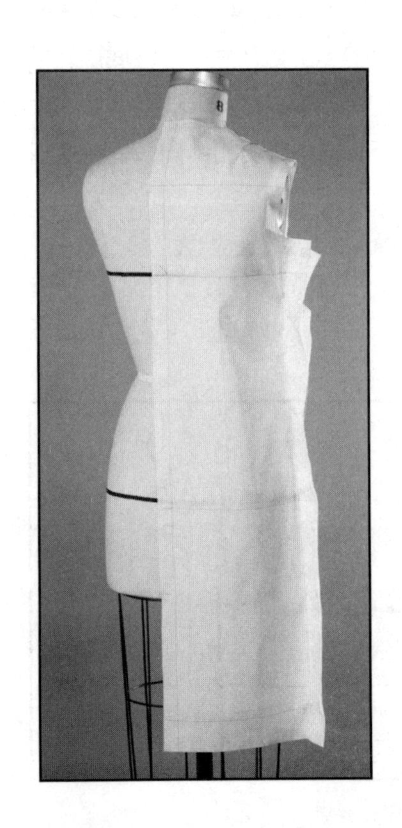

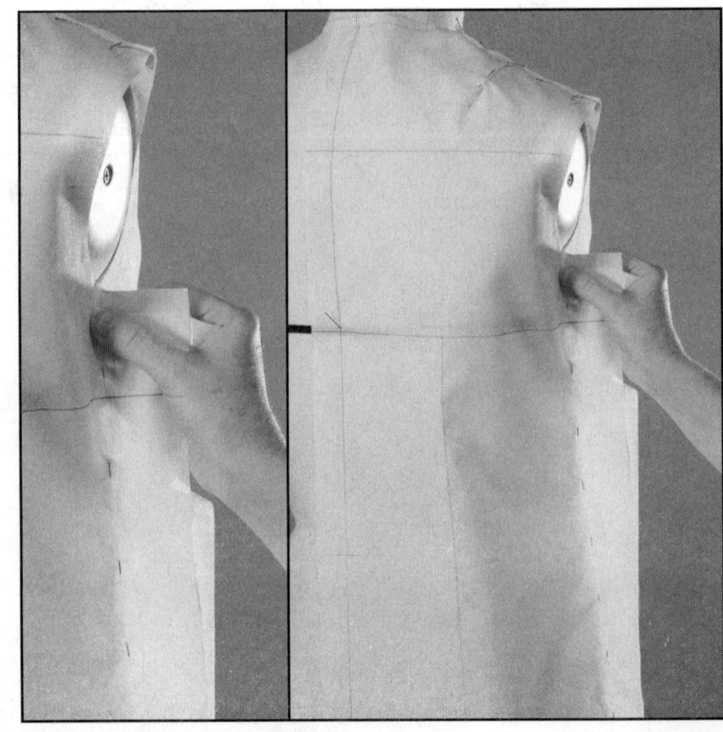

8 沿着白坯布用钉针做记号。调整板型。

9 将肩胛骨省转移至领口。在坯布上用斜纹带来设计领口和确定袖窿。

10 设计并标记出口袋的位置。在颈部和肩部区域留出较大的缝份量，以便于调整修正。

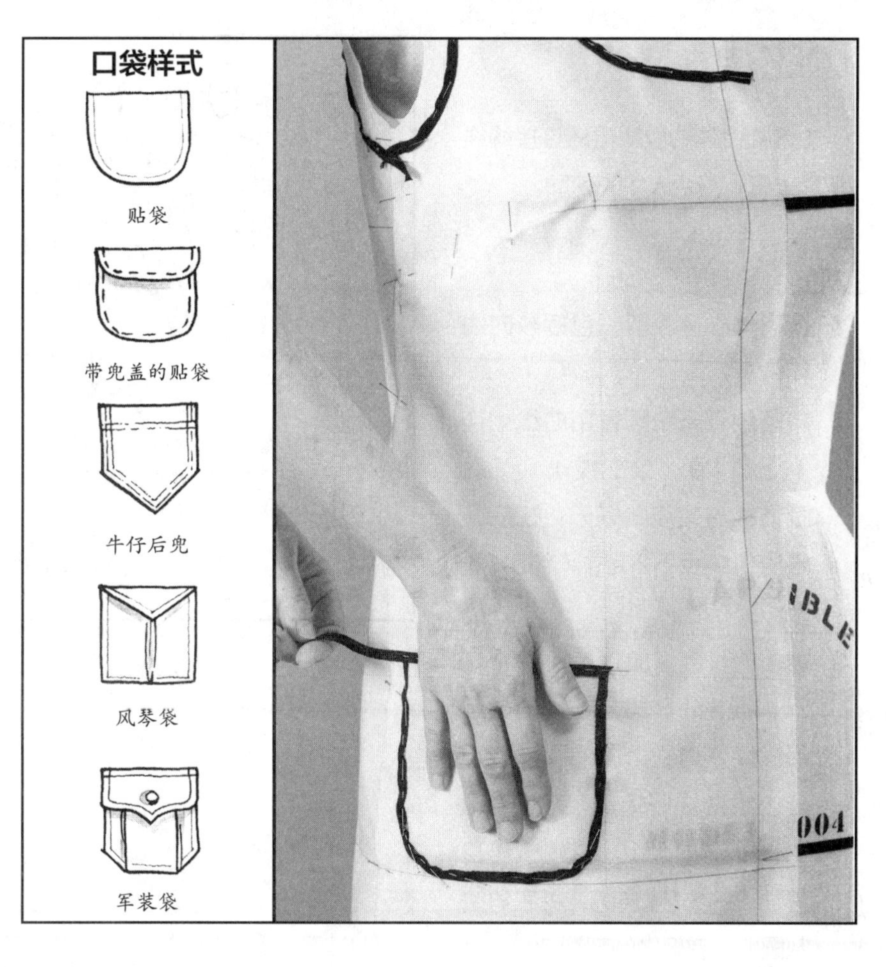

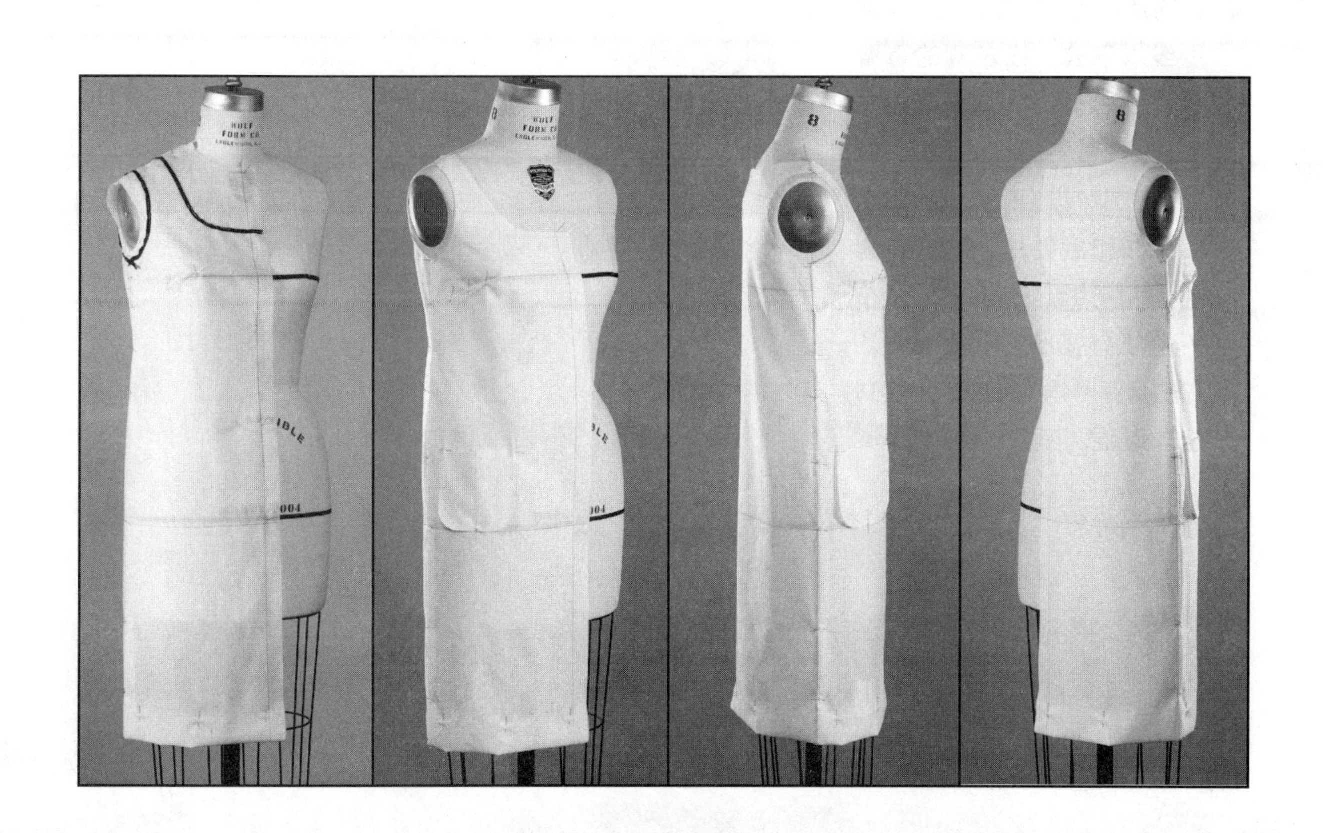

连衣裙款式变化

公主裙

这种合体的散摆裙通过接缝线塑造出来，符合人体的轮廓。

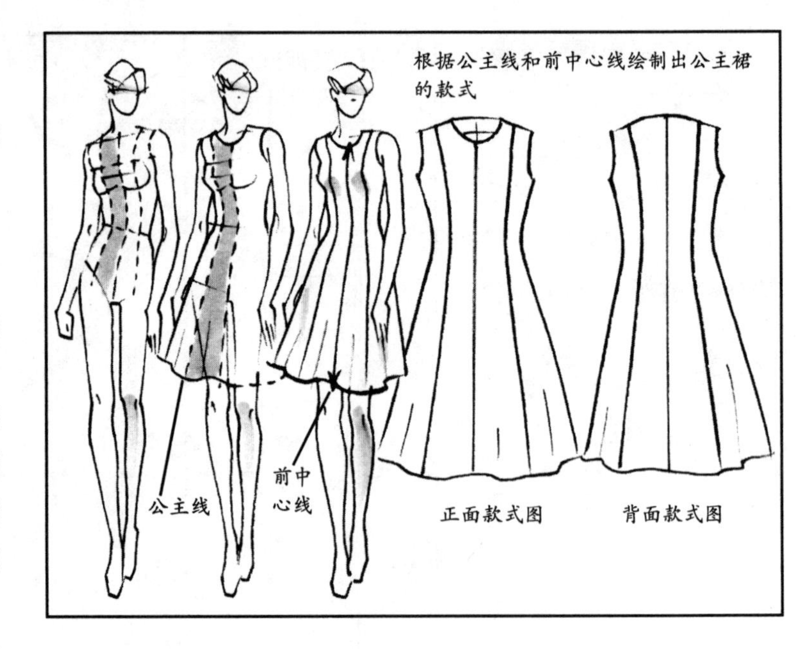

制板

1. 拷贝连衣裙原型，包括纱向线和省道。
2. 将肩胛骨省和腰省用曲线相连（见第4章，公主线）。在后腰省的省尖点做标记，在前腰省的省尖点下2英寸（约5.1厘米）做标记。
3. 裙摆的长度增加$14^{1}/_{2}$英寸（约36.8厘米），将公主线延长至底摆线。对于裙摆的重叠量，公主线两边各增加2英寸（约5.1厘米），底边侧缝处增加2英寸（约5.1厘米）。将底角绘制圆顺，有轻微的起翘。
4. 在前片，拷贝省道右侧以及臀围线以下公主线左侧的重叠量，作为前中片；拷贝省道左侧及公主线右侧的重叠量，作为前侧片。以相同方式拷贝出后中片和后侧片。裁剪前侧片，从胸点至侧缝剪开，分布$^{3}/_{16}$英寸（约0.5厘米）的松量。在侧片胸围线上的中点，绘制出与胸围线相垂直的纱向线。

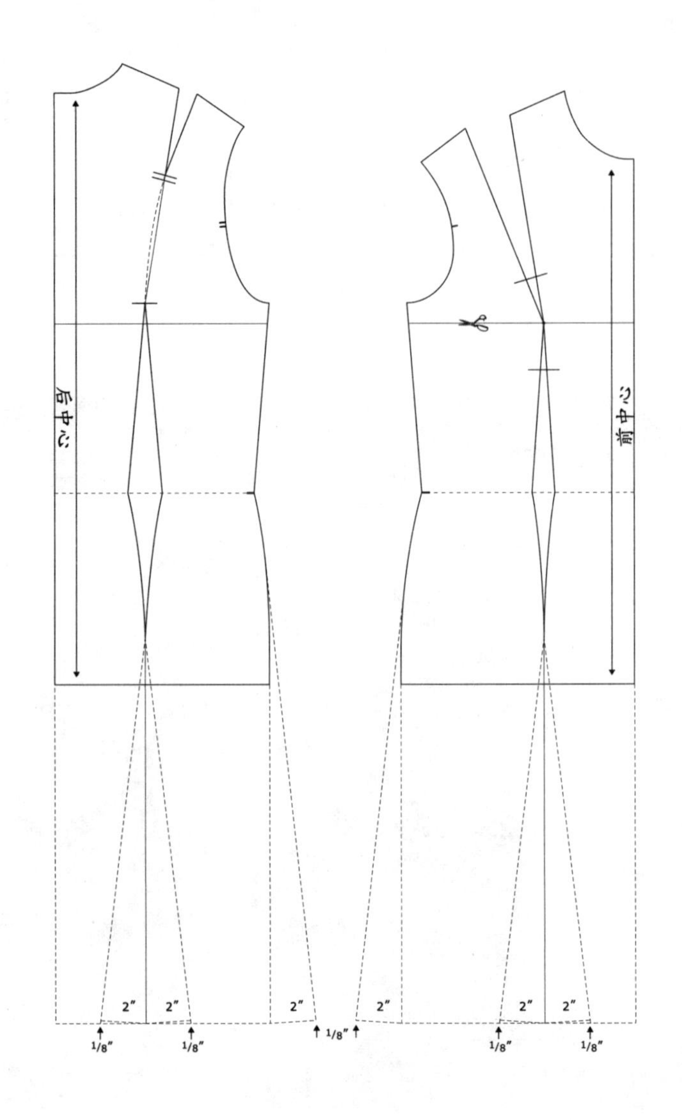

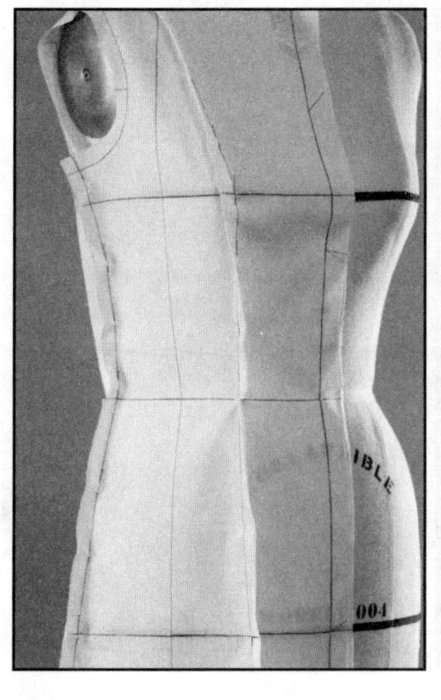

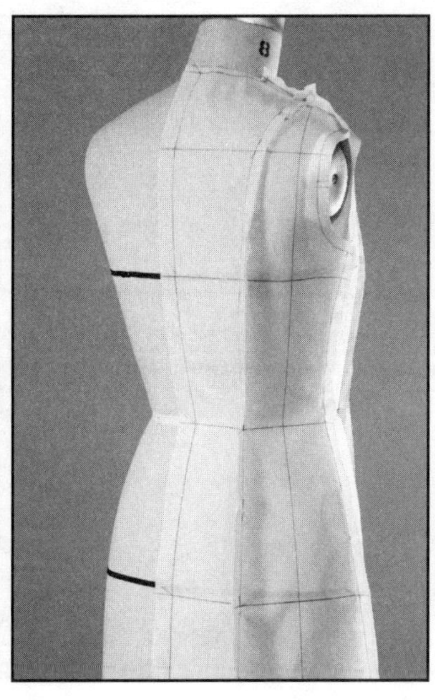

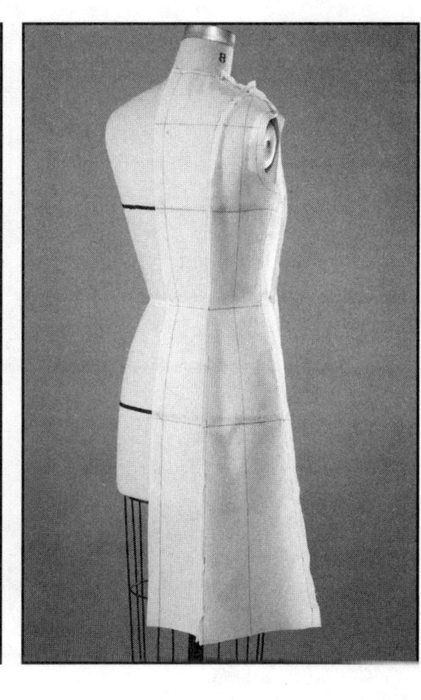

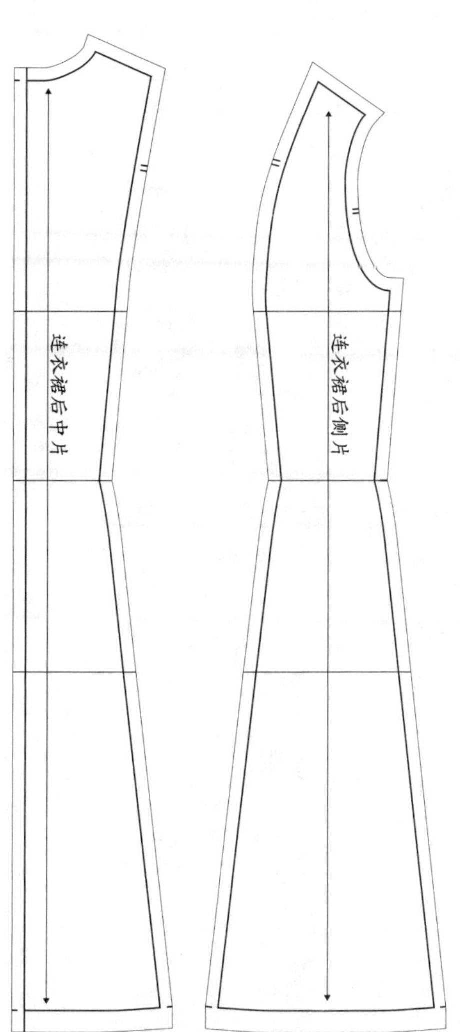

立裁

5 将纸样转移至白坯布，包括所有纱向线。侧缝留出3/4英寸（约1.9厘米）做调整量，以备修剪。

6 对齐所有剪口。合并公主线，将缝份向外拼合裁片。在人台上调整修正，直至连衣裙合体。

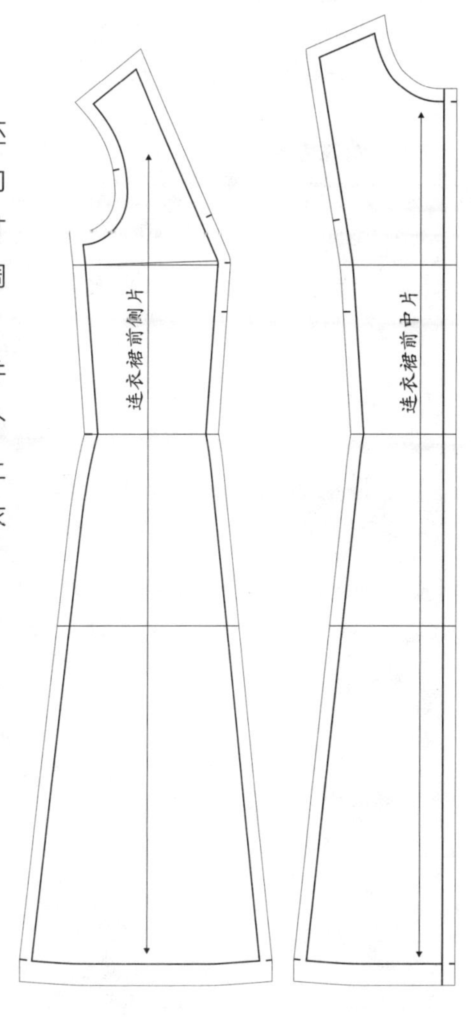

连衣裙款式变化

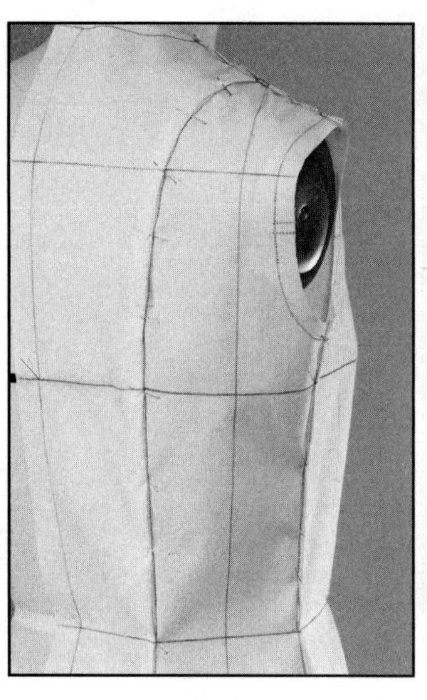

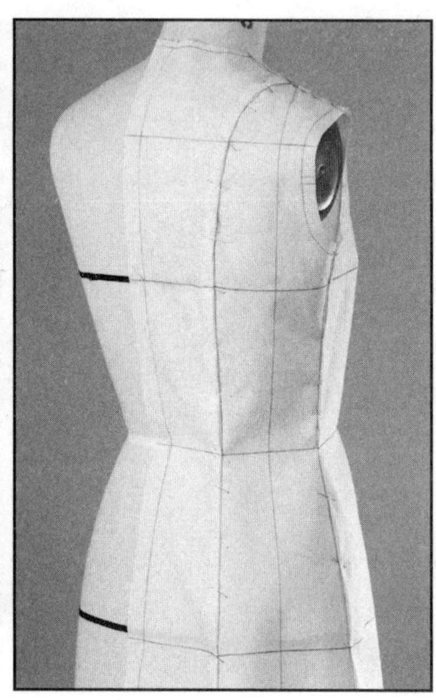

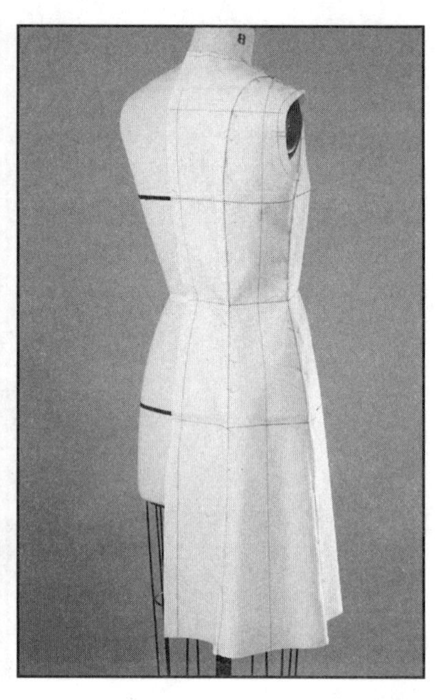

立裁（接上页）

7 白坯布上和纸样上的任何修改都要标记出来。用钉针固定检查调整后的坯布，侧缝连接平顺。修剪侧缝处的缝份，只留下1/2英寸（约1.27厘米），增加1英寸（约2.54厘米）的折边。

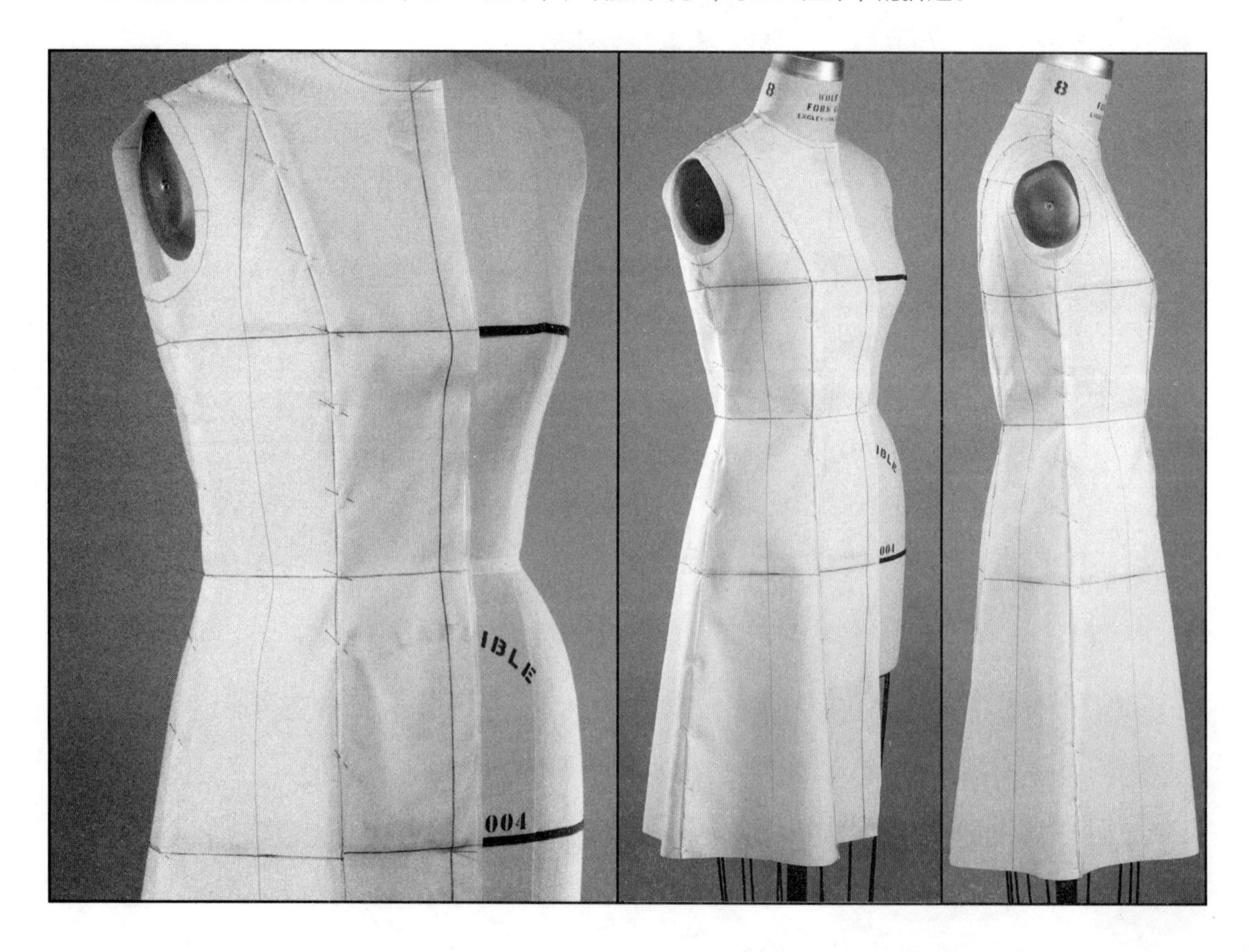

绘制公主裙的平面款式图

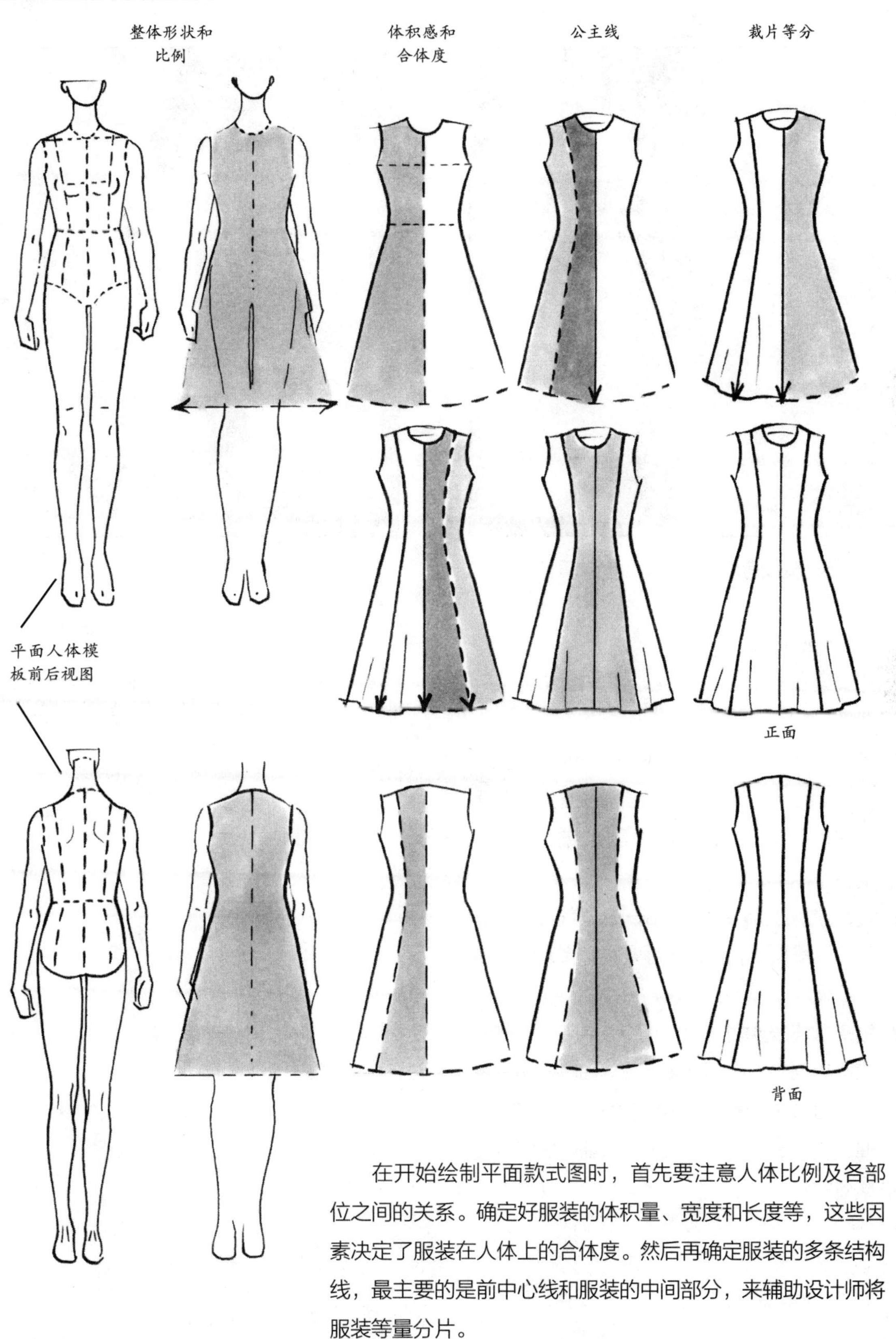

在开始绘制平面款式图时，首先要注意人体比例及各部位之间的关系。确定好服装的体积量、宽度和长度等，这些因素决定了服装在人体上的合体度。然后再确定服装的多条结构线，最主要的是前中心线和服装的中间部分，来辅助设计师将服装等量分片。

连衣裙款式变化

鞘形连衣裙

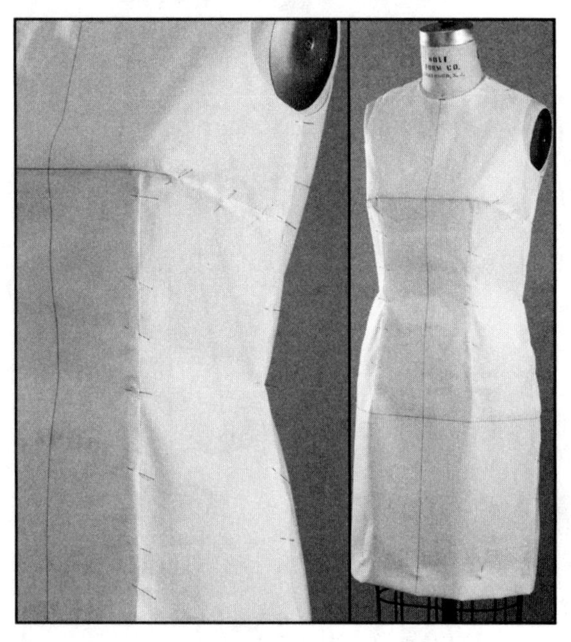

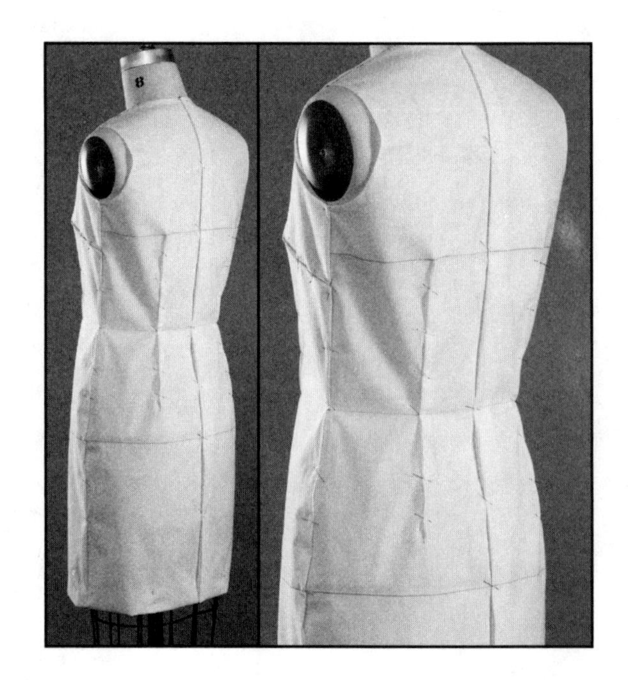

这是一款没有腰缝的半宽松连衣裙。

制板

1 拷贝连衣裙原型，包括纱向线和省道，然后裁剪。

2 **前片** 从腋下点在侧缝上下降$1^{3}/_{8}$英寸（约3.5厘米，见直筒连衣裙），连接胸省尖点，裁剪这条直线。合并肩省。从胸点减短省长1英寸（约2.54厘米）。

3 **后片** 过肩胛骨省尖点绘制一条直线至袖窿。裁剪这段直线，合并肩胛骨省，将省道转移至袖窿。

4 **袖窿** 对于无袖连衣裙，固定住腋下省，侧缝内收$^{1}/_{2}$英寸（约1.27厘米）。袖窿提高$^{1}/_{2}$英寸（约1.27厘米）。肩线内收1英寸（约2.54厘米），绘制出新的袖窿。保证前后肩线能够对合。

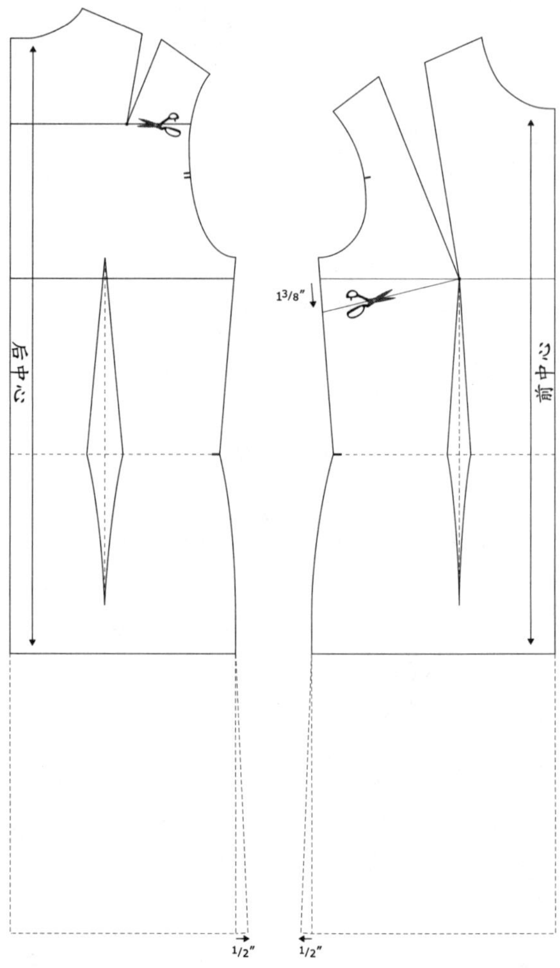

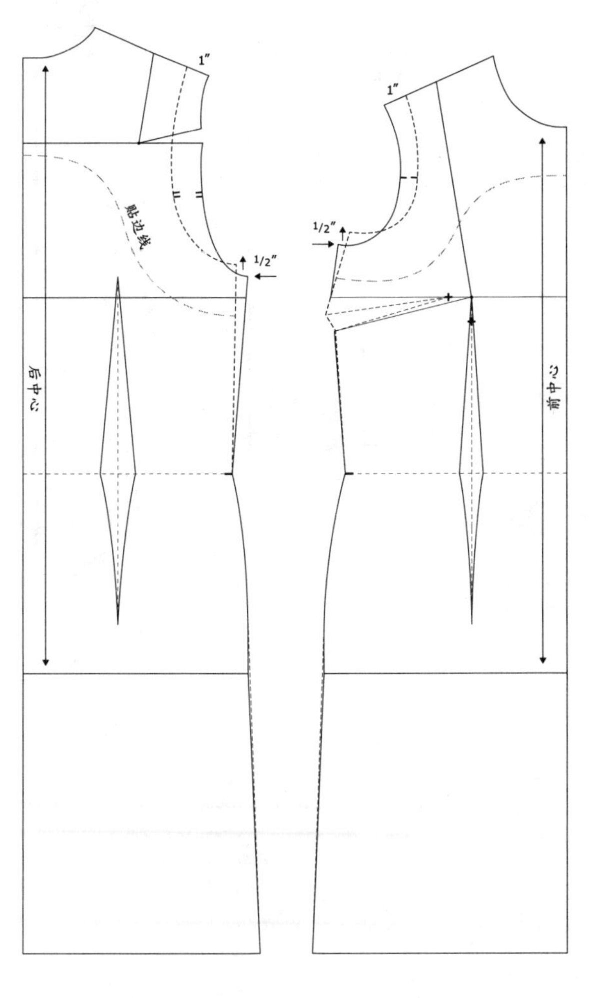

5 长度 在底摆增加12½英寸（约31.8厘米），在侧缝增加½英寸（约1.27厘米）。底摆可以预留2英寸（约5.1厘米）折边。

6 一体式贴边 平行于领口和袖窿做2英寸（约5.1厘米）宽的贴边，贴边在后中心线为4英寸（约10.2厘米）深，使贴边边缘圆顺。从颈部和袖窿缝线向里减去⅛英寸（约0.3厘米）。

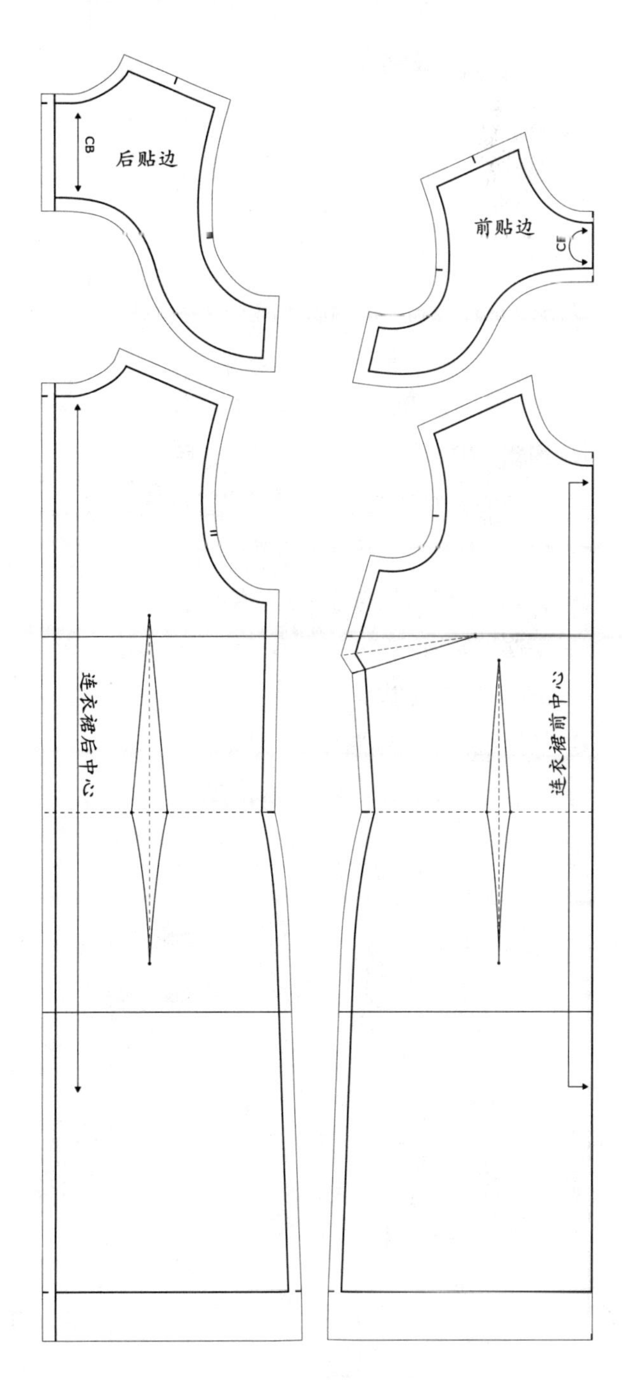

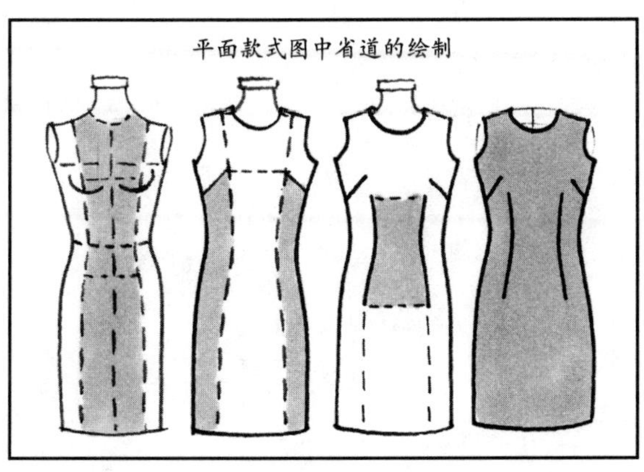

连衣裙款式变化

摆裙

这种款式的裙子将肩省转移至底边，呈现出无省、大摆的款式特征。

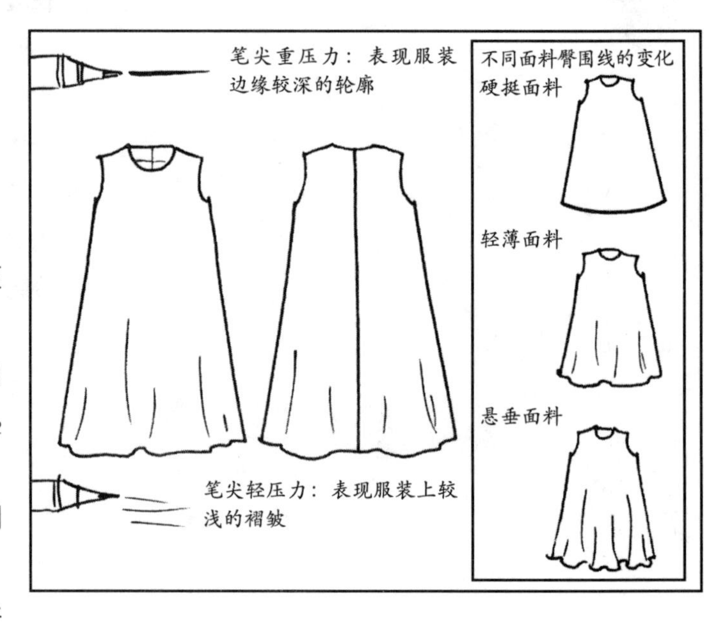

制板

1 拷贝连衣裙原型，包括纱向线和省道。裙子的长度增加12½英寸（约31.8厘米）。

2 **侧缝** 对于无袖连衣裙，袖窿侧缝向内收½英寸（约1.27厘米），再向上抬½英寸（约1.27厘米）。绘制出新袖窿。腰围外扩½英寸（约1.27厘米），使侧缝变得更直顺。

3 **分割线** 绘制出前后腰省的省中线，并延伸公主线至裙摆。从袖窿剪口至底边绘制出一条直线。

4 **肩省** 前片从底边至胸点剪开，后片从底边至肩胛骨省尖点剪开。将原省道闭合，省量转移至下摆。

5 剪开步骤3绘制的分割线。将前后片的下摆扩展到8英寸（约20.3厘米）。用曲线尺连接底边 。

6 拷贝纸样，圆顺袖窿 ，完成贴边。底摆可预留出½英寸（约1.27厘米）。

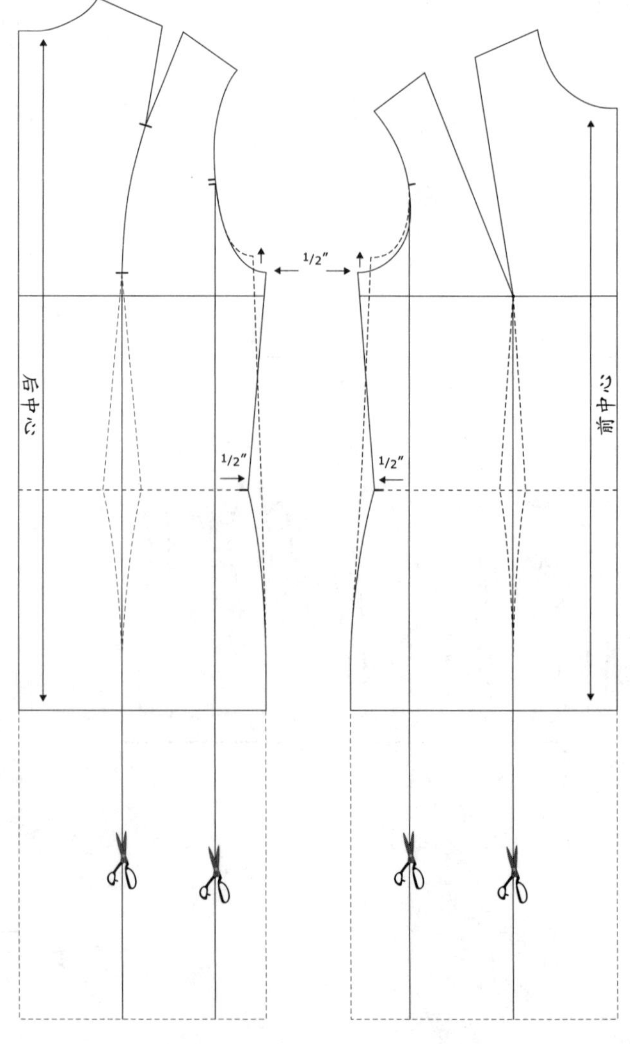

设计草图

前片

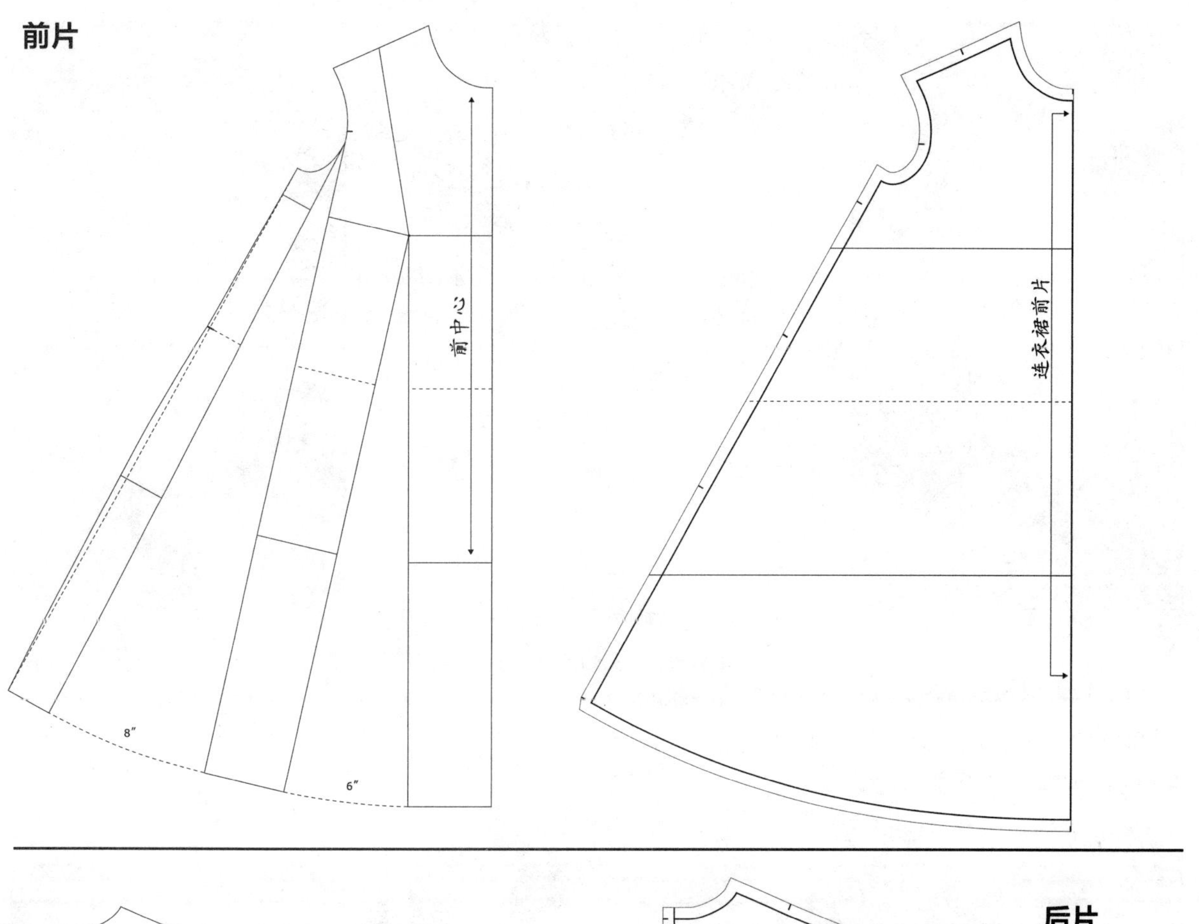

后片

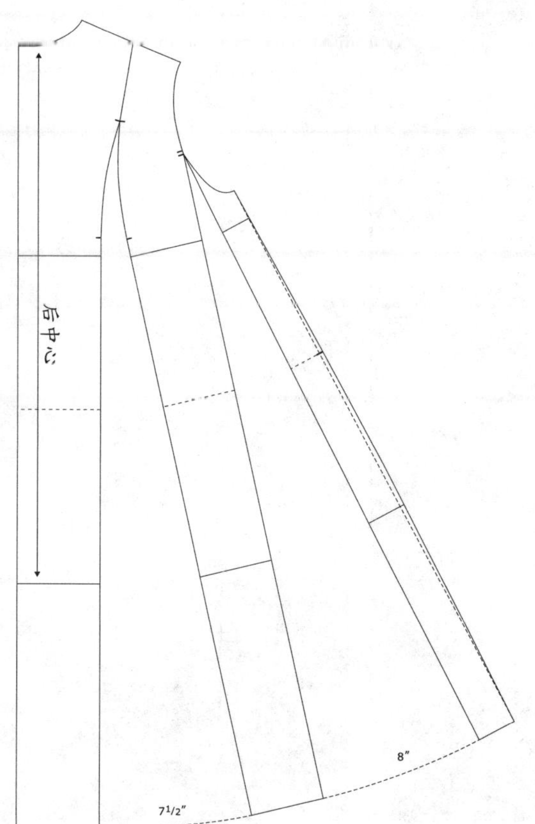

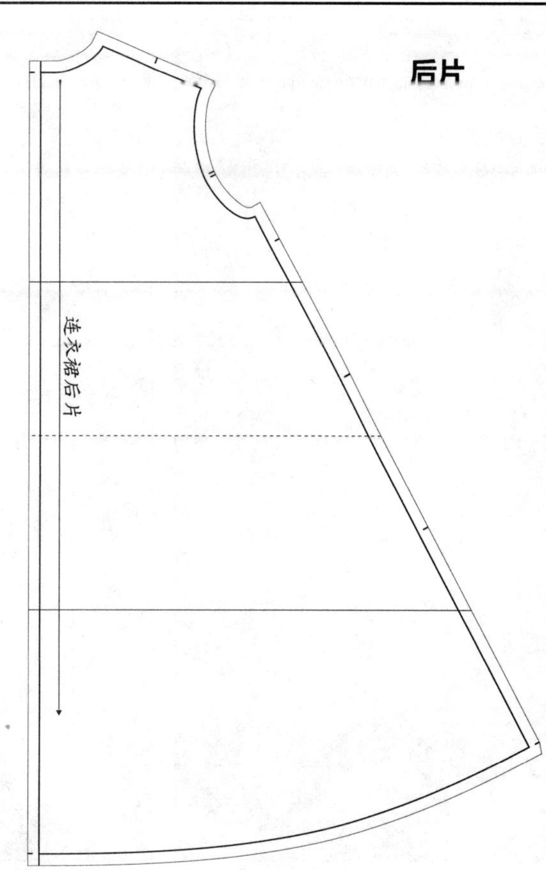

连衣裙款式变化

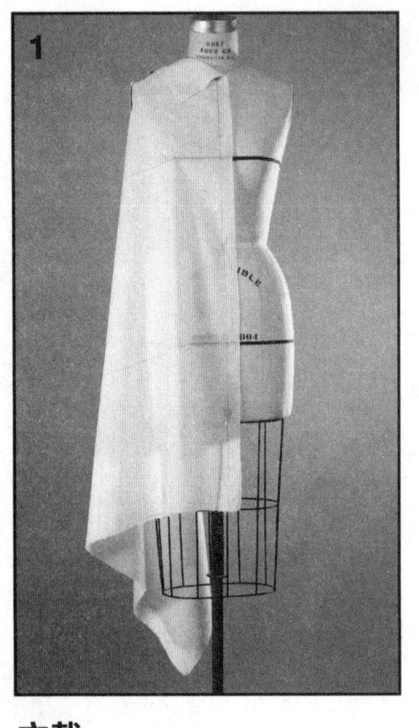
1

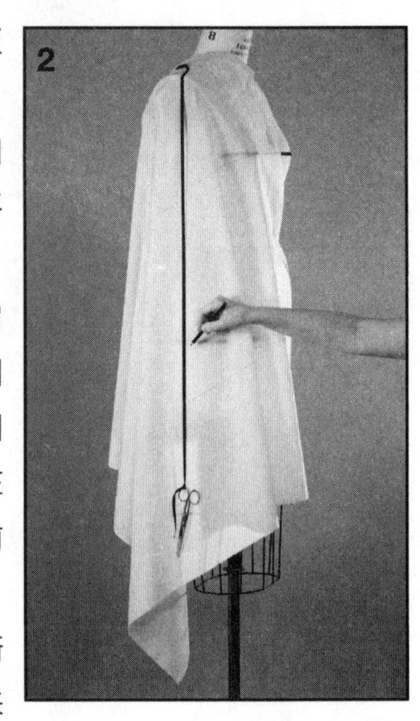
2

立裁

1 在人台的胸围和臀围位置贴标记线。

2 坯布准备：从领围板至设计所需的长度再追加4英寸（约10.2厘米）。从前片至后片至少量出30英寸（约76.2厘米）。

3 绘制出前中心线，在前中心线上绘制出胸围线、腰围线、臀围线等水平线。在侧缝处将前后片对齐。

4 在前中心线用钉针固定，将领口和肩膀抚平。后片重复此步骤。前片胸围线在胸点保持水平，用钉针进行固定，胸围线在侧缝处会下坠（后片在公主线处用钉针固定）。肩线处用前片压住后片，用钉针固定。

5 用一把剪刀绑上斜纹带垂直向下来衡量长度。根据从肩头垂下的斜纹带来标记出侧缝，用钉针固定。前后片贴上斜纹带。

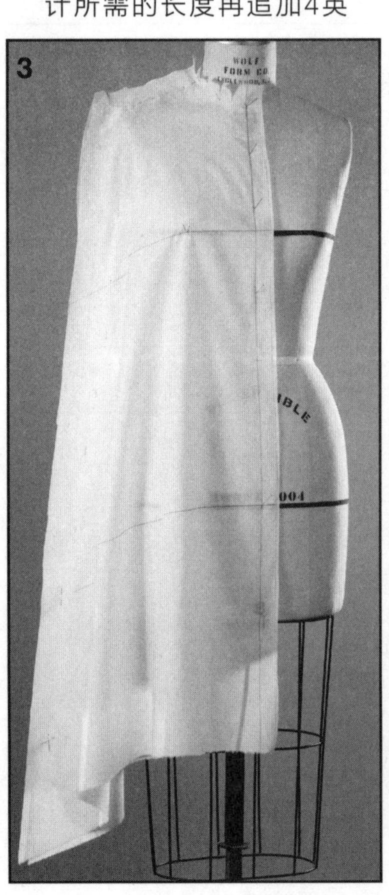
3

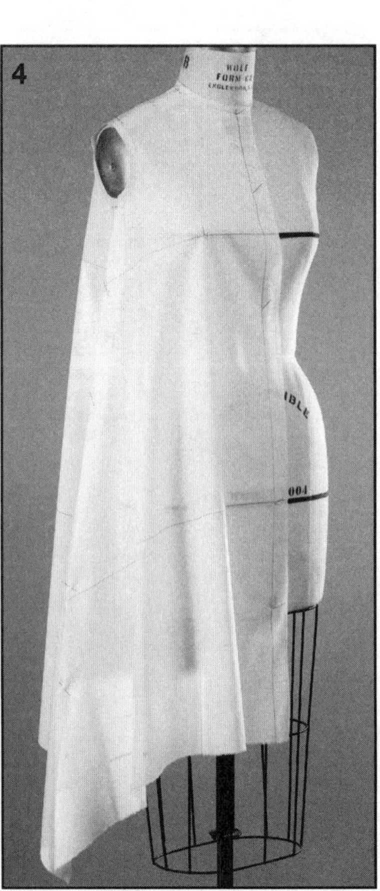
4

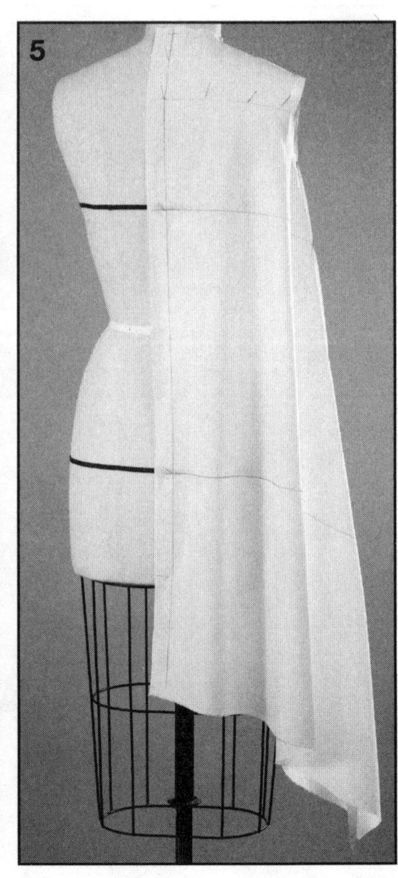
5

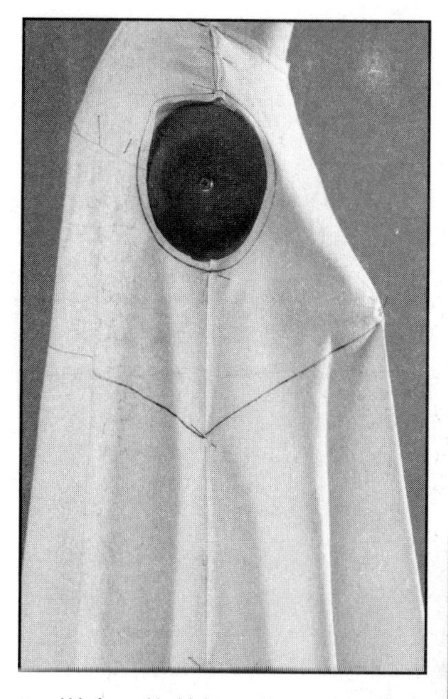

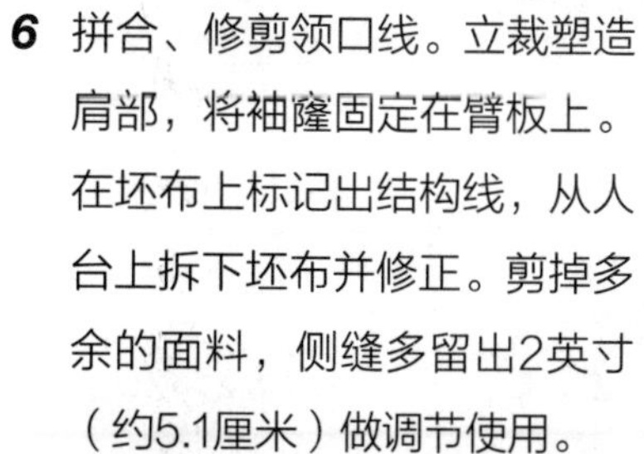

6 拼合、修剪领口线。立裁塑造肩部，将袖窿固定在臂板上。在坯布上标记出结构线，从人台上拆下坯布并修正。剪掉多余的面料，侧缝多留出2英寸（约5.1厘米）做调节使用。

7 用前片压住后片，再将坯布重新放在人台上检查是否合体。

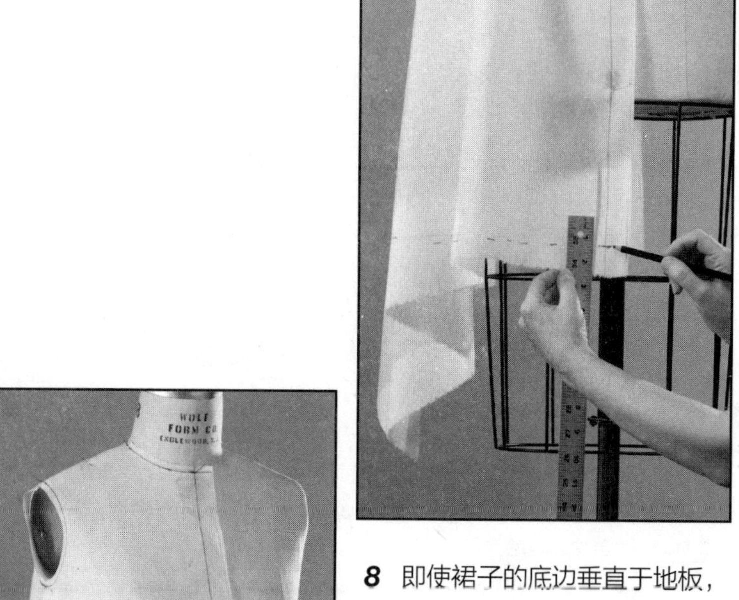

8 即使裙子的底边垂直于地板，也要在坯布上做出尺寸标记。

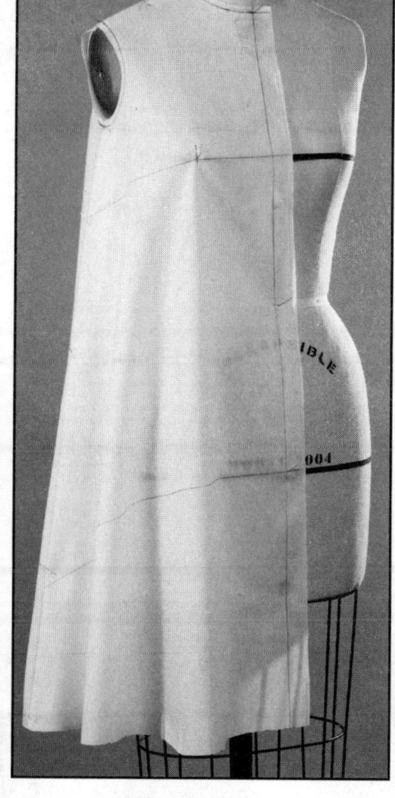

9 修剪缝份和底边。

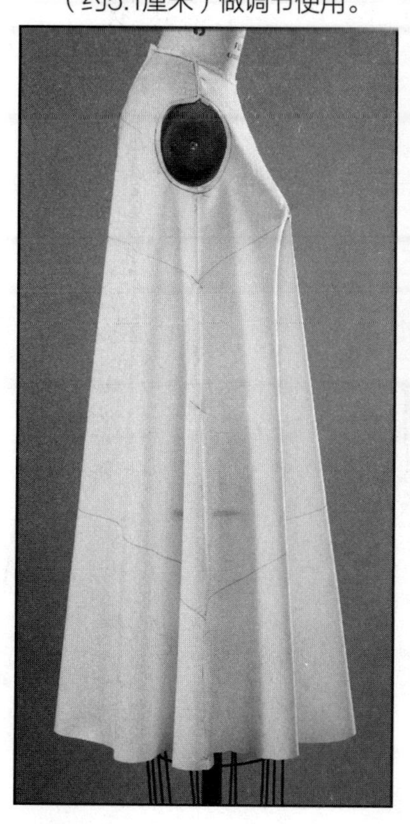

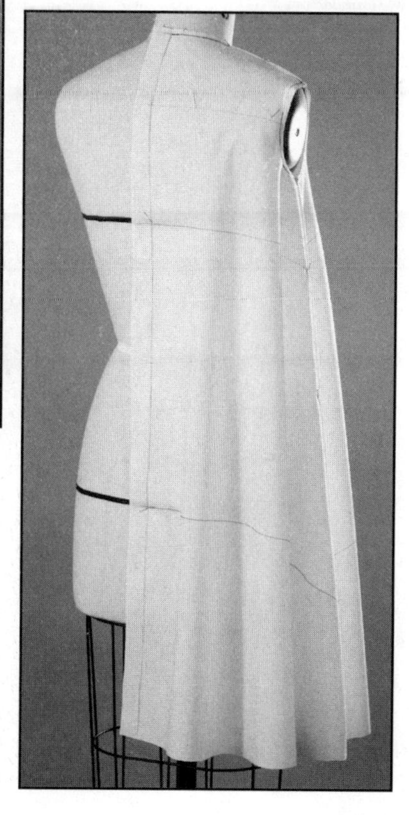

连衣裙的效果图表现

A 在绘制款式图时，连衣裙的外形通常是需要表现的主要因素。设计师要通过连衣裙与人体的关系来决定连衣裙的外形。表现的重点是根据人体姿势的摆动来展现服装与人体之间的松量。

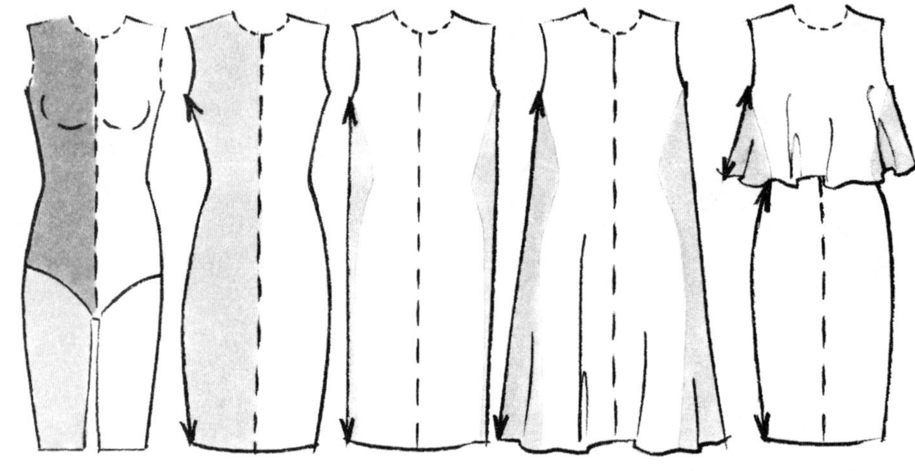

外形特征

B 比例对于如何设计以及在哪个位置设计服装的细节有一定的指示作用，并以此来影响服装的外形。比例与人体曲线及人体各部位之间有着直接的关系（如胸围线、腰围线或臀围线），对于精准绘图也起着决定性作用。

识别比例

C 比例与合体度是设计连衣裙的基本标准，就像廓型和设计特点一样，都需要精准地体现在平面款式图中。外形也很重要，它代表了面料的体积，图例中就显示了服装的长宽比例。

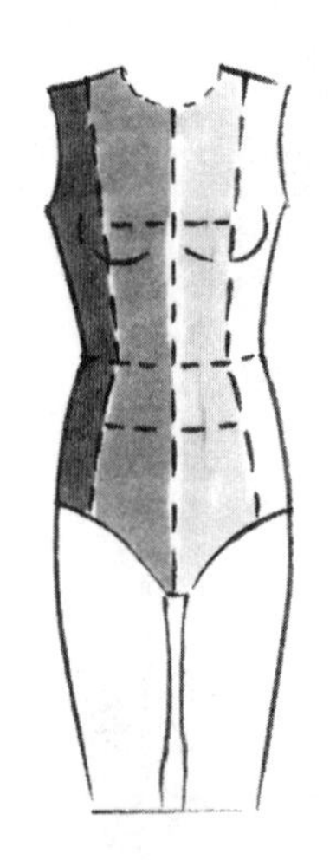

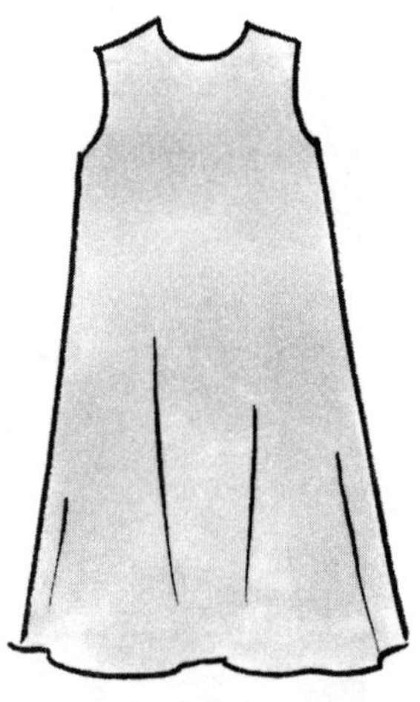

重视结构设计

D 这些图例例举了一些可供选择的连衣裙廓型。通过填充、衬垫或立裁，很多技术手段可以改变服装的外形。

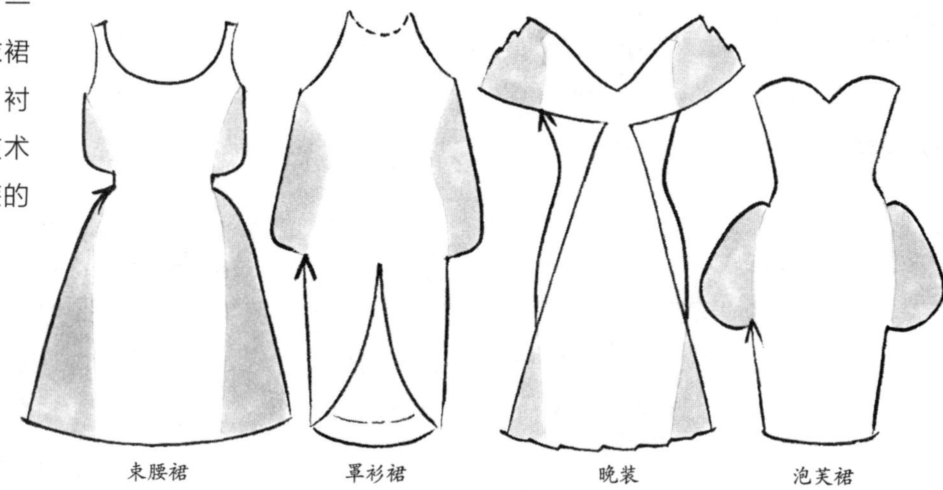

E 这一系列例子说明了款式图中的连衣裙比例。微妙或粗略的比例细节在款式图中都要有完整的体现。

F 这里有很多连衣裙的实例。这几款连衣裙的合体度几乎一样，都是合体、苗条，非常贴合身体的样式。尽管外形相似，但每个款式都有其独特的风格。有些款式会挑战你的时装画技巧。

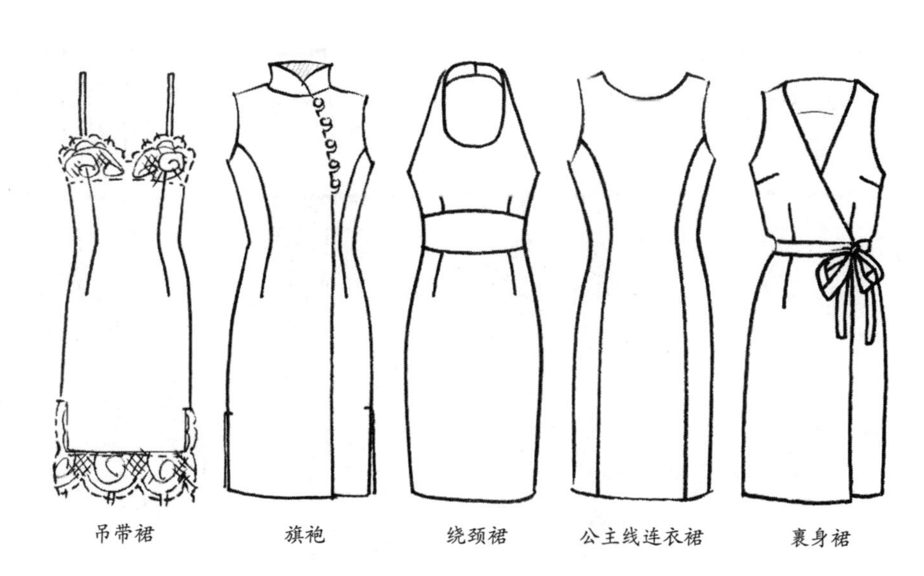

款式设计变化

下图所例举的是，在一系列基础廓型或合体服装中，通过平面图展示出来的连衣裙款式的变化。必须强调的是，草图的演变和变化归根结底是要强调设计的特点。这种变化所产生出的不同产品可以用于一套服装或整身服装的搭配。

绘图要点

外形 设计合体服装。

服装比例 面料的体积感，长度和宽度。

结构 缝纫细节。

设计特点 款式特色。

这里对简单的公主裙进行很多风格化转变。这些潜在的设计蕴含在流行趋势、制作方法和季节变换当中，根据设计师的创造力及设计师捕捉到的市场信息来创造时尚。在这页上描绘的人物造型，举例说明了在采用同样的动态、面料，季节相同的情况下，从轻便的样式到休闲样式的多种变化。

8 服装效果图 DRAWING

本章通过设计师唐纳德·布鲁克斯设计的服装造型，对细节进行深度观察，如装饰片和兜帽等，通过绘画技术进行了深层说明。本章还包含了前面章节的摘要，即完成一件服装的五个设计过程：设计概念、平面款式图、立裁、制板和制作以及图解设计元素之间的相互作用等。

在今天的时装市场，设计师要将立裁、制板及绘画三者结合起来。因为，任何一种设计方法产生的创造力、变革和风向标都会影响到其他两个。在制板纸上，在电脑上，或者在人台上，这三者都应该被视为相互叠加的领域。本章关注它们之间的联系，表达方法及三者之间何时、为何彼此相互影响。每个环节都是一项单独的工作或步骤，但是失去其中任何一个，都会对捕捉流行趋势或获得时装奖项造成损失。将立裁、制板和绘画结合起来是设计师职业目标的一部分，也是时装设计的魔力所在。

唐纳德 · 布鲁克斯

戏服和时装设计师

在20世纪60年代，美国女性仍对欧洲时装设计翘首以盼。就在这个时候，从帕森斯设计学院毕业的设计天才唐纳德 · 布鲁克斯，在美国时尚圈中引领了新的潮流。唐纳德 · 布鲁克斯深受好莱坞20世纪30年代的电影戏服设计师特拉维斯 · 班通（Travis Banton）和阿德里安（Adrian）的影响，更加注重第七大道、戏剧、电影和电视服装设计中的实用性，创造了美国时装独特的设计风格。

他最先为Lord&Taylor服装店设计展示橱窗，之后再到服装工厂做了很多年的学徒。在1958年，他被选中成为克莱尔 · 麦卡德尔（Claire McCardell）的接班人，为Townley Frocks公司设计性价比更高的休闲装。在那里唐纳德赢得了人生中的第一个科蒂奖（Coty Awards），他一共三次获得过该奖项。

在1963年，布鲁克斯专为黛安 · 卡罗尔（Diahann Carroll）的百老汇音乐剧《无弦》（No Strings）设计了服装，夺得了纽约戏剧评论家奖。他经常为舞台角色设计服装，如《新婚燕尔》（Barefoot in the park），还有奥托 · 普雷明格（Otto Preminger）执导的电影《红衣教主》（The Cardinal）。布鲁克斯在这部电影中，仅两个场景就设计了两千套戏服，包括138件晚礼服。此外，他还在另两部电影《佛晓出击》（Darling Lili）和《明星之恋》（Star）中，让主演朱莉 · 安德鲁斯（Julie Andrews）独自一人穿了126套服装。这些电影为他赢得了三项奥斯卡奖提名。

在20世纪60年代，布鲁克斯加入了美国设计师协会，拥有了自己的时尚事业，与他同期的还有比尔 · 布拉斯（Bill Blass）和杰弗里 · 比尼（Geoffrey Beene），他们成为了“美国风格”的代表设计师。作为美国时装设计师协会（简称CFDA）的创建成员，布鲁克斯是第一批拥有自己设计团队的美国设计师之一。他设计的成衣包括泳装、内衣、雨衣、皮草、假发、家纺和男装。

由于唐纳德 · 布鲁克斯在色彩及面料设计上的独到之处，他在20世纪70年代获得了两个美国印花协会大奖，在舞台服装上的影响力使他被授予著名的象征杰出成就的帕森斯勋章。这个奖项使他加入了艾德里安、克里斯汀 · 迪奥（Christian Dior）、克莱尔 · 麦卡德尔、诺曼 · 诺雷尔（Norman Norell）的设计公司。布鲁克斯先生还通过在帕森斯设计学院时装设计系任教，致力于培养年轻设计师。

唐纳德 · 布鲁克斯设计的效果图

领子与袖子

这件礼服着重强调了豪华及修身的设计效果，衣身华丽的装饰面料与朝圣领和袖克夫质朴的面料质感，产生了对比效果。这件礼服对面料纹理、塑型性、柔软度、绣花天鹅绒、款式凸点、玻璃纱衣领和袖口等细节进行了诸多揣摩。很多戏剧人物的塑造往往就取决于服装的造型。

唐纳德·布鲁克斯作品展示

晚礼服，1969

黑色绣花天鹅绒,，剪花贴花，白色蝉翼纱衣领和袖口

由丹尼斯·黑尔（Denise Hale）提供拍摄

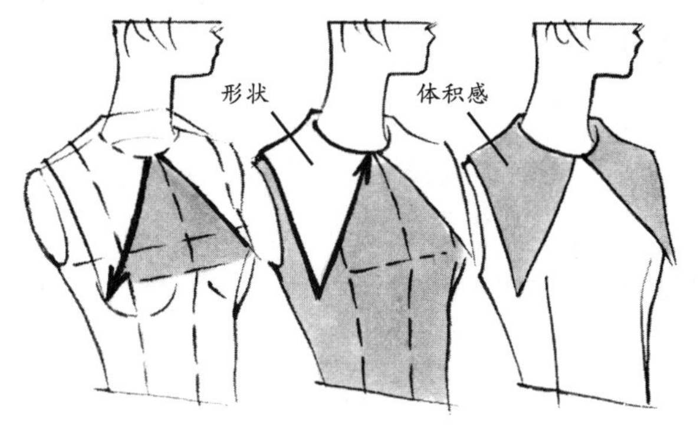

这种超大型领子的领尖点超过了胸点，在前中心线呈现出大的倒V形。丰满的衣领延伸到了肩线，但没有触到袖窿。

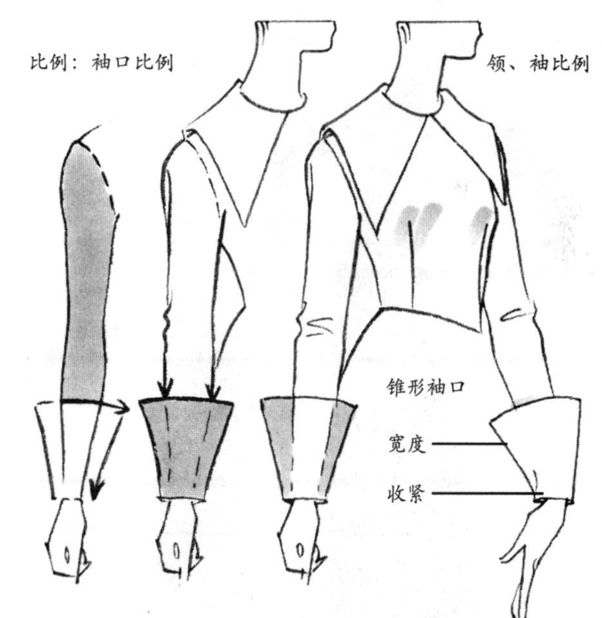

超大袖口在小臂最丰满处开始收紧，在肘部以下形成紧密的腕口。扇形的袖口必须与领子的体积和袖子的其余部分成比例。

服装设计的五个步骤：领子

这是设计过程的五个基本步骤，哪一步是首先要考虑的因素呢？传统的设计方法是从一个想法开始的，即我们常说的概念性草图，可以描绘出一个基础外观。下一步应该是绘制款式图，规范用于生产的尺寸。接下来应该是制板，或者用坯布立裁，将服装从平面转变为立体。坯布或纸样完成的最后阶段，设计师开始选择适合的面料。这将决定了服装是用于T台展示，还是用于市场零售。在设计任何服装的五个步骤中，设计师可以对特定的设计点进行强调。

衣领和袖口坯布= 1码，连衣裙= 5码

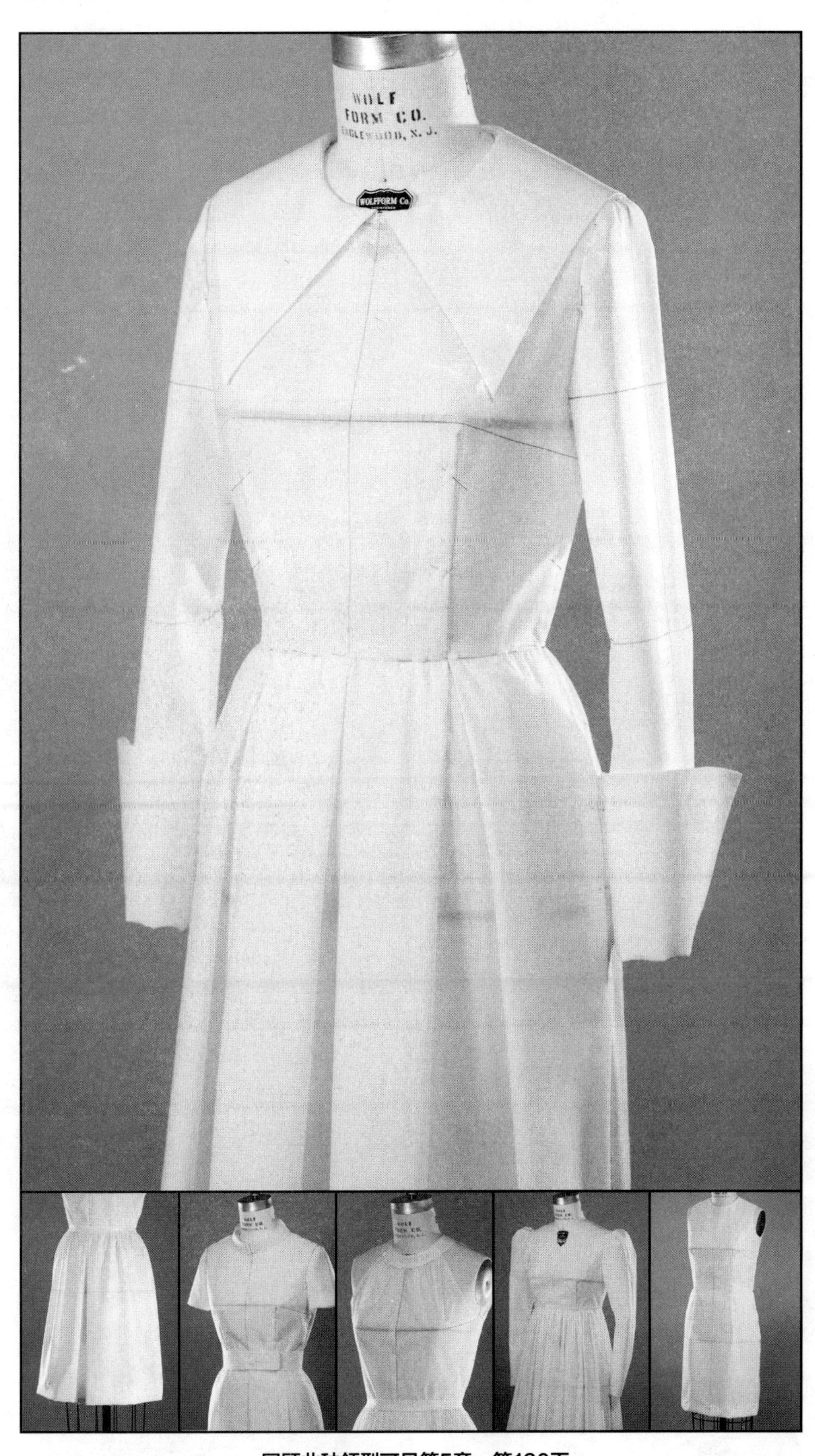

回顾此种领型可见第5章，第130页

袖子

唐纳德·布鲁克斯作品展示

晚礼服，1977

紫色的人造丝天鹅绒打褶晚礼服

由爱丽丝·K.布鲁克斯（Alice K. Brooks）提供拍摄

这款礼服的魅力在于织物与服装廓型的完美契合。请注意设计草图所传达出的信息，强调出人造丝天鹅绒充满流动感的褶皱。另一方面，平面款式图重点展示了礼服的轮廓外形，重点强调的是比例和结构，而不是制造工艺。这就是为什么要将这两种类型的设计图搭配在一起使用的原因。设计草图表现了充满浪漫情节的想象力，平面款式图反映了真实的设计效果。

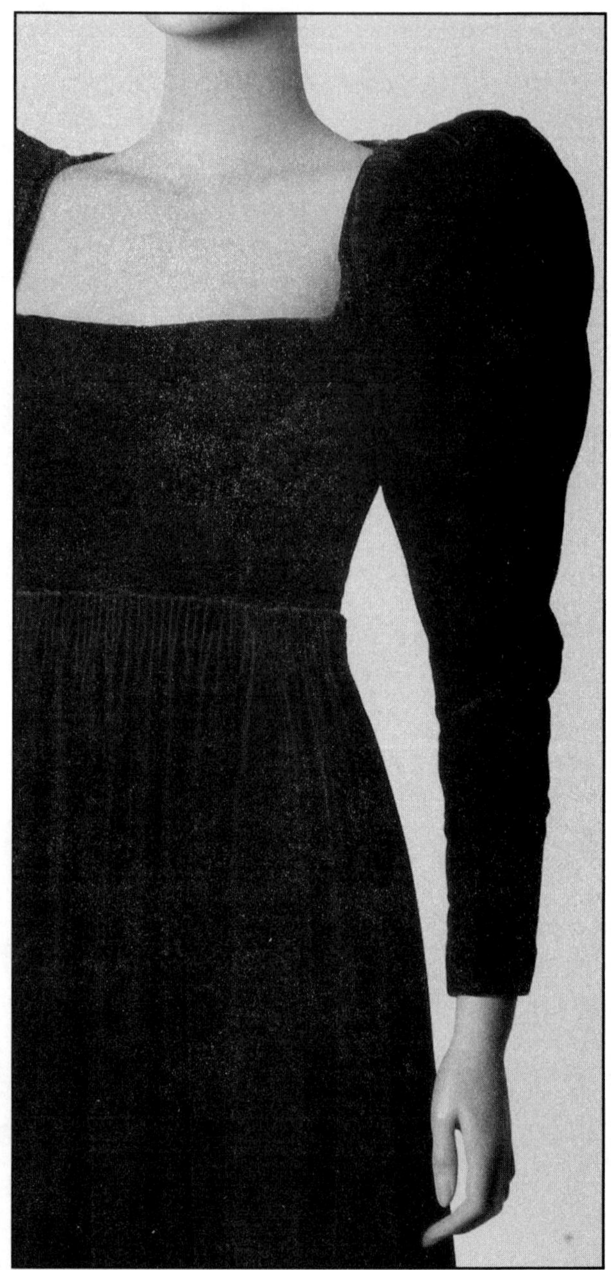

领口线很宽，呈现为夸张的方形。袖型对传统的羊腿袖进行了改造。服装在实际制作时在袖窿处打褶。这款礼服袖子来自第6章。

这款礼服的外观呈现出微妙的A形，是较为保守的款式，在腰部及膝盖以下加入打褶细节。这种多结构线、多分割线的设计点需要在款式图中着重表现出来。阴影会在平面款式图或者效果图中对面料体积感的表现起到辅助作用。

服装设计的五个步骤：**袖子**

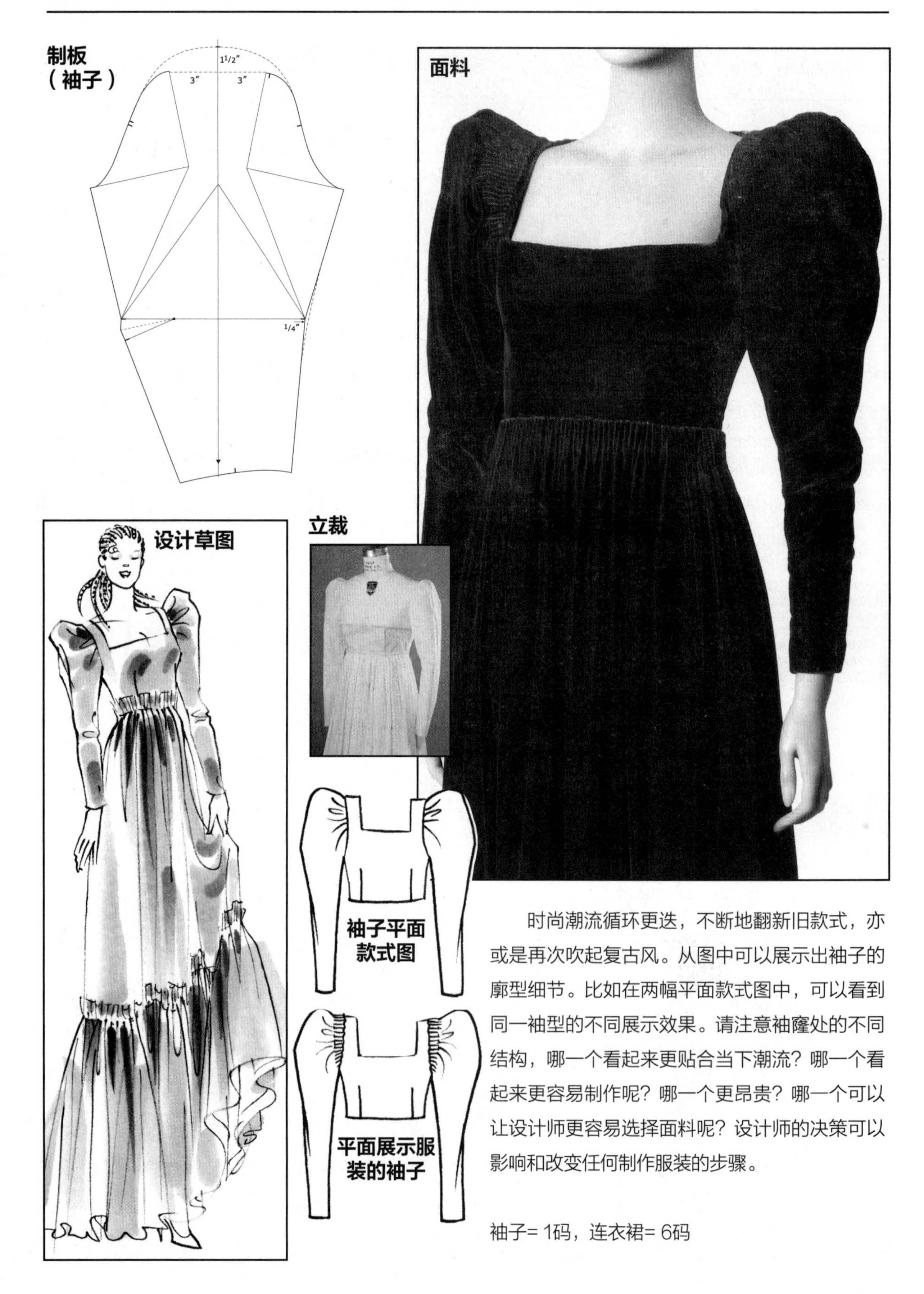

时尚潮流循环更迭，不断地翻新旧款式，亦或是再次吹起复古风。从图中可以展示出袖子的廓型细节。比如在两幅平面款式图中，可以看到同一袖型的不同展示效果。请注意袖窿处的不同结构，哪一个看起来更贴合当下潮流？哪一个看起来更容易制作呢？哪一个更昂贵？哪一个可以让设计师更容易选择面料呢？设计师的决策可以影响和改变任何制作服装的步骤。

袖子= 1码，连衣裙= 6码

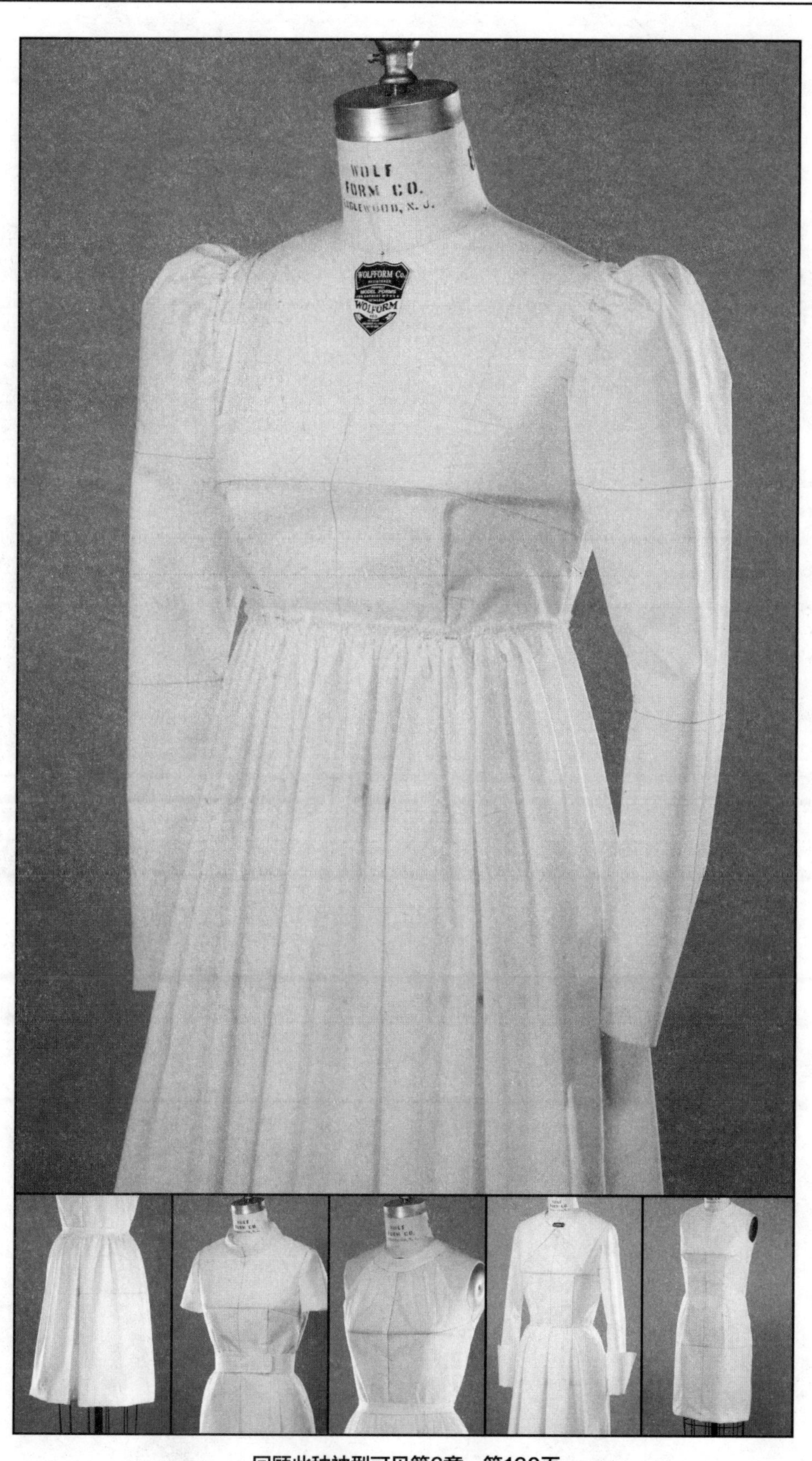

回顾此种袖型可见第6章，第160页

褶裥

唐纳德·布鲁克斯作品展示

连衣裙，1965

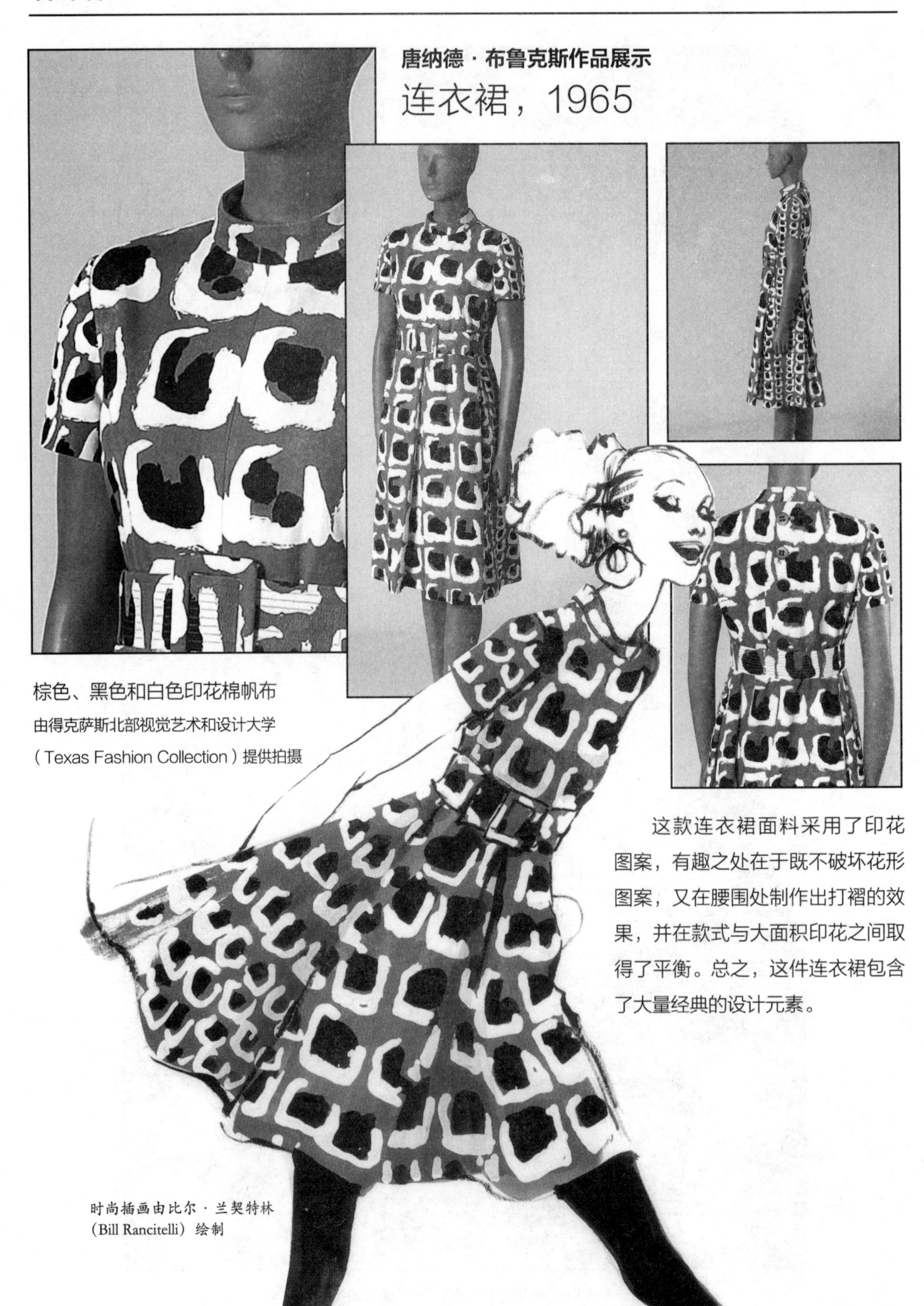

棕色、黑色和白色印花棉帆布

由得克萨斯北部视觉艺术和设计大学（Texas Fashion Collection）提供拍摄

这款连衣裙面料采用了印花图案，有趣之处在于既不破坏花形图案，又在腰围处制作出打褶的效果，并在款式与大面积印花之间取得了平衡。总之，这件连衣裙包含了大量经典的设计元素。

时尚插画由比尔·兰契特林（Bill Rancitelli）绘制

完整人体模板的一半

裙子的容量　裙子外形　连衣裙结构　成品

概要 在侧缝处可以更多地体现出特殊的设计细节。在绘制平面款式图时，可以使用侧面的人体模板，将服装侧面的细节着重表现出来。

褶裥设计 褶裥通常需要平均分配，每个褶裥要在特定的距离内收褶。易塑形、易折叠的面料更适合制作叠褶。

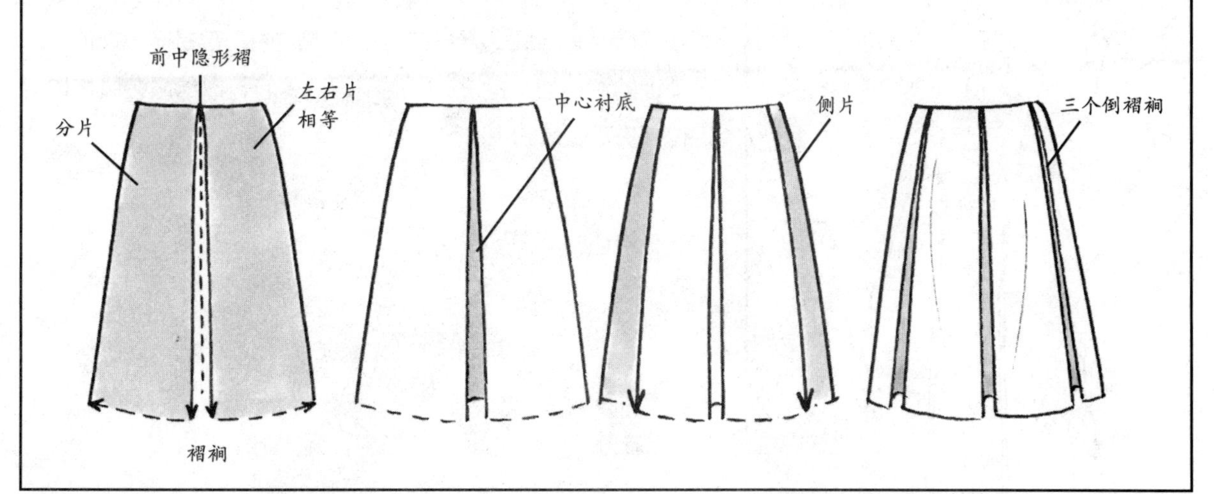

服装设计的五个步骤：衣身

制板
（衣身）

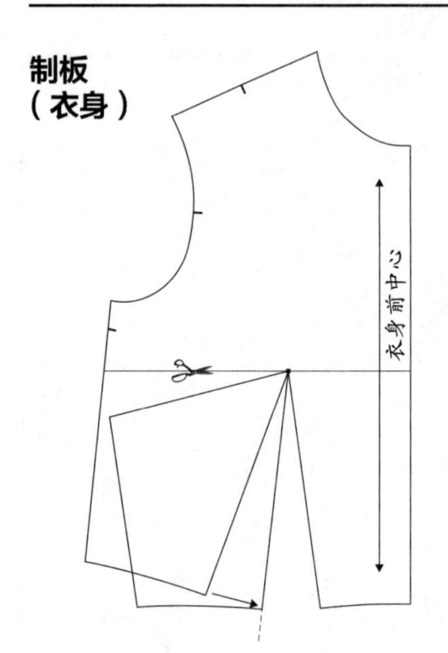

立裁

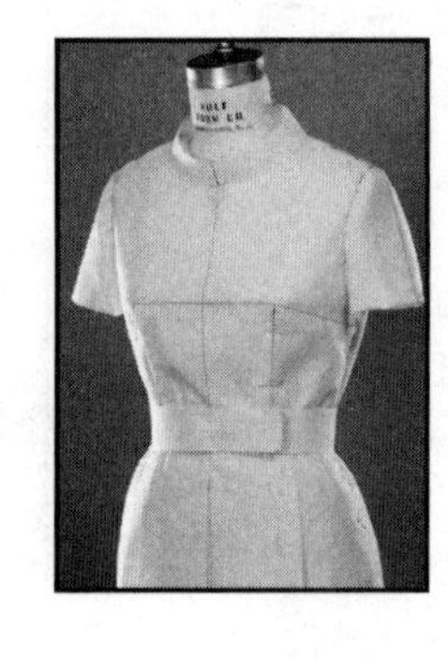

平面款式图

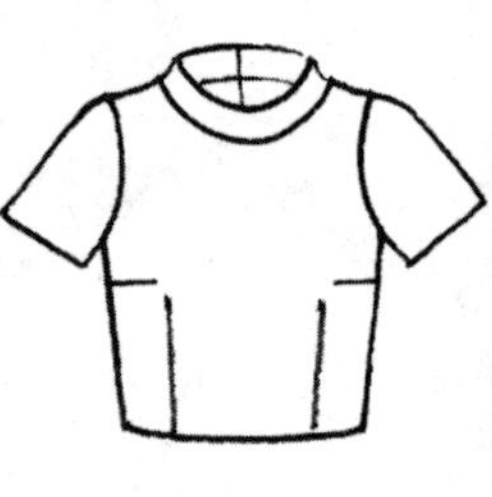

面料

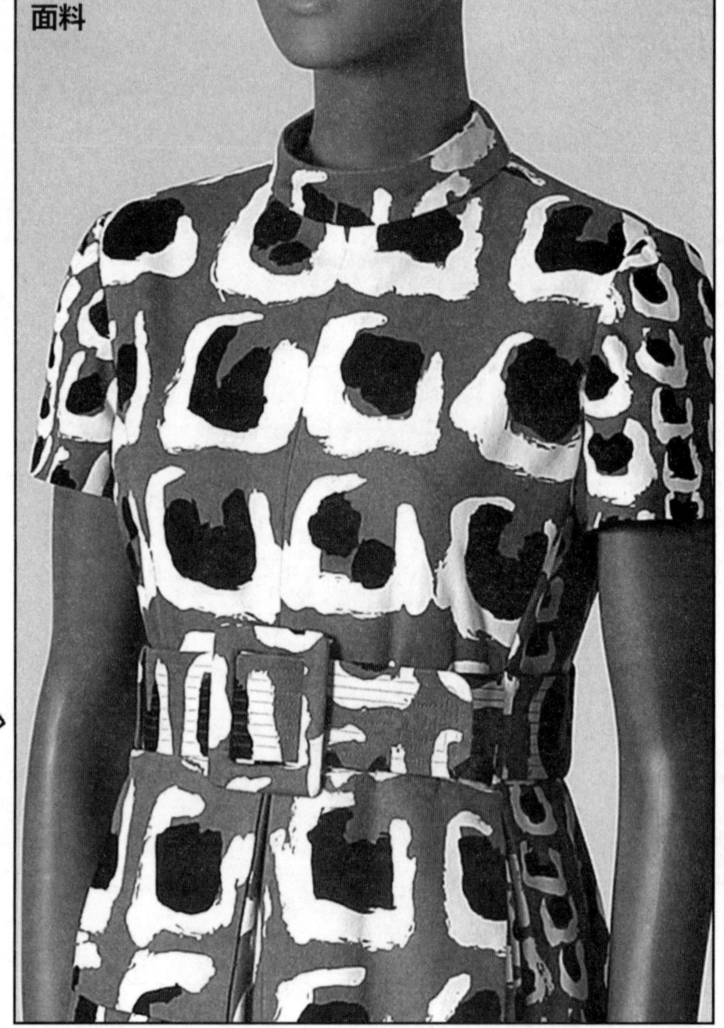

设计草图

设计就像拼图，必须将不同的碎片连接到一起才能完成一幅画面。设计的五个步骤相互依存，才得以完成一款时尚的服装。每个步骤可以是独立的，各自有不同的操作方法，但最终完成的产品是服装。不在这五个步骤之中，容易被忽视但又十分关键的潜在因素是设计师的前瞻性，它可以给服装风格进行定位并决定服装的生产。

特选服装坯布= 1码(衣身)

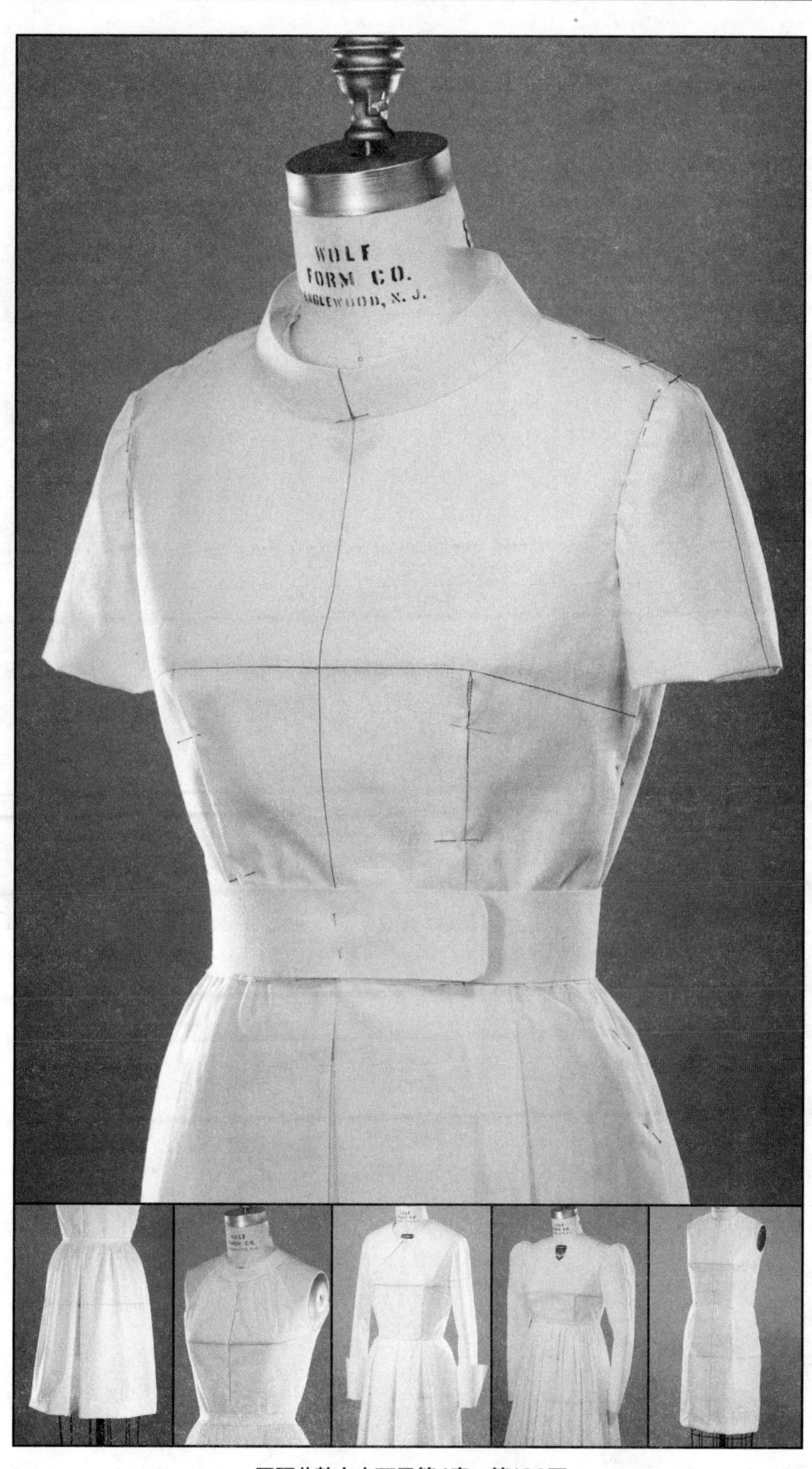

回顾此款上衣可见第4章，第100页

服装设计的五个步骤：半身裙

制板（半身裙）

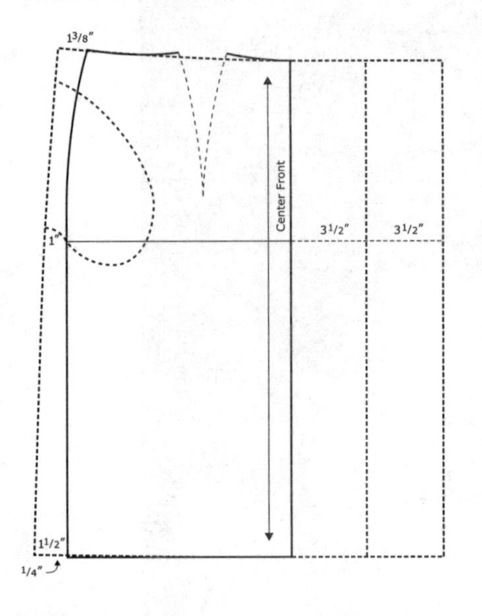

立裁

平面款式图

设计草图

腰围处的斜纹腰带是手工缝制的。这件裙子上衣在第216页。

唐纳德·布鲁克斯作品展示

半身裙，1970

黑色亚麻酒会礼服裙

由凯思琳·马乔提供拍摄

特选服装坯布= 2码

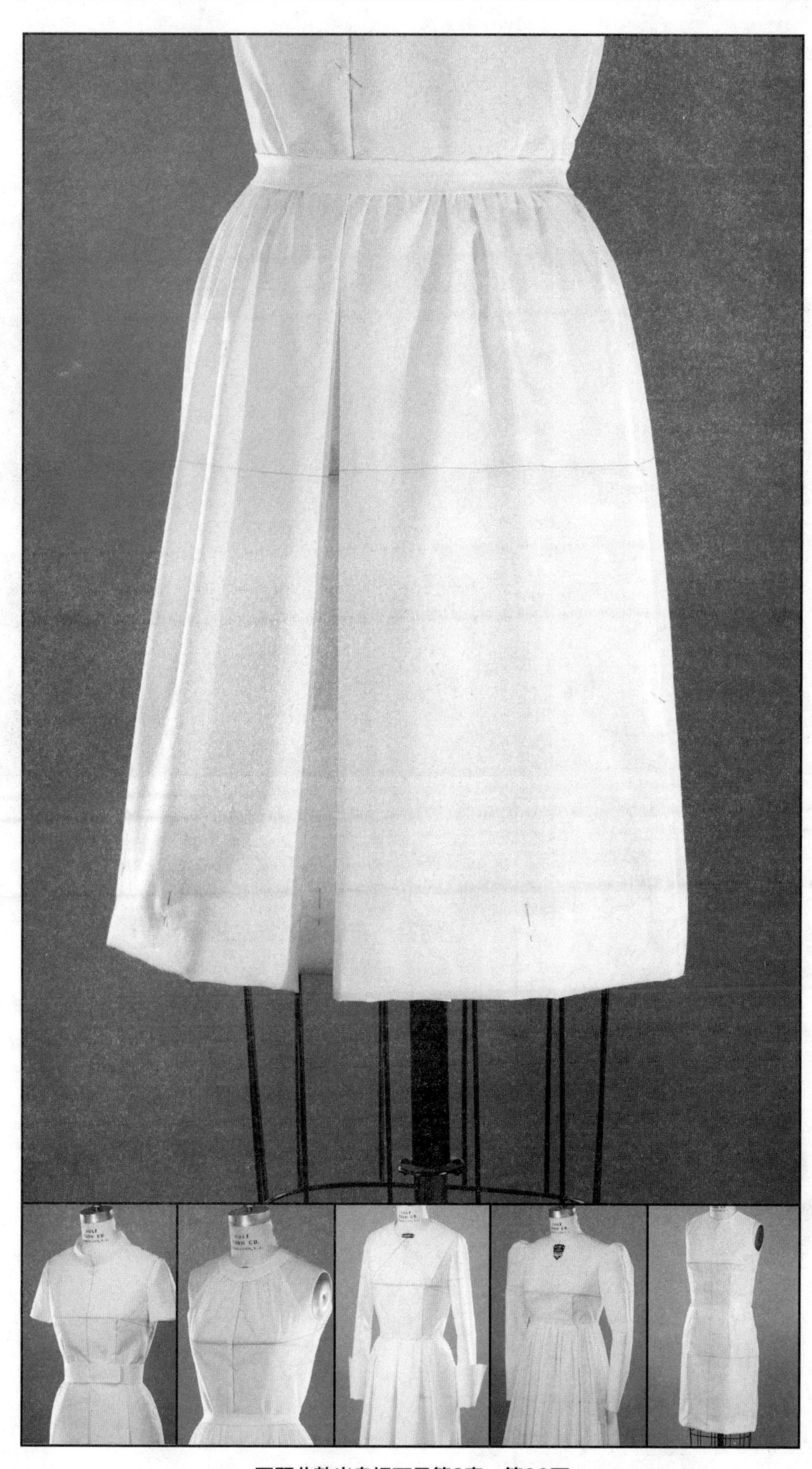

回顾此款半身裙可见第2章，第60页

服装设计的五个步骤：**衣身的款式变化**

制板（衣身）

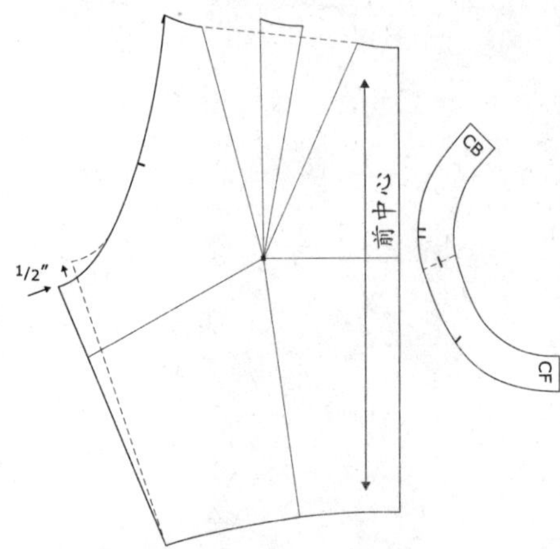

立裁

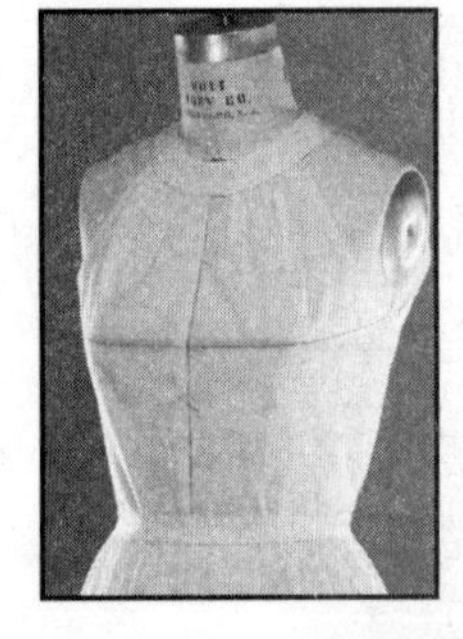

平面款式图

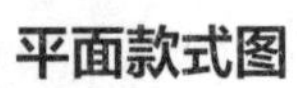

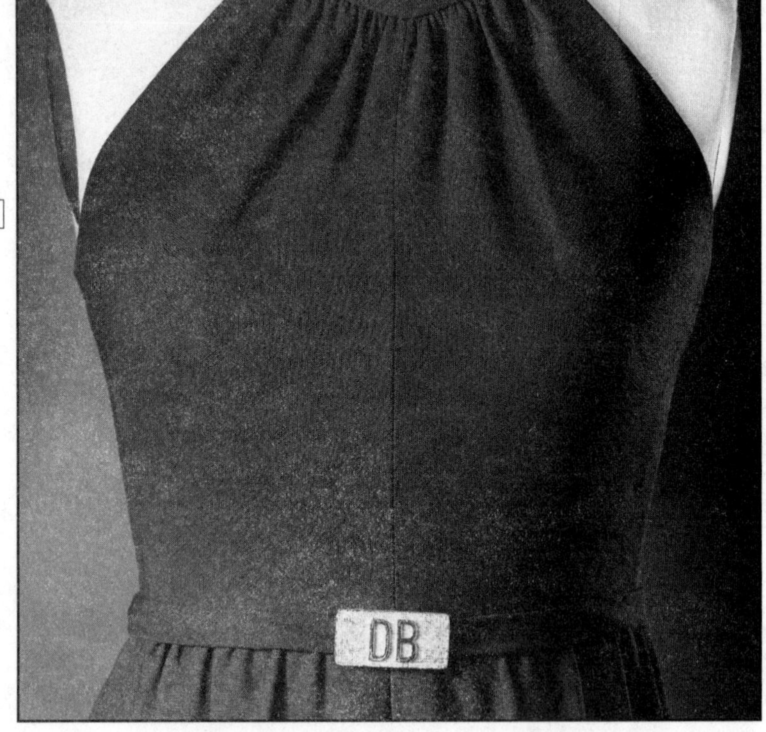

前后领口有套脖式约克，后中有拉链。这款上衣可以与第214页的半身裙相结合。

唐纳德·布鲁克斯作品展示

上衣，1970

鸡尾酒会短裙，黑色亚麻紧身上衣

由凯思琳·马乔提供拍摄

特选服装坯布= 1码

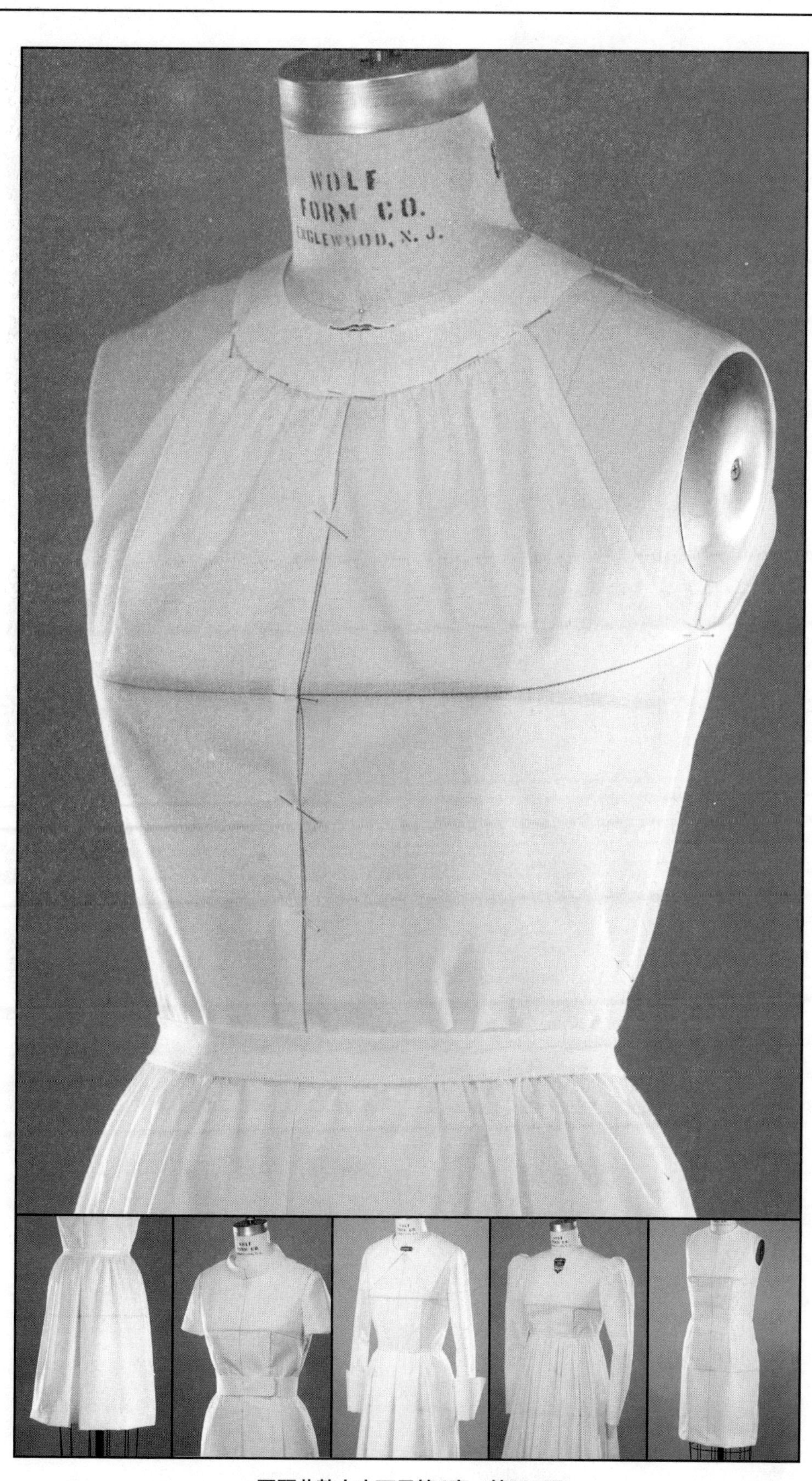

回顾此款上衣可见第4章，第110页

服装设计的五个步骤：**无袖连衣裙**

制板
（无袖连衣裙）

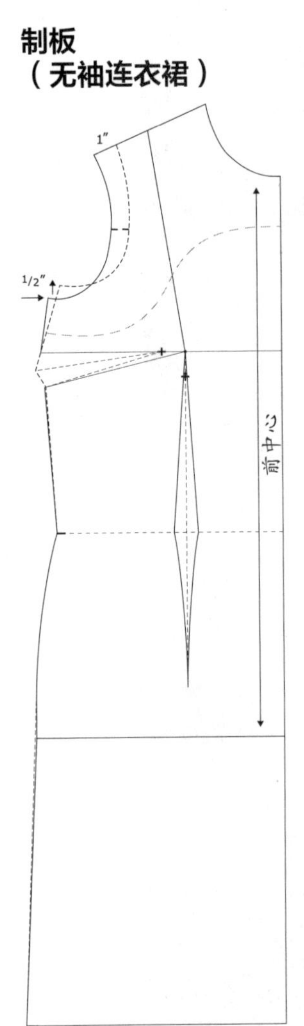

设计草图

面料

立裁

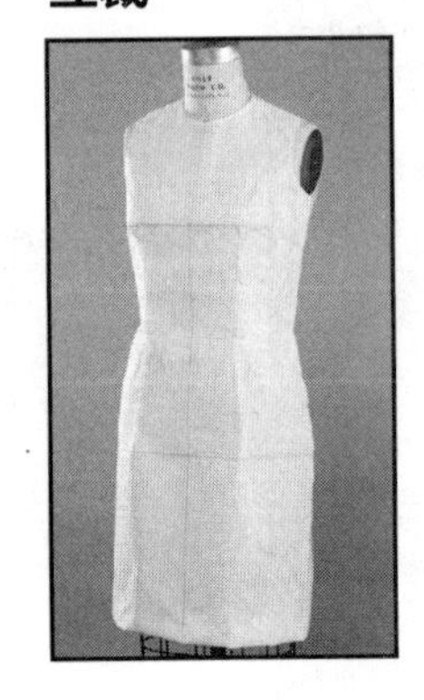

平面款式图

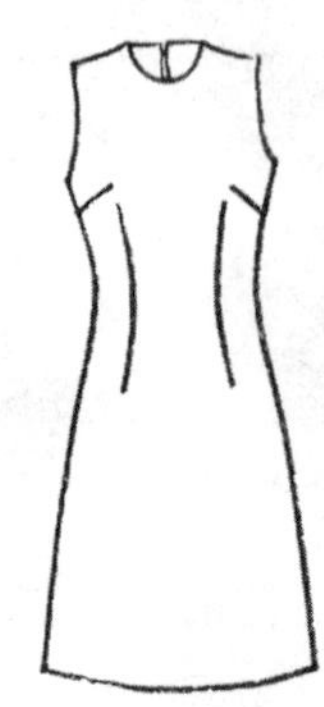

唐纳德·布鲁克斯作品展示

无袖连衣裙，1962

彩色亚麻布连衣裙

由鲁波·轩尼诗（Rubye Hennessy）提供拍摄

特选服装坯布= 2码

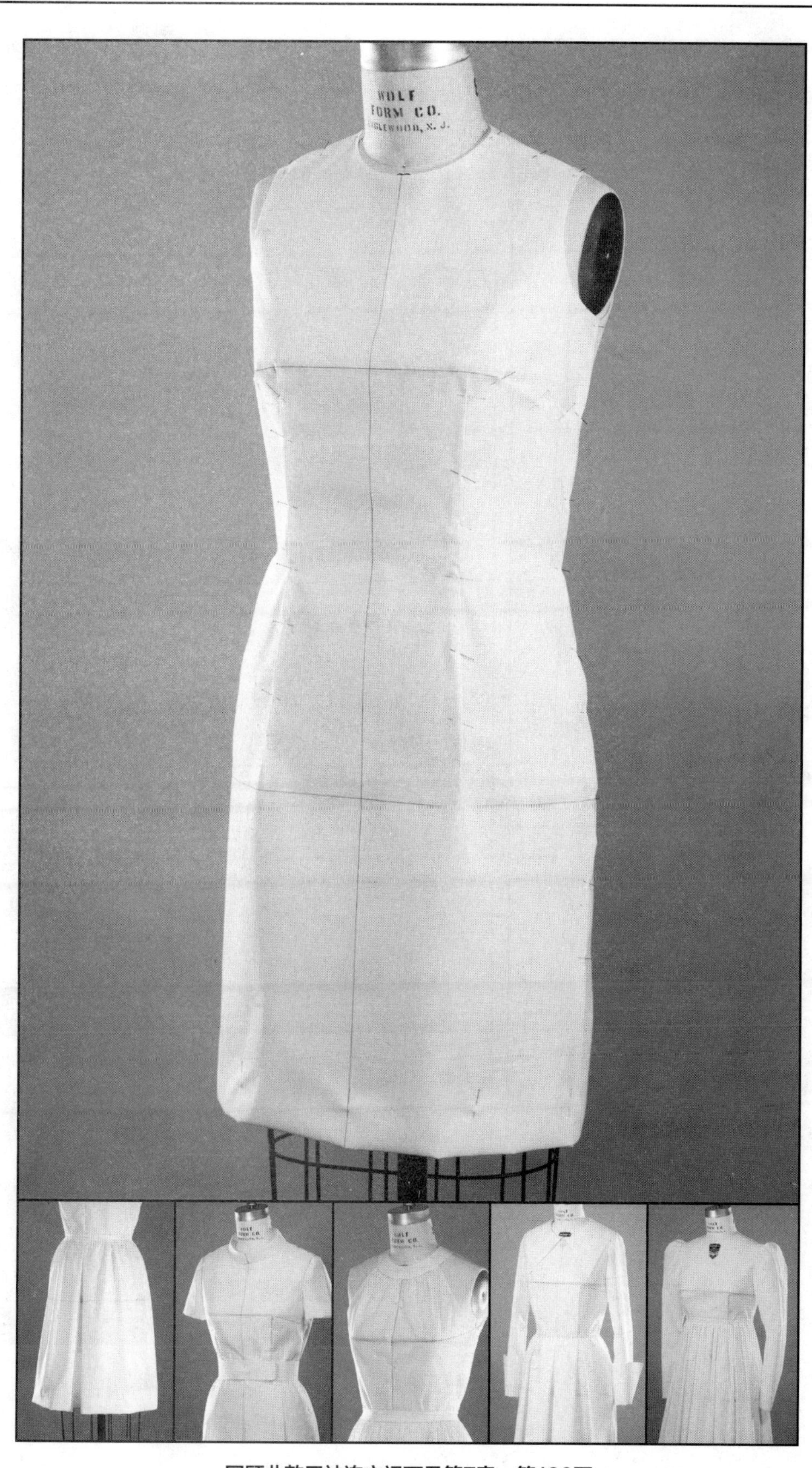

回顾此款无袖连衣裙可见第7章，第188页

背部绑带式连衣裙

这种裙款外形纤细，面料采用经典的无光泽针织物，拥有精致的廓型。设计焦点在背部，后背交叉与面料抽褶相结合的技术与设计，在现如今看起来仍相当时尚。此种手法是背部绑带式连衣裙设计成功的关键。

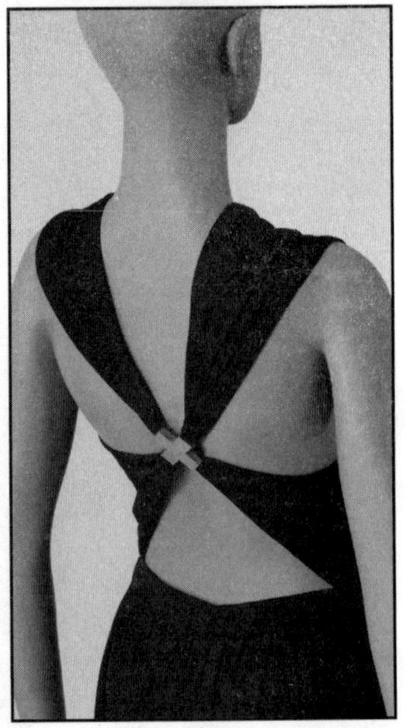

唐纳德·布鲁克斯作品展示

连衣裙，1970

黑色无光泽针织面料，金色X形背部装饰

由珍妮·埃迪（Jeane Eddy）提供拍摄

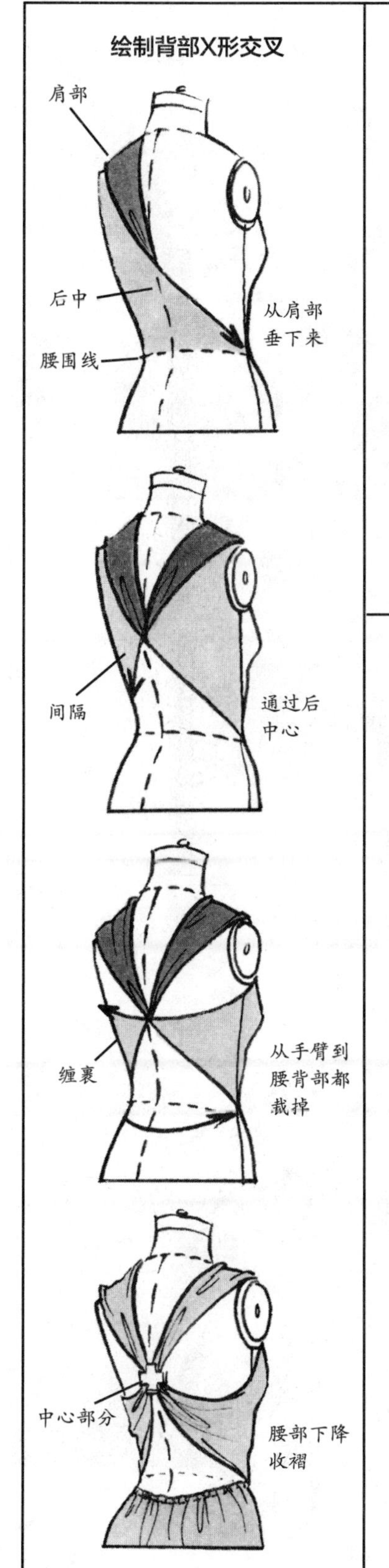

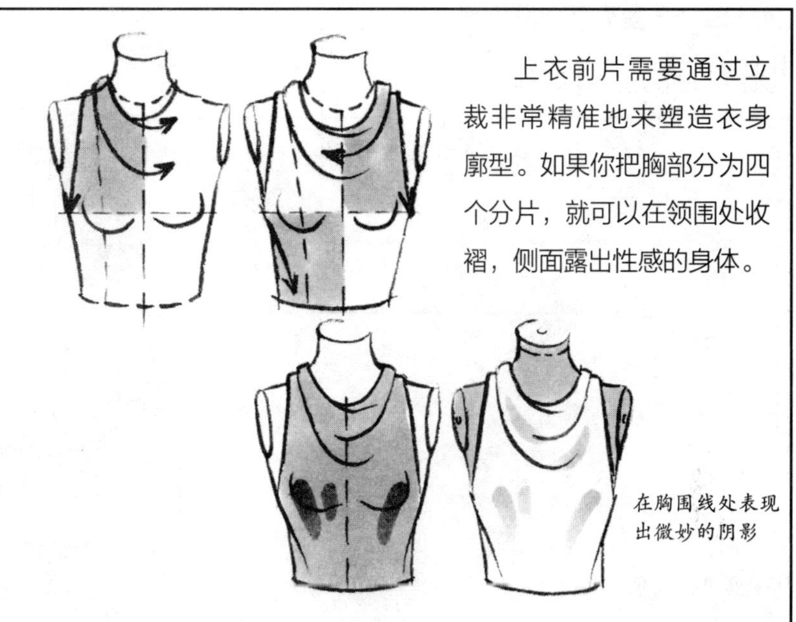

上衣前片需要通过立裁非常精准地来塑造衣身廓型。如果你把胸部分为四个分片，就可以在领围处收褶，侧面露出性感的身体。

服装胸部的塑形，尤其是这种柔软风格的上衣，必然会有面料产生的阴影，因为这种款式并非通过平面制板来控制服装和人体间的松量，而是通过立裁使布料完全符合人体曲线。

通过时尚动态展示的背视图，着重展示后背X造型的礼服

礼服正面平面款式图

礼服

唐纳德·布鲁克斯作品展示

晚礼服，1965

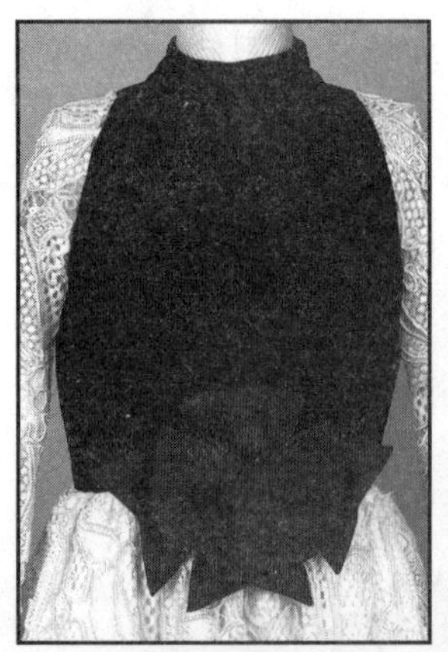

黑色人造丝天鹅绒上衣和加绣法国蕾丝裙子

由贝蒂·哈伯丽丝（Betty Halbreich）提供拍摄

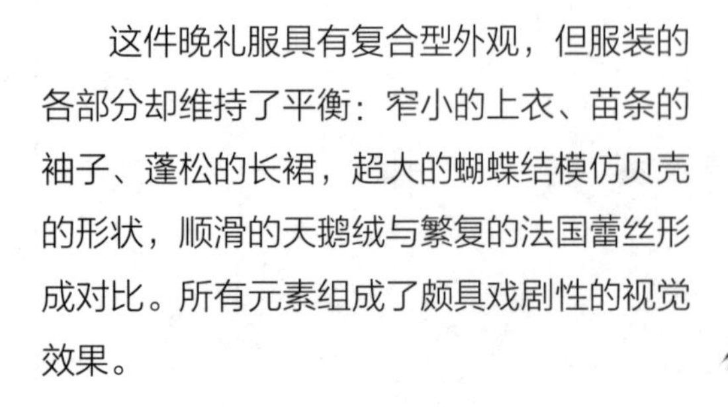

这件晚礼服具有复合型外观，但服装的各部分却维持了平衡：窄小的上衣、苗条的袖子、蓬松的长裙，超大的蝴蝶结模仿贝壳的形状，顺滑的天鹅绒与繁复的法国蕾丝形成对比。所有元素组成了颇具戏剧性的视觉效果。

绘制时尚插画由比尔·兰契特林

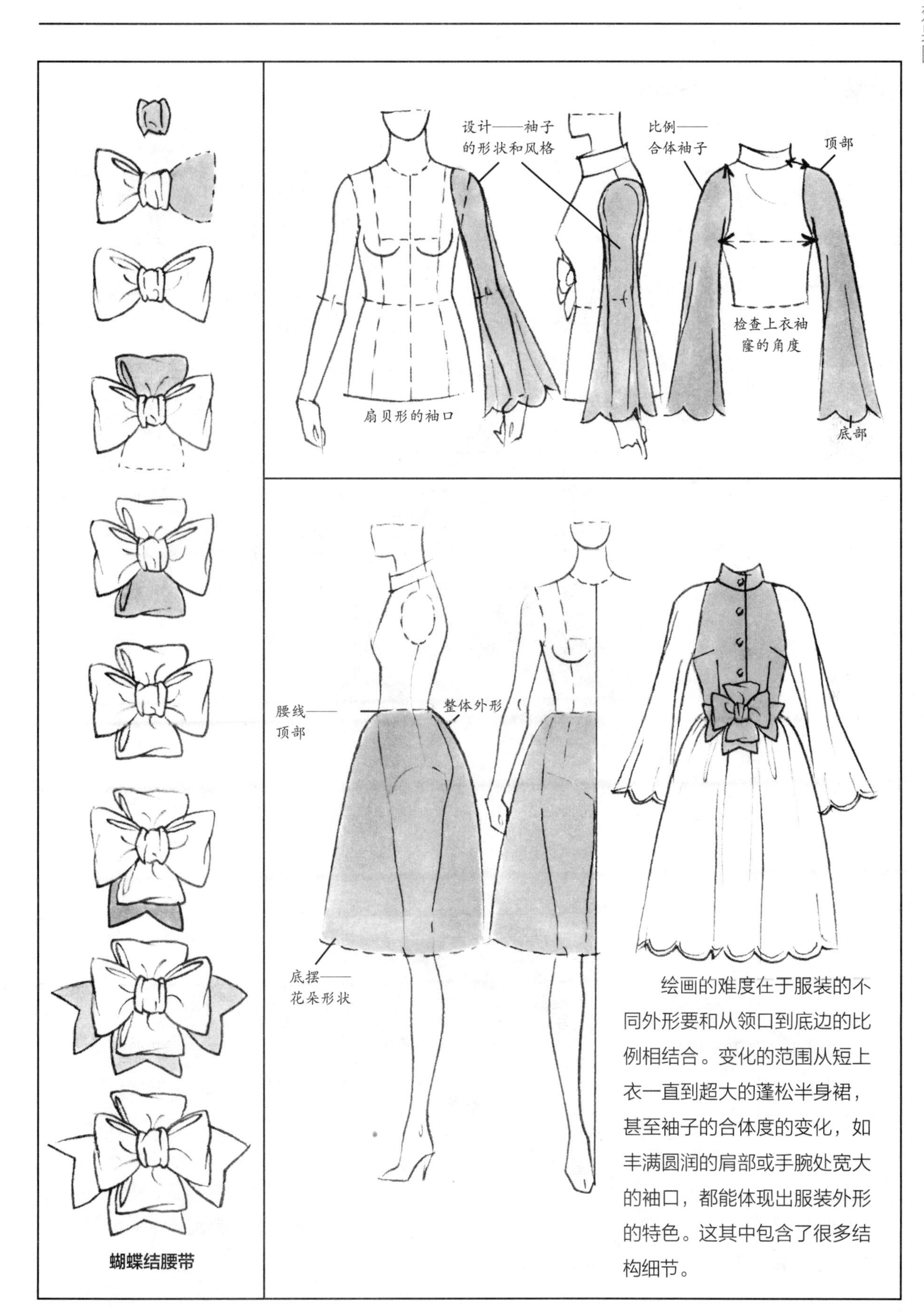

绘画的难度在于服装的不同外形要和从领口到底边的比例相结合。变化的范围从短上衣一直到超大的蓬松半身裙，甚至袖子的合体度的变化，如丰满圆润的肩部或手腕处宽大的袖口，都能体现出服装外形的特色。这其中包含了很多结构细节。

绘图选择

唐纳德·布鲁克斯作品展示

晚礼服，1968

设计师的草图可以通过一件服装传达出设计的情绪。它通过某些颇具特色的设计元素来强调时装夸张的外形、面料或颜色。本页的图例着重展示的是戏剧化的袖子和腰线的奇妙细节。

带金色三叶草亮片的兜帽晚礼服
由比阿特丽斯·拉森（Beatrice Larsen）提供拍摄
所有者为露丝·亨德森（Ruth Henderson）

产品草图更加重视服装的实际效果，不强调戏剧性。特定的风格也很重要，这里强调的是裁剪、外形和面料的体积感。人体的真实比例在产品草图中仍然很关键，产品草图更加关注服装真实的合体度。产品草图是平面款式图的前期准备。

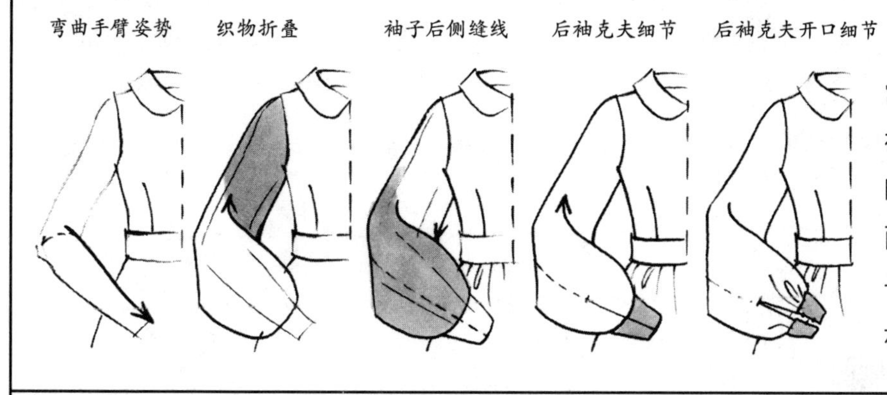

前身的平面款式图常常通过弯曲手臂来表现袖子肘部的折叠部分，同时显示出袖子或袖克夫后面的细节变化。这是袖子一半前视一半后视的展示图。

平面款式图简化了服装，它不需要表现出人体姿势、拉长的身高和丰富的想象力。平面款式图是可以实际应用的制图，说明了服装的形状、结构、比例和体积，它是非常精确的。服装款式图的尺寸要非常精准，以便用于服装生产。

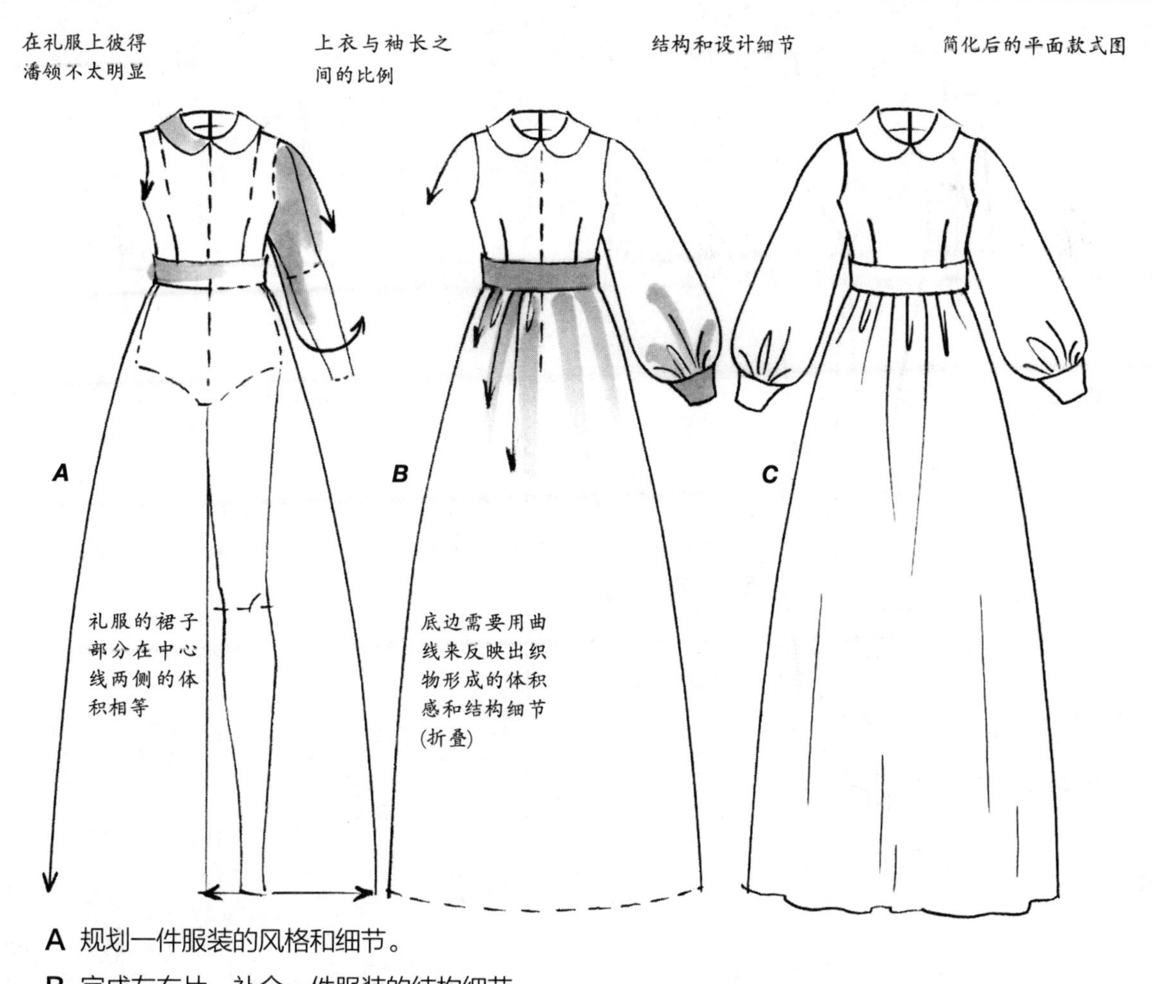

A 规划一件服装的风格和细节。

B 完成左右片，补全一件服装的结构细节。

C 最后，用粗线调强调出所有的服装特点。

款式图人体与时装画人体

本页是对第1章第28页至第29页绘制的人体的综述，强调了真实人体（用于平面款式图）与时装夸张人体（用于时装效果图）之间的变化。这里例举的是一个典型的抬高臀部，压低肩部的造型。下面的第三张图虽然在动态上有所变化，但是和第二个动态所使用的人体比例关系是相同的。对初学者而言，需要找准人体的重心线，能够帮助人体在纸面上正确地站立。

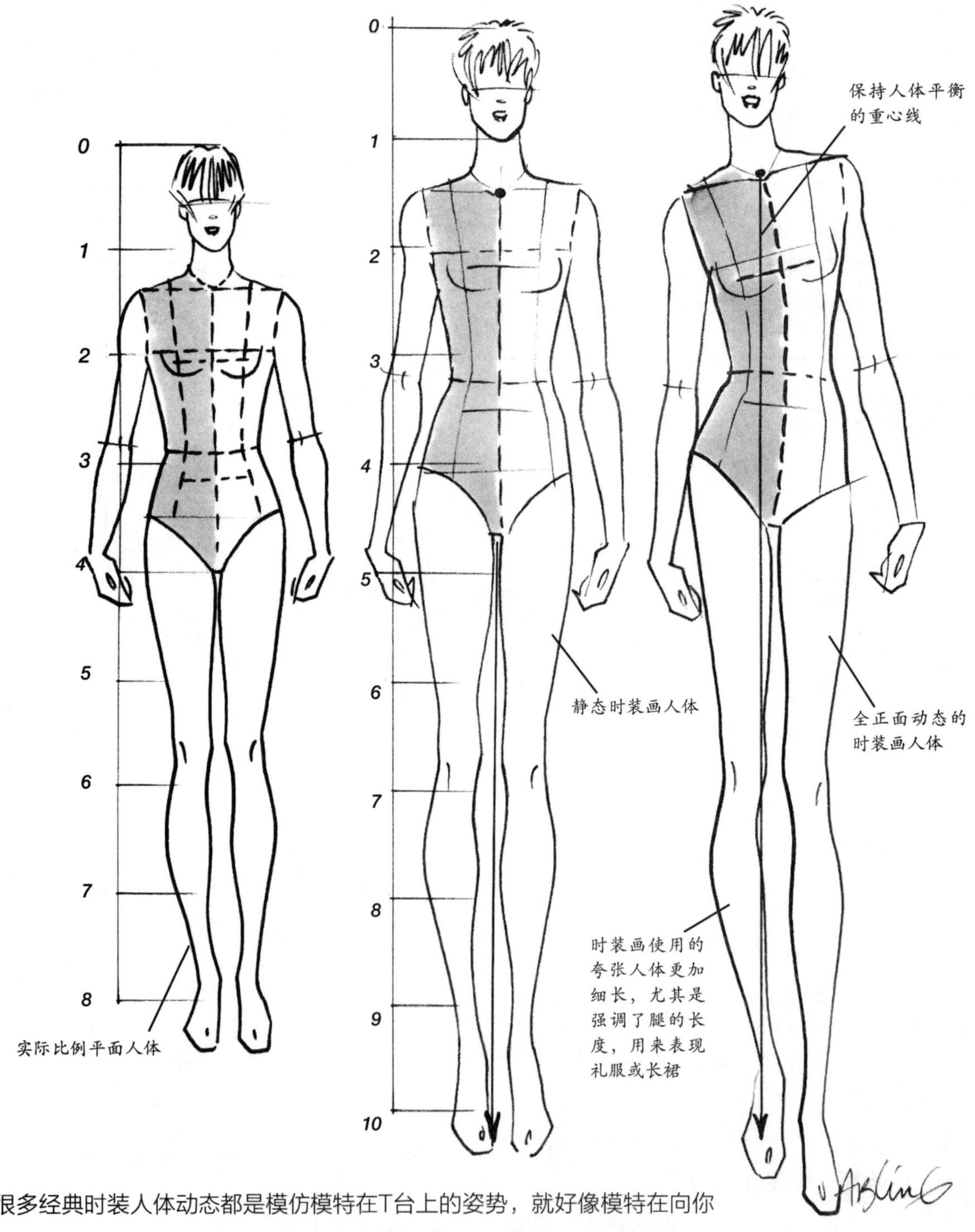

很多经典时装人体动态都是模仿模特在T台上的姿势，就好像模特在向你走来的动作。这种正面的基本姿势很容易穿着服饰，与一些较为夸张的姿势相比，不会丢掉任何设计细节。这些简单的动态造型比完全静态的造型提供了更强的视觉冲击力。

平面款式图的上部和下部

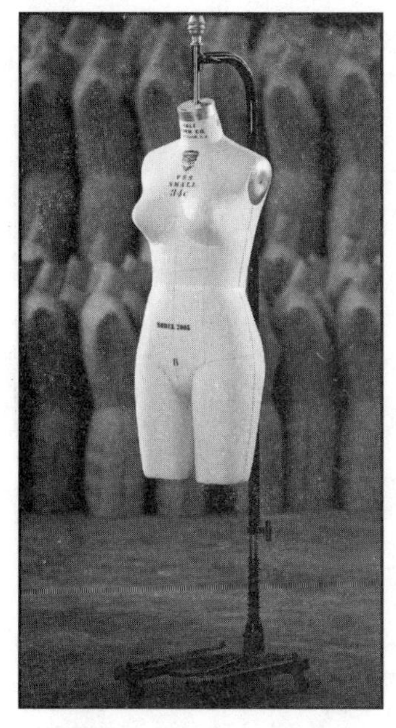

人台上部

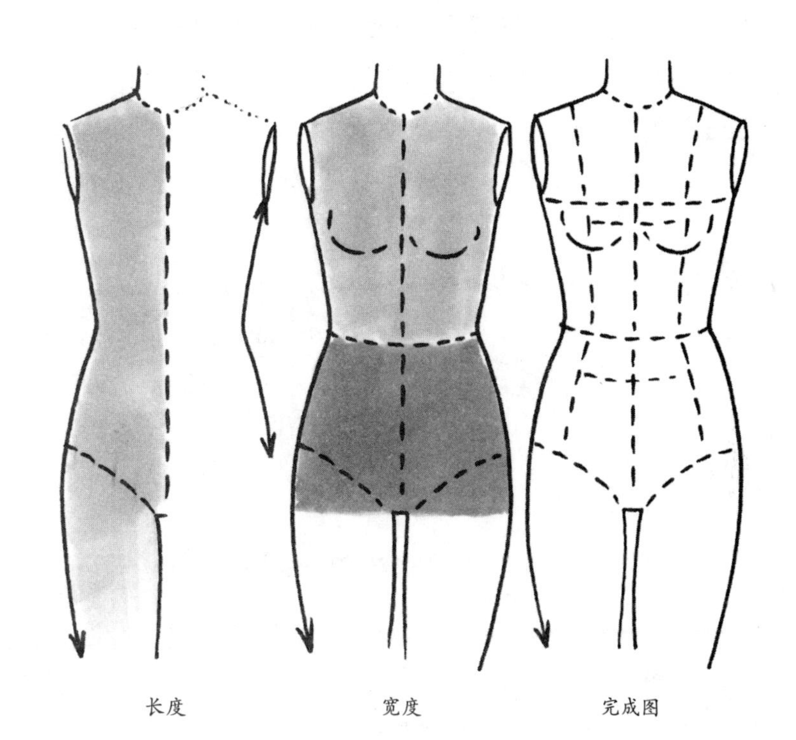

长度　宽度　完成图

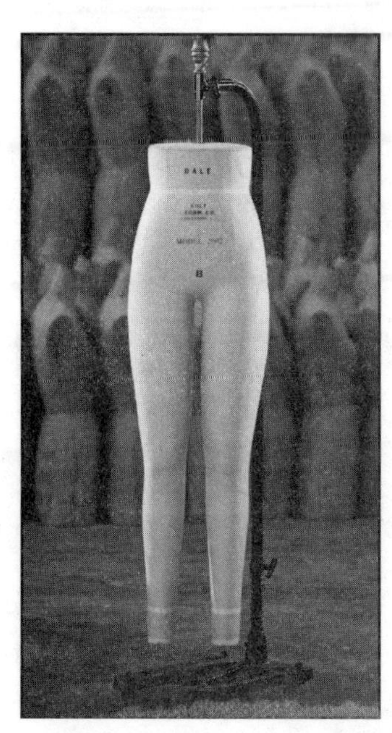

人台下部

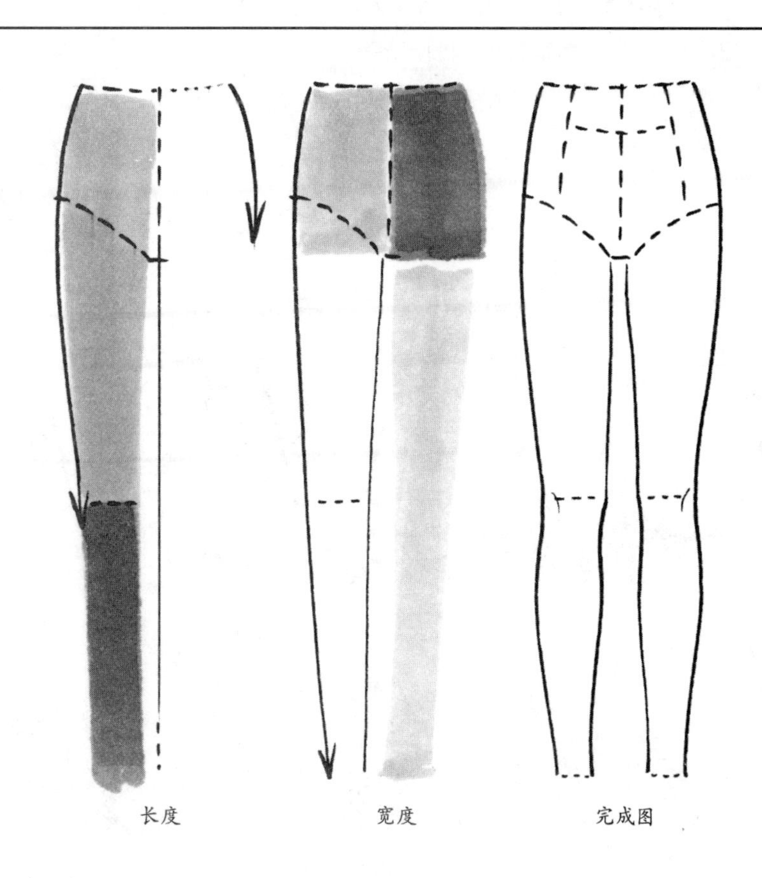

长度　宽度　完成图

褶皱的绘制技法

绘制柔软的面料要表现出面料的褶皱和层次感。细密的褶皱的绘制技法和在前文中介绍的褶裥的绘制技法是不同的。设计者可以多加练习这种类型的上衣和半身裙。

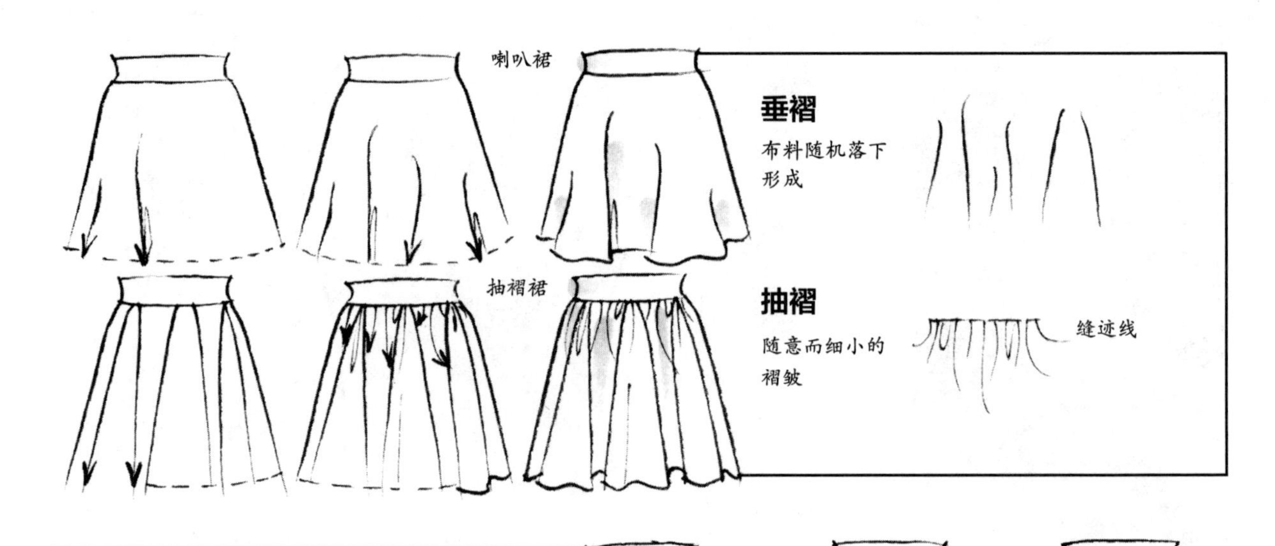

注意图中的细微变化，紧密聚集的褶边和松散下垂的荷叶边相对比，形成多变的塔裙，如右侧两行的草图所示。下面两行图例显示的各种褶皱，通过不同的绘画技巧表现出多变的廓型设计。

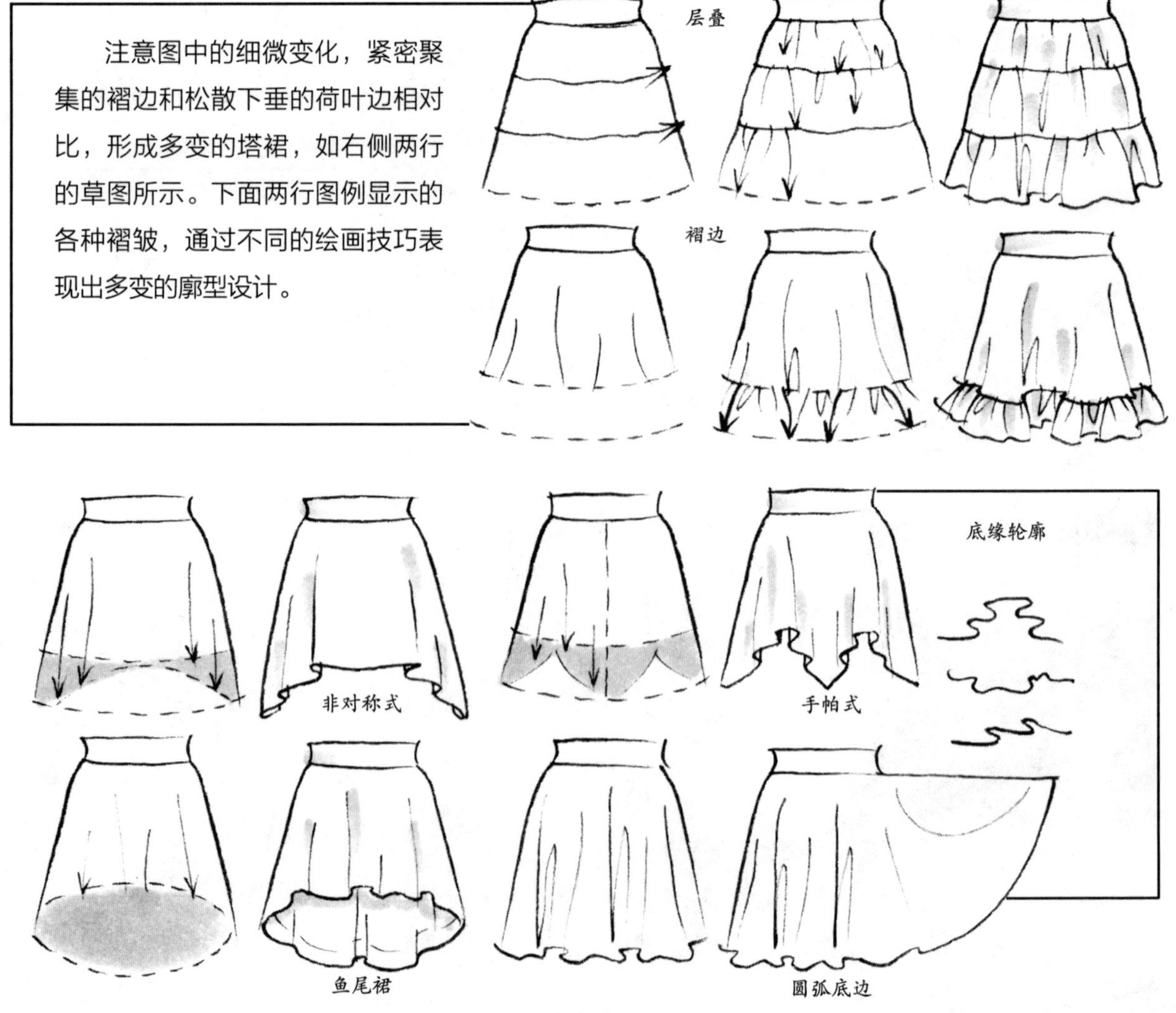

这个页面展示的是半身裙和上衣的组合方式，需要更精进的绘画技巧。绘画技巧在本书的前面章节中介绍过，设计师仍要不断练习。练习越多，技巧越熟练，才能更好地将设计灵感转化为设计草图。

荡领立裁

这款领子通过织物的堆叠呈现出前后来回曲折的褶皱。

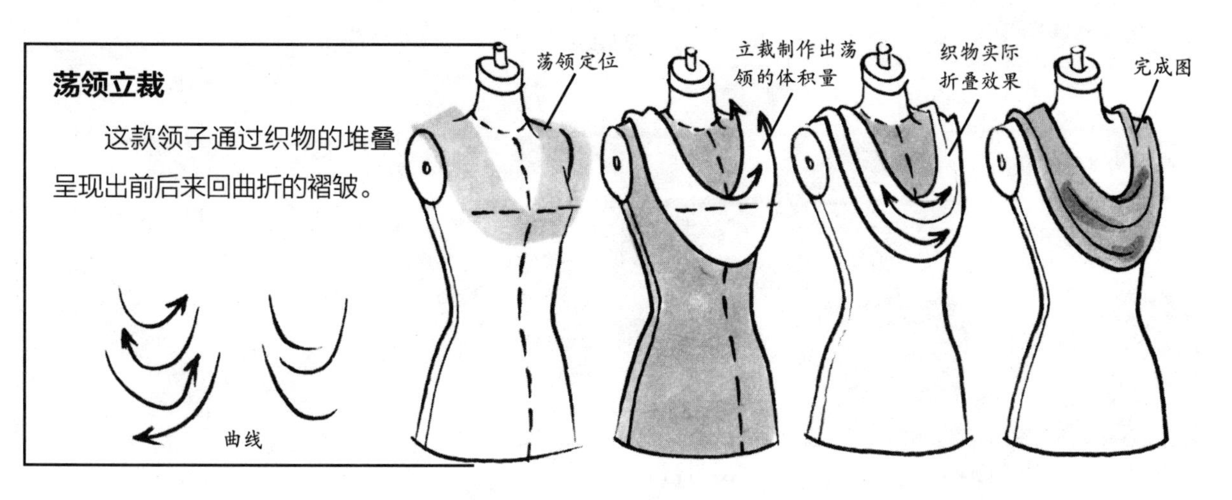

抽褶造型

这是从缝纫线迹中随机发散出的褶皱（如领口处），或者将褶皱收入缝份内（如腰线处）。

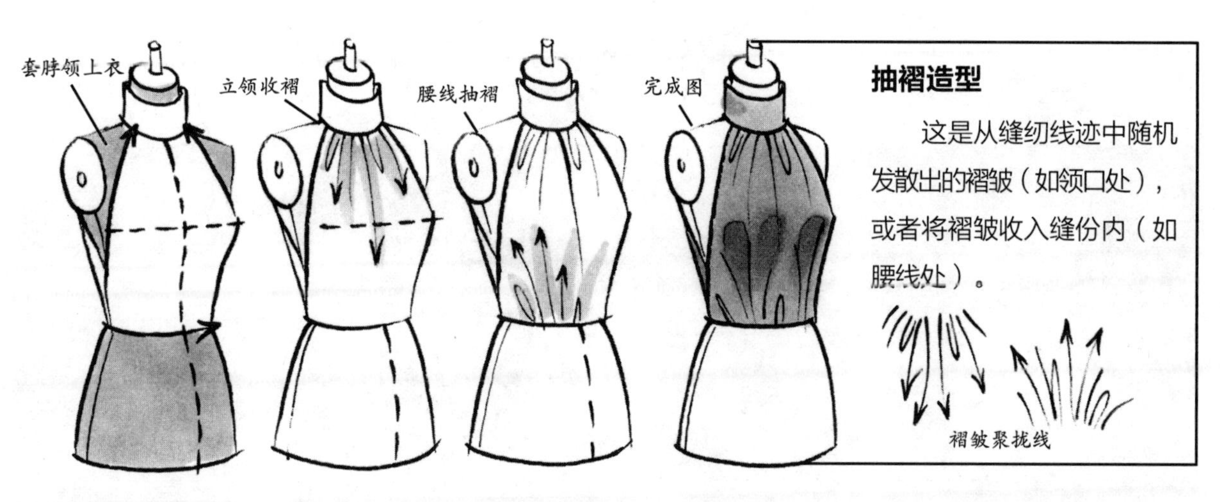

多层悬垂褶

通常是指较宽的叠褶以一定的角度自上而下地形成悬垂的外观。

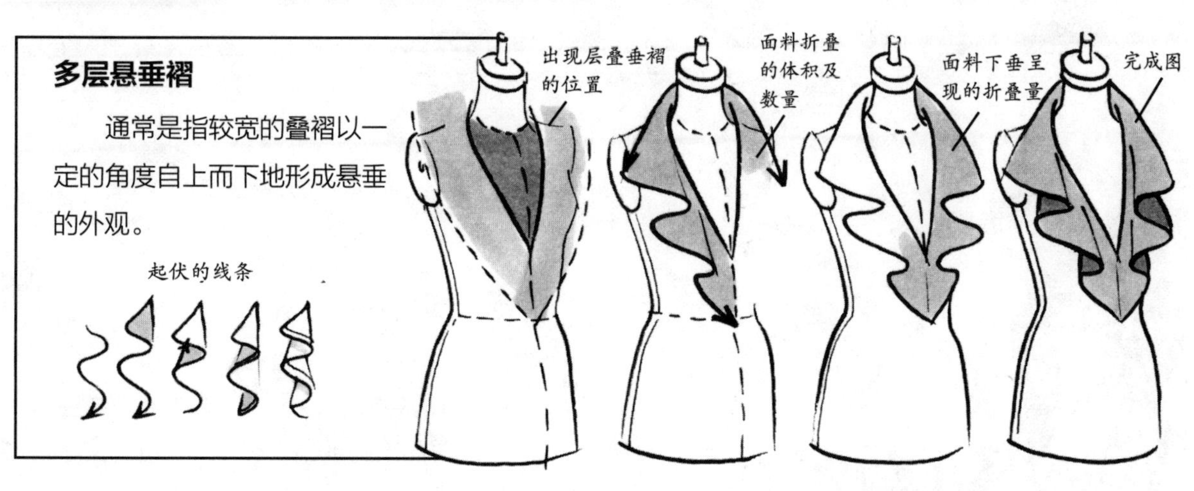

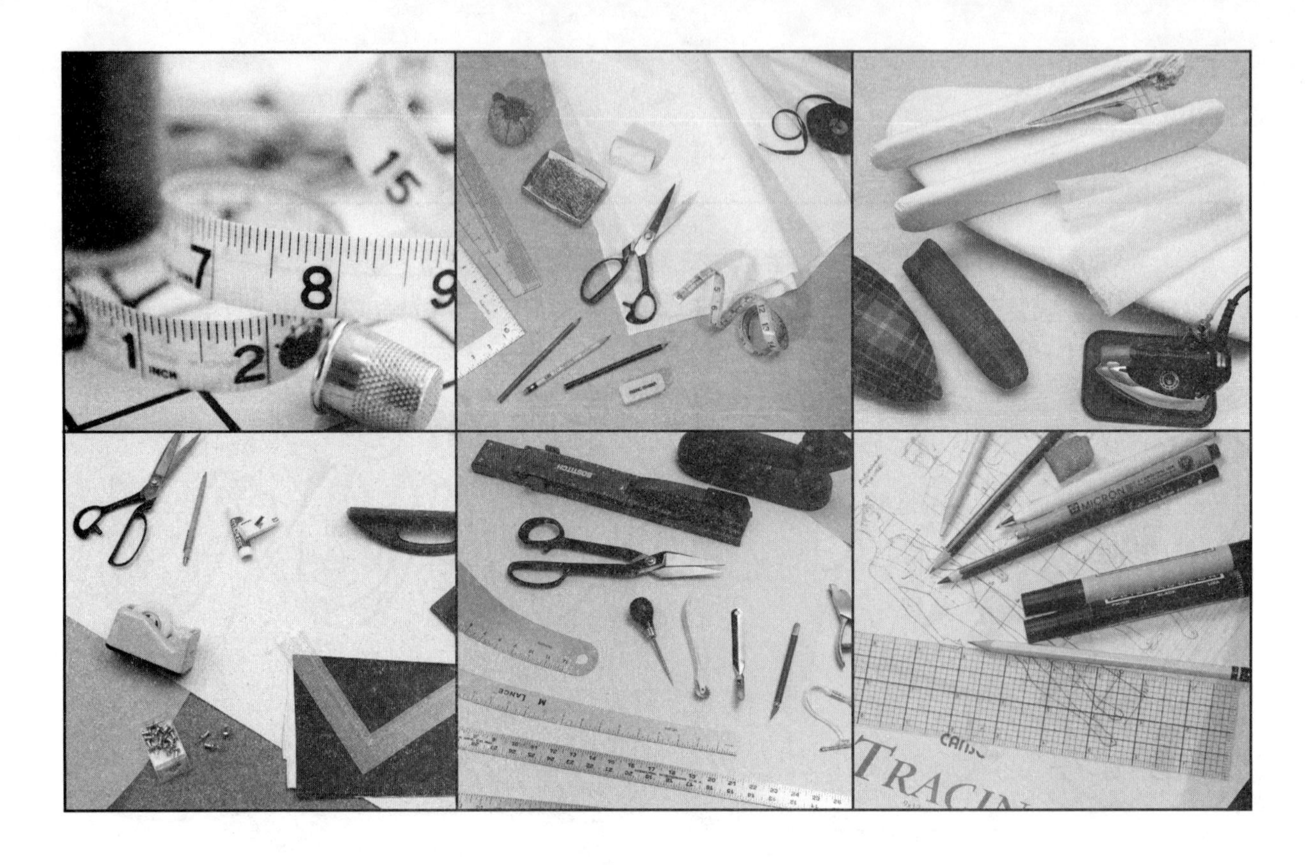

附录

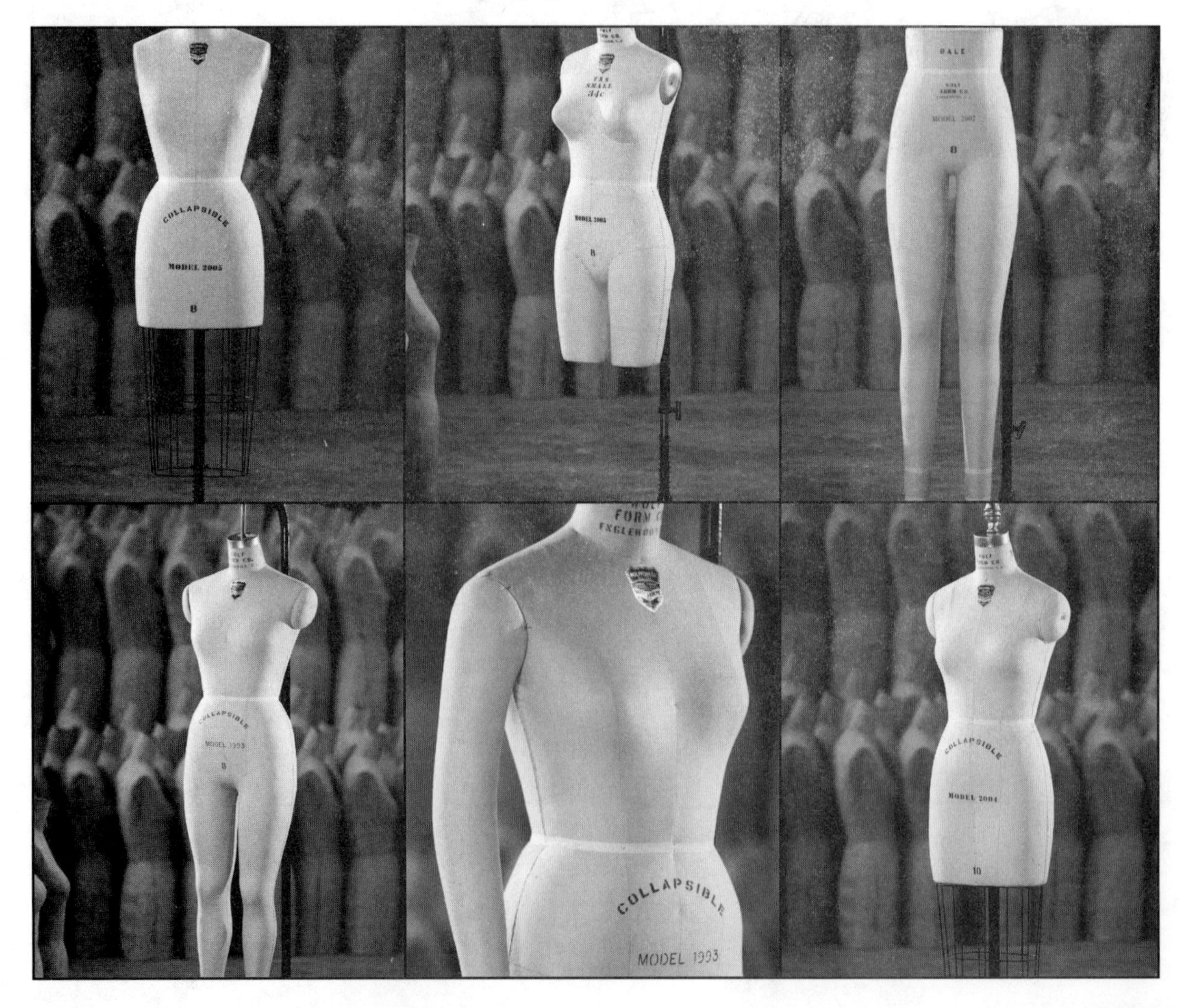
COLLAPSIBLE
MODEL 2005
8
COLLAPSIBLE
MODEL 1993
COLLAPSIBLE
MODEL 2004
10

人体尺寸对照表

女性尺寸

下表中测量的人体尺寸是休闲装制板（在胸围处加松量）所用的尺寸（单位： 英寸）。

Size	4	6	8	10	12	14	16	18
胸部（周长）	32	33	34	35	$36\frac{1}{2}$	38	$39\frac{1}{2}$	41
胸围	$32\frac{1}{2}$	$33\frac{1}{2}$	$34\frac{1}{2}$	$35\frac{1}{2}$	37	$38\frac{1}{2}$	40	$41\frac{1}{2}$
腰围	23	24	25	26	$27\frac{1}{2}$	29	$30\frac{1}{2}$	32
臀围（10号尺寸为腰围向下3 ½英寸）	$31\frac{1}{4}$	$32\frac{1}{4}$	$33\frac{1}{4}$	$34\frac{1}{4}$	$35\frac{3}{4}$	$37\frac{1}{4}$	$38\frac{3}{4}$	$40\frac{1}{4}$
臀围（腰围向下8英寸）	34	35	36	37	$38\frac{1}{2}$	40	$41\frac{1}{2}$	43
后腰长	$16\frac{1}{4}$	$16\frac{1}{2}$	$16\frac{3}{4}$	17	$17\frac{1}{4}$	$17\frac{1}{2}$	$17\frac{3}{4}$	18
前腰长	$13\frac{3}{4}$	14	$14\frac{1}{4}$	$14\frac{1}{2}$	$14\frac{3}{4}$	15	$15\frac{1}{4}$	$15\frac{1}{2}$
全肩宽	$14\frac{1}{4}$	$14\frac{1}{2}$	$14\frac{3}{4}$	15	$15\frac{3}{8}$	$15\frac{3}{4}$	$16\frac{1}{8}$	$16\frac{1}{2}$
后背宽（领口向下4英寸）	$13\frac{1}{2}$	$13\frac{3}{4}$	14	$14\frac{1}{4}$	$14\frac{5}{8}$	15	$15\frac{3}{8}$	$15\frac{3}{4}$
前胸宽（前领口向下2英寸）	$12\frac{1}{2}$	$12\frac{3}{4}$	13	$13\frac{1}{4}$	$13\frac{5}{8}$	14	$14\frac{3}{8}$	$14\frac{3}{4}$
下胸围	27	28	29	30	$31\frac{1}{2}$	33	$34\frac{1}{2}$	36
中腰围	$25\frac{1}{2}$	$26\frac{1}{2}$	$27\frac{1}{2}$	$28\frac{1}{2}$	30	$31\frac{1}{2}$	33	$34\frac{1}{2}$
肩宽	$4\frac{3}{4}$	$4\frac{7}{8}$	5	$5\frac{1}{8}$	$5\frac{1}{4}$	$5\frac{3}{8}$	$5\frac{1}{2}$	$5\frac{5}{8}$
领围（周长）	$12\frac{3}{4}$	$13\frac{1}{4}$	$13\frac{3}{4}$	$14\frac{1}{4}$	$14\frac{3}{8}$	$15\frac{1}{4}$	$15\frac{3}{4}$	$16\frac{1}{4}$
乳间距（左胸点至右胸点）	$6\frac{3}{4}$	7	$7\frac{1}{4}$	$7\frac{1}{2}$	$7\frac{3}{4}$	8	$8\frac{1}{4}$	$8\frac{1}{2}$
后颈至颈侧点	$2\frac{5}{8}$	$2\frac{3}{4}$	$2\frac{7}{8}$	3	$3\frac{1}{8}$	$3\frac{1}{4}$	$3\frac{3}{8}$	$3\frac{1}{2}$

Wolf Form Co.

人体模板